Impulse für die Markenpraxis und Markenforschung

Carsten Baumgarth
Dirk-Mario Boltz (Hrsg.)

Impulse für die Markenpraxis und Markenforschung

Tagungsband der internationalen Konferenz „DerMarkentag 2011"

Springer Gabler

RESEARCH

Herausgeber
Carsten Baumgarth,
Dirk-Mario Boltz,
Berlin, Deutschland

ISBN 978-3-658-00426-2 ISBN 978-3-658-00427-9 (eBook)
DOI 10.1007/978-3-658-00427-9

Die Deutsche Nationalbibliothek verzeichnet diese Publikation in der Deutschen Nationalbibliografie; detaillierte bibliografische Daten sind im Internet über http://dnb.d-nb.de abrufbar.

Springer Gabler

Gedruckt auf säurefreiem und chlorfrei gebleichtem Papier

Springer Gabler ist eine Marke von Springer DE. Springer DE ist Teil der Fachverlagsgruppe Springer Science+Business Media
www.springer-gabler.de

Vorwort

Ob *Lovemarks* oder *Super Brands*, *Markenkraft zum Null-Tarif* oder *User Generated Branding* – allein die Zahl der Bücher, Wettbewerbe und Artikel zum Thema Marke belegt das ungebremste Interesse am Phänomen Marke. Was macht Marken erfolgreich? Wie baue ich eine starke Marke auf? Wie führe und steuere ich diese? Und über welche Kanäle organisiere ich meine Markenkommunikation? Das sind nur einige der vielen Fragen, die sich Markenmanager aber auch Markenwissenschaftler stellen.

Daher ist es auch nicht verwunderlich, dass an der Hochschule für Wirtschaft und Recht in Berlin im Jahr 2011 - nach den Veranstaltungen an der WU Wien (2005, 2009) und an der Marmara Universität Istanbul (2007) - die mittlerweile vierte Konferenz DerMarkentag 2011 durchgeführt werden konnte. Mit knapp 100 Teilnehmern aus Wissenschaft und Praxis war die Konferenz „DerMarkentag 2011" die bislang erfolgreichste Veranstaltung und zugleich der erste Markentag in Deutschland. In Keynote-Vorträgen von *Prof. Dr. Peter Kenning* (Zeppelin Universität Friedrichshafen), *Prof. Dr. Michael Beverland* (University of Bath) und *Uwe Lübbermann* (Premium Cola) und wissenschaftlichen Beiträgen wurden sehr unterschiedliche Aspekte der Markenführung wissenschaftlich und praktisch reflektiert.

Und mit dem interaktiven Workshop des amerikanischen Pop-Art Künstlers *Michael Albert*, dem Markenspaziergang durch Berlin Mitte (*Deutsche Bank/Q110* und *Bunte Schokowelt Ritter Sport*) und der Abschlussveranstaltung bei *MetaDesign* hat „DerMarkentag 2011" den Teilnehmern auch überraschende Erlebnisse mit Marken und Menschen eröffnet.

Im Gegensatz zu einer Vielzahl von Markenkonferenzen im deutschsprachigen Raum ist der „DerMarkentag“ die einzige wissenschaftliche Veranstaltung zu diesem Thema, die auf einem doppelt-blinden Begutachtungsprozess aller Beiträge basiert. Insgesamt wurden für die Konferenz 15 Beiträge von Forschern aus Deutschland, Österreich, Schweiz und Schweden ausgewählt. Ein solcher Begutachtungsprozess war nur durch die freundliche und kompetente Mitarbeit der folgenden Experten möglich, für die sich die Veranstalter noch einmal ganz herzlich bedanken:

- *Prof. Dr. Jörg-Thomas Baaken* (Fachhochschule Münster)
- *Prof. Dr. Andreas Baetzgen* (Hochschule der Medien, Stuttgart)
- *Prof. Dr. Sigrid Bekmeier-Feuerhahn* (Leuphana Universität Lüneburg)
- *Prof. Dr. Lars Binckebanck* (Nordakademie Elmshorn)
- *Prof. Dr. Manfred Bruhn* (Universität Basel, Schweiz)
- *Prof. Dr. Christoph Burmann* (Universität Bremen)
- *Prof. Dr. Norbert Drees* (Fachhochschule Erfurt)
- *Prof. Dr. Martin Eisend* (Europa-Universität Viadrina Frankfurt/Oder)
- *Prof. Dr. Franz-Rudolf Esch* (European Business School)
- *Prof. Dr. Heiner Evanschitzky* (University of Strathclyde, Schottland)
- *Dr. Gereon Friederes* (marketmind, Wien)
- *Prof. Dr. Kai-Uwe Hellmann* (TU Berlin)
- *Prof. Dr. Jörg Henseler* (Radboud University Nijmegen, Niederlande)
- *Prof. Dr. Peter Kenning* (Zeppelin University)

- *Prof. Dr. Ralf Kreutzer* (Hochschule für Wirtschaft und Recht, Berlin)
- *Prof. Dr. Tobias Langner* (Bergische Universität Wuppertal)
- *Prof. Dr. Wolfgang Mayerhofer* (Wirtschaftsuniversität Wien, Österreich)
- *Prof. Dr. Bill Merrilees* (Griffith University, Australien)
- *Prof. Dr. Andrea Rumler* (Hochschule für Technik und Wirtschaft Berlin)
- *Prof. Dr. Henrik Sattler* (Universität Hamburg)
- *Prof. Dr. Dr. Helmut Schneider* (Steinbeis-Hochschule Berlin)
- *Prof. Dr. Günter Schweiger* (Wirtschaftsuniversität Wien, Österreich)
- *Prof. Dr. Volker Trommsdorff* (TU Berlin)
- *Prof. Dr. Franziska Völckner* (Universität zu Köln)
- *Prof. Dr. Klaus-Peter Wiedmann* (Leibnitz Universität Hannover)

Aufbauend auf den Gutachten (Best Paper) sowie einer Beurteilung der gehaltenen Präsentationen durch die Teilnehmer (Best Presentation) wurden folgende Beiträge und Forscher ausgezeichnet:

Best Paper:

- *Prof. Dr. Christina Sichtmann* (Universität Wien): Extending service brands
- *Marc Herz* (Universität Wien): Implicit country attitudes and their automatic effect on cognitive and affective dimensions of brand image
- *Prof. Dr. Lars Binckebanck* (Nordakademie Elmshorn) und *Prof. Dr. Carsten Baumgarth* (HWR Berlin): CSR Marke

Best Presentation:

- *Prof. Dr. Lars Binckebanck* (Nordakademie Elmshorn) und *Prof. Dr. Carsten Baumgarth* (HWR Berlin): CSR Marke

Die Durchführung der Veranstaltung war nur möglich, da uns eine Vielzahl von Institutionen als Sponsoren (*Reader's Digest, psv marketing*), als Medienpartner (*Gabler, markenartikel, newbusiness, Automotive Agenda, Bundesverband für Industriekommunikation*) und als großzügige Gastgeber im Rahmenprogramm (*MetaDesign, Bunte Schokowelt Rittersport, Q110*) unterstützt haben. Weiterhin danken wir ganz herzlich unserem Konferenzteam - *Katharina Ebers, Clark Banach, Francisco Parra, Dmitriy Vecheruk, Benedikt Graf von Kageneck, Iman Zeraatcar* - das ganz wesentlich zum am Gelingen der Veranstaltung beigetragen hat. Schließlich möchten wir uns auch ganz herzlich bei *Sinah Holtschke* bedanken, die in mühevoller Detailarbeit aus den Konferenzbeiträgen ein Buch erstellt hat.

Die vorliegende Dokumentation soll Ihnen einen Eindruck der Veranstaltung vermitteln und Denkanstöße für die eigene Markenforschung und Markenarbeit liefern. Wir sind davon überzeugt, dass es der Markenführung und der Wettbewerbsfähigkeit von Unternehmen gut tut, wenn es neben den unzähligen Praxisratgebern, den Beiträgen von selbsternannten Markengurus, diversen Werbeagenturen und Beratungsunternehmen auch seriöse und projektunabhängige Grundlagenforschung zum Thema Marke gibt. Viel Freude und Inspiration beim Lesen wünschen Ihnen

Prof. Dr. Carsten Baumgarth
Prof. Dr. Dirk-Mario Boltz
www.dermarkentag.de

Inhaltsverzeichnis

Collage: "The Number PI" (2005) von Michael Albert

Teil I: Markentrends – Große Themen der zukünftigen Markenpraxis und Markenforschung

Trends in der Markenführung und Markenforschung – Ergebnisse der Expertenstudie DieMarkentrends 2011

Carsten Baumgarth, Dirk-Mario Boltz

Trends in der Markenführung und Markenforschung – Ergebnisse der Expertenstudie DieMarkentrends 2011

Stichworte: Expertenstudie, Markenforschung, Markenführung

Abstract:
Eine im Vorfeld der Konferenz „DerMarkentag 2011“ durchgeführte zweistufige Expertenbefragung DieMarkentrends 2011 ergab 16 relevante Themenfelder für die zukünftige Markenforschung und Markenpraxis. Als besonders relevante Themenfelder sehen die nationalen und internationalen Experten die Cluster „Social Media und Marke“, „Interne Markenführung“, „Markenkommunikation“, „Markenkontaktpunkte“ und „Markencontrolling“.

1 Einführung: Zielsetzung der Studie und Studiendesign

Was sind die Herausforderungen in der Markenführung, mit denen sich die Praktiker aus Agenturen, Unternehmen, Beratungsfirmen und Marktforschungsinstituten im Herbst 2011 konfrontiert sehen? Sind das auch die Themen, mit denen sich Wissenschaftler aus Hochschulen und Forschungseinrichtungen beschäftigen? Wie denken Fachmedien, Verbände und kritische Marketing-Experten über die Zukunft der Marke? Gibt es eigentlich unterschiedliche Perspektiven auf das Phänomen Marke in Deutschland und dem Ausland? Kurz: Was bewegt die nationale und internationale Szene der Markenführung in Wissenschaft und Praxis?
Um Antworten auf diese Fragen zu finden, entstand die Idee, in einer Trendstudie Experten zu befragen, die sich aus ganz unterschiedlichen Motiven und in verschiedenen Funktionen mit Marken beschäftigen. Brand Manager aus Konzernen und kleineren Unternehmen, qualitative und quantitative Marktforscher, Hochschullehrer und Doktoranden aus Marketing, Konsumsoziologie und -psychologie in Deutschland und der

Welt, Vertreter aus Fachverbänden und Fachmedien, Geschäftsführer und Manager aus Designbüros, Agenturen und Unternehmensberatungen. Alle Befragten sollte dabei jeweils die Perspektive der Praxis und der Forschung einnehmen. 60 Personen aus dem beruflichen Netzwerk der Autoren wurden per Email am 20. August 2011 gebeten, die folgenden Fragen bis zum 3.9.2011 ebenfalls per Mail zu beantworten:

1. Was sind die drei wichtigsten Fragen zur Markenführung, welche die *Wissenschaft* in Zukunft erforschen sollte?

2. Was sind die drei wichtigsten Herausforderungen an die Markenführung, denen die *Praxis* sich in Zukunft stellen muss?

Ziel dieser offenen Fragen war es, ein breites Spektrum von Positionen und Erkenntnisinteressen zu ermitteln. Die Eingrenzung der Stichprobe auf das persönliche Netzwerk der Autoren sollte einen hohen und schnellen Rücklauf sicherstellen.
Bis zum 3.9.2011 gingen von 30 Befragten ca. 180 Statements ein, die von den Autoren zu 16 Themenfeldern verdichtet werden konnten. Bis zum 18.9.2011 wurden dann die Relevanz dieser Kategorien bei denselben Befragten in einer standardisierten Online-Erhebung abgefragt (vgl. Kapitel 3) und für die Ergebnispräsentation am 29. September auf der Konferenz DerMarkentag 2011 aufbereitet.
Abbildung 1 fasst das Design der Trendstudie schematisch zusammen.

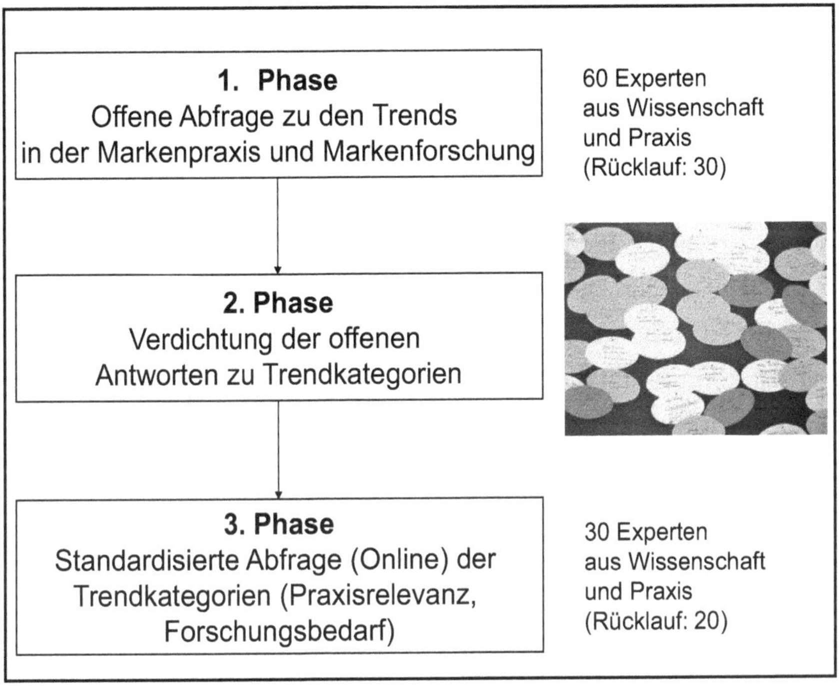

Abbildung 1: Design der Studie DieMarkentrends 2011

2 Ergebnisse der offenen Abfrage: 16 Themenfelder

Die Antworten auf die offenen Fragen waren so heterogen und bunt wie die Gruppe der Expertinnen und Experten, denen sie gestellt wurden. „Was tragen Marken eigentlich zum Gemeinwohl bei?“ formuliert der deutsche Geschäftsführer einer Kommunikationsagentur als wichtige Forschungsfrage. Ein Thema, das auch den amerikanischen Agenturkollegen bewegt: „How can brands evolve to be agents for the good? How can this be more than skin-deep, and avoid more than green-washing?“ Neben solchen großen Statements zum *gesellschaftlichen Einfluss der Marke* wurden aber auch pragmatische Herausforderungen formuliert. Der deutsche Bereichsleiter eines Designbüros beklagt beispielsweise die inflationäre Anmeldung von Marken und Domains, die dazu führt, dass *Markennamen „aus gehen“*. Die daraus resultierende Herausforderung für die Praxis der Markengestaltung aus seiner Sicht: „Es wird immer schwieriger, Markennamen zu finden. Die Bedeutung und Relevanz von Namen muss neu geklärt werden.“ Jenseits solcher großen und kleinen Erkenntnisinteressen konnten die 180 Antworten der Befragten in 16 Trendkategorien sortiert werden.

Besonders häufig wurde von den Befragten das Thema *Social Media* und sein Einfluss auf die Markenführung und Markenforschung genannt. „Wie gehen wir mit den Meinungshorden im Netz um? Und: Wie stimme ich die Meinungshorden günstig!?“ formuliert der Vorstand eines Agenturnetzwerkes und bringt damit pointiert die breit vorhandene Angst vor dem Kontrollverlust der Markenführung im Kontext von Social Media zum Ausdruck. Der amerikanische Agenturkollege rückt die durch Social Media bedingte Offenheit von Marken in den Mittelpunkt der Praxisherausforderungen: „Understanding open source brands and their implications for main stream brand management.“ In der Tat gab es noch nie mehr Möglichkeiten für Konsumenten, sich über Marken öffentlich zu äußern. Die vor über zehn Jahren im berühmt gewordenen Cluetrain Manifest formulierte These „Märkte sind Gespräche“ ist vor allem durch Social Media Wirklichkeit geworden (Levine et al. 2001). Unter dem Begriff „Social Media“ werden Anwendungen und Plattformen im Internet verstanden, die den Internet-Nutzern das Erstellen und den Austausch von Inhalten sowie die soziale Interaktion ermöglichen (Kaplan/Haenlin 2010; Kreutzer 2011; Michaelis/Schildhauer 2010; Qualman 2010; Weinberg 2009). Zu den sozialen Medien gehören soziale Netzwerke (z. B. Facebook), Media-Sharing-Plattformen (z. B. YouTube und Flickr), Blogs (z. B. Microblogging Dienst Twitter), Social-Bookmarkting-Plattformen (z. B. Delicious), Foren, Communities, aber auch Bewertungs-, Auskunft- und Kreativportale (Ethority 2011; Solis 2010). Der Internet-Nutzer wird immer mehr zum Mitspieler, der mit Kommentaren, Bewertungen und Empfehlungen die Meinungsbildung über Marken im Netz beeinflusst, oder sich sogar mit eigenen oder kollektiven Leistungen an der Wertschöpfung im Unternehmen beteiligt (Interaktive Wertschöpfung/Co-Creation; Friebe/Ramge 2008; Piller/Reichwald 2009). Der Grad des Nutzer-Engagements mit der Marke kann ebenso wie die Wirkung auf die Marke verschieden sein. So unterscheidet Shirky drei Stufen unterschiedlicher Beteiligungsintensität: „Sharing", das einfache Teilen und Mitteilen von Informationen, wie beispielsweise das „Befreunden" und „Liken" auf Facebook. Die gemeinsame Produktion von Inhalten, „Collaborative Production", wie zum Beispiel die Erstellung von Wikipedia-Artikeln. Und als besonders intensive Form der Beteiligung, „Collective Action". Hier organisieren sich Personen über Social Media zu Gruppen, die gemeinsame Werte teilen und gemeinsame Aktivitäten durchführen, wie das beispielsweise bei den Protestbewegungen des arabischen Frühlings der Fall war (Boltz 2006; Shirky 2009). Alle drei Formen der Kooperation von Menschen und Marken über soziale Medien beherbergen Chancen und Risiken. Es ergeben sich z. B. neue Möglichkeiten für Marktforschung, Produktentwicklung und Innovationsmanagement durch die positive, kreative und konstruktive Beteiligung von Markensymphatisanten (Birkinshaw et al. 2010; Procter & Gamble 2012). Gleichzeitig steigt aber auch die Gefahr des „Brand Hijacking" und negativer „Word-of-Mouth"-Kampagnen durch engagierte Markengegner (Greenpeace 2010; Wipperfürth 2005). Die befragten Markenexperten sehen offensichtlich die Zielgruppenbeteiligung als zentrale Herausforderung für die Praxis und Forschung zukünftiger Markenführung. Was für Interaktionsfähigkeiten müssen Unternehmen entwickeln und auf welchen Social Media Plattformen müssen sie wie schnell mit ihrem Publikum interagieren? Wie relevant sind die Social Media Aktivitäten von Nutzern für das Image von Marken? Wie lässt sich „User Generated Content" in das Brand Management integrieren oder müssen wir gar vom „User Generated Branding" sprechen (Arnhold 2010)? Neben den strategischen Fragen zur Markenführung im Kontext von Social Media artikulieren die Befragten auch die operative Perspektive der Messung von Markenwirkungen im Netz. Was lässt sich wie messen und wie relevant sind solche Daten für die Markenführung? Wo sind die Vorzüge, wo die Grenzen von Social Media Monitoring und wie lässt sich ein für das Brand Management adäquates System von KPIs aufbauen (Poynter 2010; Sterne/Meerman 2010)?

Auch das Themenfeld *Markenfans und Markencommunity* rückt Kundennetzwerke in den Mittelpunkt des Erkenntnisinteresses der Befragten. Ob und wie sind solche Gemeinschaften in der Markenführung nutzbar? Ist die Mitgliedschaft in einer Brand Communities der intensivste Beweis von Markenloyalität? Lassen sich Brand Communities steuern und wenn ja, wie? Bereits 1995 wurde der Begriff „brand community" von Albert Muniz Jr. und Thomas C. O'Guinn auf der Jahrestagung der Association for Consumer Research in Minneapolis präsentiert. 2001 definierten sie „brand community" im gleichnamigen Artikel in Journal of Consumer Research als „a specialized, non-geographically bound community, based on a structured set of social relations among admirers of a brand" (Muniz/O'Guinn 2001). Seitdem ist das Phänomen an vielen Beispielen untersucht (Cova/Pace 2006; Hellmann 2005; Hoppe 2009; Lüdicke 2006; Popp 2011) und theoretisch-konzeptionell diskutiert worden (Baumgartner 2007; Fournier/Lee 2009; McAlexander et al. 2002; von Loewenfeld 2006).

Die Beziehungen zwischen Menschen und Marken werden auch im Themenfeld *Emotionale Verbindung von Konsumenten zu Marken* von den Befragten reflektiert. Können Konstrukte aus anderen Wissenschaftsdisziplinen wie Persönlichkeit, Freundschaft, Liebe und Intimität in der Markenforschung und Markenführung sinnvoll eingesetzt werden? Oft geht es dabei um die Idee einer hoch-emotionalen Bindung an die Marke, wie sie exemplarisch in der Definition von „Lovemarks“ von Kenny Roberts zum Ausdruck kommt: „Lovemarks transcend brands. They deliver beyond your expectations of great performance. Like great brands, they sit on top of high levels of respect – but there the similarities end. Lovemarks reach your heart as well as your mind, creating an intimate, emotional connection that you just can't live without. Ever. Take a brand away and people will find a replacement. Take a Lovemark away and people will protest its absence. Lovemarks are a relationship, not a mere transaction. You don't just buy Lovemarks, you embrace them passionately. That's why you never want to let go (Lovemarks 2012)“ (Aaker/Fournier 1995; Batra et al. 2012; Carroll/Ahuvia 2006; Malär et. al. 2011; Park et al. 2010; Roberts 2007).

Die *Interne Markenführung* stellt ein weiteres Interessenfeld der befragten Experten dar. Darunter wird in der Regel ein „innengerichteter Managementprozess zur Verankerung einer angestrebten Markenidentität im Mitarbeiterverhalten verstanden“ (Wittke-Kothe 2001; Piehler 2011; Schmidt 2007; Tomczak et al. 2012). In den Antworten ging es um die Organisation des Markenmanagements, insbesondere die Verankerung von Markenbewusstsein und Markenverantwortung auf Top-Management-Level und im gesamten Unternehmen („Markenorientierung anstatt Marktorientierung“) (Baumgarth 2010a; Baumgarth et al. 2011; Deitmar 2012; Urde 1994; Urde 1999). Auch die Fragen, wie Mitarbeiter zu Markenbotschaftern werden können, welche Kompetenzen und Ressourcen für erfolgreiche Markenführung notwendig sind und wie das Markenmanagement intern zu organisieren ist, waren von praktischer Bedeutung für die Befragten.

Markenkontaktpunkte und *Markenkommunikation* – diese Themenfelder bewegen besonders die befragten Praktiker. Das erscheint nachvollziehbar, hat sich doch die Anzahl der „brand touchpoints" und der Kommunikationsinstrumente in den letzten Jahren dramatisch vergrößert. Neben den bekannten Instrumenten der Kommunikationspolitik wie z. B. Werbung, Verkaufsförderung, Sponsoring und Event-Marketing sind es heute zunehmend die vielfältigen digitalen, persönlichen und multisensorischen Kontaktpunkte, die das Markenerlebnis steuern und die Markenkommunikation beeinflussen. Die Herausforderung in der Praxis besteht darin, trotz unterschiedlichster Kontaktpunkte ein konsistentes Markenerlebnis sicherzustellen (Boltz 1999; Bruhn et al. 2009; Deutsche Telekom 2011).

Von besonderer Praxis- und Forschungsrelevanz sind für die Befragten die Unterthemen *„rechtlicher Schutz"*, *„Media-Mix"*, *„Integration der verschiedenen Marketing-Kommunikationsmaßnahmen"* und die Anforderungen an die *Inszenierung von Marken im dreidimensionalen Raum* (z. B. Herbrand 2008; Mikunda 2002) und die *Gestaltung von multisensorischen Markenerlebnissen* (Steiner 2011).

„Marke und deren Beitrag zum Unternehmenswert. Ein alter Hut, aber immer noch nicht zufriedenstellend gelöst." So lautet das Statement eines Konzernmanagers, prototypisch für das Themenfeld *Markencontrolling.* Die Befragten sehen hier immer noch das ungelöste Problem, mit einheitlichen Modellen zur finanziellen Bewertung von Marken die Bedeutung der Markenführung innerhalb der eigenen Unternehmen zu rechtfertigen. Aber auch für den Bereich der Evaluierung der Markenführung gibt es Klärungsbedarf: „Wie lässt sich erfolgreiche Markenführung messbar machen, welche KPIs sollen Unternehmen hierfür ansetzen?“ fragt der Markenchef eines internationalen Konzerns (Christodoulides/de Chernatomny 2010; Farris et al. 2010; Kapferer 2012; Salinas 2009; Schimansky 2004). Neben solchen zahlengestützten Controlling-Verfahren existiert aber auch ein Interesse, die Methoden der *Trendforschung* und *Markenpositionierung* weiter zu erforschen und für die Praxis verfügbar zu machen (Wheeler 2009).

Mittlerweile hat die allgemeine CSR- bzw. Nachhaltigkeitsdebatte auch die Markenführung erreicht. Daher bildet *Marke und Nachhaltigkeit* ein weiteres Themenfeld der Expertenbefragung. Ein zentrales Element einer nachhaltigen Markenführung bildet dabei die holistische Betrachtung und die enge Verknüpfung der Markenführung mit Themen wie Geschäftsmodell oder Unternehmenskultur (Baumgarth/Binckebanck 2011; Baumgarth/Binckebanck 2012; Meffert et al. 2010; Polonsky/Jevons 2009; Willmott 2001). Ohne eine solche Verankerung der CSR-Marke im Unternehmen besteht die Gefahr von „Greenwashing“ und negativen Reaktionen auf den Märkten. Thematisch verknüpft mit der Integration von Nachhaltigkeitswerten in die Marke sind auch Themen wie sozialschädliche Effekte von Marken (z. B. Markenstress bei Jugendlichen, z. B. Albrecht 2009; Hammann et al. 1997) oder das bewusste De-Branding bzw. der Verzicht auf Marke und Marketing (z. B. MUJI, www.donttellmewhoiam.com).

Seit vielen Jahren wird das Verhältnis Hersteller und Handel im Feld Marke thematisiert. Mittlerweile wird das Thema aber in Richtung der Führung von Marken in Netzwerken (z. B. Franchise-Systemen, virtuelle Netzwerke) (z B. Grüter 2006), Führung in Multi-Chanel-Systemen und Markenhersteller als Händler (z. B. BCG/Markenverband 2005; Zentes et al. 2006) deutlich erweitert, weshalb das Themenfeld *Marken und*

Markenführung in vertikalen Systemen ein weiteres Thema der Expertenstudie war.

Ein fast schon klassisches Thema bildete das von einigen Experten genannte Themenfeld *Corporate Branding und Markenarchitekturen* (Esch et al. 2007; Strebinger 2010). Genannte Subthemen waren Markenhierarchien, Markenkonfusion durch zu viele Marken, Kombination von Marken und Bildung von Megamarken oder die operative Umsetzung von Corporate Brands.

Im Themenfeld *Zielgruppen von Marken* stellen insbesondere die teilw. widersprüchlichen Zielgruppen von Marken sowie die Relevanz von Typologien und Segmentierungsansätzen (Hwang et al. 2004; Scheer 2008) in Zeiten abnehmender stabiler Konsum- und Kaufmuster Herausforderungen für die Markenpraxis und Markenforschung dar.

Einige Befragte sehen einen Zukunftstrend im *Transfer von Markenwissen zwischen Markenwissenschaft und Markenpraxis*. In diesem Zusammenhang wird auch die Notwendigkeit gesehen, mehr *Interdisziplinäre Forschungsansätze* zu entwickeln. Die Befragten messen vor allem der neuroökonomischen Markenforschung eine hohe Relevanz für die Zukunft der Markenführung bei. Diese Disziplin hat mit ihren Forschungsergebnissen einen ersten konzeptionellen Rahmen für ein neuroökonomisch fundiertes Markenmanagement entwickelt. Danach entlasten Marken Entscheidungsprozesse. Mit den Konstrukten Preisschmerz, Belohnungswert, Exekutionskontrolle und Frame wurden einige wesentlichen Einflussvariablen auf die Markenkaufentscheidung identifiziert (Bruhn/Köhler 2010; Christakis/Fowler 2011; Kahnemann 2011; Kenning 2010; Scheier et al. 2010; Scheier/Held 2006; Scheier/Held 2009). Mit der Frage „Was machen Markenmanager tatsächlich?" forderten die Befragten in Zukunft mehr „deskriptive Markenführungstheorien“, die auf einer phänomenologisch-hermeneutischen Analyse der Markenmanager basieren sollten.

Das Themenfeld *Beschränkung/Ausweitung der Marke* fasst zwei gegensätzliche Zukunftsperspektiven in einer Kategorie zusammen. Es gibt Befragte, denen die Ausweitung des Markenbegriffs zu weit geht: „Die Marke muss wieder auf den Kern des Begriffs zurückgeführt werden. Nicht jede Partei, jeder Mensch, jeder ‚Blumentopf' ist Marke. Das Phänomen Marke wurde überdehnt und dabei hat man das ‚Unternehmen' vergessen“, lautet der Beitrag des Geschäftsführers eines Forschungs- und Beratungsunternehmens. Gleichzeitig gibt es aber auch Personen, die eine „Ausdehnung der Markenzone“ erkennen und die Herausforderungen sehen, das Konzept der Marke in den Bereichen Regionen (z. B. Anholt 2007; Dinnie 2007; Moilanen/Rainisto 2009; Morgan et al. 2006), Nonprofit Organisationen (z. B. Ritchie et al. 1999), B-to-B (z. B. Baumgarth 2010b) und bei KMUs (Baumgarth 2009; Berthon et al. 2008; Inskip 2004; Schultheiss 2011) professionell umzusetzen (Hellmann 2011; Hellmann/Pichler 2005).

Auch der Zusammenhang von *Marke und Wirtschaftskrise* wurde in der Befragung von den Teilnehmern thematisiert. Dabei ging es um den Einfluss der globalen Finanzkrise auf die Markenführung und die Herausforderung für Marken, sich in preisaggressiven Märkten zu behaupten (Binckebanck 2010).

Aus dem Kreis einer internationalen Markenberatung wurde das folgende Statement formuliert: “Is 'branding' a Western-based concept? How could Asian companies brand themselves when they come to Europe?“ Die Herausforderung, ein *Asiatisches Verständnis der Markenführung* zu erforschen bzw. zu entwickeln, wird von den Autoren als spannender und interessanter Gedanke wahrgenommen. Die Dominanz der angloamerikanischen Business Schools mit ihren Marketing- und Branding-

Programmen bedingt möglicherweise eine Praxis des Brandmanagements, die den interkulturellen Besonderheiten beispielsweise der chinesischen Marktes nicht gerecht wird. Hier besteht Forschungsbedarf (z. B. Bell 2008; Roll 2006).

3 Praxisrelevanz und Forschungsbedarf: Ergebnisse der Online-Befragung

In einer zweiten Phase wurden die 16 identifizierten Themenfelder den Experten via einer standardisierten Onlinebefragung zurückgespielt. Dabei wurden die Experten gebeten, die Praxisrelevanz sowie den Forschungsbedarf auf einer Fünfer-Skala (1= hoch; 5 = gering) zu beurteilen. Weiterhin wurden die Experten befragt, zu welchen zwei Themenfeldern sie ein dreijähriges Forschungsprojekt unterstützen würden. Insgesamt beantworteten 20 Experten im Erhebungszeitraum den standardisierten Fragebogen. Tabelle 1 zeigt die Ergebnisse im Überblick (zu den Unterkategorien der einzelnen Themenfelder vgl. Anhang 1).

Insgesamt zeigt sich, dass die Praxisrelevanz und der Forschungsbedarf mehr oder weniger pro Themenfeld ähnlich eingeschätzt werden (Ausnahmen ist das Themenfeld *Interdisziplinäre Forschungsansätze*), d. h. Themen, die in der Praxis eine hohe (bzw. geringe) Relevanz haben, weisen auch einen hohen (bzw. geringen) Forschungsbedarf auf und umgekehrt. Die größte Relevanz bescheinigt das Expertensample den Themenfeldern *Social Media und Marke*, *Interne Markenführung*, *Markenkommunikation* und *Markencontrolling*. Als relativ unwichtige Themenfelder werden hingegen die Themen *Marke und Wirtschaftskrise* und *Marke: Beschränkung/Ausweitung* eingeschätzt.

Die Frage nach der Lancierung eines „dreijährigen Forschungsprojektes" bestätigt zunächst mit neun Nennungen für *Social Media* und vier

Nennungen für *Interne Markenführung* die Ergebnisse der Relevanzabfrage.

Themenfelder	Praxis-relevanz	Forschungs-bedarf
Asiatisches Verständnis der Markenführung	2,74	2,33
Corporate Branding und Markenarchitekturen	2,00	2,33
Emotionale Verbindung von Konsumenten zu Marken	2,32	2,22
Interdisziplinäre Forschungsansätze	2,68	2,00
Interne Markenführung	1,74	1,89
Marke und Nachhaltigkeit	2,53	2,67
Marke: Beschränkung/Ausweitung	2,95	3,28
Marken und Markenführung in vertikalen Systemen	2,32	2,50
Marken und Wirtschaftskrise	3,11	3,22
Markencontrolling	2,00	2,17
Markenfans und Markencommunity	2,47	2,39
Markenkommunikation	1,89	2,17
Markenkontaktpunkte	2,05	2,06
Social Media und Marke	1,37	1,17
Transfer von Markenwissen zwischen Markenwissenschaft und Markenpraxis	2,58	2,78
Zielgruppen von Marken	2,63	2,83

Tabelle 1: Praxis- und Forschungsrelevanz der Themenfelder

Überraschend ist allerdings, dass nur eine Nennung für das hochgerankte Thema *Markencontrolling* und immerhin fünf Nennungen für das nur als mittelwichtig eingeschätzte Themenfeld *Emotionale Verbindung von*

Konsumenten zu Marken erfolgten. Vorsichtig lässt sich dies dahingehend interpretieren, dass Markenforscher und Markenpraktiker sich lieber mit emotionalen Themen als mit „harten“, betriebswirtschaftlichen Themen beschäftigen. Ob dies für das Standing des Themas Marke in der Unternehmenspraxis hilfreich ist, darf bezweifelt werden (ähnlich Verhoef/Leeflang 2009).

Um Unterscheide zwischen *Praktiker und Forschern* zu identifizieren wurde die Praxisrelevanz und der Forschungsbedarf getrennt für diese beiden Gruppen ausgewertet, wobei die geringe Fallzahl bei der Interpretation zu berücksichtigen ist. Tabelle 2 fasst die Themenfelder zusammen, bei denen zwischen diesen beiden Gruppen deutliche Unterschiede (mehr als 0,5 Punkte Unterschied) existieren.

	höhere Bedeutung aus Wissenschaftssicht	**höhere Bedeutung aus Praxissicht**
Praxis-relevanz	• Asiatisches Verständnis der Markenführung • Corporate Branding • Marke: Beschränkung/ Ausweitung • Markencontrolling • Transfer von Markenwissen zwischen Markenwissenschaft und Markenpraxis	• Markenkontaktpunkte
Forschungs-bedarf	• Corporate Branding • Markenführung in vertikalen Systemen • Transfer von Markenwissen zwischen Markenwissenschaft und Markenpraxis	• Markenkontaktpunkte

Tabelle 2: Unterscheide nach der Tätigkeit der Experten

Insgesamt zeigt sich, dass vor allem die Themenfelder *Corporate Branding* und *Transfer von Markenwissen zwischen Markenwissenschaft und Markenpraxis* für die Forscher deutlich wichtiger sind. Für die Praktiker hingegen zeichnet sich das Themenfeld *Markenkontaktpunkte* durch eine höhere Praxisrelevanz und erhöhten Forschungsbedarf aus.

Ähnlich wurden auch internationale und nationale Experten miteinander verglichen, wobei auch hier die geringe Gruppengröße nur tendenzielle Aussagen erlaubt. Tabelle 3 fasst Themenfelder zusammen, die sich durch deutliche Unterscheide zwischen diesen beiden Gruppen (mehr als 0,5 Punkte Unterschied) auszeichnen.

	höhere Bedeutung aus Sicht der nationalen Experten	**höhere Bedeutung aus Sicht der internationalen Experten**
Praxis-relevanz	• Asiatisches Verständnis der Markenführung	• Markenfans und Markencommunity
Forschungsbedarf	• Emotionale Verbindung von Konsumenten zu Marken	• Corporate Branding • Interdisziplinäre Forschungsansätze • Marke: Beschränkung/ Ausweitung • Transfer von Markenwissen zwischen Markenwissenschaft und Markenpraxis

Tabelle 3: Unterschiede nach regionaler Herkunft der Experten

Insgesamt fallen die Unterschiede zwischen den nationalen und internationalen Experten relativ gering aus. Deutlich wichtiger erachten die internationalen Experten den Forschungsbedarf in zwei Themenfeldern

(*Interdisziplinäre Forschungsansätze* und *Transfer von Markenwissen zwischen Markenwissenschaft und Markenpraxis*), die eher das Wissenschaftsverständnis und die Forschungsorganisation betreffen als konkrete Fragestellungen zum Globalthema Marke.

4 Fazit und Ausblick

Die Studie DieMarkentrends 2011 kann aufgrund der Stichprobengröße und -zusammensetzung des Expertenpools nur Trendhinweise für die Markenpraxis und Markenforschung geben, deren breite Relevanz in weiteren Studien geprüft werden muss. Trotzdem sind zentrale Trends und Erkenntnisinteressen offensichtlich. Mit höchster Priorität werden von den Praktikern und Wissenschaftlern die folgende Themenfelder eingeschätzt:

- Social Media und Marke
- Interne Markenführung
- Markenkommunikation und Markenkontaktpunkte
- Markencontrolling

Insgesamt schätzen die Praktiker und Wissenschaftler die Relevanz der Themenfelder ähnlich ein, wobei die Wissenschaftler insbesondere den *Transfer von Markenwissen zwischen Markenwissenschaft und Markenpraxis* als Herausforderung einschätzen. Die Praktiker hingegen sehen im Vergleich zu den Wissenschaftlern das Themenfeld *Markenkontaktpunkte* als ein Top-Thema.

Für die Zukunft wäre es zum einen wünschenswert und wertvoll, wenn eine solche Trendbefragung als regelmäßige Befragung etabliert werden könnte und zum anderen, wenn eine solche Trendstudie auf einem größeren und insbesondere in Bezug auf die internationale Zusammensetzung heterogenen Expertenpool aufbauen würde.

Anhang

Identifizierte Themenfelder und Themen der Expertenstudie (alphabetische Reihenfolge)

- *Asiatisches Verständnis der Markenführung*
- *Beschränkung/Ausweitung der Marke:* Markenkonzept wird zu generisch verwendet; Marke in anderen Bereichen, unter anderem: KMUs, B-to-B, Regionen, Nonprofit etc.
- *Corporate Branding und Markenarchitekturen:* Hierarchie, Kombination, Mega-Marken, operative Umsetzung von Corporate Brands, Employer Branding, Markenkonfusion
- *Emotionale Verbindung von Konsumenten zu Marken:* Theorien: Persönlichkeit, Freundschaft, Liebe, Intimität
- *Interdisziplinäre Forschungsansätze:* Neurowissenschaften, Naturwissenschaften, Deskriptive Markenführungstheorien: Was machen Markenmanager tatsächlich?
- *Interne Markenführung:* Organisation des Markenmanagements, Verankerung der Marke auf Top-Management-Level, Kompetenzen und Ressourcen der Markenführung, Interne Kommunikation, Markenbotschafter, Markenführung als Teamaufgabe
- *Marke und Nachhaltigkeit:* CSR-Marken, Sozialschädliche Effekte von Marken, Transparenz als Markentreiber, De-Branding, Marken als Vermittler ethischer Werte/als Religionsersatz
- *Marken und Markenführung in vertikalen Systemen:* Franchise, Zulieferer, Handel, Multi-Channel
- *Marke und Wirtschaftskrise:* globale Wirtschaftskrise, Preisaggressive Märkte

- *Markencontrolling:* Finanzielle Bewertung von Marken, Kennzahlen, Markenwert als Rechtfertigung im Unternehmen, Methoden der Trendforschung, Markenpositionierungsmodelle
- *Markenfans und Markencommunity*
- *Markenkommunikation:* Cross Channel, Media-Mix, Integration, individuelle Formen der Markenkommunikation, Markenanreicherung: Sponsoring, Placement
- *Markenkontaktpunkte:* Relevanz verschiedener Markenkontaktpunkte, Abstimmung der Markenkontaktpunkte, Rechtlicher Schutz, Relevanz/Mangel an neuen Markennamen, Markenerlebnis, Marke im dreidimensionalen Raum
- *Social Media und Marke:* Konsument als Mitgestalter der Marke, Markenerlebnis im Netz, Interaktionsfähigkeit und -schnelligkeit von Unternehmen, Messung von Markenwirkungen im Netz, Kontrollverlust, Meinungsführung im Netz
- *Transfer von Markenwissen zwischen Markenwissenschaft und Markenpraxis*
- *Zielgruppen von Marken:* Widersprüchliche Zielgruppen einer Marke, Relevanz von Typologien und Segmentierungsansätzen

Literatur

Aaker, J.; Fournier, S. (1995): A Brand as a Character, a Partner and a Person, in: Advances in Consumer Research, Eds.: Kardes, F. R.; Sujan, M., UT, Vol. 22, pp. 391-395.
Albrecht, C.-M. (2009): Einkaufsstress, Wiesbaden.
Anholt, S. (2007): Competetive Identity, Hamphire.
Arnhold, U. (2010): User Generated Branding, Wiesbaden.
Batra, R.; Ahuvi, A.; Bagozzi, R. P. (2012): Brand Love, in: Journal of Marketing, Vol. 76, No. 2, pp. 1-16.
Baumgarth, C. (2009): Is branding only relevant for big b-to-b companies? Brand orientation of industrial SMEs, in: Marketing and Entreprenuership, Eds.: Kocak, A.; Abimbola, T.; Özer, A.; Watkins-Mathys, Ankara, pp. 355-364.
Baumgarth, C. (2010a): "Living the brand": brand orientation in the business-to-business sector, in: European Journal of Marketing, Vol. 44, No. 5, pp. 653-671.
Baumgarth, C. (Hrsg.) (2010b): B-to-B-Markenführung, Wiesbaden.
Baumgarth, C.; Binckebanck, L. (2011): CSR-Markenmanagement in der mittelständischen Bau- und Immobilienwirtschaft, in: Jahrbuch KMU-Forschung: Nachhaltigkeit in kleinen und mittleren Unternehmen, Hrsg.: Meyer, J.-A., Lohmar, S. 335-365.
Baumgarth, C.; Binckebanck, L. (2012): Glaubwürdige CSR-Kommunikation durch eine identitätsbasierte CSR-Markenführung, in: UmweltWirtchaftsForum, 19. Jg., H. 3-4, S. 199-205.
Baumgarth, C.; Merrilees, B.; Urde, M. (2011): Kunden- oder Markenorientierung, in: Marketing Review St. Gallen, 28. Jg., H. 1, S. 8-13.
Baumgartner, E. (2007): Brand Communities als neue Markenwelten, Heidelberg.
BCG/Markenverband (2005): Die vertikale Verlockung, München.
Bell, S. (2008): International Brand Management of Chinese Companies, Heidelberg.
Berthon, P.; Ewing, M. T.; Napoli, J. (2008): Brand Management in Small to Medium-Sized Enterprises, in: Journal of Small Business Management, Vol. 46, No. 1, pp. 27-45.
Binckebanck, L. (Hrsg.) (2010): Verkaufen nach der Krise, Wiesbaden.

Birkinshaw, J.; Bouquet, C.; Barsoux, J.-L. (2010): Top 10 Lessons on the New Business of Innovation, in: MITSloan Management Review, Vol. 52, No. 2, pp. 42-50.

Boltz, D.-M. (1999): Marketing by Worldmaking, Frankfurt am Main.

Boltz, D.-M. (2006): Partizipation als Erfolgsmerkmal effizienter Medienangebote, in: transfer – Werbeforschung und Praxis, 50. Jg., H. 4, S. 42-47.

Bruhn, M.; Köhler, R. (2010): Wie Marken wirken, München.

Bruhn, M.; Esch, F.-R.; Langner, T. (2009): Handbuch Kommunikation, Wiesbaden.

Carroll, B.; Ahuvia, A. C. (2006): Some antecedents and outcomes of brand love, in: Marketing Letters, Vol. 17, No. 2, pp. 79-89.

Christakis, N.; Fowler, J. (2011): Connected: The Surprising Power of Our Social Networks and How They Shape Our Lives, New York.

Christodoulides, D.; de Chernatony, L. (2010): Consumer-based brand equity conceptualisation and measurement, in: International Journal of Market Research, Vol. 52, No. 1, pp. 43-66.

Cova, B.; Pace, S. (2006): Brand community of convenience products, in: European Journal of Marketing, Vol. 40, No. 9/10, pp. 1087-1109.

Deitmar, H. L. (2012): Die Beziehung von Unternehmenskultur und Unternehmensmarke, Wiesbaden.

Deutsche Telekom (2011): Telekom – Marken treiben Wandel – Brand driven change, Hamburg.

Dinnie, K. (2007): Nation Branding, Amsterdam et al.

Esch, F. R.; Tomczak, T.; Kernstock, J. Langner, T. (2007): Corporate Brand Management, 2. Aufl., Wiesbaden.

Ethority (2011): Social Media Prisma V 3.0, URL: http://www.ethority.de/weblog/social-media-prisma/, letzter Abruf am 12.01.2012.

Farris, P. W.; Bendle, N.; Pfeifer, P.; Reibstein, D. (2010): Marketing Metrics, 2nd ed., New Jersey.

Fournier, S.; Lee, L. (2009): Getting Brand Communities Right, in: Harvard Business Review, Vol. 87, No. 4, pp. 105-111.

Friebe, H.; Ramge, T. (2008): Marke Eigenbau, Frankfurt am Main.

Greenpeace (2010): Sweet success for Kit Kat campaign: you asked, Nestlé has answered, URL:http://www.greenpeace.org/ international/en/news/features/Sweet-success-for-Kit-Kat-campaign/, letzter Abruf am 12.01.2012.

Grüter, A. (2006): Markennetze, Lohmar.
Hammann, P.; Palupski, R.; Bofinger, K. (1997): Markenstreß, in: Marketing ZFP, 19. Jg., H. 3, S. 177-183.
Hellmann, K.-U. (2005): Die Magie einer Marke. Harley-Davidson als prototypische „brand community“, in: Markenmanagement in der Motorradindustrie, Hrsg.: Fischer, W.; Eckstein, M.; Blenk, G., Wiesbaden, S. 67-86.
Hellmann, K.-U. (2011): „Machen Sie sich schöne Tage. always“. Zur Kommerzialisierung alltäglicher Lebenswelten, in: Ökonomisierung und Kommerzialisierung der Gesellschaft, Hrsg.: Kettner, M.; Koslowski, P., München Paderborn, S. 177-198.
Hellmann, K.-U.; Pichler, R. (Hrsg.) (2005): Ausweitung der Markenzone, Opladen.
Herbrand, N. O. (2008): Schauplätze dreidimensionaler Markeninszenierung, Stuttgart.
Hoppe, M. (2009): Informelle Mitgliedschaft in Brand Communities, Wiesbaden.
Hwang, H.; Jung, T.; Suh, E. (2004): An LTV model and customer segmentation based on customer value, in: Expert Systems with Applications, Vol. 26, No. 2, pp. 181-188.
Inskip, I. (2004): Corporate Branding for small to medium-sized business, in: Journal of Brand Management, Vol. 11. No. 5, pp. 358-365.
Kahneman, D. (2011): Thinking, Fast and Slow, New York.
Kapferer, J.-N. (2012): The New Strategic Brand Management, 5. Aufl., London.
Kaplan A. M.; Haenlein M. (2010): Users of the world, unite! The challenges and opportunities of social media, in: Business Horizons, Vol. 53, No. 1, pp. 59-68.
Kenning, P. (2010): Fünf Jahre neuroökonomische Forschung, in: Wie Marken wirken, Hrsg.: Bruhn, M.; Köhler, R., München, S. 31-46.
Kreutzer, R. T. (2011): Praxisorientiertes Online-Marketing, Wiesbaden.
Levine, R.; Locke, C.; Searls, D.; Weinberger, D. (2001): The cluetrain manifesto, New York.
Lovemarks (2012): Lovemarks: the future beyond brands, URL: http://www.lovemarks.com/index.php?pageID=20020, letzter Abruf am 12.01.2012.

Lüdicke, M. K. (2006): Brand Community Under Fire: The Role of Social Environments for the HUMMER Brand Community, in: Advances in Consumer Research, Vol. 33, pp. 486-493.
Malär, L.; Nyffenegger, B.; Krohmer, H.; Hoyer, W. D. (2011): Implementing an intended brand personality, URL:http://dx.doi.org/10.1007/s11747-011-0251-8, letzter Abruf am 12.01.2012.
McAlexander, J. H.; Schouten, J. W.; Koenig, H. F. (2002): Building Brand Community, in: Journal of Marketing, Vol. 27, No.4, pp. 38-54.
Meffert, H.; Rauch, C.; Lepp, H. L. (2010): Sustainable Branding – mehr als nur ein Schlagwort?!, in: Marketing Review St. Gallen, 27. Jg., H. 5, S. 28-35.
Michaelis D.; Schildhauer T. (2010): Social Media Handbuch, Nomos.
Mikunda, C. (2002): Marketing spüren, Frankfurt, Wien.
Moilanen, T.; Rainisto, S. (2009): How to brand Nations, Cities and Destinations, Basingstoke and Hampshire.
Morgan, N.; Pritchard, A.; Pride, R. (2006): Destination Branding, 2. Aufl., Oxford.
Muniz, A. M. Jr.; O'Guinn, T. C. (2001): Brand Community, in: Journal of Consumer Research, Vol. 27, No. 3, pp. 412-32.
Park, C. W.; MacInnis, D. J.; Priester, J. R.; Eisingerich, A. B.; Iacobucci, D. (2010): Brand Attachment and Brand Attitude Strength, in: Journal of Marketing, Vol. 74, No. 6, pp. 1-17.
Piehler, R. (2011): Interne Markenführung, Wiesbaden.
Piller, F.; Reichwald, R. (2009): Interaktive Wertschöpfung, Wiesbaden.
Polonnsky, M.; Jevons, C. (2009): Global branding and strategic CSR, in: International Marketing Review, Vol. 26, No. 3, pp. 327-347.
Popp, S. (2011): Markenerfolg durch Brand Communities, Wiesbaden.
Poynter, R. (2010): The Handbook of Online and Social Media Research, Nottingham.
Procter&Gamble (2012): P&G Connect+Develop Portal, URL: https://secure3.verticali.net/pg-connection-portal/ctx/noauth/PortalHome.do, letzter Abruf am 12.01.2012.
Qualman, E. (2010): Socialnomics, 3. Aufl., New Jersey.
Ritchie, R.; Swami, S.; Weinberg, C. B. (1999): A brand new world for nonprofits, in: International journals of nonprofit and voluntary sector marketing, Vol. 4, No. 1, pp. 26-42.

Roberts, K. (2007): Lovemarks: the future beyond brands, New York.
Roll, M. (2006): Asian brand strategy, New York.
Salinas, G. (2009): The International Brand Valuation Manual, New York.
Scheer, B. (2008): Nutzenbasierte Marktsegmentierung, Wiesbaden.
Scheier, C.; Bayas-Linke, D.; Schneider, J. (2010): Codes, München.
Scheier, C.; Held, D. (2006): Wie Werbung wirkt, München.
Scheier, C.; Held, D. (2009): Was Marken erfolgreich macht, München.
Schimansky, A. (Hrsg.) (2004): Der Wert der Marke, München.
Schmidt, H. J. (Hrsg.) (2007): Internal Branding, Wiesbaden.
Schultheiss, B. (2011): Markenorientierung und -führung für B-to-B-Familienunternehmen, Wiesbaden.
Shirky, C. (2009): Here Comes Everybody, New York.
Solis, B. (2010): Engage!: The Complete Guide for Brands and Businesses to Build, Cultivate, and Measure Success in the New Web, New Jersey.
Steiner, P. (2011): Sensory Branding, Wiesbaden.
Sterne, J., Meerman S. (2010): Social Media Metrics, New Jersey.
Strebinger, A. (2010): Markenarchitektur, 2. Aufl., Wiesbaden.
Tomczak, T; Esch, F. R.; Kernstock, J. Herrmann, A. (2012): Behavioral Branding, 3. Aufl., Wiesbaden.
Urde, M. (1994): Brand Orientation, in: Journal of Consumer Marketing, Vol. 11, No. 3, pp. 18-32.
Urde, M. (1999): Brand Orientation, in: Journal of Marketing Management, Vol. 15, No. 1-3, pp. 117-133.
Verhoef, P. C.; Leeflang, P. S. H. (2009): Understanding the Marketing Department's Influence within the Firm, in: Journal of Marketing, Vol. 73, No. 2, pp. 14-37.
Von Loewenfeld, F. (2006): Brand Communities, Wiesbaden.
Weinberg, T. (2009): The New Community Rules, Sebastopol.
Wheeler, A. (2009): Designing Brand Identity, 3rd ed., Hoboken.
Willmott, M. (2001): Citizen Brands, Chichester et al.
Wipperfürth, A. (2005): Brand hijack, New York.
Wittke-Kohe, C. (2001), Interne Markenführung, Wiesbaden.
Zentes, J.; Neidhart, M.; Scheer, L. (2006): HandelsMonitor Spezial: Vertikalisierung, o. O.

Consumer Neuroscience und Marke – Erste Ansätze einer neurophysiologischen Markentheorie

Marc Linzmajer, Peter Kenning

Consumer Neuroscience und Marke – Erste Ansätze einer neurophysiologischen Markentheorie

„Für jede neue Form von Wissenschaft stellt der Umstand ein Problem dar, dass sie über zu wenig Fakten verfügt" - B.F. Skinner (1978)

Stichworte: Consumer Neuroscience, Marke, Markentheorie, Neurophysiologie

Abstract:

In den letzten Jahren hat kaum ein anderes Thema eine höhere Bedeutung in der Marketingforschung und -praxis erfahren als das der Markenführung. Vor diesem Hintergrund mag es verwundern, dass es in weiten Teilen des Markenmanagements nach wie vor an einer hinreichenden und anschlussfähigen theoretischen Fundierung fehlt. Der Wunsch danach, eine solche Markentheorie zu entwickeln, mag erklären, warum neurowissenschaftlich orientierte Arbeiten in diesem Kontext oft eine besondere Aufmerksamkeit erfahren. Tatsächlich kann man vermuten, dass eine systematische Integration neurowissenschaftlicher Verfahren, Methoden und Erkenntnisse, die unter dem Rubrum „Consumer Neuroscience" diskutiert wird, zu einer solchen Theorie führen könnte. Aufgrund der dieser Thematik inhärenten Komplexität soll anhand des vorliegenden Beitrags gezeigt werden, welche ersten Bausteine einer neurowissenschaftlich geprägten, genauer: neurophysiologisch geprägten Markentheorie heute erkennbar sind.

1 Einleitung: Towards a unified theory of branding?

In den letzten Jahren hat kaum ein anderes Thema eine höhere Bedeutung in der Marketingforschung und -praxis erfahren als das der Markenführung (Ahlert/Hubert 2010; Baumgarth 2008; Esch et al. 2006; Florack et al. 2007; Meffert et al. 2011, S. 357 ff.). Unzählige Bücher, Vorträge und Zeitschriftenbeiträge handeln von Marken und den mit dem Markenmanagement verbundenen Problemen (Kenning 2003). Diese Bedeutsamkeit war im Wesentlichen durch drei Entwicklungen beeinflusst: Erstens bieten Marken als Vertrauensanker dem Kunden eine Möglichkeit, die zunehmende *Komplexität* der Märkte zu bewältigen. Zweitens gewannen Marken aus betrieblicher Perspektive an Bedeutung, da Marken den Produkten bei zunehmender physisch-technischer Ähnlichkeit einen *emotionalen Zusatznutzen* verschaffen können, der eine nachhaltige Wettbewerbsdifferenzierung erlaubt. Drittens fokussierten zahlreiche Unternehmen in den letzten Jahren mit dem *Beziehungsmarketing* eine langfristige Kundenorientierung, in deren Zentrum die Markenloyalität des Kunden eine strategische Bedeutung einnimmt. Diese drei Entwicklungen resultierten darin, dass viele Unternehmen das Markenthema sehr weit oben auf den jeweiligen Agenden angesiedelt hatten und haben.

Vor diesem Hintergrund mag es verwundern, dass es in weiten Teilen des Markenmanagements nach wie vor an einer *hinreichenden und anschlussfähigen* theoretischen Fundierung fehlt. „Hinreichend" bedeutet in diesem Zusammenhang, dass die jeweilige Theorie in der Lage wäre, nicht nur bestehende Erfolgsbeispiele im Nachhinein zu erklären, sondern ebenfalls eine Prognose künftiger Entwicklungen erlauben würde. „Anschlussfähig" meint, dass eine Markentheorie mit bestehenden theoretischen Konzepten anderer Wissenschaften, die sich mit dem menschlichen (Entscheidungs-)verhalten beschäftigen, in Einklang zu bringen ist oder sogar in diese integriert werden kann. Der Wunsch danach, eine solche hinreichende und anschlussfähige Markentheorie zu entwickeln, mag erklären, warum neurowissenschaftlich orientierte Arbeiten in diesem Kontext oft eine besondere Aufmerksamkeit erfahren. Tatsächlich kann vermutet werden, dass eine systematische Integration neurowissenschaftlicher Erkenntnisse, Theorien und Methoden – die unter dem Rubrum „Consumer Neuroscience" diskutiert wird – zu einer solchen

Theorie führen könnte. Ein Grund hierfür ist, dass zum einen ihre Anschlussfähigkeit aufgrund ihres transdisziplinären Charakters *sui generis* gewährleistet wäre. Zum anderen haftet den Neurowissenschaften die Vermutung einer gesonderten prognostischen Kraft an, weil sie in weiten Teilen naturwissenschaftlich argumentiert und daher den Eindruck erweckt, menschliches Verhalten auf einer naturwissenschaftlich-deterministischen Basis erklären und damit ggfs. auch vorhersagen zu können.

Aufgrund der dieser Thematik inhärenten Komplexität kann es nicht Gegenstand des vorliegenden Beitrags sein, diese Vermutungen abschließend zu widerlegen oder zu bestätigen. Vielmehr soll gezeigt werden, welche ersten Bausteine einer neurowissenschaftlich, genauer: neurophysiologisch geprägten Markentheorie bereits heute erkennbar sind. Dazu wird zunächst das Themengebiet der Consumer Neuroscience skizziert. Darauf aufbauend werden die aus Sicht der Verfasser für die Markenführung wesentlichen Forschungsergebnisse zusammengefasst, bevor einige in der aktuellen Diskussion befindliche Probleme dieses Ansatzes kritisch diskutiert werden. Abschließend wird ein kurzes Fazit gezogen.

2 Ein Überblick über das Forschungsgebiet Consumer Neuroscience

Gegenstand der *Consumer Neuroscience* ist die systematische Integration neurowissenschaftlicher Erkenntnisse, Theorien und Methoden in die Konsumenten- und Käuferverhaltensforschung (für eine Abgrenzung zum bisweilen irreführenden Begriff „Neuromarketing" siehe Kenning/Linzmajer 2011, S. 112). Etwas vereinfachend kann man die entsprechenden integrativen Arbeiten in einen Bereich „Social Consumer Neuroscience", einen Bereich „Commercial Consumer Neuroscience" und einen Bereich „Individual Consumer Neuroscience“ unterteilen (vgl. Abbildung 1). Diese Trennung orientiert sich dabei an der in den Wirtschaftswissenschaften bekannten Differenzierung von Spiel- und Entscheidungstheorie, die darin besteht, ob es Interdependenzen in den Nutzenfunktionen der jeweiligen Akteure gibt. Falls dies der Fall ist und falls ein einzelner Akteur seinen Nutzen nur mit Hilfe der anderen Akteure maximieren kann, spielen soziale Aspekte eine ökonomisch bedeutsame Rolle. Die in diesem Kontext wichtigen Variablen wären Vertrauen, Fairness und Kooperation. Sie bilden somit den Kern des Teilgebiets der *Social Consumer Neuroscience*.

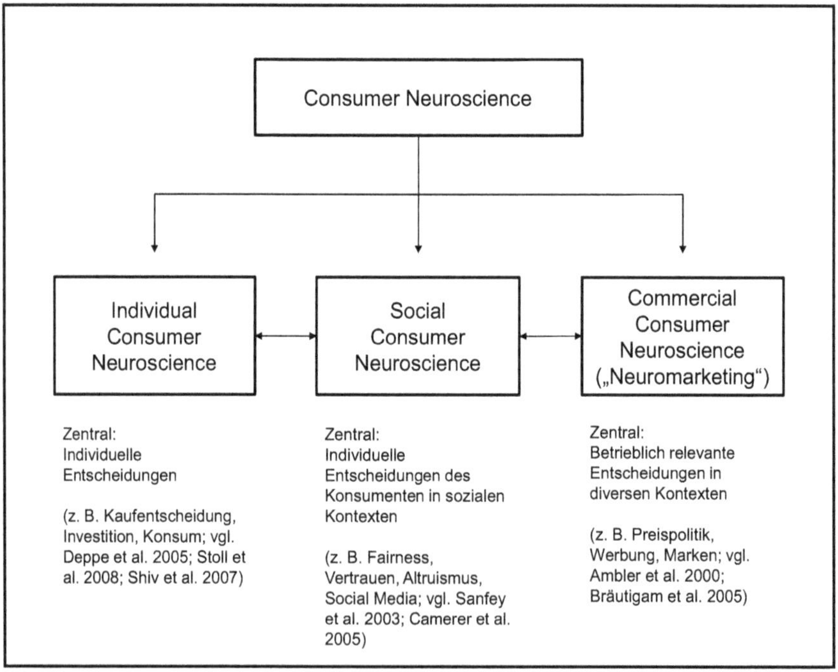

Abbildung 1: Teilgebiete der Consumer Neuroscience

Im Gegensatz dazu fokussieren Arbeiten im Bereich Individual Consumer Neuroscience und Commercial Consumer Neuroscience individuelle, nicht-soziale Konstrukte. Dabei liegt im Bereich der *Commercial Consumer Neuroscience* das Hauptaugenmerk auf der neuralen Wirkung betrieblicher Instrumente. Demzufolge werden die betriebliche Preis-, Distributions-, Kommunikations-, Produkt- sowie die Markenpolitik aus einer neurowissenschaftlichen Perspektive beleuchtet.

Daneben spielen aber auch allgemeine psychologische Konstrukte und Effekte eine Rolle für die Konsumenten- und Käuferverhaltensforschung. Das Teilgebiet der *Individual Consumer Neuroscience* beinhaltet demzufolge das Wissen darüber, wie diese Effekte – Framing, Anchoring, Intertemporal Discounting und Endowment – neural beschrieben werden können (für exemplarische Studien siehe z. B. Deppe et al. 2005a oder Deppe et al. 2007).

Für das hier zu behandelnde Thema der Markenführung sind insbesondere die Arbeiten im Bereich Individual bzw. Commercial Consumer Neuroscience von Bedeutung. Gleichwohl ist zu erwarten, dass durch die zunehmende Bedeutung sozialer und interaktiver Aspekte im Kontext der betrieblichen Markenführung (z. B. Social Media, Sustainability) das Forschungsfeld der Social Consumer Neuroscience an Bedeutung gewinnen wird.

3 Brands in the brain im Entdeckungszusammenhang, oder: Was wissen wir bisher?

Auch wenn die Forschungsrichtung „Consumer Neuroscience“ noch relativ jung ist, ist durch die entsprechenden Arbeiten in den beiden genannten Teilgebieten bekannt, dass Marken spezifische neurale Korrelate haben, die man mehr oder weniger gut verorten und bewerten kann

(z. B. Kenning/Plassmann 2005; Kenning/Plassmann 2008; Kenning et al. 2007). Ein erster Hinweis auf eine solche *Neuroanatomie der Marke*, der vor etwa zehn Jahren gewonnen wurde, ist die Beobachtung, dass Marken zu einer „kortikalen Entlastung" führen, die wiederum mit einer signifikanten Mehraktivierung im ventromedialen präfrontalen Kortex („VMPFC") einhergeht. Die entsprechenden Studien sollen im Folgenden nur sehr kurz dargestellt werden (siehe aber weiterführend Kenning 2010).

a) Ergebnis 1: Markenemotionen entlasten den Entscheidungsprozess durch eine signifikante Aktivierung des ventromedialen präfrontalen Kortex.

Die erste Erkenntnis zum Thema „kortikale Entlastung" gewannen die Forscher, indem sie Probanden im MR-Gerät fiktive Markenwahlentscheidungen treffen ließen. Dabei waren einige Entscheidungen dadurch gekennzeichnet, dass die Lieblingsmarke der Probanden in den Entscheidungsprozess integriert wurde. Immer dann, wenn dies der Fall war, zeigten sich zwei Effekte: Zum einen identifizierte man signifikante *Minder*aktivierungen in Strukturen, die mit dem Arbeitsgedächtnis bzw. mit rationalen Entscheidungen assoziiert werden. Zum anderen maßen die Wissenschaftler signifikante *Mehr*aktivierungen in einer Struktur, die mit der Integration von Emotionen in Entscheidungsprozesse in Verbindung gebracht werden. Diese Struktur, die im neurowissenschaftlichen Schrifttum als ventromedialer präfrontaler Kortex (im Folgenden: VMPFC) bezeichnet wird, scheint somit eine besondere Bedeutung für die Markenwirkung zu haben.

Diese zunächst vorläufigen Befunde wurden einige Zeit später in Replikationsstudien aufgegriffen und bestätigt. Neben einer Studie zum Thema „Neurale Wirkung von Zeitschriftenmarken", die von Deppe et al.

(2005b) in der Fachzeitschrift Brain Research Bulletin publiziert wurde, verdient eine Studie von Koenigs/Tranel (2007) besondere Beachtung. Koenigs/Tranel (2007) replizierten aufbauend auf den Ergebnissen der Studie von Deppe et al. (2005b) den in der Markenforschung bekannten Coca-Cola-Blindtest mit Personen, die Schädigungen im VMPFC aufwiesen. Die Ergebnisse dieses Experiments sind in der folgenden Abbildung dargestellt.

Im Experiment differenzierten Koenigs/Tranel (2007) zwei Phasen und drei Probandengruppen. In der ersten Phase wurden alle drei Gruppen gebeten, die entsprechenden Cola-Getränke ohne Kenntnis der jeweiligen Marken zu verkosten und zu bewerten. Das Ergebnis kann dem oberen Teil der Abbildung 2 entnommen werden.

Man erkennt dort, dass die anonymisierte Pepsi-Cola bei einer Präferenzeinschätzung stets gegenüber der anonymisierten Coca-Cola bevorzugt wird. In der zweiten Phase – in welcher die Probanden über die Marke in Kenntnis gesetzt werden – ändert sich dieses Bild (s. Abbildung 2, unten). So beurteilten die gesunden Probanden den Geschmack der Coca-Cola nun besser („NC“: Normal Comparison), die Personen mit Schädigungen außerhalb des VMPFC veränderten ihre Beurteilung aus der ersten Phase in ähnlicher Weise („BDC“: Brain-Damaged Comparison). Nur die Probandengruppe mit Schädigungen im VMPFC ließ sich durch die Marke nicht im Urteil beeinflussen („VMPC“). Insofern bestätigte diese Studie die zentrale Rolle des VMPFC für die Verarbeitung von Markeninformationen.

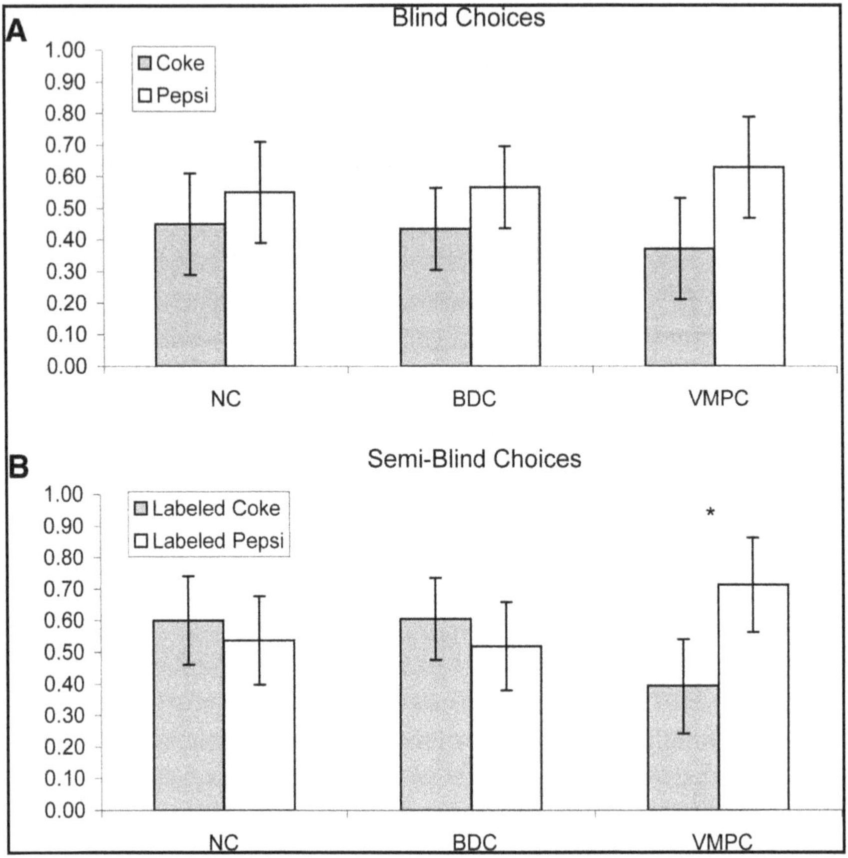

Abbildung 2: Ergebnisse der Studie, Quelle: Koenigs/Tranel 2007, S. 3.

b) Ergebnis 2: Markenloyalität kann in den Belohnungsstrukturen des Gehirns – dem Striatum – verortet werden.

Eine weitere betriebswirtschaftlich bedeutsame Zielgröße ist die *Markenloyalität.* Im Rahmen der Consumer Neuroscience wurde daher die Frage untersucht, welche neuralen Strukturen mit dieser Zielgröße verbunden sind. In einer auf die Beantwortung dieser Frage angelegten empirischen Studie von Plassmann et al. (2007) konnte gezeigt werden, dass das *ventrale Striatum* eine wichtige Rolle bei der Entstehung von Markenloyalität spielt. In der Studie wurden Probanden gebeten, fiktive Kaufentscheidungen zu treffen.

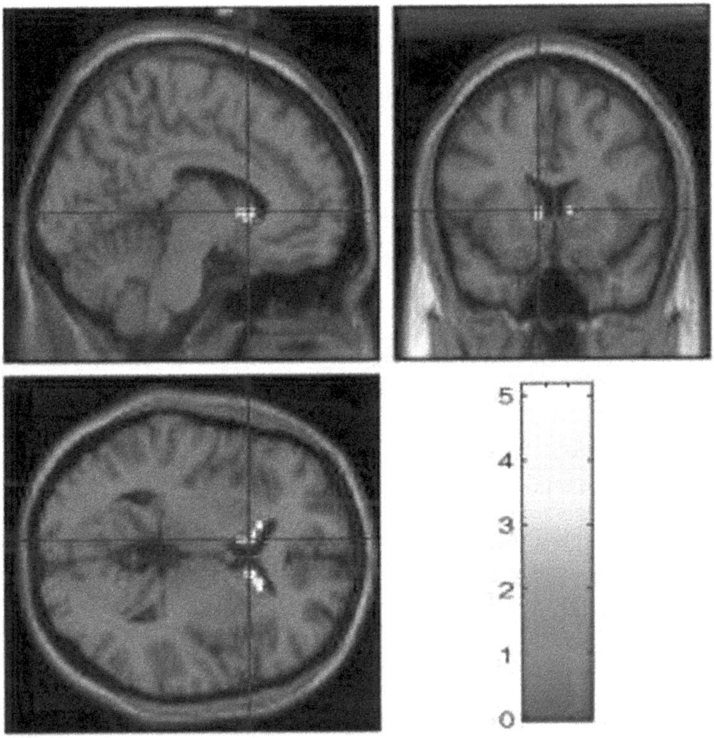

Abbildung 3: Neurale Mechanismen der Betriebstypenmarkenloyalität
Quelle: Plassmann et al. 2007, S. 3

Die zentrale Frage bei der Untersuchung war hierbei, welche Betriebstypenmarke (z. B. Karstadt, Kaufhof, H&M) die Kunden in der jeweiligen Kaufentscheidung bevorzugen würden. Die im Experiment verwendeten

Betriebstypenmarken wurden im Vorfeld der Studie so sortiert, dass jeweils bekannt war, welcher Proband wie viel und wie häufig bei welchem der betreffenden Handelsunternehmen über einen längeren Zeitraum eingekauft hatte. Nach diesem Kriterium wurden die loyalen Kunden von den nicht-loyalen Kunden differenziert. Danach wurde analysiert, welche spezifischen neuralen Strukturen eine Vorhersage darüber erlaubten, ob ein Kunde sich loyal verhielt oder nicht. Die für diese differenzierende Vorhersage relevante Struktur war das ventrale Striatum. Hierbei handelt es sich um eine relativ tief im Hirn liegende, so genannte *subkortikale Struktur*, die wesentlich für die Verarbeitung von Belohnungen und zudem bedeutsam für die Initiierung von Lernprozessen ist (Tobler et al. 2007).

c) Ergebnis 3: Für die Kaufentscheidung zugunsten einer bestimmten Marke sind drei neurale Strukturen von Bedeutung.

Eine weitere integrative Studie von Brian Knutson (2007) zeigte, dass für echte Kaufentscheidungen von Markenartikeln im Wesentlichen drei Strukturen bedeutsam sind: der mediale frontale Kortex, die Inselregion sowie das bereits erwähnte Striatum. Da diese Studie (1) besonders bedeutsam ist und (2) in einer den meisten Markenmanagern wohl unbekannten neurowissenschaftlichen Fachzeitschrift (Neuron) publiziert worden ist, soll sie im Folgenden etwas ausführlicher dargestellt werden. Ziel der Studie mit dem Titel *„Neural Predictors of Purchases"* war die Entdeckung der mit realen Kaufentscheidungen assoziierten neuralen Strukturen. In Fortführung der bis hierhin diskutierten Studien wurde somit neben der Markeninformation auch die Preisinformation in den Entscheidungsprozess integriert. Für das Experiment ergab sich die in der folgenden Abbildung dargestellte Prozedur („Shop-Task").

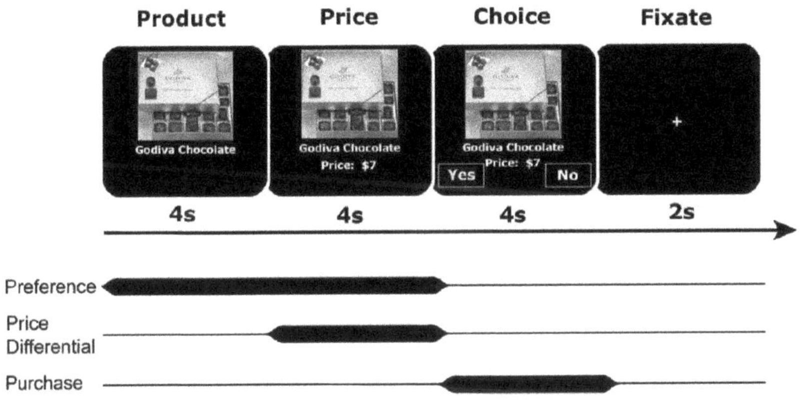

Figure 1. SHOP Task Trial Structure and Regressors
For task structure, subjects saw a labeled product (product period; 4 s), saw the product's price (price period; 4 s), and then chose either to purchase the product or not (by selecting either "yes" or "no" presented randomly on the right or left side of the screen; choice period; 4 s), before fixating on a crosshair (2 s) prior to the onset of the next trial. In regression models, preference was correlated with brain activation during the product and price periods, price differential was correlated with brain activation during the price period, and purchasing was correlated with brain activation during the choice period.

Abbildung 4: Versuchsanordnung in der Studie „Neural Predictors of Purchases", Quelle: Knutson et al. 2007, S. 148

In der ersten Phase wurde den Probanden für vier Sekunden das Markenprodukt gezeigt. Anschließend wurde ergänzend für vier Sekunden der Preis des Produktes eingeblendet. Dem folgte eine erneut vier Sekunden andauernde Phase. In dieser sollte der Proband die Kaufentscheidung treffen. Darauf folgend erschien auf dem Bildschirm für zwei Sekunden ein sogenanntes Fixationskreuz, bevor im Anschluss die neue Sequenz anlief. In der entsprechenden Datenanalyse wurden die phasenspezifischen Aktivierungsunterschiede zwischen positiven und negativen Kaufentscheidungen miteinander verglichen. Im Ergebnis konnten Knutson et al. (2007) zeigen, dass mit jeder dieser Phasen für den Kauf- bzw. Nicht-Kauf spezifische neurale Muster verbunden waren. Die Analyse der entsprechenden Daten erlaubte dabei eine Vorhersage der Kaufentscheidung in bis zu 80% der Fälle (Grosenick et al. 2008).

Aufbauend auf diesen Studien konnten erste Hinweise auf eine *Anatomie der Kaufentscheidung* abgeleitet werden, die wiederum als Basis für weitere Studien Verwendung fand. Darüber hinaus lassen sich mit diesem Modell auch erste Hypothesen über bis dato nur schwer erklärbare Phänomene ableiten. Ein Beispiel hierfür wäre die Beobachtung, dass Preissenkungen zwar oftmals einen positiven Effekt auf die Kundenzufriedenheit, nicht aber auf die Kundenloyalität haben. Der Grund hierfür könnte sein, dass Preisinformationen nicht in der für die Kundenloyalität zentralen Struktur – dem Striatum – wirken, sondern in der Inselregion. Auch wenn solche Hypothesen noch sehr vorsichtig zu formulieren sind, so deutet sich doch an, dass die Markenforschung und -praxis einen Nutzen aus dieser sich entwickelnden Markentheorie ziehen könnte. Gleichwohl sind noch zahlreiche Probleme, die oft auch allgemeiner Art sind, zu lösen, bevor von einer in sich geschlossenen Theorie gesprochen werden kann. Im Folgenden sollen vier dieser Probleme kurz angesprochen und diskutiert werden. Es sei an dieser Stelle aber darauf hingewiesen, dass diese Diskussion keineswegs erschöpfend und die Problemauswahl beispielhaft für weitere Probleme vorgenommen wurde (vgl. weiterführend Hubert 2010).

4 Ausgewählte Probleme einer neurophysiologisch orientierten Markentheorie

a) Problem 1: Positivistische Ausrichtung.

Ein erstes wissenschaftstheoretisches Problem der Consumer Neuroscience besteht in ihrer *positivistischen Ausrichtung*. Grundsätzlich gehen die in dem Forschungsfeld tätigen Wissenschaftler davon aus, dass die mit dem entsprechenden Verfahren (zumeist der funktionellen Magnetresonanztomographie, im Folgenden: fMRT) gewonnenen Daten die

Realität hinlänglich zutreffend wiedergeben. Vergegenwärtigt man sich aber, dass das grundlegende Konzept der fMRT die Quantenmechanik ist, die wiederum keine in sich geschlossene Theorie beinhaltet, so wird deutlich, dass die Ergebnisse zunächst einmal nur vorläufige Gültigkeit haben sollten (vgl. z. B. Logothetis/Wandell 2004; Logothetis 2008). Dieser Einwand kann aber dadurch abgeschwächt werden, dass die entsprechenden Verfahren tagtäglich in der medizinischen Praxis eingesetzt und validiert werden. Insofern handelt es sich bei diesem Einwand eher um ein grundsätzliches Problem der empirisch-experimentellen Forschung das für die Markenforschung und -praxis aber gleichsam relevant ist und bei der Interpretation und Integration der Ergebnisse beachtet werden sollte.

b) Problem 2: Lokalisatorische Signifikanz?

Ein wohl wichtigeres Problem besteht in der Interpretation der Ergebnisse. Im Kern kann dieses Problem unter dem Begriff der *„lokalisatorischen Signifikanz"* (Schmidbauer 2006, S. 111) gefasst werden. Hierbei handelt es sich um die Möglichkeit, einer bestimmten neuralen Struktur (z. B. dem Striatum) eine bestimmte (kognitive und/oder affektive) Funktion zuzuordnen, die dann mit dem Begriff einer anderen, zumeist psychologischen oder wirtschaftswissenschaftlichen Theorie bezeichnet werden kann (z. B.: Belohnung). Das Kernproblem besteht an dieser Stelle darin, dass die beiden Aussagensysteme inkommensurabel sind. Man kann Strukturen in der Regel nicht in Funktionen übersetzen (vgl. Poldrack 2006). Die Sprache der Biologie verwendet in weiten Teilen gänzlich andere Begriffe als die Sprache der Psychologie oder der Ökonomie. Dies erschwert in nicht unerheblicher Weise auch die Kommunikation zwischen den verschiedenen Disziplinen und es ist noch einige

Arbeit im terminologischen Bereiche notwendig bevor dieses Problem behoben werden kann.

c) Problem 3: Levels of Investigation?

Ein drittes ebenfalls wichtiges Problem kann man mit dem Begriff der *Levels of investigation* beschreiben. Damit ist gemeint, dass in der Consumer Neuroscience in der Regel auf die Ebene einzelner Hirnareale abgestellt wird. Diese sind z. B. der präfrontale Kortex, die Inselregion oder das Striatum. In den Neurowissenschaften bildet diese Ebene aber nur eine von mehreren (siehe hierzu Abbildung 5). Darüber hinaus wird dort auf zellulärer und molekularer Ebene geforscht. Die Übersetzung zwischen den Ebenen ist aber in weiten Teilen noch schlecht erforscht. Eine unachtsame und sorglose Übertragung kann dabei zu Fehlschlüssen führen. Üblicherweise wird im Rahmen der bildgebenden Verfahren auf die Ebenen der Netzwerke, Maps und Systeme fokussiert. Feinere Strukturen, wie z. B. einzelne Neuronen oder Synapsen, können nicht erfasst werden und finden daher in der Consumer Neuroscience bis dato kaum Beachtung. Gleichwohl gibt es gelegentlich Studien, die suggerieren, dass einzelne Neuronen und Synapsen mit bestimmten Verhaltensweisen verbunden sind. So hat es zum Beispiel eine Studie, die der US-amerikanischen Schauspielerin Halle Berry ein spezifisches Neuron zuschreiben wollte, zu einiger ungewollten Popularität gebracht (http://mr.caltech.edu/press_releases/12710; letzter Abruf am 14.02.2012). Tatsächlich handelt es sich hier aber wohl um ein Beispiel dafür, wie einzelne Ergebnisse der neurowissenschaftlichen Forschung auch überstrapaziert werden können.

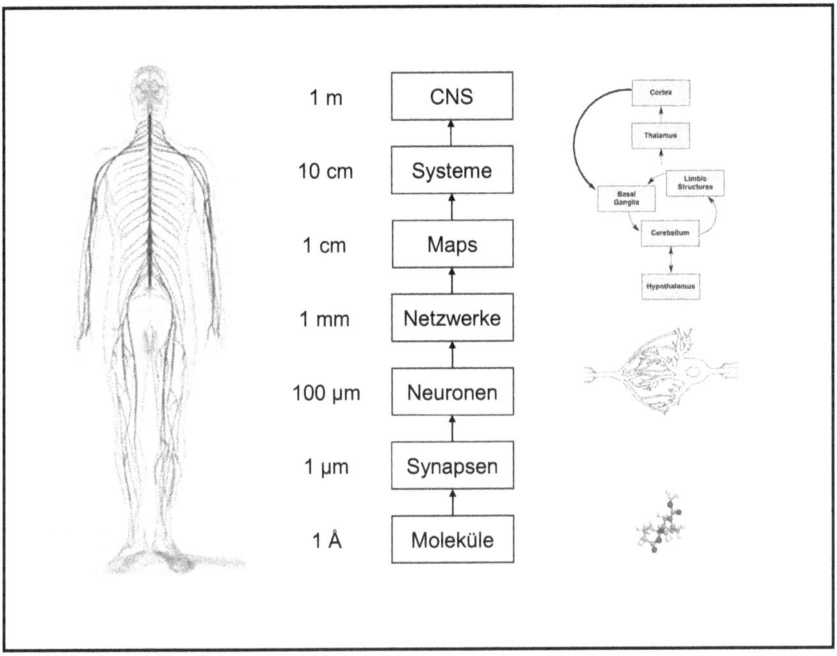

Abbildung 5: Untersuchungsebenen in den Neurowissenschaften

Dies bedeutet wiederum, dass zahlreiche Ebenen, die neurowissenschaftlich für das Konsumenten- und Käuferverhalten von Bedeutung sein könnten, in den Consumer Neuroscience noch nicht einmal ansatzweise erforscht wurden. So ist beispielsweise kaum etwas darüber bekannt, wie verschiedene Hormone und Gene das Konsumentenverhalten, bzw. die konsumentenindividuelle Bedeutung und Verarbeitung von Markeninformationen, beeinflussen. An dieser Stelle bleibt dem interessierten Markenforscher auch aufgrund zahlreicher methodischer Restriktionen nichts anderes übrig als zu versuchen, die in den Neurowissenschaften gewonnenen Ergebnisse vorsichtig zu transferieren, um daraus erste Hypothesen für eigene Forschungsarbeiten ableiten zu können.

d) Problem 4: Geringe Fallzahlen.

Das vierte und letzte Problem, das an dieser Stelle diskutiert werden soll, ist das der geringen Fallzahlen in empirischen Consumer Neuroscience-Studien. Da die meisten fMRT-Studien einen explorativen Charakter haben, werden aus Effizienzgründen regelmäßig nur solche Fallzahlen untersucht, die notwendig sind, um einen bestimmten Effekt mit ausreichender Wahrscheinlichkeit zu zeigen. In der Regel liegen die Gruppengrößen bei etwa 20 Probanden. Es bleibt dabei aber vollkommen unklar, mit welcher Ausbreitung in der für das Markenmanagement wichtigen Zielgruppen und Märkten die entsprechenden Effekte vertreten sind. Am deutlichsten wird dies beispielsweise in der Studie von Deppe et al. (2005b). In dieser Studie konnte wie bereits erwähnt gezeigt werden, dass die jeweilige Lieblingsmarke zu einer spezifischen neuralen Reaktion führt, die mit einer Emotionalisierung des Entscheidungsprozesses einhergeht. Es ist aber vollkommen unklar, ob dieser Effekt für alle Marken gleich ist und welche Marken bei welchen Kunden diesen Effekt hervorrufen können. Für das Markenmanagement wäre es aber sinnvoll zu wissen, bei wie viel Prozent der Kunden man die Lieblingsmarke ist und vor allem, wie man möglichst effizient zu einer Lieblingsmarke werden kann. Erst dann könnten die entsprechenden für das Markenmanagement wichtigen Kennzahlen entwickelt werden (z. B. %-Anteil der Kunden, bei denen die jeweilige Marke die Lieblingsmarke ist). Auf diese Fragen geben die entsprechenden Studien aber keinen Hinweis. Hier sind mithin noch korrelative Studien notwendig, die eine Brücke zwischen der klassischen Marktforschung und den neurowissenschaftlichen Variablen schlagen.

5 Fazit

Gegenstand des vorliegenden Beitrags war es, erste Grundzüge einer neurophysiologisch orientierten Markentheorie zu skizzieren. Aufbauend auf einigen ausgewählten, empirischen Studien konnte gezeigt werden, dass es auf der Ebene der Hirnareale mittlerweile möglich ist, die Markenwirkung zumindest grundsätzlich zu beschreiben. Damit sind die Grundzüge einer Anatomie der Markenwirkung erkennbar. Auch wenn zahlreiche Aspekte, die für das Markenmanagement von hoher praktischer Relevanz sind, dabei notwendigerweise unberücksichtigt blieben, so sind doch die wesentlichen theoretischen Bausteine bekannt. Es ist zu erwarten, dass auf dieser Basis weitere empirisch gehaltvolle Hypothesen abgeleitet und getestet werden können. Damit verbunden wird es zu einem Ausbau der Theorie kommen, die dann wohl auch zu neuen Begrifflichkeiten führen wird, die das Markenmanagement und die Markenforschung der Zukunft beeinflussen könnten. Gleichwohl sind auf dem Weg zu einer leistungsfähigen und mächtigen Theorie, die „hinreichend" und „anschlussfähig" im genannten Sinne wäre, noch zahlreiche Probleme zu lösen. Es drängt sich dabei der Verdacht auf, dass das Thema noch ganz am Anfang seiner Entwicklung steht.

Literatur

Ahlert, D.; Hubert, M. (2010): Offene Fragen der Markenführung an die neurowissenschaftliche Markenforschung, in: Wie Marken wirken. Impulse aus der Neuroökonomie für die Markenführung, Hrsg.: Bruhn, M.; Köhler, R., München, S. 47-58.

Ambler, T.; Ioannides, A.; Rose, S. (2000): Brands on the brain, in: Business Strategy Review, Vol. 11, No. 3 pp. 17-26.

Baumgarth, C. (2008): Markenpolitik, 3. Aufl., Wiesbaden.

Deppe, M.; Schwindt, W.; Krämer, J.; Kugel, H.; Plassmann, H.; Kenning, P.; Ringelstein, E. B. (2005a): Evidence for a neural correlate of a framing effect, in: Brain Research Bulletin, Vol. 67, pp. 413-421.

Deppe, M.; Schwindt, W.; Krämer, J.; Kugel, H.; Plassmann, H.; Kenning, P. (2005b): Nonlinear responses within the medial prefrontal cortex reveal when specific implicit information influences economic decision-making, in: Journal of Neuroimaging, Vol. 15, pp. 171-182.

Deppe, M.; Schwindt, W.; Pieper, A.; Kugel, H.; Plassmann, H.; Kenning, P.; Deppe, K.; Ringelstein E. B. (2007): Anterior cingulate reflects susceptibility to framing during attractiveness evaluation, in: NeuroReport, Vol. 18, No. 11, pp. 1119-1123.

Esch, F. R.; Tomczak, T.; Kernstock, J.; Langner, T. (2006): Corporate Brand Management, 2. Aufl., Wiesbaden.

Florack, A.; Scarabis. M.; Primosch, E. (2007): Psychologie der Markenführung, München.

Grosenick, L.; Greer, S.; Knutson, B. (2008): Interpretable classifiers for FMRI improve prediction of purchases, in: IEEE Trans Neural Syst Rehabil Eng, Vol. 16, No. 6 pp. 539-548.

Hubert, M. (2010): Does neuroeconomics give new impetus to economic research?, in: Journal of Economic Psychology, Vol. 31, pp. 812-817.

Kenning, P. (2003): Die sieben populärsten Irrtümer der Markenführung, in: Harvard Business Manager, H. 6, S. 106-109.

Kenning, P. (2010): Fünf Jahre neuroökonomische Forschung, in: Wie Marken wirken, Hrsg.: Bruhn, M.; Köhler, R., München, S. 31-46.

Kenning, P.; Linzmajer, M. (2011): Consumer neuroscience, in: Journal of Consumer Protection and Food Safety, Vol. 6, pp. 111-125.

Kenning, P.; Plassmann, H. (2008): How recent neuroscientific research could enhance marketing theory, in: IEEE Transactions, Vol. 14, No. 6, pp. 532-538.

Kenning, P.; Plassmann, H. (2005): NeuroEconomics, in: Brain Research Bulletin, Vol. 67, pp. 343-354.

Kenning, P.; Plassmann, H.; Ahlert, D. (2007): Consumer Neuroscience, in: Marketing-Zeitschrift für Forschung und Praxis, 29. Jg., H. 1, S. 57-68.

King-Casas, B.; Tomlin, D.; Anen, D.; Camerer, C. F.; Quartz, S. R.; Montague, P. R. (2005): Getting to Know You, in: Science, Vol. 308, pp. 78-83.

Knutson, B.; Scott R. G.; Wimmer, E.; Prelec, D.; Loewenstein, G. (2007): Neural Predictors of Purchases, in: Neuron, Vol. 53, pp. 147-156.

Koenigs, M.; Tranel, D. (2008): Prefrontal cortex damage abolishes brand-cued changes in cola preference, in: Social Cognitive and Affective Neuroscience, Vol. 3, No. 1 pp. 1-6.

Logothetis, N. K.; Wandell, B. A. (2004): Interpreting the BOLD signal, in: Annual Review of Physiology, Vol. 66, pp. 735-769.

Logothetis, N. K. (2008): What we can do and what we cannot do with fMRI, in: Nature, Vol. 453, No. 7197, pp. 869-878.

Meffert, H.; Burmann, C.; Kirchgeorg, M. (2011): Marketing, 11. Aufl., Wiesbaden.

Plassmann, H.; Ambler, T.; Braeutigam, S.; Kenning, P. (2007): What can advertisers learn from neuroscience?, in: International Journal of Advertising: The Quarterly Review of Marketing Communications, Vol. 26, No. 2, pp. 151-175.

Plassmann, H.; Kenning, P.; Ahlert, D. (2007): Why companies should make their customers happy, in: Advances in Consumer Research, Vol. 34, pp. 1-5.

Poldrack, R. (2006): Can cognitive processes be inferred from neuroimaging data?, in: Trends in Cognitive Sciences, Vol. 10, No. 2, pp. 59-63.

Sanfey, A. G.; Rilling, J. K.; Aronson, J. A.; Nystrom, L. E.; Cohen, J. D. (2003): The neural basis of economic decision-making in the ultimatum game, in: Science, Vol. 300, No. 5626, pp. 1755-1758.

Schmidbauer, M. (2006): Funktionelle Neuroanatomie, in: Klinische Neuropsychologie, Hrsg.: Lehrner, J. et al., Wien et al., S. 103-112.
Shiv, B.; Loewenstein, G.; Bechara, A.; Damasio, H.; Damasio, A. (2005): Investment Behavior and the Negative Side of Emotion, in: Psychological Science, Vol. 16, pp. 435-439.
Skinner, B. F. (1978): Was ist Behaviorismus?, Reinbek.
Stoll, M.; Baecke, S.; Kenning, P. (2008): What they see is what they get? An fMRI-Study on neural correlates of attractive packages, in: Journal of Consumer Behaviour, Vol. 7, pp. 342-359.
Tobler, P. N.; Fletcher, P. C.; Bullmore, E. T.; Schultz, W. (2007): Learning-Related Human Brain Activations Reflecting Individual Finances, in: Neuron, Vol. 54, No. 1, pp. 167-175.

Premium-Cola – Mit einem neuen „Betriebssystem" zur fairen Markenführung

Uwe Lübbermann, Dirk-Mario Boltz

Uwe Lübbermann ist „zentraler Organisator" von Premium-Cola und aus Hamburg angereist, um den Teilnehmern von DERMARKEN-TAG2011 eine etwas andere Markenerfolgsgeschichte vorzustellen. „35 Jahre, Social Entrepreneur, Ex-Uni-Mitarbeiter, Wirtschaftspsychologie studiert, davor Werbekaufmann, Bauarbeiter, Skateboarder" steht auf seinem ersten Chart, mit dem er sich dem Publikum vorstellt. Damit ist klar, dass die Zuhörer keine traditionelle Fallstudie erwarten dürfen. Ein Interview:

Dirk-Mario Boltz:
„Uwe Lübbermann, wie hat das alles angefangen mit Premium-Cola?"
Uwe Lübbermann:
In Kurzform: die Marke afri-cola wurde Ende 1999 verkauft, und der neue Inhaber hat heimlich das Rezept verändert; anderer Geschmack, weniger Koffein. Ich war damals afri-fan, also als Kunde letztlich ein Träger der Marke. Besonders die Heimlichkeit der Änderungen hat mich daher so geärgert, dass ich die „Interessengruppe" Premium gegründet habe. Deren Ziel war es, die Stimmen der Endkunden in Druck auf den Konzern umzuwandeln, um die Änderungen zurückzudrehen. Dort hat man sich zwar zwei Jahre lang alles von uns angehört, sie hatten sogar einen „Krisenmanager" :-), umgesetzt wurde aber letztendlich nichts.

Abbildung 1: Systemwandel kannst du trinken
Quelle: Premium-Cola 2011

Dirk-Mario Boltz:
„Was haben Sie aus dem Dialog mit dem Konzern gelernt? "
Uwe Lübbermann:
So nett die Verantwortlichen dort auch waren: Deren (und nicht nur deren) Aufstellung stimmte nicht mehr. Shareholder waren das Maß aller Dinge; Marken können so aber nicht mehr dauerhaft stabil geführt werden. Die Stakeholder von Marken, vor allem die Kunden, werden dafür einfach zu mächtig.

Dirk-Mario Boltz:
„Wie kam es zur Markengründung und was war die Ursprungsidee?"

Uwe Lübbermann:
Die Gründung war Glück. Wir hatten einen Tipp bekommen, wer das echte Rezept noch füllen könnte, und haben da 1000 Flaschen für uns gemacht. Dann noch 1000, dann noch 1000, und irgendwann hatten wir den ersten Kunden, den lüttn-grill in Hamburg, aber wir hatten keine Ahnung von der Branche, von BWL, von Strukturen usw. – Also haben wir uns mit allen Stakeholdern jeden Sonntagabend im Pudel Club hingesetzt und bewusst öffentlich alle anstehenden Fragen diskutiert, bis möglichst alle einig waren. „Konsens" war die Grundidee. Das waren sehr lange Abende, aber solche Abstimmungen waren und sind nötig, um Marken letztlich stabil aufzustellen. Es reicht sonst, wenn eine Stakeholder-Gruppe sich nicht berücksichtigt fühlt und aussteigt, schon ist das Gesamtwerk in Gefahr.

Premium-Cola – auf einen Blick

- Gegründet 2001
- 640.500 Flaschen 2010, 1 Mio. in 2011
- Wachstumsrate stetig 50% pro Jahr
- 88 Städte in D, A, CH, SK, virtuelle Reichweite höher
- Keine Maschinen oder LKW, Büro im Rucksack
- Markenkollektiv: rund 600 Stakeholder und Kunden
- User-Konsensdemokratie für alle Entscheidungen
- Fanbase, die den Namen verdient

Abbildung 2: Steckbrief Premium-Cola
Quelle: Premium-Cola 2011

Dirk-Mario Boltz:
„Wie sieht jetzt das „Social“ im „Business“ von Premium-Cola aus?
Uwe Lübbermann:
Ich selbst bin mit dem Begriff vorsichtig, weil er ziemlich hoch aufgehängt ist. Die Definition sagt in etwa, ein Social Entrepreneur ist jemand, der mit wirtschaftlichen Methoden auf Behebung sozialer Missstände zielt. So gesehen sind wir ein Social Business: Wir verkaufen auf den ersten Blick Getränke, aber eigentlich eher Systemwandel durch Mitbestimmung. Der Wandel findet auf diversen Ebenen statt: Optimierung des Produkts bis ins Kleinste, z. B. bis zum veganen Etikettenleim, Kostenkalkulation pro einzelner Flasche ohne Gewinn, Anti-Mengenrabatte für kleine Händler usw. usf.

Dirk-Mario Boltz:
„Eine Kollektiv-Marke – das klingt nach mühevoller Basisdemokratie und unglaublich zähen Entscheidungen. Ist das so?“
Uwe Lübbermann:
Ja :-), manchmal zumindest. Basisdemokratie reicht nämlich nicht, weil sie leicht Minderheiten unterdrücken kann. Unser Ziel muss vielmehr sein, die Interessen möglichst aller Stakeholder mitzunehmen, so gut das geht. Nur für den Fall, dass keine Einigung möglich ist, darf ich notentscheiden. Das habe in über zehn Jahren Premium nur zweimal getan, jeweils als es um gestalterische Fragen auf dem Etikett ging. Je nach Komplexität der Themen gibt es auch nicht den richtigen Weg, so dass Diskussionen schon sehr lange dauern können. Letztlich haben wir aber fast immer Lösungen gefunden, die nicht nur besser, sondern auch breiter legitimiert waren als „normale“ Führungs- oder Mehrheitsentscheidungen. Niemand weiß alles, auch ich nicht, also schützen solche Modelle auch vor unternehmerischem Unfug. Manchmal braucht das Unter-

nehmen aber auch Schutz vor Kunden-Unfug oder externen Risikofaktoren; alles hängt mit allem zusammen.

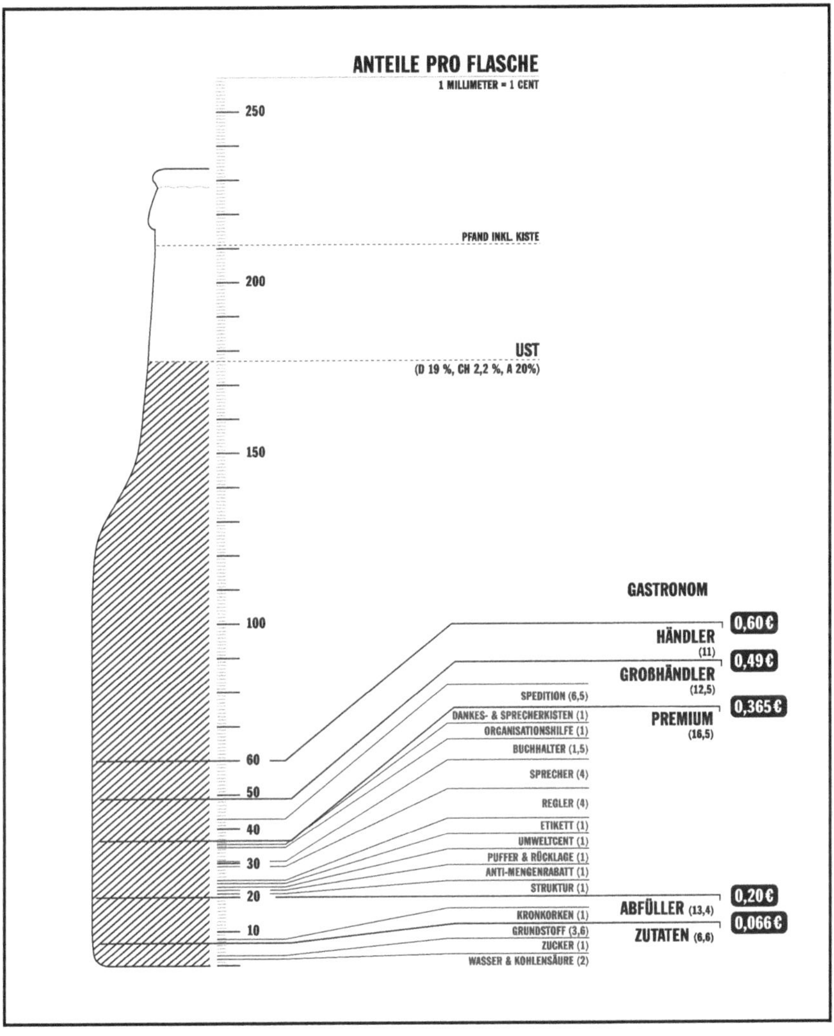

Abbildung 3: Kostenkalkulation-Anteile pro Flasche

Quelle: Premium-Cola 2011

Dirk-Mario Boltz:
„Die sogenannten Module bilden das Betriebssystem von Premium-Cola. Wie funktioniert das?"
Uwe Lübbermann:
Letztlich haben wir nur im Jahr 2008 mal aufgeschrieben (und seitdem schrittweise erweitert), wie sich unsere Arbeitsweise auf Basis der o.g. Verfahren entwickelt hatte.

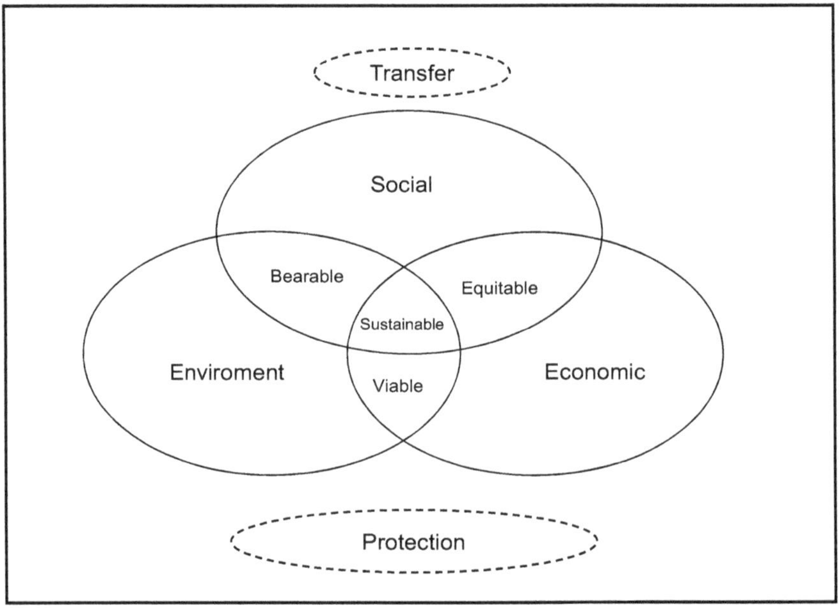

Abbildung 4: Premium-Betriebssystem
Quelle: Premium-Cola 2011

Oh, Wunder: Das passte fast exakt in die drei Bereiche der Nachhaltigkeit, wir mussten das Modell nur noch um zwei zusätzliche (Schutz und Transfer) erweitern.

Im Prinzip ist dabei eine Art Gebrauchsanweisung für den Betrieb einer faireren (Getränke)marke herausgekommen, eine Art gedanklicher Software, mit der u.a. Hardware gesteuert wird. Also ein Betriebssystem, das nach dem Vorbild von Linux Open Source sein sollte, weshalb wir es unter eine freie CC-Lizenz gestellt haben, damit es sich verbreiten kann. Im Moment haben neun andere Unternehmen, davon auch eins außerhalb der Getränkewelt, das Modell teilweise oder ganz übernommen. Das dient dann wiederum dem Transfer, also der Verbreitung der Ideen und der Marke.

Dirk-Mario Boltz:
„Sprechen wir über Marken-Bekanntheit. Üblicherweise wird diese mit Marketing-Kommunikation aufgebaut. Premium-Cola hat ein Modul „Werbeverzicht“. Was heißt das und welche Konsequenzen ergeben sich daraus?“
Uwe Lübbermann:
Verkürzt gesagt: Wir wollen von den Kunden nicht mehr Geld nehmen, um damit Werbung zu bezahlen, die den Kunden letztlich nur auf den Wecker geht. Das heisst auch, wir vermeiden bewusst „Push“-Kommunikation, die sich in die Aufmerksamkeit des Kunden drängelt, und bieten eher möglichst viel „Pull“-Kommunikation an, die freiwillig „gezogen“ wird. Das ist natürlich der langsame Weg, bekannt zu werden, aber aus meiner Sicht der einzig zukunftsfähige.

Dirk-Mario Boltz:
„Welche Bedeutung haben Social Media für Premium-Cola?“
Uwe Lübbermann:
Dazu ein Beispiel. Es gab eine inoffizielle Facebook-Fanpage mit rund 600 Fans bis Juni 2010. Nach längeren Bauchschmerzen haben wir uns

doch entschlossen, in der Plattform präsent zu sein, und haben die Admins der Seite gefragt, ob wir sie übernehmen könnten. Keine Antwort, klar. Also haben wir eine offizielle Seite gegründet und eine ganze Woche Arbeit in die Kontaktaufnahme der „inoffiziellen" Fans investiert. Alles mit einzelner Nachricht und Begründung, Erläuterung der Datenschutz-Bedenken usw. – und mit Einladung auf die offizielle Seite. Fast alle sind mitgekommen, kein einziger negativer Kommentar. Warum? Weil wir uns die Zeit genommen haben in den Dialog zu gehen, und in den Monaten danach immer wieder möglichst abwechslungsreiches Dialog-Futter zu posten. Nur darum geht es in Social Media: um Dialog. Und dann ist etwas Einzigartiges passiert: Die Admins der inoffiziellen Seite haben uns einen Zugang geschenkt. Egal auf welchem Marketing-Kongress ich die Story erzähle, es gibt anscheinend keine andere Marke, die eine Fan-Seite geschenkt bekommt. Warum wohl?

Dirk-Mario Boltz:
„Noch einmal zusammengenfasst und verdichtet: Was macht die Marke Premium aus?
Uwe Lübbermann:
Wir haben letztlich keine eigenen Ressourcen, keine Produktionsmittel, kein Eigentum, bis auf die Marke. Das heißt, wir werden dafür bezahlt, in alle Glieder der Wertschöpfungskette reinzureden und zwischen allen Stakeholdern zu vermitteln. Und das bedeutet, diese Funktion ist nötig, sonst würden wir nicht gebraucht. Was da eigentlich passiert, ist also ein Stück Systemwandel, und eine geänderte Art der Markenführung. Durch immer weiter wachsende Medienkonvergenz und -vernetzung werden Gespräche über Marken immer einfacher sowie immer reichweitenstärker auch für „einfache" Konsumenten. Und: Es wird über ihre Marke gesprochen, ob Sie das wollen oder nicht. Sie haben Ihre Marke immer

weniger selbst in der Hand. Es hilft auch nichts, sich auf Social Media - Shitstorms vorzubereiten bzw. dafür Abläufe und Ressourcen bereitzustellen. Das ist Kurieren am Symptom, so wird ihre Marke nur Teil der Schwarm-Dummheit. Marken müssen vielmehr inhaltlich vorbereitet bzw. gehärtet werden, d.h. das „Image" einer Marke braucht regelmäßig Substanz-Futter über Inhalte für o.g. Gespräche, und das gemeinsam mit bzw. nach den Wünschen möglichst aller Stakeholder. Nur so werden Marken dauerhaft stabil. Die Inhalte lassen sich, das ist die gute Nachricht für Marken-Verantwortliche, dann doch relativ weitgehend steuern. Wie das genau gehen kann, und was dabei nicht geht, das ist dann die Kunst.

Dirk-Mario Boltz:
„Soviel Liebe zum Detail, so viel Arbeit, ...befällt Sie nicht Müdigkeit und das Gefühl der Selbstausbeutung?"
Uwe Lübbermann:
Ja :-). Aber diese Arbeitsweise gibt auch sehr viel zurück. Ich kann mir kaum noch vorstellen, es anders zu machen.

Dirk-Mario Boltz:
„Lieber Uwe Lübbermann, vielen Dank für das Gespräch."

Abbildung 5: Uwe Lübbermann und Dirk-Mario Boltz
Foto: Dmitriy Vecheruk

Das Interview führte Dirk-Mario Boltz. Detaillierte Informationen zu den einzelnen Modulen des Betriebssystems von Premium-Cola finden sich unter www.premium-cola.de

Teilnehmercollage

TEIL II: Markenwirkungen Konsumenten und andere Stakeholder und ihre Marken

Scale Development in Employer Branding

Isabelle Hillebrandt, Björn S. Ivens

Scale Development in Employer Branding

Keywords: Corporate Branding, Employer Branding, Organizational Attractiveness, Scale Development

Abstract:

The present research proposes an approach to establish a reliable, valid, and generalisable scale for the measurement of employer brand dimensions. To overcome limitations of previous research, the scale items are derived from an extensive, interdisciplinary literature review in addition to in-depth interviews with both employees and employers. The survey participants (n=223) are employees of German companies. Exploratory factor analysis is used to establish the dimensionality of employer brands. The dimensionality exploration provides the ground work for future research. For management, the results help design efficient employer value propositions that ensure the businesses' success in the war to hire and retain the right talents.

1 Academic and Managerial Marketing Issue

The War for Talent has recently become the synonym for the increasing competition companies in knowledge economies face in the light of labour market and demographical changes when recruiting and retaining the right talents (Michaels et al. 2001; Ewing et al. 2002). To stay competitive, the application of well-established marketing techniques to the mentioned human resource tasks, namely *employer branding*, has been put forward by Ambler and Barrow (1996) (Backhaus/Tikoo 2004).

Employer branding focuses on current and potential employees as one target group of corporate brand managements' target audiences (Kapferer 2008; Meffert/Burmann 2005). In contrast to an inside-out communication approach to other stakeholder groups, the challenge of employer branding is to ground on the culture and values of the organization in order to be authentic, but at the same time to take the preferences of what constitutes attractive employers from the perspective of potential employees into account (Anslinger/Dickel 2008).

The defined *employer value proposition* should be unique, considering both the internal and the external perspective. It describes the employment situation in a given company, leading to a strengthened recruiting position and ensuring differentiation from competitors. The goal is to establish and communicate a clear picture of what benefits arise for an employee when working for a certain organization (Backhaus/Tikoo 2004): “The employer brand establishes the identity of the firm as an employer. It encompasses the firm’s value system, policies and behaviours toward the objectives of attracting, motivating, and retaining the firm’s current and potential employees” (Dell/Ainspan 2001, p. 1).

For any organization, the determination of the employer value proposition is the first and most important step in the employer branding process as it defines what makes working for a specific company a unique and desirable experience (Sullivan 1999, 2002; Backhaus/Tikoo 2004). To assure the success of practitioners’ efforts to establish an employer value proposition, a profound theoretical foundation in the research literature upon which they can establish their own individual employer value proposition should exist. Although different proposals regarding the dimensionality of an employer value proposition can be found in the literature (Berthon et al. 2005; Bodderas et al. 2010; Cachelin et al. 2009), the findings ground on studies with several limitations.

Therefore, the goal of this research is to address the present limitations by using extensive qualitative and quantitative empirical analyses to develop a fundamental theoretical framework for the employer brand construct and to create a reliable, valid, and generalisable scale to measure the dimensions of employer brands.

2 Literature Review and Research Problem

This research aims to lay the conceptual groundwork for a thorough understanding of employer branding. As "the [scientific] literature on employment branding is (still) in its relative infancy" (Edwards 2010), a fundamental understanding on the dimensionality of employer brands and the underlying scale items has not yet been established (Edwards 2010; Highhouse et al. 2003).

A general consent does only exist about the three basic benefits employees can derive from the employment experience. Based on pilot qualitative research with executives from UK companies regarding the usefulness of applying marketing techniques to personnel issues, an employer brand is defined as "the package of functional, economic, and psychological benefits provided by employment, and identified with the employing company" (Ambler/Barrow 1996, p. 187).

Based on Ambler and Barrow's three employer brand dimensions and additional information gained from interviews with six focus groups of Australian university students, Berthon et al. (2005) develop a 32-item scale to assess employer attractiveness, finding support for the three existing employment benefits as well as for another two values, *application of previous knowledge* and *interest in the work environment* (Berthon et al. 2005).

As one major limitation, Berthon et al. (2005) point out that as suggested by Wells (1993), the external validity and generalisability of findings based on student samples is threatened due to the non-representativeness and special characteristics of the population (Wells 1993). This concern is especially relevant in the context of employment as students lack labour market experience. Hence, the application of a scale based on student's perceptions must not necessarily represent all aspects of an employment situation. Consequently, the inductively derived scale-items based on student's perspectives might lack the opinions of employees on ideal employers and allow for future research to overcome this limitation (Berthon et al. 2005).

Adjacent publications such as Cachelin et al. (2009) use the scale items from Berthon et al. (2005) in an attempt to confirm the employer brand dimensions suggested by Ambler and Barrow (1996). They identify five employer brand dimensions and analyze the impact of the dimensions on job satisfaction and identification with the company. Measurement quality is assessed using confirmatory factor analysis. 2.189 employees of an insurance company participated in the self-administered online survey. *Development value*, *economic value*, and *social value* are the dimensions identical with those established before. Additionally, *diversity value* and *reputation value* are identified as new dimensions, differing from those of Berthon et al. (2005). Possibly, the reported significance is accountable to the very high sample size. Another limitation is the high correlation between the male and female sample of the construct (Cachelin et al. 2009).

The inconsistency between the findings of the two papers might thus arise from the different expectations of the two unequal groups towards employers. As different dimensions are revealed, the necessity to review the scale with respect to employees' opinions and to differentiate for varying target groups is established.

Another reason for further investigation into the nature of employer brand dimensions is the lack of consistency with organizational attractiveness theory. Employer attractiveness and organizational attractiveness are closely related concepts. An employer's value proposition is perceived and evaluated based on the attractiveness of an organization, and vice versa. Therefore, the dimensionality of both the employer brand

and the organizational attractiveness should be consistent (Edwards 2010).

This is not the case, as the paper by Highhouse et al. (2003) shows. The scholars identify three dimensions of organizational attractiveness: *attraction*, *intentions toward the company*, and *company prestige*. Again, a student sample of 305 American undergraduates is used and the confirmatory factor analysis is based on a scale derived from previous studies. Altogether, the authors come to the conclusion that "the primary implication of this finding is that the generic "organizational attraction" concept in recruitment research may need to be supplanted with a more multivariate conception of dependent variables" (Highhouse et al. 2003, p. 998).

In the most recent proposition, Srivastava/Bhatnagar (2010) build upon qualitative research to develop a 20-item scale that is reduced from 72 initial items in the research process. An eight factor solution results based on an exploratory factor analysis with 105 Indian student and working manager respondents. This so far most detailed solution seems to suit the complexity underlying employment situations and aspects influencing employment decisions very well. However, the major limitation of this study is that it does not yet ground on a full-content measurement scale: "Since employer brand is a multidimensional construct it was not possible to study each and every aspect of it" (Srivastava/Bhatnagar 2010, p. 28). Consequently, the use of a comprehensible measurement scale may lead to an even more elaborate factor solution.

To summarize, the subsequent analysis displays that the present state of research on the employer brand construct lacks substance. First, a scale encompassing both students and employees perceptions on attractive employers and employment situations has to be established to identify the dimensionality of employer brands. Second, possible differences in the importance of dimensions for different segments, e.g. based on gender, age group or education, and third, a clear positioning of employer branding in the context of theories such as organizational attractiveness remains to be established.

3 Methodology

To provide a basis for profound theory-building, a scale encompassing all traits relevant for the employer brand was accumulated. Existing scales from two types of sources were therefore investigated: First, scales as those previously mentioned from the academic fields of, e.g. marketing, organizational attractiveness, and psychology. And second, scales established by practitioners, such as market research institutes or consultancies. The items constituting different dimensions provide the basis for the gathering of relevant employer characteristics. Some of the central publications used in the analytical item collection approach are displayed in Table 1.

Additionally to this deductive approach, in-depth interviews with employees, especially with the previously neglected representatives of Generation Y, helped broaden the knowledge about employee's perspectives on ideal employers and capture all traits relevant for groups different from students. Interviews with executives from marketing and human resource departments simultaneously captured the "corporate" side of what characteristics are important for potential and current employees. Finally, a pool of over 500 items resulted with this approach.

In subsequent steps, we translated the items to German in a double-blind review process and discussed their clarity.

Publication	Subject	Authors	Dimensions
Journal of Applied Psychology	Organizational Attractiveness	Schwoerer/ Rosen 1989	*Corporate Image, Job pursuit Intentions*
Journal of Marketing Management	Internal Marketing	Foreman/ Money 1995	*Development, Rewards, Vision*
Journal of Brand Management	Employer Branding	Ambler/ Barrow 1996	*Functional Value, Economic Value, Psychological Value*
Educational & Psychological Measurement	Organizational Attractiveness	Highhouse et al. 2003	*Attraction, Intentions, Prestige*
International Journal of Advertising	Employer Branding	Berthon et al. 2005	*Development, Application, Economic, Social, Interest*
Personal	Employer Branding	Cachelin et al. 2009	*Development, Economic Value, Social Value, Diversity Value, Reputation Value*
VISION	Employer Branding	Srivastava/ Bhatnagar 2010	*Caring, Enabling, Career Growth, Credible and Fair, Flexible and Ethical, Product and Service Brand Image, Positive Employer Image, Global Exposure*
Great Place to Work	Employer Branding (Practitioner)	Great Place to Work 2011	*Authenticity, Respect, Fairness, Pride, Team-orientation*
Top Job	Employer Branding (Practitioner)	Top Job 2011	*Leadership & Vision, Motivation & Dynamics, Culture & Communication, Development & Perspective, Family Orientation & Demographics, Entrepreneurship*

Table 1: Dimensions of Employer Brands and other related Constructs

Then, in order to handle the large number of items, we assigned each trait to one content category. For example, we allocated the two items referring to rewards, "annual cash compensation is high" and "monetary rewards for my individual contribution", to the two categories "rewards" and "performance-based rewards" (Michaels et al. 2001). Again, we conducted this procedure in a double-blind process and assessed the results for their consistency afterwards. By using this approach we ensured reaching our primary objective to develop a comprehensible measurement scale.

Based on the developed categorization, four academic experts identified redundancies within the categories in a double-round approach.

Simultaneously, we discussed the content and face validity of the items. To purify the measure (Churchill 1979), we executed a pretest (n=90) and assessed the item correlations following the domain sampling model (Nunnally/Bernstein 2008). At the end of this process, we had developed an 85 item non-redundant scale.

3.1 Research Design

To collect the data, we designed a self-administered online questionnaire. We used a 7-point Likert scale to enable sufficient levels of variance (Backhaus et al. 2008).

As previous research suggests, "[…] familiarity with the organisation [is] […] a relevant condition to assess the perception about the employer brand in the questionnaire […]." (Srivastava/Bhatnagar 2010, p. 29). For this reason, we asked the respondents to evaluate their current employer based on the presented 85 items. Additionally, we inquired standard demographical data as well as the company's affiliated industry, the employee's length of affiliation with the company, and the employee's employment status.

Demographics	Percentage	Demographics	Percentage
Age Group:		**Affiliated Industry:**	
Under 24	7.2	Consultancies	20.6
25-29	45.7	Manufacturing & Automobile	18.0
30-39	37.2	Services Industry	17.5
40-49	5.4	Banking & Insurances	8.9
50-59	2.7	Retail Industry	8.1
60 and older	1.8	Other	26.9
Education:		**Length of Affiliation:**	
High School Graduation	20.6	1-2 years	52.0
College Graduation	69.5	3-5 years	27.2
PhD Completed	8.5	6-10 years	10.7
Other	1.4	11 years and more	10.1
Monthly Income:		**Employment Status:**	
Less than 1.000 Euro	14.8	Apprentice	12.6
1.001-2.999 Euro	55.6	Employee	69.1
3.000-4.999 Euro	18.4	Executive Employee	10.3
5.000 Euro and more	4.9	Manager	4.0
No declaration	6.3	Others	4.0
Gender:			
Male	48		
Female	52		

Table 2: Demographic Profile of the Sample (n = 223)

We distributed the online questionnaire through the social business network *Xing*, the German equivalent of *Linkedin*, where we posted the link in different forums. As an incentive to participate, we offered the voluntary possibility to sign up for a lottery of 40 gift vouchers. From initially 491 individuals accessing our online survey, 229 finished the online questionnaire. This corresponds to an effective response rate of about 45 percent. After cleaning, a sample of 223 employees remained. We present the demographic profile of the sample in Table 2.

As homogeneity of the sample is an important condition in the process of factor analysis, we focused on employees that graduated from college or completed a Ph.D. program. As Table 2 shows, these two groups make up for about 80 percent of the sample. This is a satisfactorily high level and qualifies the data as suitable for factor analysis (Hair et al. 2010).

3.2 Data Analysis

As an initial step in the analysis process we evaluated the correlation matrix to test for internal consistency and to assess the quality of the data, which we found suitable in terms of item-to-total correlation, variance, and item means (DeVellis 2012). We then used a principle components factor analysis with varimax rotation. We deleted items that loaded high on two factors and those that did not reach a minimum factor loading of .5. In doing so, we reduced the initial 85 items by 33 items, which left a 52-item scale for the analysis.

The resulting 12-factor solution (see Table 3) is based on the following criteria: all 12 factors had eigenvalues greater than one, the scree plot showed a significant dip following the 12th factor, the 12-factor solution explained a high level of variance (73 percent), and the factors had the highest informative value and meaning.

Cronbach's alpha was .944 for the 12-factor solution which satisfied the above 0.70 criterion (Nunnally/Bernstein 2008). Also, we calculated Cronbach's alphas for all factors that were derived from the 52-item scale. All alphas were greater than .7 and all items attributed to the different factors had high item-to-total correlations. A selection of item examples is given in Table 4.

The resulting factors accounted for the fact that employment situations encompass diverse aspects that were mapped in the multidimensional solution. Also, the analysis resulted with a detailed and meaningful array of components which can be used to draw managerial implications for the definition of the employer value proposition and to distinguish the employment situation in a given company.

	1	2	3	4	5	6	7	8	9	10	11	12	Alpha
EB_75	.748					Factor 1: Culture & Communication							.928
EB_58	.727												
EB_59	.707												
EB_77	.698												
EB_63	.688												
EB_64	.664												
EB_76	.617												
EB_18	.611												
EB_74	.610												
EB_19	.601												
EB_29	.513												
EB_49		.736				Factor 2: Team Spirit							.904
EB_52		.734											
EB_51		.709											
EB_50		.681											
EB_62		.676											
EB_53		.671											
EB_60		.620											
EB_12			.750			Factor 3: Tasks							.862
EB_14			.740										
EB_16			.704										
EB_15			.690										
EB_13			.675										
EB_11			.526										
EB_35				.893		Factor 4: International Carreer & Environment							.923
EB_32				.866									
EB_34				.863									
EB_33				.823									
EB_71					.847				Factor 5: Benefits				.807
EB_70					.822								
EB_68					.656								
EB_69					.598								
EB_47						.806			Factor 6: Reputation				.867
EB_46						.780							
EB_48						.730							
EB_45						.721							
EB_83							.901		Factor 7: Work-Life-Balance				.742
EB_82							.866						
EB_84							.551						
EB_78		Factor 8: Training & Development						.811					.724
EB_79								.747					
EB_80								.736					
EB_25		Factor 9: Diversity							.754				.701
EB_26									.749				
EB_27									.681				
EB_56		Factor 10: Customers								.817			.711
EB_57										.804			
EB_65		Factor 11: Autonomy									.722		.703
EB_66											.694		
EB_23		Factor 12: Corporate Social Responsibility (CSR)										.574	.830
EB_22												.537	

* Principal Component Analysis with Varimax Rotation and Kaiser Normalization. Rotation converged in 9

In order to increase readability, items with factor loadings <.5 are not shown in the chart above.

Table 3: Factor Loadings and Reliability Analysis

3.3 Description of Results

Our 12-factor solution is an extension of previous suggestions of employer brand dimensions found in the academic literature and the first solution that brings together the informative value of some of these in one approach.

While factors like *tasks*, *benefits*, *reputation*, *training & development* and *diversity* are known as relevant, 7 new factors additionally account for the complexity of employment situations and the extant range of aspects influencing decisions made about these.

The factor *culture & communication* refers to the organizations' culture as the way of how things are done, e.g. how pronounced hierarchical structures are, and the internal communication in terms of transparency and actuality of information that is given from the management towards the employees. While practitioner's publications revealed this aspect before (Top Job 2011), it has not been addressed in the academic literature in the context of employer branding despite its importance. Interviewed employees state that cultural aspects are, to a certain extent, more important than monetary rewards.

Team spirit is a factor that can be allocated to Ambler and Barrow's *psychological value*. While *culture & communication* refers to top-down communication, *team spirit* addresses the communication and collegial atmosphere on the team level. As relationships with co-workers and team leaders directly influence the every-day psychological well-being, it is thus reasonable to see the allocation with *psychological value* and the importance of the factor.

Especially the human resources representatives consulted in the interviews during the item collection process emphasised the importance of *work-life-balance*. The possibility to arrange career goals with private interests matters more and more to employees (Sturges/Guest 2004). Companies that are able to offer e.g. flexible working hours or occasional home office days should therefore consider communicating these to interested target audiences through their employer value proposition.

Factor	Item Example
1. Culture & Communication	*"a clear organizational culture"* (EB_58) *"communication with the employees is important"* (EB_74)
2. Team Spirit	*"strong team spirit among coworkers"* (EB_49) *"a fun working environment"* (EB_50)
3. Tasks	*"diverse tasks"* (EB_16) *"diverse skills are needed to fulfill the tasks"* (EB_13)
4. International Career & Environment	*"international career opportunities"* (EB_33) *"international work environment"* (EB_35)
5. Benefits	*"adequate basic salary"* (EB_68) *"good additional benefits"* (EB_71)
6. Reputation	*"good public reputation of the company"* (EB_45) *"it is good to have the company on your résumé"* (EB_47)
7. Work-Life-Balance	*"good work-life-balance"* (EB_83) *"possibility to comply with personal and family matters"* (EB_82)
8. Training & Development	*"diverse training offers"* (EB_78) *"skill development is a continuous process"* (EB_80)
9. Diversity	*"diversity within the team"* (EB_26) *"equal rights for men and women"* (EB_25)
10. Customers	*"interesting customers"* (EB_56) *"intense customer contact"* (EB_57)
11. Autonomy	*"employees have a lot of autonomy"* (EB_65) *"new employees quickly take responsibility for their work"* (EB_66)
12. Corporate Social Responsibility	*"social commitment"* (EB_22) *"dedication to the environment"* (EB_23)

Table 4: Factors and Item Examples

Customers, *autonomy*, and *corporate social responsibility* are the most striking new dimensions of employer brands. The factor *customers* captures the importance of customer contact or interesting customers. This finding can have important implications for companies active on business-to-business markets. While e.g. automotive suppliers cannot attract

employees with well-known product brands, they may derive competitive advantages in the attraction of talents from communicating that they call prestigious companies such as BMW or Mercedes their customers.
Along with *work-life-balance, autonomy* and *corporate social responsibility* represent the desire for self-fulfillment and the serving of a higher goal.
The autonomy to organize e.g. work processes independently leads to a higher involvement of the employee and thus higher levels of motivation and satisfaction from which the company benefits (Thompson/Prottas 2006). Furthermore, the organization's willingness to give back to the society through social and environmental commitment reflects the awareness of individuals for aspects other than making money. Recruitment research supports the importance of social responsibility as responsible companies are especially attractive for job seekers (Jones et al. 2010).
Altogether, the 12-dimensional employer brand solution has a high informative value that supports our initial assumption that a more elaborate factor solution would result based on an extensive item selection and processing phase as well as from focusing an all-employee sample.

4 Discussion

In the present research we developed a comprehensive measurement scale for the employer brand construct. The identified 12-factor solution was a refinement and extension of previously derived factor solutions and showed a high informative value.
With our research, we contributed to the knowledge on employer branding in a twofold way: First, we helped to add more substance to the academic theory on employer branding. By overcoming limitations of pre-

vious proposals for the measurement of the employer brand construct we provided substantial ground-work for future investigations in the academic research on employer branding. We conducted an extensive item generation process in order to ensure capturing all aspects relevant for the employer brand construct and collected data from an employee sample with the crucial labor market experience. Therefore, we established a solid conceptualization upon which researchers in a variety of disciplines, e.g. marketing, human resources, management, advertising, or organizational behavior, can ground further investigations.

Second, by advancing the knowledge in this fairly new field of research, we provided valuable insights for practitioners. Companies have to market towards employees, one important stakeholder group, what makes working for their company a desirable experience. As our factor solution showed the scope of relevant content dimensions, management can consider these in the pursuit of employer branding objectives. Thus, a professional and successful design of employer brands is promoted.

4.1 Limitations

The scope of our research has a few limitations. As we regarded one sample of employees only, the robustness of the 12-factor solution remains to be established by surveying another independent set. Moreover, while the sample size of 223 was sufficient for our present purpose, a bigger sample would be desirable for further generalization and validation.

With respect to statistical methods, we did not yet apply structural equation modeling to confirm our factor solution (Aaker/Bagozzi 1979). The nationality of our respondents was almost exclusively German. For this reason, we were not able to control for cultural differences. However, as employment situations are subject to cultural differences, the factor structure would also have to be reassessed in different national settings. In this first research stage, we did also refrain from checking for possible differences between varying segments, e.g. regarding gender, age group or education. This differentiation however is advisable in previous steps as it could yield useful managerial implications for the targeting of different segments of employees.

4.2 Future Research

To cope with the challenges of today's turbulent business surroundings, companies need to be able to recruit and retain qualified employees that find ways to tackle these challenges. Therefore, additional knowledge about the impacts of the established employer brand dimensions is in demand.

Based on our multidimensional solution, testing hypotheses about links between the 12 factors and several outcome variables, either from the perspectives of employees or employers, will be valuable. For example, relations between the different dimensions and variables such as the overall organizational attractiveness, the organization's reputation, candidate's intentions to apply at a certain organization, job satisfaction, pride taken in working for an organization, or the attitude towards an organization can be derived from surveying potential or current employees.

Variables such as the number of applications, the quality of applications, the extent of successful hiring, employee commitment, or the number of referrals and their dependency on the different dimensions can be investigated based on data gathered from employers. The latter variables also serve as key performance indicators for companies to assess the effectiveness and efficiency of their employer branding efforts. Finally, our measurement scale calls for the investigation of antecedents of employer brand value.

References

Aaker, D. A.; Bagozzi, R. P. (1979): Unobservable variables in structural equation models with an application in industrial selling, in: Journal of Marketing Research, Vol. 16, No. 2, pp. 147-158.

Ambler, T.; Barrow, S. (1996): The Employer Brand, in: Journal of Brand Management, Vol. 4, No. 3, pp. 185-206.

Anslinger, T.; Dickel, J. (2008): Positionierung und Profilierung starker Arbeitgebermarken, in: Anspruchsgruppenorientierte Kommunikation, Hrsg.: Siems, F. U.; Brandstätter, M.; Gölzner, H., Wiesbaden, S. 247-264.

Backhaus, K.; Erichson, B.; Plinke, W.; Weiber, R. (2008): Multivariate Analysemethoden, 12. Aufl., Berlin.

Backhaus, K.; Tikoo, S. (2004): Conceptzalizing and researching employer branding, in: Career Development International, Vol. 9, No. 5, pp. 501-517.

Berthon, P.; Ewing, M.; Hah, L. L. (2005): Captivating company, in: International Journal of Advertising, Vol. 24, No. 2, pp. 151-172.

Bodderas, M.; Cachelin, J. L.; Maas, P. (2010): Integrating marketing and human resources, St. Gallen.

Cachelin, J. L.; Bodderas, M.; Maas, P. (2009): Hohe Erwartungen, in: Personal, H. 5, S. 22-24.

Churchill, G. A. (1979): A paradigm for developing better measures of marketing constructs, in: Journal of Marketing Research, Vol. 16, No. 1, pp. 64-73.

Dell, D.; Ainspan, N. (2001): Engaging employees through your brand, New York.

DeVellis, R. F. (2012): Scale Development, 3rd ed., Thousand Oaks et al.

Edwards, M. R. (2010): An integrative review of employer branding and OB theory, in: Personnel Review, Vol. 39, No. 1, pp. 5-23.

Ewing, M. T.; Pitt, L. F.; de Bussy, N. M.; Berthon, P. (2002): Employment branding in the knowledge economy, in: International Journal of Advertising, Vol. 28, No. 2, pp. 3-22.

Foreman, S. K.; Money, A. H. (1995): Internal marketing, in: Journal of Marketing Management, Vol. 11, No. 8, pp. 755-768.

Great Place to Work (2011): Unser Modell: Dimensionen - Auf was es am Arbeitsplatz ankommt, URL: http://www.greatplacetowork.de/great/modell.php, letzter Abruf am 30.03.2011.

Highhouse, S.; Lievens, F.; Sinar, E. F. (2003): Measuring Attraction to Organizations, in: Educational and Psychological Measurement, Vol. 63, No. 6, pp. 986-1001.

Jones, D.; Willness, C.; Madey, S. (2010): Why are job seekers attracted to socially responsible companies?, in: Proceedings of the 70th Annual Meeting of the Academy of Management.

Kapferer, J.-N. (2008): The new strategic brand management, 4th ed., London.

Meffert, H.; Burmann, C. (2005): Managementkonzept der identitätsorientierten Markenführung, in: Markenmanagement., Hrsg.: Meffert, H.; Burmann, C.; Koers, M., 2. Aufl., Wiesbaden, S. 73-114.

Michaels, E.; Handfield-Jones, H.; Axelrod, B. (2001): The war for talent, Boston.

Nunnally, J. C.; Bernstein, I. H. (1994): Psychometric theory, 3rd ed., Michigan.

Schwoerer, C.; Rosen, B. (1989): Effects of Employment-at-Will Policies and Compensation Policies on Corporate Image and Job Pursuit Intentions, in: Journal of Applied Psychology, Vol. 74, No. 4, pp. 653-656.

Srivastava, P.; Bhatnagar, J. (2010): Employer Brand for Talent Acquisition, in: VISION-The Journal of Business Perspective, Vol. 14, No. 1/2, pp. 25-34.

Sturges, J.; Guest, D. (2004): Working to live or living to work?, in: Human Resource Management Journal, Vol. 14, No. 4, pp. 5-20.

Sullivan, J. (1999): The changing nature of careers, in: Journal of Management, Vol. 25, No. 3, pp. 457-484.

Sullivan, J. (2002): Crafting a lofty employment brand, in: ER Daily.

Thompson, C. A.; Prottas, D. J. (2006): Relationships among organizational family support, job autonomy, perceived control, and employee well-being, in: Journal of Occupational Health Psychology, Vol. 11, No. 1, pp. 100-118.

Top Job (2011): Die besten Arbeitgeber im Mittelstand, URL: http://www.topjob.de/startseite-tj.html, letzter Abruf am 30.03.2011.

Wells, W. D. (1993): Discovery-Oriented Consumer Research, in: The Journal of Consumer Research, Vol. 19, No. 4, pp. 489-504.

What influences living the brand and how does it impact? – An investigation into value based concepts from the perspective of social banking

Heinz Brodbeck

What influences living the brand and how does it impact? – An investigation into value based concepts from the perspective of social banking

Keywords: Brand identification, Brand orientation, Living the brand, Person-organisation fit, social banking

Abstract:

The purpose of this early stage work in progress paper is to analyse brand orientation of socio ecological banks and how value related concepts influence Living the Brand behaviour (LtB) of employees. It shortly describes socio ecological banks and delivers some insight into a fast growing branch of the finance industry that is not yet in focus of scholarly research. The final project aims at proposing and testing a model of LtB through multiple case study employing qualitative and quantitative research techniques. Preliminary results from exploratory expert interviews and a pilot survey suggest that employees of socio ecological banks are highly value driven and seem inspired by helping building a more responsible future. Although the hypothesised relationships between value related organisational concepts and LtB are supported by this preliminary research the impact of LtB on individual work performance tends to be low. For social enterprises that are driven by organisational values the final project has practical implications for internal marketing investments and human resources management. The originality of the project is in demonstrating how brand orientation, organisational identification, and value fit relate with LtB and cause individual performance, and that from the perspective of social enterprises such as socio ecological banks.

1 Introduction

This paper reports about a study in progress (the project) that empirically aims at understanding brand orientation and concepts of organisational values and how these concepts cause brand value aligned behaviour of employees of socio ecological banks. Such behaviour is investigated as an independent variable to individual work performance. Anecdotal evidence plausibly suggests that these banks are value driven but no empirical research neither qualitative nor quantitative about this question has been found. The little academic literature is mostly descriptive or conceptional and it studies the phenomenon social banking as such. The project therefore shall also answer if orientation on organisational values is a myth or core to reality of socio ecological banks and how it manifests. These questions are approached from a theoretical perspective of living the brand. This idea tries to explain and instigate brand value related behaviour of organisational agents. In the literature different terms and concepts have been used to understand brand values aligned employee behaviour e.g.: "Behavioural branding" (Henkel et al. 2007; Tomczak et al. 2009), "internal brand management" (Burmann/Zeplin 2005), and "living the brand" (Ind 2007). Burmann/Zeplin (2005) and Burmann et al. (2009) see employees' brand commitment as a central construct and explain the psychological process that leads to "brand citizenship behaviour". For Baumgarth (2010) brand-oriented behaviour is part of his approach to brand orientation of organizations in the B2B sector and he proofs its positive impact on market performance. Living the brand research is developing various research streams. It's becoming more quantitative in method and it's bridging marketing with HR. A contemporarily dominant research stream is to look at living the brand from a marketing control perspective i.e. how is and how can marketing personnel be influenced to deliver desired results (Vallaster/de Chernatony 2003; Boyd/Sutherland 2005; Henkel et al. 2007; Morhart et al. 2009; Punjaisri et al. 2009; Wieseke et al. 2009). Living the brand is a relatively new topic of scholarly marketing research and to our knowledge it's the first time that this phenomenon is being researched in social enterprises.

This project contributes by investigating antecedents of LtB, by proposing elements that constitute LtB and how these impact on individual performance. It includes evaluation of ability of existing scales to measure latent constructs in the realm of living the brand in social enterprises. The methodology applied to this project is case study. For this study brand means the corporate brand and "brand-as-organisation" (Aaker 1996, p. 82).

In the following the project, characteristics of socio ecological banks, the research methodology, and preliminary results will be outlined briefly.

2 The project

The project is situated in the social economy and investigates living the brand in socio ecological banks. As value oriented service organisations they are predestined for investigating value and behavioural-based marketing concepts. Researching with them offers too an opportunity to contribute to marketing knowledge related to social enterprises because socio ecological banks operate at the interface of the social- and the for-profit economy. Beside private banking they are servicing social- and for-profit enterprises, as well as state-organisations. After descriptively approaching the phenomenon of social ecological banking, the project then examines brand orientation as perceived by employees of social banks and seeks to understand the values that emboss their organisational cultures. The main research question of the project focuses on: What are the value based organisational concepts that influence employees' brand related behaviour and how does LtB impact? Based on literature review and exploratory research an initial model of living the brand in socio ecological banks is proposed (Figure 1). It embraces the constructs brand orientation (BO), Person-Organisation Fit (POF), identification with the organisation (BI), LtB, and self assessed individual Brand Performance (BP). Brand orientation has already been recognised as a concept important to social enterprises like charities (Hankinson 2001; Ewing/Napoli 2005) and for influencing brand performance (e.g. Wong/Merrilees 2008; Baumgarth 2010). Yaniv/Farkas (2005) e.g. conclude that high POF means also "a high fulfill of corporate values". These literatures help to defend that BO, POF together with BI are antecedents of LtB. For an organisation that is brand oriented the brand is central to corporate strategy and all organisational activities should therefore be "on brand". It's therefore plausible to assume that BO influences employees' brand delivery i.e. LtB. It's plausible that fit between personal intrinsic values and organisational cultural values i.e. POF influences LtB. Because if POF exists it's "natural" to live the brand as such behaviour is authentic to the individuality of the employee. Although individual identification with the organisation (BI) is conceptionally related to POF, BI nevertheless is seen in this project as a distinct concept influencing LtB. POF is about congruency of the organisations values, culture, goals and norms with the persons personality, values, goals, and attitudes, which is what Kristof (1996) calls "supplementary fit". BI however describes the cognition of "oneness" the self-definition of someone in terms of the organisation, which does not necessarily mean to agree to the prevailing values; organisational identification is organisation specific (Ashforth/Mael 1989; Mael/Ashforth 1992). Thus it can be that a person finds POF with several organisations but feels belongingness and as "one" with the identity of the organisation he actually works for only. It's therefore plausible to assume that BI influences LtB; "the identity of the organisation guides employees in their behaviour" (Brexendorf/Kernstock 2007).

The findings of the project shall help to understand characteristics of socio ecological banks and to learn what drives their employees. Better understanding of living the brand will inform management decision-making about internal marketing and application of fit and performance related HR-strategies. The project doesn't seek for generalisation of results to the service industry as a whole. It rather aims for deeper understanding of an emerging branch of the finance sector and aspires internal validity. External validity is thought in the realm of specific socio ecological banks and potentially for highly value driven other social enterprises. The originality is in knowledge creation about brand-aligned behaviour of employees of social enterprises. It's unique insofar as none of the studies identified has investigated a congenial model of living the brand linking brand orientation, organisational identity, value fit, and individual brand performance at least neither by employing the same measurement theory nor in the realm of social banking and financing. This research therefore contributes to social marketing science and management practice in social enterprises. Furthermore it promotes understanding about financial institutions that "bank on values" by fostering sensemaking with money and a more responsible association with it. The term social banking is sometimes also applied to peer-to-peer granting of loans moderated by an Internet based platform. This business model of mutual financing within virtual communities is not subject to the project. Before explaining the methodology of the project social banking shall be described and recent literature be mentioned.

3 Discovering socio ecological banks

Social banking is a financing format that is performed by small banks at a very high level of sustainability, ethics and transparency. In this respect social banks go beyond mainstream banks and beyond banks of the co-operative movement. Co-operative enterprises such as for example the British Co-operative Bank have already been subject to research (e.g. Balmer et al. 2007; Kitson 1996; Harvey 1995; Davis/Worthington 1993) but with the exception of Cowton/Thompson (2001) who have delivered a case study about "Triodos" no further academic articles about social banks in the sense of this project have been identified. The latest specific publications about social banking are a kind of anthology describing the branch, its history, and structure (Weber/Remer, 2011), an intellectually provocative discussion about social banking and the financial crisis (Benedikter 2011), and based on the history of GLS Bank Dohmen (2011) documented how banks can create benefits beyond monetary. But there are reasons to bring social banks onto the radar of scholarly research. Such banks have gained enduring popularity during the recent financial crisis 2007/2009 when investors looked for save deposits and low risk investment alternatives to mainstream banks threatened by the crisis. The steady growth rates of social banks could be a tender sign of the beginning of a shift of paradigm in financing where human values and socio ecological impact of financial decisions could become more important than rent maximisation inherent in the neo-liberal view towards business. For example the two biggest social banks in Europe, Triodos Bank (The Netherlands) and GLS Bank (Germany), enjoyed growth rates of balance sheet of 25% compounded year-by-year from 2006 to 2009 and Triodos Group has published 2010 asset growth of 15% to Euros 5.6 billon of balance sheet value and a customer base of 285'000 customers (Triodos, 2011). The Germany based GLS Bank reported for 2010 a growth of 37%, group assets of 2.4 billion Euros, and it served 91'000 customers (GLS 2011). Eleven social banks around the globe have formed The Global Alliance for Banking on Values. In 2009 this association committed to raise USD 250 million within three years. Seven of them have already attracted USD 400 million within a year. This will allow expanding new lending to USD 3 billion. The alliance strives "to touch the lives of one billion people by 2020" through social banking of their member institutions (GABV 2010). Social banks could be defined as banks that always strive for a positive triple bottom line in this prioritisation: People, planet, profit. They do sustain from profit maximisation and cultivate public transparency of their lending and investing. Savers with social banks can decide about reinvestment of their monies and can subsidise projects by waiving interest. Portfolio of activity of many social banks usually embraces: Saving, lending, payment transactions, private banking and investments but excluding investment banking for own account and derivative product deals. For social banks corporate social responsibility is not a means of reputation management but an end unto itself and socially responsible and ethical investment is not only a category of a wider product mix but it is the sole investment offering. Nor is their socio ecological orientation a green marketing strategy for obtaining competitive advantage and for seeking new business opportunities (Chen 2010) it's their mission helping creating a more responsible future. Many of such banks don't pay dividends to their shareholders. This principle is in line with Nobel price laureate Yunus (2007, 2010) who has been very firm on the notion of zero-dividend in social businesses as even the slightest dividend to investors "destroys the attitude" and "it destroys the strength of the mental commitment". There are three global associations: GABV, FEBEA, and INAISE that together have 75 social banks and social financing institutions as their members.

This discovery and the literature highlight orientation of social banks on values and sustainability but little empirical research has been found about social bank employees' value orientation and behaviour. The substantial growth of social banks holds potential problems like diluting brand identity, organisational values and culture as well as potential difficulties to find appropriate investment opportunities that comply with the banks' brand values. Such issues have informed the questions for the exploratory phase of the project and the interpretation of semi-structured expert interviews.

4 Methodology

The project is applying case study methodology in an embedded multiple case design with literal replication (Yin 2009, p. 53). It concurrently employs mixed methods in a quantitative embedded qualitative mode (Cresswell 2009, p. 214). Case study is a frequently used methodology in research related to branding and organisational values (e.g. Urde 2001; Wong/Merrilees 2005; Gotsi et al. 2008; Maxwell/Knox 2009; Punjaisri et al. 2009). It's a very flexible research design, which typically combines qualitative and quantitative methods (Schögel/Tomczak 2009, p. 79) and is suitable for both theory testing and theory building (Dul/Hak 2008, p. 9; Eisenhardt/Graebner 2007). The "worldview" to the project might best be described by social constructionism. This philosophical stance sees the social-world as a man-constructed reality. Society is a net of relationships, interactions and rules designed by people. Reality is interpreted and meaning is given to it by human minds, contrary to positivism the reality isn't "out there" to be discovered (Crotty 1998, p. 52). "The goal of the research is to rely as much as possible on the participant's views of the situation being studied" (Creswell 2009, p. 8). Although this paradigm tends to point to qualitative methods it does neither exclude quantitative approaches nor does it suggest that research is performed less objectively. The process steps of the project have been: Literature review related to internal marketing and alternative banks, exploratory expert interviews, pilot survey quantitative including scaled and open-ended questions, survey SoBa1 and BoBa2, and in-depth expert interviews to assess plausibility of findings.

Explorative semi-structured depth-interviews (Wilson 2006, p. 170) have been conducted with 12 managers from social banks and other organisations. The interviews have lasted each for minimum one hour. They have been audiotaped and fully transcribed. In total 292 references have then been coded at 58 items and summarised in 14 tree nodes. For interpretation of the expert interviews a deductive analytical procedure (Saunders et al. 2007, p. 489) has been applied to explore the following assumptions: a) socio ecological banks are driven by intangible values, b) volume growth threatens their identity, and c) value fit fosters brand aligned behaviour. Together with the findings from the literature review the results of these qualitative interviews have lead to the proposal of an initial model of living the brand (Figure 1).

The variables of this model have been measured in the following way: Brand Orientation (BO) with the "non-profit brand orientation" scale by Ewing/Napoli (2005) (12 items), organisational Brand Identification (BI) with a scale adapted from Mael/Ashforth (1992) (7 items), Person-Organisation Fit (POF) with the scale by Cable/de Rue (cited in Yaniv/Farkas 2005) (3 items). No scale for holistically measuring Living the Brand (LtB) has been found. Therefore a 12-item scale with items used by Punjaisri et al. (2009), Morhart et al. (2009), as well as by Hankinson et al. (2007) has been compiled. The self-appraised individual Brand Performance (BP) scale has included 7 items that have been adapted from Punjaisri, et al. (2009), and from Wieseke, et al. (2009). Examples of these items can be seen in appendix 1.

A small sample quantitative pilot survey (N=43) by paper questionnaire including these 41 items (5-point scale, 1=fully disagree) has been administered with participants of a conference/summer school about social banking. The majority of the conference participants have been employees of social banks and other social enterprises. The questionnaire has been distributed to all participants at the registration desk. Purpose of the pilot survey has been to preliminary assess reliability of the scales and to get a "feeling" about the relationship between the constructs of the initial model. Reliability has been measured through Cronbach's alpha and multiple regression analysis has been performed. As there have been 3 independent variables only to predict LtB and only 1 to predict BP the sample size has been considered acceptable and in line with recommendations by Hair et al. (2010, p. 176) and Field (2009, p. 222) to calculate regressions taking into account that only large effect sizes can be detected with samples of the given size. Three open-ended questions have been embedded into the questionnaire. Purpose of this qualitative part of the pilot survey has been to elaborate themes of concern and to find out if they can give support to the proposed initial model (Figure 1). The responses have been coded and grouped into themes (Table 1). The pilot survey has been performed in English language.

Two major social banks (SoBa1, N=140; SoBa2, N=59) have then participated in an identical survey by electronic questionnaire, administered through oFb (2010). The same items as in the pilot survey have been used. Five open-ended questions have been embedded with the purpose to potentially find support or non-support of the causal structure of LtB to be derived from the quantitative part of the surveys. These surveys have been performed in German language. Appropriateness of the questions and the translation of the items from English into German have first been checked by a linguist and with a few employees of SoBa1.

Exploratory Factor Analysis (EFA) shall be applied to the data from SoBa1 to establish uni-dimensionality of the measurement instruments, which will then be tested through Confirmatory Factor Analysis (CFA) and potentially be modified to fit the data. With Structural Equation Modelling (SME) the best overall model of LtB shall then be researched. As a small sample will be chosen for the replication study with SoBa2 the constructs from the model of SoBa1 will be transformed into 1-indicator constructs before SME shall be performed on the data of SoBa2. The responses to the open-ended questions will be content analysed through a 3-step interpretative aggregation procedure. From this analysis antecedents and consequences of brand compliant behaviour of social bank employees shall emerge.
The final stage of the project includes semi structured individual interviews with top-level managers from SoBa1 and SoBa2 to validate the results of the surveys from the banks perspective.

5 Preliminary results

5.1 Results of exploratory research by expert interviews

The responses from the expert interviews have been interpreted based on the three assumptions (chapter 4.), a, b, c below. The assumptions have been supported. For evidence a few quotes have been copied into the report below:

a) Socio ecological banks are driven by intangible values:

Agents of social banks express motivation to engage in a new way of dealing with money. This motivation is rooted in the will to always act responsibly. A senior manager has stressed: *"Corporate social responsibility is the core of our business and not something to be fulfilled somehow beside the business"*. There is also a believe that always having in view the triple bottom line (people, planet, profit) and balancing inherent conflicting objectives by prioritising "people" can finally help to create a better world. It's *"the objective to really change something in society that units us all"*. Conclusion: a) points to brand orientation.

b) There is concern that excessive volume growth threatens brand identity:

"With the enormous current growth questions arise: Are we changing, are we being changed, how can we stick to our own values?" has been asked by a relationship manager. A challenge to social banks is therefore to operationally and financially manage this enduring huge inflow of cash, and at the same time keeping up to their values. Danger of identity dilution appears coming from two sides: First the recruiting of many new staff that might be unfamiliar with the high values and principles of social banks: *"It will be a challenge during the coming years to keep the balance between professional economic operation, being efficient too, and our values."* has been acknowledged. Second reason could be difficulty in finding fast adequate reinvestment opportunities for the new monies without giving up some of the strict and consistently applied investment decision rules. Conclusion: b) points to organisational identification and value fit. If brand identity of SoBa is diluted level of identification of current employees might decrease.

c) Value fit fosters brand compliant behaviour:

"There is probably already high match between personal values of the employee and the bank's values before people come here" has been the view of an account manager. There are however different meanings about the impact of values between social bank representatives and those from other industries. A normative view has been demonstrated by the

brand manger of a conventional international bank: *"If someone lives the brand in the sense we have formulated it he will offer services differentiated to those of our peers and we know he will be more successful"*, and *"the productivity of those having a high level of living the brand is indeed higher"*. On the other hand a social banker has reflected: *"I don't think it's helpful to make this direct link that suggests this could be quantified, this thinking wouldn't fit with us"*. Conclusion: c) points to value fit as a characteristic of social banks and that fit possibly relates to living the brand behaviour and performance.

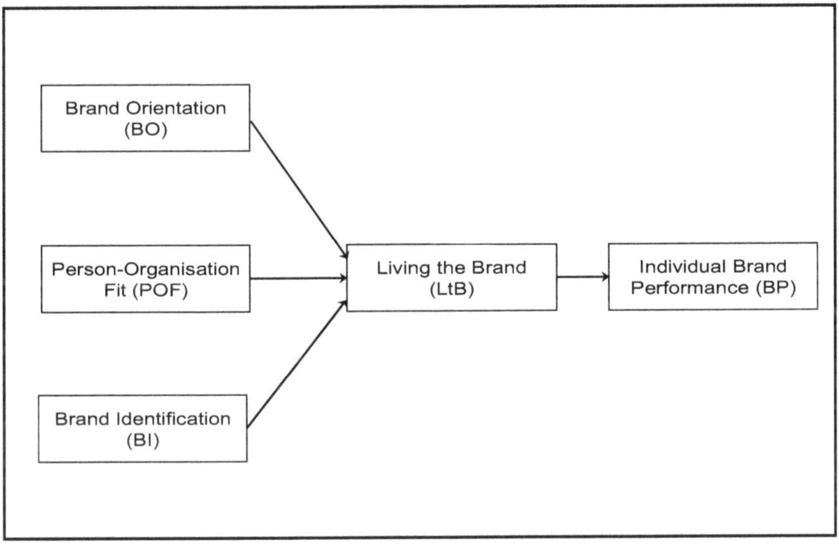

Figure 1: Initial conceptual model of Living the Brand in social enterprises

Although different appreciation of value fit and living the brand has been sensed between social bank representatives and other interviewees, where the latter have been more normative and positivistic, there has been nevertheless some agreement that brand orientation and brand value related concepts help the emergence of living the brand that in turn could improve performance. The interpretation of the interviews has cautiously let to suggest that brand orientation, value fit, and identification is related to brand compliant behaviour, which has the potential to positively impact on individual performance. Literature review and this exploratory phase have lead to propose an initial model of LtB in social enterprises such as social banks (Figure 1).

5.2 Qualitative results of pilot survey

The quantitative pilot survey by questionnaire has included three embedded open-ended questions about job related success factors of employees, importance of branding in social banks, and about reasons for choosing working for a social bank. These questions have been thought for indirectly identifying background for the proposed Living the Brand model. They have produced 95 subjective statements from 30 respondents from social enterprises who have been employed by social banks mainly. All statements have been coded, grouped, and have then been assigned to central themes. The result of this examination is summarised in table 1. The respondents have been driven by own intrinsic values as well as by the brand values of their employers.

They have assessed value fit to be an important factor for individual professional success. It has also inspired their vision of a more responsible future for which they have wanted to engage themselves. Their ability to perform has again been influenced by value-fit, professionalism and a feeling of belonging. The brand has been perceived to be a very important asset for social enterprises and it has been appreciated as supporting employees' performance. Social enterprises have seemed to have an organisational culture that has given employees a lot of satisfaction.

Although social enterprises are not known for being best payers fiduciary remuneration has nevertheless not seemed to be a concern for their employees. They have felt rewarded through being part of an organisation that demonstrates a mission for social, ecological, and economical sustainability and that they have perceived as sense making. No statement has been returned related to financial rewards. The key themes that emerged from the content analysis of the statements are summarised in table 1 below. The table also illustrates the central ideas that emerged from the contextual interpretation and to which construct of the proposed conceptual model of Living the Brand they have accounted.

Content	Central idea	Accounts for
Responsibility	Sense making (15)	Brand identification and person organisation fit
Innovation		
Worthwhile		
Personal and corporate values	Attachment (29)	
Identity		
Brand highly important	Brand (21)	Brand orientation
Brand important but ...		
Commitment	Behaviour and capabilities (16)	Living the Brand and performance
Involvement		
Professionalism		
Team	Organisational culture (14)	Loyalty and satisfaction
Comfort, comfortable		
Leadership		
Enterprise as such		
Salary and financial benefits	Remuneration no mention	
Number in brackets indicates number of statements.		

Table 1: Key themes of concern to employees of social enterprises

The examination and interpretation of the responses to the open-ended survey questions has lead to conclude that items and issues have surfaced that are also inherent in the LtB model and link its constructs. The focus on brand value orientation of social banks has been reinforced and the plausibility of the proposed model has been supported.

5.3 Descriptive statistics

Table 2 presents basic descriptive statistics and scale reliability alpha for the data collected through the three quantitative surveys (Pilot, SoBa1, and SoBa2) of the project. It must be noted that for SoBa1 and SoBa2 the statistics in table 2 have been calculated with the data generated by the scales identical to the scales used for the pilot survey i.e. before EFA and CFA, therefore the scales could be biased by multidimensionality.

Survey	Pilot	SoBa1	SoBa2
Total population	76	272	80
Valid returns (N)	43	140	59
Return rate %	57%	52%	74%
Cronbach's alpha BO (non-standardised)	.82	.81	.85
Cronbach's alpha BI (non-standardised)	.76	.78	.75
Cronbach's alpha POF (non-standardised)	.94	.89	.90
Cronbach's alpha LtB (non-standardised)	.86	.85	.78
Cronbach's alpha BP (non-standardised)	.75	.64	.76

Table 2: Returns, means, and scale reliability

Frequency analysis based on a few demographic variables has shown that the samples have corresponded well to the structure of the population of SoBa1 and of SoBa2. Reliability of the scales has met or has positively exceeded commonly used benchmark of .7 (Field 2009, p. 681).

5.4 Quantitative results from pilot survey

To get a first indication about the relationship between the constructs of the model regression analysis has been performed with the data from the pilot survey, as has been discussed in chapter 4. The result is shown in Table 3 for the prediction of LtB. Table 4 is the result of simple regression with individual performance (BP) as dependent variable.

Model	Unstandardised Coefficients		Standardised Coefficients		Collinearity
Predictor	B	Std.Error B	β	Sig. p	VIF
1 (Constant)	1.558	.525			
BO	.601	.152	.526	.000	1.000
2 (Constant)	.808	.446			
BO	.436	.126	.382	.001	1.076
POF	.335	.068	.542	.000	1.076
3 (Constant)	.624	.468			
BO	.385	.132	.337	.006	1.196
POF	.283	.080	.458	.001	1.495
BI	.158	.129	.166	.228	1.658
	R2	ΔR2	F-change	Sig. F Change	Durbin-Watson
Model 1	.277	.277	15.715	.000	
Model 2	.550	.273	24.265	.000	
Model 3	.567	.017	1.503	.228	1.857

Table 3: Multiple Regression (pilot survey); dependent variable: LtB

Durbin-Watson is a statistic to check "whether the assumption of independent errors is tenable, the closer to 2 that value is, the better" and it should be between 1 and 3 (Field 2009, p. 236); it seems that the residuals in the model have been uncorrelated. Multicollinearity has been assessed by the Variance Inflation Factor (VIF), which indicates if predictors have strong relationship with other predictors. VIF values should be below 10 and average VIF should not be substantially above 1 (Field 2009, p. 242). All VIF values have been clearly below 10 and average

VIF has been 1.45 (model 3); therefore there hasn't been unacceptable multicollinearity in the data.
Table 3 shows that the overall predictability of model 1 and model 2 has been significant p<.001, whereas when the independent variable BI (F-ratio=17.0, p<.001) has been added model 3 has shown a non significant increase of predictability (F-change=1.503, p>.05). The proposed antecedents BO and POF have together explained 55% of the variance in LtB (Model2 R2=.55, p<.05). BI has added only 1.7% and this change has been non-significant (ΔR2=.017, p>.05). BO has contributed 27.7% and if BO has remained constant POF has added 27.3%. LtB has explained 29% of the variance in BP (R2=.29, p<.05) (Table 4).

Nr of Model	Unstandardised Coefficients		Standardised Coefficients		Collinearity
Predictor	B	Std.Error B	β	Sig. p	VIF
1 (Constant)	1.826	.426			
LtB	.475	.116	.538	.000	1.000
	R2	ΔR2	F-Change	Sig. F Change	Durbin-Watson
LtB	.290	.290	16.726	.000	1.589

Table 4: Simple regression analysis (pilot survey); dependent variable: BP

The proposed initial model of living the brand has predicted slightly above half of LtB and that in turn has predicted almost one third of employees' individual BP.

5.5 Summary of pilot survey results and conclusion for project continuation

Analysis of the numerical data gathered through the pilot survey has suggested ability of the scales to reliably measure the constructs proposed in the initial living the brand model. It has also demonstrated support for the suggested relationship between the constructs of the model. The mean scores have shown that the phenomena BO, POF, BI, LtB, and BP – with means between 3.43 and 3.91 (Table 2) – have been present in the sample fairly distinctively. Although bearing in mind that the sample size has been small and that the scales could have been multidimensional, the findings from the analysis of the pilot survey have nevertheless justified continuation of the project based on the proposed initial model of living the brand and as has been suggested in chapter 4.

Appendix

Examples of scale items (sources are referenced in chapter 4.)

Brand orientation (extract only):
- My Company ensures that managers within the company are aware of all the marketing activities that involve our brand
- My Company designs integrated marketing activities to encourage our stakeholders to promote our services
- My Company focuses on creating a positive service experience to our stakeholders

Person-Organisation Fit (extract only):
- My personal values match my Company's values and culture

Organisational Identification (extract only):
- When someone praises my Company it feels like a personal compliment

Living the Brand (extract only):
- My intention to stay is driven by the fact that I am competent in delivering the brand promise
- I see that my actions in stakeholder contact are not at odds with our standards for brand-adequate behaviour
- I bring up my Company in a positive way in conversations I have with friends and acquaintances

Individual Brand Performance (extract only):
- The quality level of my work meets the brand standards of my Company
- Compared with other employees my stakeholders are more satisfied
- My superiors are always very satisfied about how I am representing the brand

References

Aaker, D. A. (1996): Building strong Brands, New York.

Ashforth, B. E.; Mael, F. (1989): Social Identity Theory and the Organisation, in: The Academy of Management Review, Vol. 14, No. 1, pp. 20-39.

Balmer, J. M. T.; Fukukawa, K.; Gray, E. R. (2007): The Nature and Management of Ethical Corporate Identity, in: Journal of Business Ethics, Vol. 76, No. 1, pp. 7-15.

Baumgarth, C. (2010): Living the Brand, in: European Journal of Marketing, Vol. 44, No. 5, pp. 653-671.

Benedikter, R. (2011): Social Banking and Social Financing, New York.

Boyd, G.; Sutherland, M. (2006): Obtaining Employee Commitment to living the Brand of the Organisation, in: South African Journal of Business Mangement, Vol. 37, No. 1, pp. 9-20.

Brexendorf, T. O.; Kernstock, J. (2007): Corporate Behaviour vs Brand Behaviour, in: Journal of Brand Management, Vol. 15, No. 1, pp. 32-40.

Burmann, C.; Zeplin, S. (2005): Building Brand Commitment, in: Journal of Brand Management, Vol. 12, No. 4, pp. 279-300.

Burmann, C.; Zeplin, S.; Riley, N. (2009): Key Determinants of internal Brand Management Success, in: Journal of Brand Management, Vol. 16, No. 4, pp. 264-284.

Chen, Y.- S. (2010): The Drivers of Green Brand Equity, in: Journal of Business Ethics, Vol. 93, No. 2, pp. 307-319.

Cowton, C. J.; Thompson, P. (2001): Financing the social Economy, in: International Journal of Nonprofit and Voluntary Sector Marketing, Vol. 6, No. 2, pp. 145-155.

Creswell, J. W. (2009): Research Design, qualitative, quantitative and mixed Methods Approaches, 3rd ed., Los Angeles.

Crotty, M. (1998): The Foundations of Social Research, London.

Davis, P.; Worthington, S. (1993): Cooperative Values: Change and Continuity in Capital Accumulation, in: Journal of Business Ethics, Vol. 12, No. 11, pp. 849-859.

Dohmen, C. (2011): Good Bank, Freiburg.

Dul, J.; Hak, T. (2008): Case Study Methodology in Business Research, Amsterdam.

Eisenhardt, K. M.; Graebner, M. E. (2007): Theory Building from Cases, in: Academy of Management Journal, Vol. 50, No. 1, pp. 25-32.
Ewing, M. T.; Napoli, J. (2005): Developing and validating a multidimensional nonprofit Brand Orientation Scale, in: Journal of Business Research, Vol. 58, No. 6, pp. 841-853.
Field, A. (2009): Discovering Statistics using SPSS, 3rd ed., London.
GABV (2010): Sustainable Banks Deliver Brighter Future, URL: http://www.gabv.org/news/2010-09-20-sustainable-banks-deliver-brighter-future.htm, letzter Abruf am 15. November 2010.
GLS (2011): GLS Bank: Sozial-ökologisches Bankgeschäft hat Hochkonjunktur, URL: http://www.gls.de/die-gls-bank/presse/ pressearchiv/detail/datum/2011/02/09/gls-bank-sozial-oekologisches-bankgeschaeft-hat-hochkonjunktur.html, letzter Abruf am 31. März 2011.
Gotsi, M.; Andriopoulos, C.; Wilson, A. (2008): Corporate re-branding, in: Management Decision, Vol. 46, No. 1, pp. 46-57.
Hankinson, P. (2001): Brand Orientation in the top 500 fundraising charities in the UK, in: Journal of Product and Brand Management, Vol. 10, No. 6, pp. 346-360.
Hankinson, P.; Lomax, W.; Hand, C. (2007): The Time Factor in re-branding Organisations, in: Journal of Product and Brand Management, Vol. 16, No. 4, pp. 236-246.
Hair, J. F.; Black, W. C.; Babin, B. J.; Anderson, R. E. (2010): Multivariate Data Analysis, 7th ed., New Jersey.
Harvey, B. (1995): Ethical Banking, in: Journal of Business Ethics, Vol. 14, No. 12, pp. 1005-1014.
Henkel, S.; Tomczak, T.; Heitmann, M.; Herrmann, A. (2007): Managing Brand consistent Employee Behaviour, in: Journal of Product and Brand Management, Vol. 16, No. 5, pp. 310-320.
Ind, N. (2007): Living the Brand, how to transform every Member of your Organization into a Brand Champion. 3rd ed., London.
Kitson, A. (1996): Taking the Pulse, in: Journal of Business Ethics, Vol. 9, No. 15, pp. 1021-1031.
Kristof, A. L. (1996): Person-Organisation Fit, in: Personnel Psychology, Vol. 49, No. 1, pp. 1-49.
Mael, F.; Ashforth, B. E. (1992): Alumni and their alma mater, in: Journal of organisational Behaviour, Vol. 13, No. 103, pp. 103-123.

Maxwell, R.; Knox, S. (2009): Motivating Employees to "live the Brand", in: Journal of Marketing Management, Vol. 25, No. 9-10, pp. 893-907.

Morhart, F. M.; Herzog, W.; Tomczak, T. (2009): Brand-specific Leadership, in: Journal of Marketing, Vol. 73, No. 5, pp. 122-142.

oFb (2010): Onlinefragebogen, URL: https://www.soscisurvey.de/index .php?page=info, letzter Abruf am 25.August 2011.

Punjaisri, K.; Wilson, A.; Evanschitzky, H. (2009): Internal branding to influence Employees' Brand Promise Delivery, in: Journal of Service Management, Vol. 20, No. 5, pp. 561-579.

Saunders, M.; Lewis, P.; Thornhill, A. (2007): Research Methods for Business Students, 4th ed., UK.

Schögel, M.; Tomczak, T. (2009): Fallstudie, in: Empirische Mastertechniken, Hrsg.: Baumgarth, C.; Eisend, M.; Evanschitzky, H., Wiesbaden, S. 77-105.

Tomczak, T.; Esch, F.-R.; Kernstock, J.; Herrmann, A. (2009): Behavioural Branding, 2nd ed., Wiesbaden.

Triodos (2011): Triodos Bank annual figures 2010, URL: http://www.triodos.com/en/about-triodos-bank/news/press-releases/ annual-figures-2010/?osc=tlink-af2010, letzter Abruf am 31.March 2011.

Urde, M. (2001): Core value-based Corporate Brand Building, in: European Journal of Marketing, Vol. 37, No. 7/8, pp. 1017-1040.

Vallaster, C.; De Chernatony, L. (2005): Internationalisation of Services Brands, in: Journal of Marketing Management, Vol. 21, No. 1/2, pp. 181-203

Weber, O.; Remer, S. (2011): Social Banks and the Future of Sustainable Finance, New York.

Wieseke, J.; Ahearne, M.; Lam, S. K.; van Dick, R. (2009): The Role of Leaders in internal Marketing, in: Journal of Marketing, Vol. 73, No. 2, pp. 123-145.

Wilson, A. (2006): Marketing Research an integrated Approach, 2nd ed., UK.

Wong, H. Y.; Merrilees, B. (2005): A Brand Orientation Typology for SMEs, in: Journal of Product and Brand Management, Vol. 14, No. 3, pp. 155-162.

Wong, H. Y.; Merrilees, B. (2008): The Performance Benefits of being brand-oriented, in: Journal of Product and Brand Management, Vol. 17, No. 6, pp. 372-383.

Yaniv, E.; Farkas, F. (2005): The Impact of Person-Organization Fit on the corporate Brand Perception of Employees and of Customers, in: Journal of Change Management, Vol. 5, No. 4, pp. 447-461

Yin, R. K. (2009): Case Study Research, Design and Methods, 4th ed., Los Angeles.

Yunus, M. (2007): Social Business, URL: http://muhammadyunus.org/Social-Business/social-business/, letzter Abruf am 20.May 2010.

Yunus, M. (2010): Building Social Business, New York.

Einfluss der Vorurteile westdeutscher Konsumenten auf die Beurteilung der Qualität ostdeutscher Marken

Stephanie Glassl, Andreas Scharf

Einfluss der Vorurteile westdeutscher Konsumenten auf die Beurteilung der Qualität ostdeutscher Marken

Stichworte: Choice Based-Conjointanalyse, Forced Choice-Assoziationstest, Impliziter Assoziationstest, ostdeutsche Marken, sensorischer Produkttest

Abstract:

Informationen über das Vorhandensein bzw. die Stärke von Vorurteilen westdeutscher Konsumenten gegenüber ostdeutschen Marken sowie Erkenntnisse über den Einfluss der Herkunftsbezeichnung ostdeutscher Marken auf deren Image und folglich auch auf deren Qualitätsbeurteilung helfen ostdeutschen Anbietern bei der Optimierung ihrer Markenpolitik im Zusammenhang mit ihren Markterschließungszielen für die alten Bundesländer. Das Ziel dieses Beitrags besteht darin aufzuzeigen, wie sich die impliziten Anteile der Vorurteile westdeutscher Konsumenten gegenüber Marken ostdeutscher Herkunft durch den Einsatz unterschiedlicher Forschungsansätze zuverlässig erfassen lassen. Zum Einsatz kommen mit dem Impliziten Assoziationstest (IAT) und dem „Forced Choice"-Assoziationstest (FCA) zwei verschiedene reaktionszeitbasierte Verfahren, mit der „Choice Based"-Conjointanalyse ein Verfahren zur Konzeptüberprüfung sowie mit dem sensorischen Produkttest ein klassischer Ansatz der Sensorischen Produktforschung.

1 Problemstellung

Wie eine Marke beurteilt wird, hängt unter anderem auch entscheidend von der Kompetenz ab, die dieser Marke von den Konsumenten zugeschrieben wird. Das Konstrukt „Kompetenz" lässt sich operationalisieren über die Historie und die Herkunft der Marke sowie über ihre Position im Wettbewerb (Aaker/Joachimsthaler 2000; Burmann/Meffert 2005; Esch 2010; Kapferer 2008). Auch andere Variablen wie Innovations-

kraft, Distributionsquote, Werbeintensität etc. spielen in diesem Zusammenhang eine entsprechende Rolle.
Beispielsweise kann die Herkunft von Nahrungs- und Genussmittel-Marken das subjektive Qualitätsurteil der Konsumenten positiv beeinflussen (z. B. Harzer Käse, Weizenbier aus Bayern, Lachs aus Norwegen). Allerdings werden durch die Herkunft unter Umständen auch negative Reaktionen hervorgerufen (z. B. Autos aus China, Textilien aus Indien oder Nahrungsmittel aus Japan nach dem Reaktorunfall). Derartige Ergebnisse komplexer kognitiver und affektiver Prozesse werden häufig - zumindest teilweise - durch Vorurteile gesteuert.
Die Sozialpsychologie definiert das Konstrukt „Vorurteil" als eine besonders relevante, änderungsresistente Einstellung gegenüber Angehörigen einer Gruppe, die allein auf deren Gruppenzugehörigkeit beruht (Werth/Mayer 2007). Vorurteile dienen der kognitiven Entlastung, da das urteilende bzw. entscheidende Individuum über positive bzw. negative Eigenschaften einer Gruppe, die aus seiner Sicht auf die meisten oder alle Mitglieder dieser Gruppe zuzutreffen scheinen, nicht in jeder Situation wieder neu nachdenken muss (Macrae et al. 1994; Nelson 2002). Vor allem in Entscheidungssituationen, die hohe Anforderungen an die Informationsverarbeitung der Konsumenten stellen (z.B. Zeitdruck, keine bzw. zu wenige Informationen) spielen Vorurteile eine wichtige Rolle (Stangor/Duan 1991; Schneider 2005).
Vorurteile können sowohl eine positive (z. B. „Südländer sind feurige Liebhaber") als auch eine negative (z. B. „Dicke sind faul") Valenz aufweisen. Sie setzen sich - analog zum Einstellungskonstrukt - aus einer kognitiven, einer affektiven und einer konativen (verhaltensbezogene) Komponente zusammen (vgl. Abbildung 1).

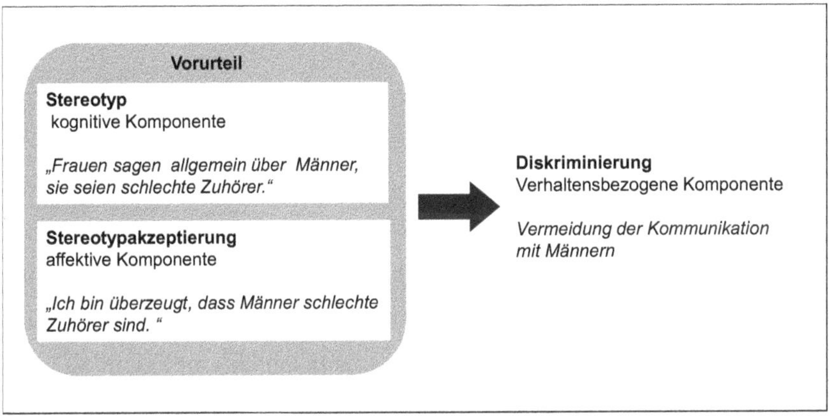

Abbildung 1: Zusammenwirken der drei Komponenten von Vorurteilen
Quelle: Werth/Mayer 2007

Auch lange nach der Wiedervereinigung gibt es zahlreiche Hinweise darauf, dass zumindest ein Teil der westdeutschen Bevölkerung Vorurteile gegenüber Ostdeutschland bzw. gegenüber ihren ostdeutschen Mitbürgern hat (Berth/Brähler 1999; Schmitt/Maes 2002). Daraus lässt sich die Annahme ableiten, dass ostdeutsche Produkte von diesen Konsumenten allein aufgrund ihres bewussten oder unbewussten Vorurteils schlechter bewertet werden. Während sich die Sozialpsychologie seit langem mit Vorurteilen und deren Einfluss auf die subjektive Beurteilung von Objekten durch Individuen beschäftigt (z. B. Aronson et al. 2008; Petersen/Six 2008), liegen aus der Sicht des Markenmanagements bislang keine überzeugenden empirischen Befunde bezüglich des Einflusses der ostdeutschen Herkunft von Marken auf deren Beurteilung durch westdeutsche Konsumenten vor.

2 Zielsetzung und Methodik der Untersuchung

In zahlreichen Studien konnte nachgewiesen werden, dass die explizite Messung von Einstellungen bzw. Vorurteilen mit verschiedenen Problemen behaftet ist (z. B. Felser 2007; Florack et al. 2007; Greenwald et al. 1998). Hierzu zählt insbesondere die mangelnde Fähigkeit zur Introspektion, das heißt, dass die Befragten nicht in der Lage sind, ihre Einstellungen anzugeben, weil es ihnen nicht möglich ist, ihre Einstellung gegenüber dem interessierenden Einstellungsobjekt aus dem Gehirn abzurufen. Ein weiteres Problem betrifft die sogenannten Kontexteffekte, das heißt, dass die Antworten der Befragten davon abhängen, wer fragt, wie gefragt wird und welche Antwortstrategien die Befragten verfolgen. Hierzu zählt beispielsweise, dass die Probanden unter bestimmten Umständen Antworten geben, die sozial erwünscht sind (vgl. Abbildung 2).

Da Menschen ihre Vorurteile gegenüber relevanten Einstellungsobjekten häufig nicht angeben wollen bzw. können, ist es für die hier vorliegende Problemstellung erforderlich, Verfahren einzusetzen, mit deren Hilfe sich vor allem die impliziten Anteile der Einstellungen bzw. Vorurteile von Konsumenten abbilden lassen. Zu diesem Zweck kamen vier verschiedene Ansätze zum Einsatz: Der Implizite Assoziationstest (IAT) und der sogenannte „Forced Choice"-Assoziationstest (FCA) zählen zu den reaktionszeitbasierten Verfahren.

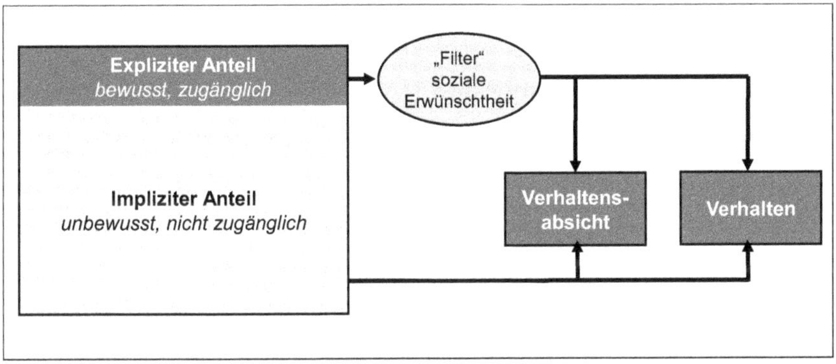

Abbildung 2: Expliziter und impliziter Anteil eines Vorurteils
Quelle: Werth/Mayer 2007

Ihr Grundgedanke besteht darin, durch die Messung der Schnelligkeit, mit der Probanden auf die präsentierten Stimuli reagieren, Informationen über relevante Assoziationen der Probanden zu gewinnen. Die anderen beiden Verfahren wurden ausgewählt, um den Einfluss von Informationen über die Herkunft einer Marke zu messen: Mittels „Choice Based“-Conjointanalyse lassen sich diskrete Wahlentscheidungen bezüglich systematisch variierter Markenstimuli erfassen, während der sensorische Produkttest dazu dient, die affektiven Reaktionen von Konsumenten auf die sensorischen Eigenschaften von Produkten bzw. Marken zu messen.

Alle Probanden, die an den vier Studien teilnahmen, waren eindeutig westdeutsch sozialisiert. Operationalisiert wurde diese Anforderung durch geeignete Variablen und deren vorab definierte Ausprägungen (z. B. Geburtsort, Wohnort, Arbeitsort, Familienverhältnisse, Urlaubspräferenzen). Der implizite Assoziationstest, der „Forced Choice“-Assoziationstest sowie die „Choice Based“-Conjointanalyse wurden in Form einer Onlinebefragung realisiert, der sensorische Produkttest fand hingegen in einem Sensoriklabor statt.

2.1 Impliziter Assoziationstest

Mittels Implizitem Assoziationstest (IAT) sollte untersucht werden, ob westdeutsche Konsumenten latente Vorurteile gegenüber Marken ostdeutscher Herkunft aufweisen. Beim IAT geht man davon aus, dass unterschiedliche Reaktionszeiten bei der Zuordnung von Attributen zu relevanten Einstellungsobjekten unterschiedliche Einstellungen repräsentieren. Der daraus resultierende IAT-Effekt wird als Maß der Stärke assoziativer Verknüpfungen (respektive der Vorurteile) zwischen den Zielkonzepten und den Attributausprägungen interpretiert (Greenwald et al. 1998; Lane et al. 2007; Mierke 2004).
Aus diesen Überlegungen lässt sich die zentrale Hypothese der Untersuchung ableiten: Westdeutsche Konsumenten mit Vorurteilen gegenüber Ostdeutschland reagieren auf Kombinationen "Ostmarke/negativ" bzw. "Westmarke/positiv" schneller als auf Kombinationen "Ostmarke/positiv" bzw. "Westmarke/negativ".

2.2 Reaktionszeitbasierter Assoziationstest

Im Zusammenhang mit der Herkunft einer Marke interessiert nicht nur die Valenz, die mit diesem Stimulus verbunden ist, sondern auch, welche Assoziationen durch die Herkunft in Bezug auf die erwartete Produktqualität im Gehirn der Zielgruppe ausgelöst werden?
Gängige Vorgehensweise zur Erfassung relevanter Markenassoziationen ist die Erstellung einer Itemliste, die den Befragten dann zusammen mit der Marke zur Bearbeitung präsentiert wird. In der Marktforschungspraxis kommen zur diesem Zweck vor allem Ratingverfahren zum Einsatz, die jedoch für die Befragten einen vergleichsweise hohen kognitiven Aufwand bedeuten, was im Widerspruch zu den weitgehend automatisch ablaufenden psychischen Prozessen im Zusammenhang mit der Einstel-

lungsbildung steht. Zuordnungsverfahren bieten den Vorteil, dass die Befragten lediglich angeben müssen, welche Eigenschaften auf den interessierenden Stimulus zutreffen.

Insbesondere die aktuellen Erkenntnisse der Neurowissenschaften werfen jedoch Zweifel auf, ob derartige explizite Messverfahren zur Erfassung von Produktassoziationen zu den gewünschten Ergebnissen führen (Fizsimonis et al. 2002; Kahneman/Frederick 2002). Als Kritikpunkt wird angeführt, dass es durch die kognitive Steuerung zu motivationalen Verzerrungen bei den Befragten kommt, und zwar durch die soziale Erwünschtheit der Antworten, aus Furcht vor Verurteilung oder aufgrund des Bedürfnisses nach Übereinstimmung mit relevanten Erwartungen und vorhandenen Normen (Kämpfe 2005, S. 7 ff.).

Mittels „Forced Choice"-Assoziationstest wird der Grad der kognitiven Steuerung des Entscheidungsprozesses der befragten Personen stark reduziert. Der innovative Charakter dieses Ansatzes beruht darauf, die Aussagekraft von erfassten Produktassoziationen durch die Messung der Reaktionszeit zu verbessern. Das bedeutet, dass die den Probanden zur Verfügung stehende Zeitspanne für die Zuordnung von positiven bzw. negativen Assoziationen zu ausgewählten Ost- bzw. Westmarken begrenzt ist, sodass bei der Auswertung zwischen schnell bzw. langsam assoziierten Begriffen differenziert werden kann. Die zentrale Hypothese dieser Studie lautet folglich, dass westdeutsche Konsumenten mit Vorurteilen gegenüber Ostdeutschland eher negative Begriffe mit den ostdeutschen Marken und eher positive Begriffe mit den westdeutschen Marken assoziieren.

2.3 „Choice Based"-Conjointanalyse

Es existieren zahlreiche empirische Befunde bezüglich des Einflusses der Marke im Allgemeinen sowie der Herkunft einer Marke im Besonderen auf die Präferenz bzw. Kaufwahrscheinlichkeit gegenüber Produkten und Marken. Empirisch am besten fundiert ist vermutlich der Einfluss des Herkunftslandes, der auch als „Country of Orign"-Effekt bezeichnet wird (Hausruckinger/Helm 1996; Peterson/Jolibert 1995; Usunier 2006). Das Wahlverhalten (als Indikator für die Kaufentscheidung) westdeutscher Konsumenten bezogen auf Marken mit westdeutscher bzw. ostdeutscher Herkunft lässt sich zuverlässig mittels „Choice Based"-Conjointanalyse (CBC) erfassen. Die Besonderheit dieses Verfahrens besteht darin, dass die Auskunftspersonen diskrete Wahlentscheidungen treffen müssen, es ist also eine Alternative aus einem Alternativen-Set auszuwählen, wobei die Eigenschaftsausprägungen systematisch variiert werden (Balderjahn et al. 2009; Haaijer/Wedel 2003). Im Rahmen dieser Studie sollte geklärt werden, ob die Information über die westdeutsche bzw. ostdeutsche Herkunft einer fiktiven, im Konkurrenzumfeld präsentierten Waschmittelmarke die Wahlentscheidungen der westdeutschen Befragten beeinflusst.

Diese Untersuchung diente folglich dazu, die Hypothese zu überprüfen, dass westdeutsche Konsumenten mit Vorurteilen gegenüber Ostdeutschland eine Phantasiemarke mit westdeutscher Herkunft signifikant besser beurteilen als eine Phantasiemarke mit ostdeutscher Herkunft.

2.4 Sensorischer Produkttest

Affektive Konsumententests erfassen die gefühlsmäßige Wertschätzung relevanter Zielpersonen bezüglich der wahrgenommenen sensorischen Eigenschaften von Produkten (Scharf 2000; Stone/Sidel 2004). Derartige

Studien können als klassischer Blindtest oder als informierter Test angelegt werden. Sie kommen vor allem zur Ermittlung der Akzeptanz bzw. Präferenz von Konsumenten gegenüber Fast Moving Consumer Goods zum Einsatz, bei denen Geruch, Geschmack und/oder Konsistenz eine wesentliche Rolle bei der Produktbeurteilung spielen. In zahlreichen Studien ließ sich nachweisen, dass durch Informationen (z. B. Marke, Preis) induzierte Erwartungen über die zu verkostenden Produkte die Beurteilung der sensorischen Eigenschaften (z. B. Aussehen, Geruch, Geschmack oder Gesamturteil) mehr oder weniger stark beeinflussen (z. B. Cardello 1994; Scharf/Volkmer 2000).
Das Ziel dieser empirischen Untersuchung bestand deshalb darin, die Frage zu beantworten, ob bzw. in welcher Weise Informationen über die ostdeutsche bzw. westdeutsche Herkunft einer fiktiven Sektmarke die sensorische Beurteilung dieser Marke beeinflussen. Die zentrale Hypothese der Studie lautete folglich, dass westdeutsche Konsumenten mit Vorurteilen gegenüber Ostdeutschland eine Sektprobe besser bewerten, wenn sie zusammen mit der Information „Herkunft Westdeutschland" präsentiert wird, als wenn die Befragten die Information „Herkunft Ostdeutschland" erhalten.

3 Forschungsdesign und Ergebnisse der Studien

3.1 Forschungsdesign und Ergebnisse des Impliziten Assoziationstests (IAT)

Im Rahmen des Impliziten Assoziationstests mussten die westdeutschen Konsumenten zunächst die Markenlogos von jeweils acht bekannten ostdeutschen und westdeutschen Marken (vgl. Abbildung 3) dem Zielkonzept „ostdeutsche Marke" bzw. „westdeutsche Marke" zuordnen.

Einstellungsobjekte		Attribute	
Ostmarke	Westmarke	positiv	negativ
Rotkäppchen	Beck´s	zuverlässig	nachlässig
Bambina	Bahlsen	selbstbewusst	unsicher
Vita Cola	Haribo	erfolgreich	erfolglos
Nudossi	Brandt	fleißig	faul
Filinchen	Knorr	Tatkräftig	lahm
Bautz´ner	Jägermeister	tolerant	intolerant
Radeberger	Dr. Oetker	hilfsbereit	rücksichtslos
Echter Nordhäuser	Tchibo	freundlich	überheblich

Abbildung 3: Marken und Attribute des Impliziten Assoziationstests

In der zweiten Phase der Befragung galt es, Eigenschaften mit positiver und negativer Valenz (vgl. Abbildung 3) gemäß den Kategorien „positiv“ und „negativ“ zu klassifizieren. Danach begann die Messphase: Erfasst wurde einerseits die Zeit, welche die Probanden benötigten, um die Einstellungsobjekte („Zielkonzepte“) und die Attribute der richtigen gemischten Klassifikation zuzuordnen („ostdeutsche Marke/negativ“ bzw. “westdeutsche Marke/positiv“). Andererseits wurde die Reaktionszeit bei umgekehrter gemischter Klassifikation gemessen („ostdeutsche Marke/positiv“ bzw. “westdeutsche Marke/negativ) (vgl. Abbildung 4). Bezogen auf die oben formulierte Hypothese sowie auf das Beispiel in der Abbildung 4 fällt es westdeutschen Konsumenten leichter, die Eigenschaft „erfolglos“ der Kombination „ostdeutsche Marke/negativ“ zuzuordnen als der Kombination „westdeutsche Marke/negativ“.

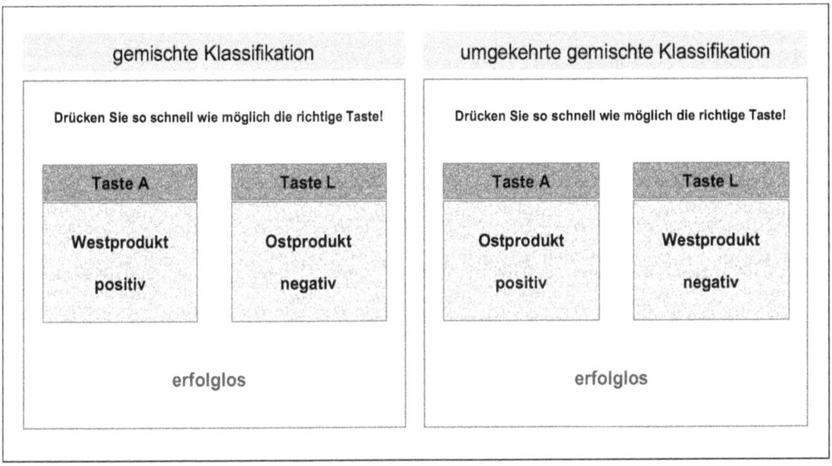

Abbildung 4: Assoziationskompatible und assoziationsinkompatible Phase des IAT,
Quelle: in Anlehnung an Scharf et al. 2009

Eine negative Einstellung der westdeutschen Befragten gegenüber Marken ostdeutscher Herkunft würde sich folglich aus der Differenz der kurzen Reaktionszeit bei gemischter Klassifikation (Assoziationskompatibilität) und der langen Reaktionszeit bei umgekehrt gemischter Klassifikation (Assoziationsinkompatibilität) ergeben. Im Rahmen dieser Onlinebefragung mit 191 westdeutschen Konsumenten reagierten die Probanden bei gemischter Klassifikation („ostdeutsche Marke/negativ“ bzw. „westdeutsche Marke/positiv“) ca. 300 Millisekunden schneller als bei umgekehrt gemischter Klassifikation („ostdeutsche Marke/positiv“ bzw. „westdeutsche Marke/negativ“). Der IAT-Wert, der einen Wertebereich von 0 (kein Effekt) bis 1 (extrem starker Effekt) aufweist, beträgt hier 0,69. Dieser Wert verdeutlicht, dass starke Vorurteile der westdeutschen Probanden gegenüber ostdeutschen Marken bestehen.

3.2 Forschungsdesign und Ergebnisse des „Forced Choice"-Assoziationstests (FCA)

In einer zweiten Onlinebefragung kam der „Forced-Choice"-Assoziationstest zum Einsatz, um die impliziten Anteile der Vorurteile westdeutscher Konsumenten gegenüber ostdeutschen Marken zu erfassen. Während der IAT die Stärke eines Vorurteils misst, erfasst der FCA diejenigen Assoziationen, welche mit dem Vorurteil verbunden sind.

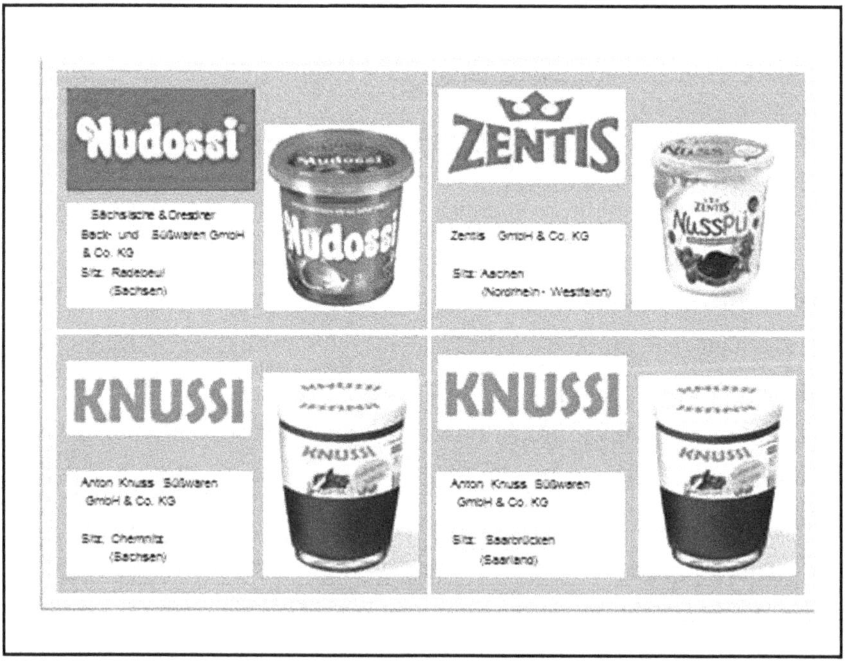

Abbildung 5: Nuss-Nougat-Creme-Marken für den „Forced Choice" Assoziationstest

In drei Produktkategorien (Nuss-Nougat-Creme, Sekt, Mineralwasser) wurden die Befragten gebeten, verschiedenen Markenprodukten verbale Assoziationen mit positiver bzw. negativer Valenz spontan zuordnen. In jeder Produktkategorie diente neben einer typisch ostdeutschen und einer typisch westdeutschen Marke eine fiktive Marke als dritter Stimulus. Diese wurde für die eine Hälfte der Stichprobe mit ostdeutscher Herkunft und für die andere Hälfte der Stichprobe mit westdeutscher Herkunft gekennzeichnet. Die Abbildung 5 zeigt beispielhaft die verwendeten Markenstimuli für die Produktkategorie „Nuss-Nougat-Creme".

In einer qualitativen Vorstudie wurden insgesamt 51 Items identifiziert, die unterschiedlichen Kategorien von Assoziationen zugeordnet werden konnten (konkrete und abstrakte Eigenschaften, funktionale und psychosoziale Nutzen, Zielgruppen, Verwendungsanlässe, Motive und Werte). Mittels geeigneter Erhebungssoftware (EQUIP®) wurden diese Produktassoziationen in zufälliger Reihenfolge und zeitlich begrenzt (3500ms) eingeblendet. Die Testpersonen mussten innerhalb dieser Zeit entscheiden, ob der eingeblendete Begriff zu der vorliegenden Marke passt oder nicht (vgl. Abbildung 6).

Die Auswertung der Studie konzentrierte sich einerseits auf die genannten „Hits", das heißt auf die Anzahl der spontanen Zuordnungen eines bestimmten Items zu einer Marke. Andererseits wurden die aggregierten Reaktionszeiten betrachtet, die sich aus einem mehrstufigen Kalibrierungsprozess ergaben (z. B. Berücksichtigung interindividueller Reaktionsunterschiede, individueller Lernkurven). Die Ergebnisse lassen sich für jede Marke in einer zweidimensionalen Abbildung mit den Dimensionen „Anzahl der Hits" und „kalibrierte Reaktionszeiten" darstellen. Von besonderem Interesse sind in diesem Zusammenhang diejenigen Items, die einer Marke besonders häufig *und* besonders schnell zugeordnet wurden.

Abbildung 6: Erfassung verbaler Assoziationen bei maximaler Reaktionszeit von 3,5 Sekunden

Die Abbildung 7 veranschaulicht, welche Items der Phantasiemarke „Knussi" sehr schnell und überdurchschnittlich häufig zugeordnet werden, und zwar in Abhängigkeit davon, ob diese Marke als ostdeutsche Marke (n = 120) oder als westdeutsche Marke (n = 118) präsentiert wurde. Übereinstimmungen ergeben sich hinsichtlich der Items „für mich" und „für Angestellte", (in der Abbildung 7 grau markiert) Aufschlussreich sind jedoch vor allem die Unterschiede in der Zuordnung (in der Abbildung 7 schwarz markiert): Während Knussi als Westmarke vor allem Eigenschaften mit positiver Valenz zugeordnet werden („für meine Lieben", „schmackhaft"), reagieren die westdeutschen Probanden bei Knussi als Ostmarke eher auf Items mit negativer Valenz (z. B. „minderwertig", langweilig").

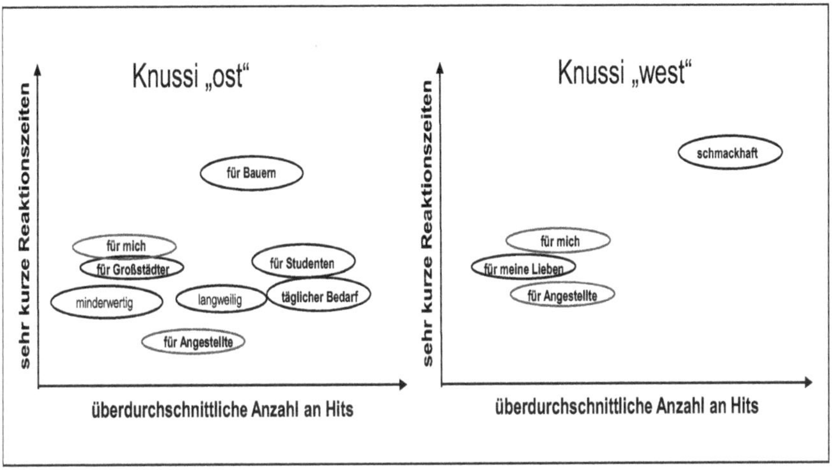

Abbildung 7: Zuordnung von Items zur Phantasie-Marke „Knussi“ als Ost- und als Westmarke

3.3 Forschungsdesign und Ergebnisse der „Choice Based“-Conjointanalyse

In der „Choice Based“-Conjointanalyse wurden die Merkmale „Marke“ und „Preis“ mit jeweils vier Ausprägungen sowie das Merkmal „Waschmittelart“ mit drei Ausprägungen berücksichtigt. Um die Bedeutung der Markenherkunft in den Fokus der Betrachtung zu rücken, fanden im Rahmen dieser Studie nur vergleichsweise schwache Handelsmarken Berücksichtigung. Das Testdesign umfasste zwei Teilstichproben, die in der Erhebungsphase mit den drei Marktprodukten („Toptil“, „Shetlan“ und „Formil“) sowie einer fiktiven Waschmittelmarke („Dosil“) konfrontiert wurden. Zu Beginn der Befragung wurde jede Marke mithilfe einer Produktabbildung sowie einer kurzen Produktbeschreibung vorgestellt, wobei die Phantasiemarke „Toptil“ entweder mit einer ostdeutschen oder mit einer westdeutschen Herkunftsbezeichnung präsentiert wurde (vgl. Abbildung 8).

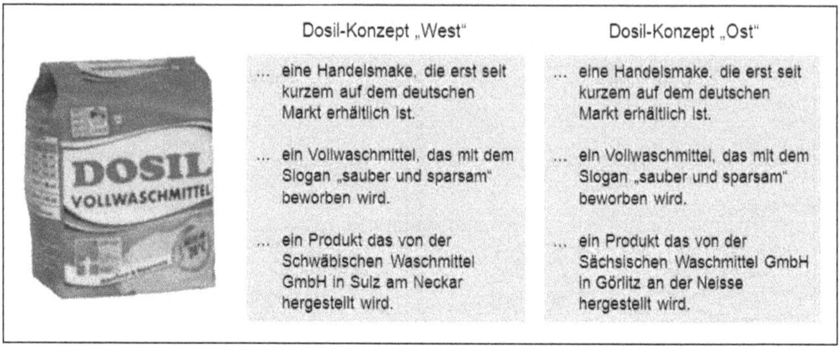

Abbildung 8: Phantasie-Marke „Dosil“ als Ostkonzept und als Westkonzept

Die ausgewählten Merkmalsausprägungen wurden systematisch zu ganzheitlichen Produktkonzepten kombiniert, und die Befragten mussten in mehreren aufeinander folgenden Auswahlsituationen jeweils angeben, welche der drei gezeigten Marken sie präferieren. Die Abbildung 9 zeigt eine typische Auswahlsituation.
Die Ergebnisse der „Choice Based“-Conjointanalyse sind in der Abbildung 10 dargestellt. Die Teilpräferenzwerte geben an, wie stark eine Merkmalsausprägung die Wahlentscheidung der Befragten beeinflusst hat, wobei die Daten zur besseren Vergleichbarkeit so normiert wurden, dass der am schlechtesten beurteilten Ausprägung eines Merkmals der Wert „0“ zugeordnet wurde. Die Bedeutung eines Merkmals für die Wahlentscheidungen der Probanden veranschaulichen die relativen Wichtigkeiten auf der rechten Seite der Abbildung 10.

Abbildung 9: Auswahlsituation der „Choice Based"- Conjointanalyse

Die Präferenzrangfolge der Marken ist in beiden Teilstichproben identisch: Die Handelsmarke „Formil" wird am stärksten bevorzugt, die unbekannte Phantasiemarke „Dosil" befindet sich auf dem letzten Rang. Allerdings ist die Spanne zwischen dem ersten und letzten Präferenzrang unterschiedlich. Dieses Ergebnis bedeutet, dass das Merkmal „Marke" bei derjenigen Teilstichprobe, welche Dosil als „Ost-Konzept" gesehen hat, mit 23 Prozent eine höhere Bedeutung aufweist als bei der Teilstichprobe, welcher Dosil als „West-Konzept präsentiert wurde (14 Prozent). Hieraus lässt sich zweifelsfrei ableiten, dass Dosil als „Ost-Konzept" von den westdeutschen Befragten stärker abgelehnt wird.

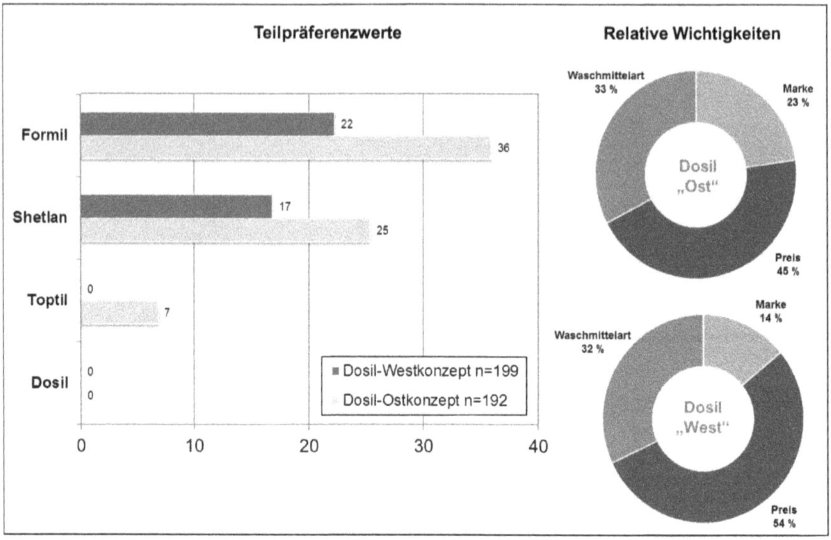

Abbildung 10: Teilpräferenzwerte für das Merkmal „Marke" sowie relative Wichtigkeiten der Merkmale

3.4 Forschungsdesign und Ergebnisse des sensorischen Produkttests

In einem in Köln durchgeführten Labortest mussten die Probanden (n = 240) eine bekannte deutsche Sektmarke (Rotkäppchen halbtrocken) verkosten. Als Information erhielten sie jedoch ein Konzeptblatt, das aussagte, dass es sich um die (fiktive) Marke „Graf Wittgenstein" handelt. Unter streng kontrollierten Laborbedingungen (z. B. Serviertemperatur, Beleuchtung, Codierung der Proben), galt es die sensorische Gesamtqualität sowie einzelne sensorische Dimensionen (Farbe, Geruch, Geschmack, Nachgeschmack, Säureintensität, Kohlensäureintensität) der verkosteten Sektprobe zu beurteilen. Gemäß der oben formulierten Untersuchungshypothese wurden drei Teilstichproben gebildet: Eine Experimentalgruppe erhielt die Information Herkunft Ost", die andere Experimentalgruppe erhielt die Information „Herkunft West" (vgl. Abbildung 11), während der Kontrollgruppe keine Informationen gegeben wurden (klassischer Blindtest). Die Probe wurde verkostet und anschließend die sensorischer Produktqualität – wie oben beschrieben – bewertet.

Die folgenden Ausführungen beziehen sich nur auf die abhängige Variable „sensorisches Gesamturteil („overall acceptance“). Aggregiert konnten keine signifikanten Mittelwertunterschiede zwischen den drei Teilstichproben ermittelt werden. Die Abbildung 12 zeigt aber auf, dass die älteren Testpersonen die fiktive Sektmarke signifikant besser beurteilen, wenn sie zusammen mit der Information „Herkunft Westdeutschland“ präsentiert wird.

Abbildung 11: Konzeptblätter für die fiktive Sektmarke mit unterschiedlicher Herkunftsbezeichnung

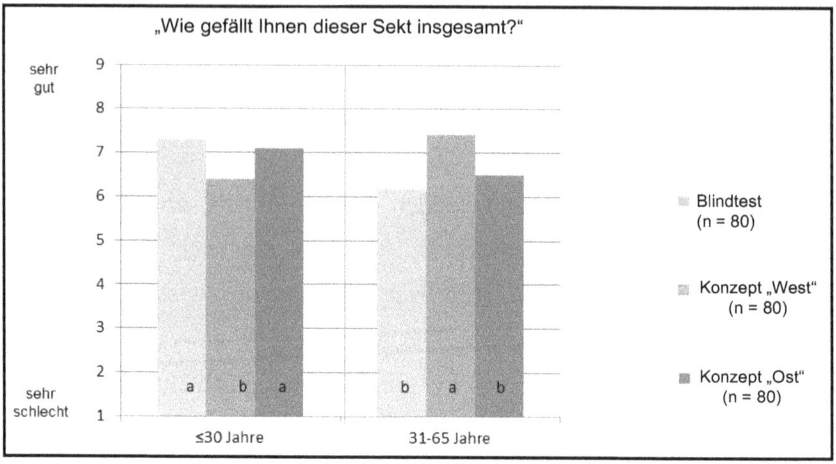

Abbildung 12: Ergebnisse des sensorischen Blindtests für die die drei Teilstichproben und für zwei unterschiedliche Altersgruppen

Überraschend ist hingegen, dass die jüngeren Befragten die Probe mit der Information „Herkunft Westdeutschland" signifikant schlechter bewerten. Hier kann vermutet werden, dass der herkunftsbezogene Stimulus „Hessen" auf diese Zielgruppe eher langweilig und „angestaubt" wirkt, während das für Wein und Sekt eher unbekannte „Sachsen-Anhalt" Motive wie „variety seeking" bzw. „novelity seeking" bedient. Diese für die Vermarktung ostdeutscher Produkte interessante Hypothese muss jedoch in Folgestudien erst überprüft werden.

4 Resümee und Ausblick

Reaktionszeitbasierte Verfahren wie der IAT und der „Forced-Choice"-Assoziationstest haben den Vorteil, dass die befragten Personen das Untersuchungsziel einerseits nicht durchschauen sowie andererseits während der Messung nicht auf ihre gespeicherten Einstellungen bzw. Kognitionen zurückgreifen und den Messvorgang folglich nicht selbst kontrollieren können. Auf diese Weise lassen sich die Vorurteile der westdeutschen Konsumenten gegenüber Marken aus Ostdeutschland nachweisen.

Die Ergebnisse der „Choice Based"-Conjointanalyse und des sensorischen Produkttests belegen, dass es möglich ist, implizite Anteile von Vorurteilen dadurch zu messen, dass die Konsumenten gemäß eines geeigneten experimentellen Designs unterschiedliche Herkunftsinformationen über die zu beurteilenden Marken oder Markenkonzepte erhalten.

Folgende Implikationen für die Markenführung lassen sich aus den Ergebnissen der empirischen Studien ableiten: Es existieren nach wie vor Vorurteile von westdeutschen Konsumenten gegenüber ostdeutschen Marken, die dazu führen, dass diese Marken aufgrund ihrer Herkunft schlechter bewertet werden. In diesen Fällen ist dem Markenmanagement zu empfehlen, die Herkunft der Marke in der Kommunikation nur in dem unbedingt erforderlichen Rahmen zu thematisieren. Für ostdeutsche Marken kann es aber auch sinnvoll sein, ihre Herkunft mit Assoziationen zu verbinden, die sogar bei westdeutschen Konsumenten, die Vorurteile gegenüber Ostdeutschland haben, positiv besetzt sind (z. B. Verbindung zwischen der Marke „Radeberger" und der Dresdner Semperoper).

Wenn es gelingt, eine ostdeutsche Marke auf möglichst allen Ebenen der Markenidentität nachhaltig zu stärken, was beispielsweise für die Marke Rotkäppchen gelungen ist, tritt die Herkunft als Bestandteil der Markenkompetenz aus Sicht der Konsumenten in den Hintergrund. Diese Markenstärke – als Ergebnis einer konsequenten Präferenzstrategie – konnten viele ostdeutsche Marken bislang jedoch nicht realisieren. Diese Marken sind eher im mittleren bis unteren Preis-/Qualitätssegment angesiedelt, verbunden mit der ostdeutschen Herkunft als „Makel". Verschärft wird dieses Problem häufig auch dadurch, dass schon das Branding, insbesondere Markenname und Markenzeichen, die ostdeutsche Herkunft signalisiert und damit bei westdeutschen Konsumenten mit Vorurteilen gegenüber Ostdeutschland negative Assoziationen auslöst (vgl. Abbildung 13).

Abbildung 13: Branding, das auf die ostdeutsche Herkunft der Marke einzahlt

Die vorliegenden Studien zeigen zwar auf, wie sich implizite Anteile von Vorurteilen gegenüber der Herkunft von Marken empirisch erfassen lassen, zukünftiger Forschungsbedarf zeichnet sich jedoch im Hinblick auf folgende Fragestellungen ab: Welche konkreten Informationen über die ostdeutsche Herkunft einer Marke führen zu welchen Assoziationen? Beeinflussen unterschiedliche ostdeutsche Herkunftsangaben die Stärke der Vorurteile westdeutscher Konsumenten und damit das Wahlverhalten? In welchem Ausmaß hängen die Vorurteile gegenüber ostdeutschen Produkten von der jeweiligen Produktart ab?

Literatur

Aaker, D. A.; Joachimsthaler, E. (2000): Brand Leadership, New York.

Aronson, E.; Wilson, T.; Akert, R.M. (2008): Sozialpsychologie, 6. Aufl., München.

Balderjahn, I.; Hedergott, D.; Peyer, M. (2009): Choice-Based Conjointanalyse; in: Conjointanalyse, Hrsg.: Baier, D.; Brusch, M., Berlin-Heidelberg, S. 129-146.

Berth, H.; Brähler, E. (1999): Psychologische Untersuchungen 10 Jahre nach dem Mauerfall, Berlin.

Burmann, C.; Meffert, H. (2005): Theoretisches Grundkonzept der identitätsorientierten Markenführung; in: Markenmanagement, Hrsg.: Meffert, H.; Burmann, C.; Koers, M., 2. Aufl., München, S. 37-72.

Cardello, A. (1994): Consumer expextations and their role in food acceptance; in: Measurement of Food Preferences , Eds.: MacFie, H. J.; Thomson, D. M. H., London, pp. 253-297.

Esch, F.-R. (2010): Strategie und Technik der Markenführung, 6. Aufl., München.

Felser, G. (2007): Werbe- und Konsumentenpsychologie, 3. Aufl., Berlin-Heidelberg.

Fitzsimons, G. J.; Hutchinson, J. W.; Williams, P. (2002): Non-Conscious Influences on Consumer Choice; in: Marketing Letters, Vol. 13, No. 3, pp. 269-279.

Florack, A.; Scarabis, M.; Primosch, E. (2007): Psychologie der Markenführung, München.

Greenwald, A. G.; McGhee, D. E.; Schwartz, J. K. L. (1998): Measuring individual differences in implicit cognition; in: Journal of Personality and Social Psychology, Vol. 74, No. 6, pp. 1464-1480.

Haaijer, R.; Wedel, M. (2007): Conjoint Choice Experiments; in: Conjoint Measurement, Hrsg.: Gustafsson, A.; Herrmann, A.; Huber, F., 4th edition, Berlin-Heidelberg-New York, pp. 199-230.

Hausruckinger, G.; Helm, R. (1995): Die Bedeutung des Country-of-Origin Effekts vor dem Hintergrund der Internationalisierung von Unternehmen, in: Marketing ZFP, 18. Jg., H. 4, S. 267-278.

Kämpfe, N. (2005): Konstruktvalidierung von sozialen Einstellungen aus impliziten und expliziten Einstellungsmessungen, Jena.

Kapferer, J.-N. (2008): The New Strategic Brand Management, 4th ed., London.
Kahneman, D.; Frederick, S. (2002): Representativeness Revisited; in: Heuristics and Biases: The Psychology of Intuitive Judgment, Eds.: Gilovich, T.; Griffin, D.; Kahneman, D., Cambridge, pp. 49-81.
Lane, K. A.; Banaji, M. R.; Nosek, B. A.; Greenwald, A. G. (2007): Understanding and using the Implicit Association Test, in: Implicit measures of attitudes, Eds.: Wittenbrink, B.; Schwarz, N. S., New York, pp. 59-102.
Macrae, C. N.; Milne, A. B.; Bodenhausen, G. V. (1994): Stereotypes as energy-saving devices, in: Journal of Personality and Social Psychology, Vol. 66, No. 1, pp. 37-47.
Mierke, J. (2004): Kognitive Prozesse bei der indirekten Messung von Einstellungen mit dem Impliziten Assoziationstest, Freiburg i. Br.
Nelson, T. D. (2002): The psychology of prejudice, Needham Heights, MA.
Peterson, R. A.; Jolibert, A. J. P. (1995): A meta-analysis of country of origin effects, in: Journal of International Business Studies, Vol. 26, No. 4, pp. 883-900.
Petersen, L.-E.; Six, B. (2008): Stereotype, Vorurteile und soziale Diskriminierung, Weinheim.
Scharf, A. (2000): Sensorische Produktforschung im Innovationsprozess, Stuttgart.
Scharf, A.; Volkmer, H.-P. (2000): The impact of olfactory product expectations on the olfactory product experience; in: Food Quality and Preference, Vol. 11, No. 6, pp. 497-503.
Scharf, A.; Schubert, B.; Hehn, P. (2009): Marketing, Stuttgart.
Schmitt, M.; Maes, J. (2002): Stereotypic ingroup bias as a self-defense against relative deprivation; in: European Journal of Social Psychology, Vol. 32, No. 3, pp. 309-326.
Schneider, D. J.(2004): The Psychology of Stereotyping, New York.
Stangor, C.; Duan, C. (1991): Effects of multiple task demands upon memory for information about social groups; in: Journal of Experimental Social Psychology, Vol. 27, No. 4, pp.357-378.
Stone, H.; Sidel, J. L. (2004): Sensory Evaluation Practices, 3rd ed., San Diego.

Usunier, J.-C. (2006): Relevance in Business Research, in: European Management Review, Vol. 3, No. 1, pp. 60-73.
Werth, L.; Mayer, J. (2007): Sozialpsychologie, Heidelberg.

The country-of-origin concept reassessed – The long path from the 'made-in' label

Marc F. Herz

The country-of-origin concept reassessed – The long path from the 'made-in' label

Keywords: Brand origin recognition, country-of-origin

Abstract:

Despite the long tradition of research on the country-of-origin (COO) concept there is little accordance, in contrast, strong argumentations on the basic nature of the COO concept, the importance of COO to consumers and, thus, the overall relevance of COO research. In light of these argumentations and a historical perspective on the COO concept, the present article proposes a reassessment of the COO concept and explores the impact of such a reassessment on the various points of critique in the literature. Concrete conclusions are drawn and future research directions presented.

1 Introduction

The country-of-origin (COO) concept has a long tradition in international marketing literature. Numerous studies have analyzed the influence of COO on consumer's product evaluation, perception, and willingness to purchase (for literature research of COO research, see Bilkey/Nes (1982), Özsomer/Cavusgil (1991), Peterson/Jolibert (1995), Verlegh/Steenkamp (1999), Liefeld (1993), Papadopoulos/Heslop (1993), Baughn/Yaprak (1993), Al-Sulaiti/Baker (1998), Srinivasan/Jain (2003), Papadopoulos/Heslop (2003), Dinnie (2004) and Wilcox (2005). With over 400 (peer reviewed) published articles, the COO concept is one of the most studied topics in international business and marketing (Usunier 2006). However, despite the tremendous amount of studies in the field, there seems to be little agreement, in contrast, rather strong argumentations on what the basis nature and of the COO concept is (Usunier 2006). Against this background, the following will provide a brief overview on the history and the perception change of the COO concept. Various critical issues with regards to the COO concept from a company, a consumer and a research perspective are discussed. After a detailed look at the basic definition of the COO concept, this article proposes a reassessment of the COO concept and explores the impact of such a reassessment on the discussed points of critique in the literature.

2 A historical perspective on the COO concept

Research on COO and its influence on consumers dates way back to the 1960s. Thereby the studies by Dichter (1962), Schooler (1965), Reierson (1966), Schooler/Wildt (1968) are named to be amongst the first to acknowledge the impact of COO and its biasing effect on consumers. Dichter (1962) was the first to recognize that a product's COO can have a crucial impact on the success and acceptance of a product. Soon afterwards, the first empirical studies followed (e.g. Schooler 1965; Schooler/Wildt 1968). This early research on COO was thereby "largely demonstrational in nature and concerned with documenting the existence of COO effects" (Li et al. 2000, p. 122). Most of the studies (cf. Schooler/Wildt 1968) used quasi-experimental design in which they asked respondents to evaluate identical objects which (apparently) only differed in the fact of where they were 'made in' (e.g., *'Product 1 is made in country A and product 2 is made in country B – which one do your prefer?'*). These early studies – often very simple in their design – claimed to demonstrate an influence of a country on consumers' perceptions and, thus, provided the basis and "a founding narrative for the significance of this research topic." (Usunier 2006, p. 62) Subsequently, various studies assessed the impact of COO from various angles, mainly focusing on economic, political and cultural topics (e.g., Bilkey/Nes 1982; Dornoff et al. 1974; Nagashim, 1970, 1977; Schooler 1971; Wang/Lamb 1980; Wang 1978).

The year 1982 marked a noticeable change due to the literature review Bilkey/Nes (1982). In their review, the authors proclaim the importance of *multi-cue* COO research in which various intrinsic (e.g., taste, size, color and quality) and extrinsic attributes (e.g., price, COO) are available, instead of *single-cue* designs where the COO cue is the only presented information cue. Ever since, multi-cue studies are regarded as essential standard in COO research. With more factors examined in studies, the predictive power of COO on consumers' perceptions and evaluations was 'weakened' (Agrawal/Kamakura 1999; Johansson et al. 1985), marking first starting points for the criticism on the overall COO concept.

The concept of COO traditionally reflected the country in which a product was 'made in' (Nebenzahl et al. 1997; Zhang 1996), or the country of manufacture (COM, Samiee 1994). However, research started to further break down the concept of COO into more precisely defined concepts such as country-of-design (COD), country of parts (COP), country of assembly (COA), and the idea of multinational (hybrid) production, etc. (cf. Ahmed/d'Astous 1995; Nebenzahl et al. 1997; Tse/Gorn 1993). Most consensus in the literature can be found with regards of the country of brand (COB) concept, which highlights that the origin of the brand is in fact more important that the fact where it is designed, produced, manufactured or assembled (Usunier 2006). Distinct differences of COO effects were found between product categories (Kaynak/Cavusgil 1983; Roth/Romeo 1992) and across countries and cultures (Gürhan-Canli/Durairaj 2000; Heslop/Papadopoulos 1993).

Another stream of research focused strongly on the consumer characteristics and attitudes as factors explaining COO effects. Examples include consumer ethnocentrism (Shimp/Sharma 1987), consumer affinity (Oberecker/Diamantopoulos 2011; Oberecker et al. 2008), consumer animosity (Klein et al. 1998; Riefler/Diamantopoulos 2007), consumer

expertise (Han 1989), consumer expertise (Gürhan-Canli/Durairaj 2000), preferences for domestic products (Balabanis/Diamantopoulos 2004), consumer patriotism (Han/Terpstra 1988), nationalism, internationalism (for an overview, see Balabanis et al. 2001), and cosmopolitanism (Riefler/Diamantopoulos 2009; Riefler et al. forthcoming).
In parallel to the various research streams covering different aspects of COO effects, their implications and related field, critique on the overall relevance of the COO concept, COO studies, the usability of their findings and their practical implications was growing (Usunier 2006). The following chapter will therefore assess and structure some of the main points of critique.

3 Critique on the overall COO concept

Critical issues with regards to the COO concept can be found from *company*, a *consumer* and a *research* perspective. Firstly – from a company side – it is discussed whether origin information is available, easily accessible and promoted, and how a brand image may blur origin information. Secondly, consumers' limited origin knowledge and interest and the resulting implications are discussed. Thirdly, critical issues with regards to COO research and study designs are addressed.

3.1 Critical issues from a company perspective

From a company perspective Usunier (2006) critically assesses the relevance of country-of-origin in business research. He states that 'made-in' information may often not be available or easily accessible, that companies are not willing to promote origin labels, and that brand image may blur origin information. The following section will assess these issues.

In different countries, there are strong differences in national and international regulations concerning origin labels (Usunier 2006). For the consumer, this means that a brand or product origin may not even be available, for example on the product packaging. Alternatively, manufacturing origins may be hard to identify, for example though multiple origins (e.g., parts from country A, assembled in country B sold under a brand name from country C).

In a growingly globalized world, many multinational companies no longer promote origin information (Usunier 2006). Global brands, in particular, use their globalness to attract specific consumer groups (Alden et al. 1999; Steenkamp et al. 2003) and, thus do not communicate (local) origin cues.

In other cases the origin information can be blurred though the brand image (Usunier 2006). While produced in one country, the product could be sold under a brand name from another country. Brand perceptions and evaluations can therefore differ from perceptions and evaluations related to the country of manufacture (Johansson/Nebenzahl 1986). Thus, the country of brand may outmatch the country of manufacture (or vice versa) and thereby blur origin information. Additionally, (e.g., foreign sounding) brand names can confound consumers' perceptions and thereby (often on purpose) communicate 'wrong' origin cues (Balabanis/Diamantopoulos 2008; Leclerc et al. 1994). "Häagen-Dazs is not Danish or Hungarian ice cream it is American ice cream made by Pillsbury with headquarters in Minneapolis." (Leclerc et al. 1994, p. 263) Thus, linguistic features or visual traits (e.g., in advertising) may convey origin cues that have nothing to do with the country of manufacture or the country of brand.

3.2 Critical issues from a consumer perspective

Various studies during the last decade have assessed critical issues from a consumer perspective, including consumers' limited origin knowledge, consumers' lack of interest, consumers' lack of intention to use COO cues, and a behavioral gap. These issues will therefore be assessed in the following section.

Consumers have been found to have little knowledge of the actual origin of products or brands. Already in the 1980s Hester/Huen (1987) found little COO knowledge with US and Canadian consumers. Liefeld (2004, p. 85) states that "more than 93 per cent of 1,248 purchasers intercepted at the cash register had not acquired while shopping, or did not know from prior experience, the country of origin of a product they had just purchased." Samiee et al. (2005) confirm consumers' low *brand origin recognition accuracy* (BORA) and report that only a small number of respondents can accurately name the origins of rather famous brands. Similarly, Balabanis/Diamantopoulos (2008) report that only 27 per cent of consumers were able to correctly identify the brand origins. Due to these findings of consumers' poor origin knowledge Samiee et al. (2005) and Samiee (2010) conclude that "since consumers are oftentimes unfamiliar with brands' true origin, COO cannot be an important factor affecting consumers' attitudes and behavior." (Magnusson et al. 2011, p.455)

In addition to poor origin knowledge, consumers also consider COO of products or brands as unimportant and not worth retaining in their memory (Samiee et al. 2005). Hugstad/Durr (1986) report that a majority of consumers showed both little knowledge of origins and little interest in seeking such information. Liefeld (2004) confirmed that not only did respondents not know the origin, they further had no interest in finding out.

Furthermore, there is evidence that consumers show lack of intention to use the COO as an information cue in their product judgments (Hugstad/Durr 1986; Johansson 1993). Thus, even though consumers may be aware and know the origin of a product or brand, this information is not used when the product or brand is judged and evaluated.
Finally, it is argued that there is a behavioral gap when it comes to COO (Usunier 2006). While the impact of COO on consumer perception (e.g., perceived quality) was confirmed in meta analyses (cf. Verlegh/Steenkamp 1999) the same cannot be said about behavioral outcomes (e.g., purchase intention or willingness to pay). Particularly early single-cue designs may have led to a crucial overestimation of the COO effect as a whole, but on behavioral outcomes in particular, as respondents in such studies were forced to cognitive elaborations (Usunier 2006).

3.3 Critical issues from a research perspective

Two major issues have to be addressed from a research perspective. Firstly, there are sample and stimuli issues and secondly there is a problem through direct stimuli confrontation.
When looking at the large number of COO studies, several tendencies evoke as far as the authors' nationalities, countries surveyed, the stimuli countries-of-origin, product categories considered, respondent characteristics (e.g., student vs. consumer sample), the type of country image studied, and the kind of additional stimuli used are concerned (for a detailed overview, see Usunier 2006). Such tendencies indicate potential biases in COO research which, subsequently, make the overall genereliz-ability of these studies questionable (Usunier 2006).
Although single-cue designs – whereby the COO is the *only* cue presented to respondents (Bilkey/Nes 1982) – have long been replaced by multi-

cue designs, the vast majority of empirical COO studies still directly confronts respondents with the product's or brand's COO. This direct confrontation of the test person with a product or brand and a certain country may reveal the purpose of the study and can lead to an induced sensibilization of test persons to the topic. As a result the role of COO is likely to be overestimated (Peterson/Jolibert 1995; Samiee et al. 2005; Usunier 2006). As Samiee (2010, p.443) forcefully put it "the mere mention of a country's name in conjunction with the attitude measurement regarding a product or purchase intention contaminates the data." In addition, most COO research "invariably discloses the manufacturing (design, assembly, etc.) location of products being evaluated for the project" (Samiee 2010, p. 443). These studies therefore do not allow and thus neglect the possibility that a respondent has different or additional country associations, which may have an impact.

Summing up, issues regarding companies' origin communication, consumers' limited origin knowledge and interest and critical issues with regards to COO research have led to growing critique and rising questions about the overall COO concept and the relevance of the COO research. In light of these critical issues, the following section will focus on the very nature and basic definition of the COO concept and subsequently reassess the critical issues discusses.

4 COO Definitions

There is a large number of definitions on the COO concept. Traditional narrow definitions define COO as "information pertaining to where a product is made." (Zhang 1996, p. 51) Other definitions take a broader perspective and define country-of-origin (COO) as "the country with which a firm is associated." (Samiee 1994, p. 581) Thus, a COO effect can be defined as any influence on product evaluation, risk perception,

buying intention, etc. resulting from COO information (Diamantopoulos/Zeugner-Roth 2011). Here, perceptions and associations about a country are extended to a product or brand when this particular country is linked to that product or brand (Keegan/Green 2003). Notably, if we adopt this very broad definition of the COO concept by Samiee (1994) this 'associated' country may or may not be the country of manufacture (e.g., Häagen-Dazs may be associated with Denmark, although produced in the USA) and may or may not represent the 'true' geographical origin of the brand. Thus, "consumers might place a lot of importance on a brand's COO but associate the brand with an incorrect origin" (Balabanis/Diamantopoulos 2008, p. 63, added emphasis), for example as a result of foreign branding strategies (Leclerc et al. 1994). Indeed, some authors go as far as to claim that „the actual place that the brand originates from is almost irrelevant" (Thakor/Kohli 1996, p. 28).
Revisiting the very nature and resulting implications of this very broad definition on COO and COO effects undermines and invalidates some of the previously discussed points of criticism. Therefore, the implications of this broad understanding of COO and COO effects will be reassessed from a *practical*, a *conceptual* and an *empirical* perspective.

5 A reassessment of the COO concept

5.1 Practical Perspective

Linguistic features in brand names are used to convey origin cues to consumers (Leclerc et al. 1994). Often manufacturing origins thereby have nothing to do with the alleged origin, they aim to create associations with. *Sharp*, for example, has an English sounding brand name and although it is a Japanese brand it is very often perceived to be a UK brand. Matsui, on the other hand, is a UK-based company producing electronic good, using a Japanese-sounding (Balabanis/Diamantopoulos 2008). But why is this done? In such cases, brand names with strong country-specific features which match the respective product category are used to create positive country associations which then extended to the brand. The best examples for this practice provide discounters and their house brands. The German based discount supermarket chain *Lidl* uses the brand names '*Lord Nelson*' for their (alleged British) tea line, '*Freeway*' for their (alleged American) cola and lemonade line and the German-sounding brand name '*Oldenländer*' for their meat and sausage line.

5.2 Conceptual Perspective

When we look at the historical perspective on the COO concept we already find a change in the general understanding of what COO concept is and what not. While the traditional idea of COO is the 'made in' concept, reflecting the country of manufacture, there has already been a trend towards the concept of country of brand (Leclerc et al. 1994; Samiee et al. 2005). For example, the fact that a car brand is German is more important to consumers than where the car parts are actually designed, produced or assembled. As Usunier (2006, p. 64) states that "recent research shows that country of brand has become more significant for consumers than COM." This, however, still requires objective accuracy of brand origin perceptions, hence it depends on whether a consumer knows the correct origin of a brand.

A recent article by Magnusson et al. (2011) goes one step further and looks at consumers' individual brand origin perceptions. The authors conceptualize the 'product country image (PCI) of the perceived COO' – a construct that "explicitly captures the perceptual, and often flawed, nature of consumers' brand origin perceptions." (Magnusson et al. 2011,

p. 466) Their findings suggest that country associations of a perceived COO can influence consumers' brand attitude and perceptions irrespective of the objective accuracy of brand origin perceptions. The study by Magnusson et al. (2011) takes an important step away from the narrow perspective on the COO concept. Their findings go in line with the definition by Jaffe & Nebenzahl (2006, p. 29) who describe COO as "the country which a consumer associates a certain product or brand as being its source", irrespective of correct brand origin recognition.

However, when we go one additional step further (see Figure 1) and stick with Samiee's definition (1994, p. 581) that COO refers to "the country with which a firm is associated", we do not necessarily focus exclusively on the source, but on any country specific association made. These associations are irrespective of the objective accuracy of brand origin perceptions. They can occur even though the consumer knows that these associations are not the 'correct' COM or COB. In addition, an individual may hold multiple subjective and unsubstantiated country specific associations from one or more countries regardless of whether the respective brand is in fact in any connection to these countries. For example, *'I know that Mini is originally a British car brand owned by the German brand BMW, I have no idea where the car parts are actually produced or assembled, and without any substantiated reason I associate Mini with Italy, because I drove a Mini rental car on my last holiday in Italy'*. The consumer may or may not (correctly) know, where the brand is designed, produced, manufactured or assembled; the consumer may or may not (correctly) know where the brand comes from; but in addition the consumer may or may not have (potentially knowingly wrong) country associations. All of these country associations can influence the consumer's perceptions, evaluations and behavioral intentions.

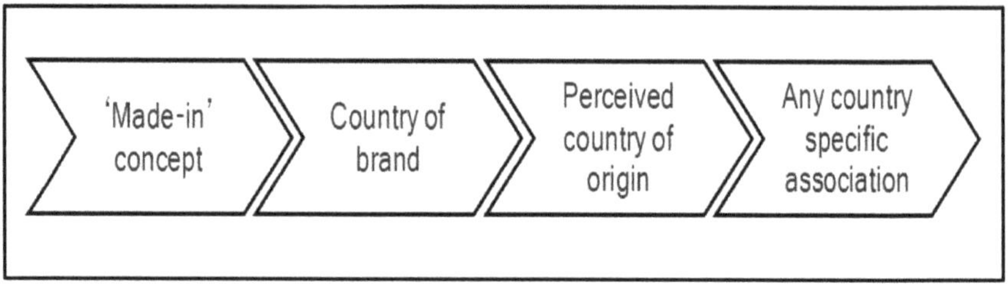

Figure 1: Perspectives on the COO concept

5.3 Additional empirical perspective

The vast majority of studies assumes, that COO cue usage is a process that is consciously controlled, hence that a consumer actively evaluates the COO information, compares it with previous knowledge and builds perceptions and evaluation in a conscious and controlled manner. In a unique study Liu/Johnson (2005) show that this does not have to be the case. The authors show that COO cue usage can also occur unconsciously and automatically. Liu/Johnson (2005) explore an 'automatic' COO effect, where "country-specific stereotypes can be spontaneously activated by the mere presence of COO cues in the environment and they may influence product evaluations even when consumers do not intend to base their judgments on COO information" (Liu/Johnson 2005, p.87). Thus, regardless of consumers' intention to use the COO cue, the latter can still affect their brand image and brand evaluations. These findings thereby open new doors for future research on how a brand's COO may influence consumers' perceptions.

6 Implications and Discussion

Despite the tremendous body of literature and empirical studies on the topic of COO and COO effects, there is still little consensus in the literature (Josiassen/Harzing 2008; Samiee 2010, 2011; Usunier 2006, 2011). Conceptual issues and misunderstandings have highlighted various critical issues (Liefeld 2004; Samiee 2010; Samiee et al. 2005; Usunier 2006, 2011). However, when COO is understood as any country specific association made, a number of these highlighted critical issues have to be reassessed.

From a company perspective it is not relevant, whether 'made-in' information may often not be available and easily accessible, or whether companies are willing to promote origin labeling, as any country specific association made by a consumers may influence their perceptions. A 'blurring' brand image – in contrast – can be used as tool in brand communication to convey country specific associations. Regardless of consumers' knowledge of the 'correct' country of manufacture or brand, these associations can have an impact.

Similarly, consumers' limited origin knowledge, lack of interest, and lack of intention to use COO cues are no issues abandoning the overall relevance of the COO concept. Country associations are irrespective of the objective accuracy of brand origin perceptions. In addition, such associations can occur automatically, hence even though the consumer has no intention to use COO cues. Notably, the behavioral gap is an issue that needs further clarification in future research.

Finally, from a research perspective, the critique becomes even stronger. In addition to bias from sample and stimuli, the problem through direct confrontation becomes even more prominent. When addressing the COO as any country specific association made, any confrontation with a predetermined COO cue not only leads to an induced sensibilization but also only captures the effect of the respective COO cue while neglecting the effects of any other or additional country specific associations potentially held by a respondent.

The understanding of the COO concept should continue on the path away from the 'made in' idea towards any country specific association made. Future studies have to face the challenge, of the highlighted critical issues from a research perspective to gain deeper insights on the impact of these highly subjective and individual associations. New creative methods should be applied in order to gain further broaden the understanding of the COO concept.

References

Agrawal, J.; Kamakura, W. A. (1999): Country of origin, in: International Journal of Research in Marketing, Vol. 16, No. 4, pp. 255-267.

Ahmed, S. A.; d'Astous, A. (1995): Comparison of country-of-origin effects on household and organizational buyers' product perceptions, in: European Journal of Marketing, Vol. 9, No. 2, pp. 13-27.

Al-Sulaiti, K. I.; Baker, M. J. (1998): Country-of-origin effects, in: Marketing Intelligence and Planning, Vol. 6, No. 3, pp. 150-199.

Alden, D. L.; Steenkamp, J.-B. E. M.; Batra, R. (1999): Brand positioning through advertising in Asia, North America, and Europe, in: Journal of Marketing, Vol. 63, No. 1, pp. 75-87.

Balabanis, G.; Diamantopoulos, A. (2004): Domestic country bias, country-of-origin effects, and consumer ethnocentrism, in: Journal of the Academy of Marketing Science, Vol. 32, No. 1, pp. 80-95.

Balabanis, G.; Diamantopoulos, A. (2008): Brand origin identification by consumers, in: Journal of International Marketing, Vol. 16, No. 1, pp. 39-71.

Balabanis, G.; Diamantopoulos, A.; Mueller, R. D.; Melewar, T. C. (2001): The impact of nationalism, patriotism and internationalism on consumer ethnocentric tendencies, in: Journal of International Business Studies, Vol. 32, No. 1, pp. 157-175.

Baughn, C.; Yaprak, A. (1993): Mapping country-of-origin research, in: Product-Country Images: Impact and Role in International Marketing, Eds.: Papadopoulos, N.; Heslop, L. A., New York , pp. 89-116.

Bilkey, W. J.; Nes, E. (1982): Country-of-origin effects on product evaluations, in: Journal of International Business Studies, Vol. 13, No. 1, pp. 89-99.

Diamantopoulos, A.; Zeugner-Roth, K. P. (2011): Country-of-origin as brand element, in: Wiley International Encyclopaedia of Marketing, Eds.: Bello, D. C.; Griffith, D. A., Vol. VI, pp. 18-22.

Dichter, E. (1962): The World Customer, in: Harvard Business Review, Vol. 40, No. 4, pp. 113-122.

Dinnie, K. (2004: Country-of-origin 1965-2004, in: Journal of Customer Behaviour, Vol. 3, No. 2, pp. 165-213.

Dornoff, R. J.; Tankersley, C. B.; White, G. P. (1974): Consumers' perceptions of import, in: Akron Business and Economic Review, Vol. 5, No. 2, pp. 26-29.

Gürhan-Canli, Z.; Durairaj, M. (2000): Determinants of country of origin evaluations, in: Journal of Consumer Research, Vol. 27, No. 1, pp. 96-108.

Han, M. C. (1989): Country image, in: Journal of Marketing Research, Vol. 26, No. 2, pp. 222-229.

Han, M. C.; Terpstra, V. (1988): Country-of-origin effects for uni-national and bi-national products, in: Journal of International Business Studies, Vol. 19, No. 2, pp. 235-255.

Heslop, L. A.; Papadopoulos, N. (1993): But who knows where or when?, in: Product-Country Images, Eds.: Papadopoulos, N.; Heslop, L. A., New York, pp. 39-76.

Hester, S. B.; Huen, M. (1987): The influence of country of origin on consumer attitude and buying behavior in the United States and Canada, in: Advances in consumer research, Ed.: Anderson, M. W. a. P, UT: Association for Consumer Research, Vol. 14, pp. 538-542.

Hugstad, P. S.; Durr, M. (1986): A study of country of manufacturer impact on consumer perceptions, in: Developments in Marketing Science, Eds.: Malhotra, N. K.; Hawes, J., Coral Gable, Vol. 9, pp. 115-119.

Jaffe, E. D.; Nebenzahl, I. D. (2006): National image and competitive advantage, 2nd ed., Copenhagen.

Johansson, J. K. (1993): Missing a strategic opportunity, in: Product-Country Images, Eds.: Papadopoulus, N.; Heslop, L. A., New York, pp. 77-86.

Johansson, J. K.; Douglas, S. P.; Inonaka, K. (1985): Assessing the impact of country of origin on product evaluations, in: Journal of Marketing Research, Vol. 22, No. 4, pp. 388-396.

Johansson, J. K.; Nebenzahl, I. D. (1986): Multinational production, in: Journal of International Business Studies, Vol. 17, No. 3, pp. 101-126.

Josiassen, A.; Harzing, A.-W. (2008): Descending from the ivory tower, in: European Management Review, Vol. 5, No. 4, pp. 264-270.

Kaynak, E.; Cavusgil, S. T. (1983): Consumer attitudes towards products of foreign origin, in: International Journal of Advertising, Vol. 2, No. 2, pp. 147-157.

Keegan, W. J.; Green, M. C. (2003): Global Marketing (Vol. 3), NJ.

Klein, J. G.; Ettenson, R.; Morris, M. D. (1998): The animosity model of foreign product purchase, in: Journal of Marketing, Vol. 62, No. 1, pp. 89-100.

Leclerc, F.; Schmitt, B. H.; Dubé, L. (1994): Foreign branding and its effects on product perceptions and attitudes, in: Journal of Marketing Research, Vol. 31, No. 2, pp. 263-271.

Li, Z. G.; Murray, L. W.; Scott, D. (2000): Global sourcing, multiple country-of-origin facets, and consumer reactions, in: Journal of Business Research, Vol. 47, No. 2, pp. 121-133.

Liefeld, J. P. (1993): Experiments on country-of-origin effects, in: Product-country images, Eds.: Papadopoulos, N.; Heslop, L. A., New York, pp. 117-156.

Liefeld, J. P. (2004): Consumer knowledge and use of country-of-origin information at the point of purchase, in: Journal of Consumer Behaviour, Vol. 4, No. 2, pp. 85-96.

Liu, S. S.; Johnson, K. F. (2005): The automatic country-of-origin effects on brand judgments, in: Journal of Advertising, Vol. 34, No. 1, pp. 87-97.

Magnusson, P.; Westjohn, S. A.; Zdravkovic, S. (2011): What? I thought Samsung was Japanese: accurate or not, perceived country of origin matters, in: International Marketing Review, Vol. 28, No. 5, pp. 454-472.

Nagashima, A. (1970): A comparison of Japanese and U.S. attitudes toward foreign products, in: Journal of Marketing, Vol. 34, No. 1, pp. 68-74.

Nagashima, A. (1977): A comparative 'made in' product image survey among Japanese businessmen, in: Journal of Marketing, Vol. 41, No. 3, pp. 95-100.

Nebenzahl, I. D.; Jaffe, E. D.; Lampert, S. I. (1997): Towards a theory of country image effect on product evaluation, in: Management International Review, Vol. 37, No. 1, pp. 27-49.

Oberecker, E. M.; Diamantopoulos, A. (2011): Consumers' emotional bonds with foreign countries, in: Journal of International Marketing, Vol. 19, No. 2, pp. 45-72.

Oberecker, E. M.; Riefler, P.; Diamantopoulos, A. (2008): The consumer affinity construct, in: Journal of International Marketing, Vol. 16, No. 3, pp. 23-56.

Özsomer, A.; Cavusgil, S. T. (1991): Country-of-origin effects on product evaluations, in: Enhancing knowledge development in marketing, Eds.: Gilly, M. C.; Dwyer, F. R., Chicago, Vol. 2, pp. 269-277.

Papadopoulos, N.; Heslop, L. A. (1993): Product and country images, New York.

Papadopoulos, N.; Heslop, L. A. (2003): Country equity and product-country images, in: Handbook of Research in International Marketing, pp. 402-433.

Peterson, R. A.; Jolibert, A. J. P. (1995): A meta-analysis of country-of-origin effects, in: Journal of International Business Studies, Vol. 26, No. 4, pp. 883-900.

Reierson, C. (1966): Are foreign products seen as national stereotypes?, in: Journal of Retailing, Vol. 42, No. 3, pp. 33-40.

Riefler, P.; Diamantopoulos, A. (2007): Consumer animosity, in: International Marketing Review, Vol. 24, No. 1, pp. 87-119.

Riefler, P.; Diamantopoulos, A. (2009): Consumer cosmopolitanism, in: Journal of Business Research, Vol. 62, No. 4, pp. 407-419.

Riefler, P.; Diamantopoulos, A.; Siguaw, J. A. (2011): Cosmopolitan consumers as a target group for segmentation, in: Journal of International Business Studies, In Press.

Roth, M. S.; Romeo, J. B. (1992): Matching product category and country-of-origin effects, in: Journal of International Business Studies, Vol. 23, No. 2, pp. 251-269.

Samiee, S. (1994): Customer evaluation of products in a global market, in: Journal of International Business Studies, Vol. 25, No. 3, pp. 579-604.

Samiee, S. (2010): Advancing the country image construct, in: Journal of Business Research, Vol. 63, No. 4, pp. 442-445.

Samiee, S. (2011): Resolving the impasse regarding research on the origins of products and brands, in: International Marketing Review, Vol. 28, No. 5, pp. 473-485.

Samiee, S.; Shimp, T. A.; Sharma, S. (2005): Brand origin recognition accuracy, in: Journal of International Business Studies, Vol. 36, No. 4, pp. 379-397.

Schooler, R. D. (1965): Product bias in Central American common market, in: Journal of Marketing Research, Vol. 2, No. 4, pp. 394-397.

Schooler, R. D. (1971): Bias phenomena attendant to the marketing of foreign goods in the US, in: Journal of International Business Studies, Vol. 2, No. 1, pp. 71-80.

Schooler, R. D.; Wildt, A. R. (1968): Elasticity of product bias, in: Journal of Marketing Research, Vol. 5, No. 1, pp. 78-81.

Shimp, T. A.; Sharma, S. (1987): Consumer ethnocentrism, in: Journal of Marketing Research, Vol. 24, No. 8, pp. 280-289.

Srinivasan, N.; Jain, S. C. (2003): Country of origin effect, in: Handbook of Research in International Marketing, Ed.: Jain, S. C., Cheltenham, pp. 458-476).

Steenkamp, J.-B. E. M.; Batra, R.; Alden, D. L. (2003): How perceived brand globalness creates brand value, in: Journal of International Business Studies, Vol. 34, No. 1, pp. 53-65

Thakor, M. V.; Kohli, C. S. (1996): Brand origin, in: Journal of Consumer Marketing, Vol. 13, No. 3, pp. 2-42.

Tse, D. K.; Gorn, G. J. (1993): An experiment on the salience of country-of-origin in the era of global brands, in: Journal of International Marketing, Vol. 1, No. 1, pp. 57-76.

Usunier, J.-C. (2006): Relevance in business research, in: European Management Review, Vol. 3, No. 1, pp. 60-73.

Usunier, J.-C. (2011): The shift from manufacturing to brand origin, in: International Marketing Review, Vol. 28, No. 5, pp. 486-496.

Verlegh, P. W. J.; Steenkamp, J.-B. E. M. (1999): A review and meta-analysis of country-of-origin research, in: Journal of Economic Psychology, Vol. 20, No. 5, pp. 521-546.

Wang, C.-K.; Lamb Jr, C. W. (1980): Foreign environmental factors influencing American consumers predispositions toward European products, in: Journal of the Academy of Marketing Science, Vol. 8, No. 4, pp. 345-356.

Wang, C. (1978): The effect of foreign economic, political, and cultural environment on consumers' willingness to buy foreign products, Texas.

Wilcox, D. (2005): Country-of-origin bias, in: Developments in Marketing Science, Vol. 28, No. 1, pp. 87-97.

Zhang, Y. (1996): Chinese consumers' evaluation of foreign products, in: European Journal of Marketing, Vol. 30, No. 12, pp. 50-69.

Variety-Seeking – Eine nutzenorientierte Betrachtung des Wechselverhaltens bei Konsumenten

Nikolaus A. D. Hohl, Anne Koch

Variety-Seeking – Eine nutzenorientierte Betrachtung des Wechselverhaltens bei Konsumenten

Stichworte: Kundenbindung, Nutzen, Variety-Seeking, Wechselnutzen

Abstract:

Variety-Seeking spielt in der Diskussion um Kundenbindung eine wichtige Rolle, da es eine Grenze der Bindungsbereitschaft des Konsumenten darstellt. Dieser Text geht der Frage nach, welche Ursachen das Variety-Seeking hat und greift dabei auf Überlegungen zur Nutzenwirkungen verschiedener Objekte zurück. Nach einer formalen Abgrenzung des Variety-Seeking gegenüber anderen Wechselgründen wird untersucht, wie ein Nutzenrückgang durch Konsum, eine Neubewertung bisher nicht gewählter Alternativen und ein Nutzen aus dem Wechsel an sich entstehen kann.

1 Einleitung

Durch den intensiver werdenden Wettbewerb, verstärken sich die Bemühungen vieler Unternehmen, Kunden langfristig zu binden (Wallenburg 2004, S. 1). Dabei wird ein Zusammenhang zwischen Zufriedenheit und Loyalität angenommen. (z. B. Huber et al. 2006, S. 69). Tatsächlich kaufen zufriedene Kunden bei nächster Gelegenheit häufig nicht dasselbe Objekt. Einige wechseln trotz Zufriedenheit den Anbieter (Huber et al. 2006, S. 74). Zufriedenheit ist somit eine notwendige, aber offensichtlich keine hinreichende Bedingung für Kundenbindung (Jeker 2002, S. 134). In der Marketing- und Unternehmensführungsliteratur unbestritten ist jedoch der enge Zusammenhang zwischen Kundenbindung und Unternehmensgewinn (Huber et al. 2006, S. 77). Somit ergibt sich für Unternehmen die Notwendigkeit, zu analysieren, warum auch zufriedene Kunden wechseln.

Ein möglicher Wechselgrund kann die Suche nach Abwechslung sein (Huber et al. 2006, S. 74). Diese Form des Wechselverhaltens wird in der Literatur als Variety-Seeking bezeichnet. Zwar erklärt Variety-Seeking nicht die konkrete Markenwahl, dient jedoch zur Erklärung fehlender Markentreue (Freter 2008, S. 144). Bereits 1940 schrieb Vershofen „Der Verbraucher empfindet den Drang zur Abwechslung und deshalb sind seine Nutzenerlebnisse aus bereiteten Mitteln in der Zeit der Veränderung unterworfen.“ (Vershofen 1940, S. 76). Eine explizite und detaillierte Untersuchung des Zusammenhangs zwischen Nutzen und Variety-Seeking ist jedoch bisher nicht erfolgt.

Im Folgenden wird zunächst der Frage nachgegangen, warum Kunden Wechselverhalten zeigen bzw. wie Variety-Seeking den Nutzen für einen Konsumenten steigern kann. Danach werden Untersuchungen zu Variety-Seeking und deren Inhalte vorgestellt. Kapitel drei nimmt die Rahmenbedingungen für die begriffliche und definitorische Erarbeitung des Variety-Seeking-Konzeptes in den Blick. Die Darstellung der Mechanismen, die auf individueller Ebene bei der Kaufentscheidung zum Variety-Seeking führen, stehen im Mittelpunkt des vierten Kapitels. Diese werden in ihren Auswirkungen auf die Nutzenstrukturen beim Konsumenten hin untersucht. Daran schließt sich die Ableitung einer Definition des Variety-Seekings in Kapitel fünf an. Den Abschluss der Betrachtungen bildet Kapitel sechs mit einer Zusammenfassung der Ergebnisse sowie der Darstellung des weiteren Forschungsbedarfes.

2 Untersuchungen über Variety-Seeking

Seit mehreren Jahrzehnten gibt es immer wieder Veröffentlichungen, die sich (auch) Variety-Seeking widmen. Sie beschäftigen sich vornehmlich mit kurzlebigen Konsumgütern (v. a. Lebensmitteln) (z. B. Bass et al. 1972; Givon 1985; Inman 2001). Lediglich einige haben Dienstleistungen oder langlebige Konsumgüter zum Gegenstand (z. B. Tscheulin 1994). Trotzdem kann kaum von einer starken Erforschung des Phänomens gesprochen werden, wenn man es mit anderen Konstrukten vergleicht.

Auch sind Definition und Abgrenzung von Variety-Seeking je nach Autor recht unterschiedlich. Einige Autoren verstehen unter Variety-Seeking eine Handlung unter bestimmten Motiven (z. B. Tscheulin 1994, S. 51, Bänsch 1995, S. 344), andere nur das Motiv (z. B. Peter 1999). Manche (z. B. Trijp 1995) grenzen die Konstrukte Variety-Seeking, Variety-Seeking-Neigung (*variety seeking tendency*) sowie Variety-Seeking-Verhalten (*variety seeking behavior*) voneinander ab. Die gekauften Objekte werden zum Teil explizit ausgeblendet, oder als grundlegend für das Verhalten verstanden. Einige Definitionen nennen konkrete Wechselgründe (z. B. Schneider 2006, S. 55), bei anderen ist dies der Wechsel an sich (z. B. Jeuland 1978, S. 33, Roehm/Roehm 2004, S. 213). Insbesondere in den Studien, die mit Paneldaten arbeiten, wird häufig auf eine Trennung zwischen Variety-Seeking und anderen Wechselgründen verzichtet. Andere Studien definieren Variety-Seeking teils fast tautologisch im Sinne eines Wechsels um des Wechsels willen (McAlister 1982, S. 141).

3 Abgrenzung von Variety-Seeking

Zunächst soll daher geklärt werden, was genau unter Variety-Seeking verstanden wird. Für die Abgrenzung des Konstruktes wird auf die Auswirkungen auf die Nutzenstruktur des Konsumenten und die daraus resultierenden Verhaltensänderungen abgestellt.

Der Nutzen kann als Maß der Bedürfnisbefriedigung angesehen werden.

Da Bedürfnisse individuell und subjektiv sind, ist auch der Nutzen immer etwas Subjektives. Ihm können zwar Objekteigenschaften gegenüberstehen, aber es kann nicht von einer Form des objektiven Nutzens gesprochen werden. Da der Nutzenbegriff auf dem Bedürfnisbegriff rekurriert, wird ein Bedürfnis im Folgenden aufgefasst als:

Ein Zustand des Mangels aufgrund einer Abweichung des registrierten Zustands von einem individuellen Idealzustand.

Demgegenüber soll Motiv in diesem Zusammenhang verstanden werden als:

Kombination von Bedürfnissen, die im Zusammenspiel die Gründe für ein bestimmtes Verhalten bilden.

Ein Konzept des Variety-Seekings, als Grundlage für die Erklärung von Kaufverhalten, unterliegt folgenden Rahmenbedingungen. Das Konstrukt bildet eine Begrenzung der Kundenbindung, konkret spiegelt sich diese Begrenzung im Markenwechsel wider (Baumgarth 2008, S. 16). Allerdings ist Variety-Seeking nicht mit Markenwechselverhalten allgemein gleichzusetzen (Helmig 1999, S. 105). Im Fall der geteilten Markentreue beispielsweise (Kauffolge der Marken: ABABAB), wechselt der Konsument innerhalb eines bestimmten Sets von Marken (Roehm/Roehm 2004). Der Konsument ist mit A und B zufrieden und wechselt dennoch zwischen den Marken. Bei Zufriedenheit nimmt er gegebenenfalls eine Dritte hinzu. In letzter Konsequenz führt dies zu keiner Markentreue (Kauffolge der Marken: ABCDEF) trotz Zufriedenheit. Ein Auslöser des Wechsels kann der Einsatz des Marketinginstrumentariums sein (Herrmann/Gutsche 1994, S. 63). Ein Konsument mit einem ausgeprägten Preis-Leistungs-Empfinden wechselt die Marke, wenn eine andere, evtl. durch Sonderangebote, gerade billiger geworden ist, und wieder zurück, wenn das alte Verhältnis wieder hergestellt ist.

Die situative Komponente beeinflusst ebenfalls die Markenwahl (Herrmann/Gutsche 1994, S. 63). Der Kauf eines Objektes für eine andere Person, kann zur Nachfrage nach anderen Marken bzw. Objekten führen (Trijp et al. 1996, S. 281 f.). Auch die Nichtverfügbarkeit einer Marke, kann einen Wechsel induzieren (Herrmann/Gutsche 1994, S. 63). Diese Fälle stellen jedoch kein Variety-Seeking dar.

Um eine bessere Abgrenzung zu anderen Konstrukten zu ermöglichen, schlägt die vorliegende Arbeit eine neue Sichtweise auf das Variety-Seeking vor. Demnach muss eine Erklärung für Variety-Seeking in der Lage sein darzulegen, warum ein Konsument trotz Zufriedenheit, bei unveränderten Kaufbedingungen, Lebensumständen oder sozialem Umfeld bewusst die Marke wechselt. Selbstverständlich können Veränderungen dieser Variablen ebenfalls zu einem Wechsel führen, dieser wird aber hier nicht dem Variety-Seeking zugeordnet. Als einzige Änderung ist der Konsum eines Objektes zwischen dem letzten Kaufakt und dem jetzigen zu sehen. Dies bedeutet, dass das aktuelle Verhalten eine Konsequenz des vorherigen darstellt (Jeuland 1978, S. 33). Es ist also zu klären, warum die gleichen Konsumenten auf identische Stimuli unterschiedlich reagieren (Gutsche 1995, S. 33). Variety-Seeking wird daher von oben genannten Gründen separiert (Herrmann/Gutsche 1994, S. 63). Diese Einschränkung ist notwendig, um eine isolierte Betrachtung und Analyse des Variety-Seekings zu ermöglichen. Dies soll nicht bedeuten, dass Variety-Seeking bei einer Änderung der Stimuli nicht mehr auftreten könnte. Vielmehr kann sich das Variety-Seeking mit anderen Wechselgründen verknüpfen (Bänsch 1995, S. 344). Ebenso kann es sein, dass eine Änderung der Stimuli einem vorhanden Wechselstreben zu wider läuft.

In der Literatur wird Variety-Seeking u. a. aufgefasst als ein Wechsel, der nicht auf die Änderungen von Präferenzen zurückzuführen ist, sondern auf einen Nutzen aus dem Markenwechsel (z. B. Jeker 2002; Tscheulin 1994; Helmig 1999). Die Präferenz bezeichnet aber die subjektive Vorziehenswürdigkeit eines Objektes gegenüber einem oder mehreren anderen (Gutsche 1995, S. 39). Sie wird im Rahmen eines Entscheidungsprozesses gebildet. Der Sichtweise, dass sich die Präferenzen nicht ändern, kann nicht gefolgt werden, dies würde im Umkehrschluss bedeuten, dass sich ein Konsument bei der Objektwahl nicht seinen eigenen Präferenzen[1] konform verhielte. Plausibler erscheint, dass der Nutzen aus dem Markenwechsel die Präferenzen des Konsumenten ändert.

Ein Konsument ist bestrebt, seinen Nettonutzen zu maximieren. Ein Wechsel wird stattfinden, wenn er den Nutzen der bisher gewählten Alternative geringer einschätzt, als den der nicht gewählten (Jeuland 1978, S. 35). Variety-Seeking wäre demnach ein Entscheidungsprozess (Goukens et al. 2003, S. 470), das Ergebnis eines Trade-offs zwischen Alternativen (Trijp 1995, S. 174). Hier soll der Abwägungsprozess von zwei Alternativen formal dargestellt werden (in Anlehnung an Plinke 1989, S. 313):

(1) $$P_A = (N_A - K_A) - [(N_B - K_B) - WK_{A/B}]$$

Es gilt: P_A: Präferenz gegenüber Angebot A

$N_A; N_B$: Bruttonutzen des jeweiligen Angebotes

$K_A; K_B$: Kosten des jeweiligen Angebotes

$WK_{A/B}$: Kosten des Wechsels von A nach B

1 Selbst wenn man Präferenz als längerfristiges Konstrukt versteht, kann man dann den ständigen Wechsel zwischen verschiedenen Objekten nicht sinnvoll erklären, da eine Präferenz ja dann für all diese Objekte bestehen müsste, bzw. keines der Objekte echt präferiert wird.

Ein Konsument wird sich in dieser Situation genau dann für Angebot A entscheiden, wenn P_A positiv[2] ist. Findet ein Wechsel zwischen den Angeboten statt, bedeutet das, dass P_A bei der letzten Kaufentscheidung positiv war und jetzt negativ ist. Eine Änderung der Stimuli braucht nicht vorzuliegen. Die Parameter der Entscheidung verändern sich dadurch, dass dieser Kaufentscheidung eine andere vorausging (Jeuland 1978, S. 33). Die jeweiligen Kosten und Wechselkosten können also unverändert bleiben. Die für das Variety-Seeking entscheidenden Parameter sind damit die Bruttonutzen N_A und N_B. Ändern sich die Objekteigenschaften nicht, bleiben zwei Ursachen für diese Änderung. Zum einen, wenn der Grenznutzen der bisher gewählten Alternative abnimmt. Zum anderen, wenn die Nutzeneinschätzung der bislang nicht gewählten Alternative steigt.

Darüber hinaus ist Gleichung (1) ein weiterer Parameter hinzuzufügen. Die Auffassung, dass nur Wechselkosten bestehen, ist bei genauerer Betrachtung nicht haltbar. Es liegt viel mehr nahe anzunehmen, dass es auch einen Wechselnutzen geben kann.[3] Dies wird z. B. deutlich, wenn von „Nutzen der Abwechslung" (Herrmann/Gutsche 1994, S. 64) oder „dem Nutzen aus dem Objektwechsel selbst" (Haseborg/Mäßen 1997,

---

2 Wenn der Wert genau null ist, hat der Kunde keine Präferenz. Dann kann er aus dem Wechsel aber keinen Nettonutzengewinn ziehen und somit würde dies nicht unter Variety-Seeking fallen.

3 Vielfach werden zum Beispiel Informationskosten als Wechselkosten angeführt (Henseler 2006, S. 67), jedoch kann auch ein Informationsnutzen entstehen, der nicht nur aus der allgemeinen Zunahme an Wissen bestehen muss, sondern im Falle des Durchblätterns von Reiseprospekten oder anderen Katalogen aller Art, unabhängig von einem Kaufinteresse durchaus Freude bereiten und somit Nutzen stiften kann, indem er das Bedürfnis nach Unterhaltung befriedigt.

S. 165) die Rede ist.[4] Durch Hinzufügen des Parameters $WN_{A/B}$ (Wechselnutzen von A nach B) erhält man Gleichung (2):

$$(2)\quad P_{K/A} = \left(N_A - K_A\right) - \left[(N_B - K_B) + (WN_{A/B} - WK_{A/B})\right]$$

4 Nutzenbeiträge des Variety-Seekings

Die verschiedenen Einflussmöglichkeiten auf N_A, N_B und $WN_{A/B}$ werden im Folgenden analysiert. Die Ausführungen gliedern sich in die Reduzierung des Nutzens des zuletzt konsumierten Angebotes, die Erhöhung des Nutzens des zuletzt nicht konsumierten Angebotes sowie des Vorhandenseins eines Wechselnutzens. Das Motiv des Variety-Seekings setzt sich aus verschiedenen Bedürfnissen vgl. Tabelle 1 zusammen.

4.1 Reduzierung von N_A

Variety-Seeking kommt demnach deshalb zustande, weil eine in letzter Zeit gewählte Alternative deswegen weniger positiv beurteilt wird, weil sie öfter konsumiert wurde (Jeuland 1978, S. 33).[5]

Die Reduzierung des Nutzens kommt dadurch zustande, dass der Konsum einer weiteren Einheit des Objektes weniger Nutzen für den Konsumenten erbringt, als die zuletzt konsumierte (McAlister 1982, S. 142). Dies entsteht durch Prozesse der Übersättigung bei einer oder mehreren

---

4 Dies wird in der Regel zwar in letzter Konsequenz auf den Nettonutzen bezogen, da eine Änderung der Kaufentscheidung damit einhergeht, gemeint ist offensichtlich aber zunächst ein Bruttonutzen aus dem Wechsel an sich. In Arbeiten zum Variety-Seeking wurde bisher die Trennung von Brutto- und Nettonutzen nicht vollzogen.

5 Unter die hier diskutierten Ansätze fällt der größte Teil der bisher in der Literatur zur Erklärung von Variety-Seeking herangezogenen Konzepte. Viele Arbeiten führen diesen jedoch an, obwohl sie von einem Nutzen aus dem Wechsel sprechen (Trijp 1995).

Objekteigenschaften (Haseborg/Mäßen 1997, S. 168). Es liegt also ein abnehmender Grenznutzen vor. Nach diesem Ansatz ist der Nutzen, den ein Objekt zu stiften in der Lage ist, abhängig von der Erfahrung, die ein Konsument mit dem Objekt bisher gemacht hat (Haseborg/Mäßen 1997, S. 168).

Nutzenwirkung	*Bedürfnisse*
Reduzierung von N_A	Optimaler Stimulierungslevel Eigenschaftsinventar
Zunahme von N_B	Nutzenhoffnung
Wechselnutzen ($WN_{A/B}$)	Neugier Stimulans durch Risiko Risikoreduktion Prestige Reaktanz Kognitive Konsistenz Nutzenhoffnung

Tabelle 1: Nutzenbeiträge des Variety-Seekings

4.1.1 Optimaler Stimulierungslevel

Der Ansatz des Optimalen Stimulierungslevels (OSL) geht davon aus, dass jedes Individuum ein ihm eigenes, als angenehm empfundenes, allgemeines Reizniveau hat (Michaelidou/Dibb 2006, S. 518; Trijp et al. 1996, S. 282). Der OSL befindet sich auf einem mittleren Niveau, ist relativ stabil und interindividuell unterschiedlich (Helmig 1999, S. 106; Mittelstaedt et al. 1976, S. 86). Damit lässt sich erklären, dass verschiedene Menschen unterschiedlich starke Ausprägungen des Variety-Seekings aufweisen (Trijp et al. 1996, S. 282).
Die Stimulierung geht u. a. vom Objekt, bzw. dessen Eigenschaften aus. Der Zusammenhang zwischen der affektiven Reaktion, die sich in der wahrgenommenen Attraktivität äußert, und der Stimulierung wird dabei

in der Regel als umgekehrte U-Kurve dargestellt, bei der eine mittlere Ausprägung den besten Zustand darstellt (Goukens et al. 2003, S. 475; Trijp 1995, S. 81). Die Reizstimulation hängt dabei u. a. von der Neuheit, Unklarheit oder Komplexität des Stimulus ab (Raju 1980, S. 272). Mit zunehmender Verwendung reduziert sich die wahrgenommene Neuheit, Unklarheit und Komplexität. Das Stimulationspotenzial eines Objektes lässt somit bei häufiger Verwendung nach.

Das empfundene Reizniveau wird als aktueller Stimulierungslevel (ASL) bezeichnet (Trijp 1995, S. 82). Unterschreitet der ASL den OSL, wird dies als Bedürfnis empfunden, das zur Suchen nach zusätzlicher Stimulierung führt (Goukens et al. 2003, S. 475; Mittelstaedt et al. 1976, S. 86). Die zusätzliche Stimulierung wird dabei versucht herzustellen, indem Stimuli mit höherem Stimulierungspotenzial gesucht werden oder indem mehr verschiedenartige Stimuli gesucht werden (Berlyne 1963, S. 320). Befindet es sich oberhalb des optimalen Reizlevels, wird durch Reduzierung oder Vereinfachung von Reizen versucht, dieses wieder zu senken (Goukens et al. 2003, S. 475; Mittelstaedt et al. 1976, S. 86). Entscheidend ist der wahrgenommene Unterschied zwischen dem ASL und dem OSL, der einen Konsumenten zu einem Wechsel veranlasst (Trijp 1995, S. 83).[6] Die Abnahme des Grenznutzens ergibt sich dadurch, dass eine weitere Einheit des gleichen Gutes nicht mehr so stimulierend wirkt, wie die davor. Sie spendet somit auch weniger Nutzen.

6 Jedoch kann durch zu häufigen Wechsel der OSL auch überschritten werden mit der Konsequenz, dass das Individuum statt Abwechslung nun Vertrautheit sucht. Im Extremfall führt dies zur Abwechslungsvermeidung, dem Variety-Escaping (Koppelmann et al. 2001, S. 56 ff.).

Der ASL ist abhängig von Objekteigenschaften, Beschaffungssituation und Konsumhistorie (Trijp 1995, S. 83 f.).[7] So nimmt z. B. die Freude am Geschmack eines Nahrungsmittels im Zuge dessen Verzehrs ab (Hetherington/Rolls 1996, S. 280 f.). Zu hohe Vertrautheit mit einem Objekt führt dazu, dass das tatsächliche Reizniveau nicht mit dem als optimal empfunden übereinstimmt. Es kommt zu Langeweile (Helmig 1999, S. 106; Trijp 1995, S. 3; Bänsch 1995, S. 346). Der Konsum eines weniger vertrauten Objektes hebt das empfundene Reizniveau wieder an. Es kommt zum Wechsel. Unterschiedliche Objektgruppen sind in unterschiedlichem Maße geeignet, den ASL zu steigern (Trijp et al. 1996, S. 282). Daher treten die Effekte des Variety-Seekings auch in einzelnen Objektgruppen in unterschiedlichem Maße auf (Trijp et al. 1996, S. 282).

4.1.2 Eigenschaftsinventar

Eine weitere Erklärung für das Verlangen nach unterschiedlichen Objekten ist der Ansatz des Eigenschaftsinventars (attribute satiation model).[8] Es wird davon ausgegangen, dass sich nicht immer alle Bedürfnisse und Wünsche eines Konsumenten durch den Konsum eines einzigen Objektes befriedigen lassen. Durch die unterschiedliche Wirkung verschiedener Eigenschaftsbündel auf die Bedürfnisbündel werden die Bedürfnisse nicht gleichmäßig befriedigt. In der Konsequenz benötigt man verschiedene Objekte, die in Kombination die Bedürfnisse befriedigen. Dies führt dazu, dass in einer Kategorie ein Portfolio entsteht, aus dem kon-

---

7 Im Rahmen dieser Arbeit wird nur der letzte Punkt behandelt, da die anderen nicht Bestandteile des Variety-Seekings sind. Jedoch soll nicht unerwähnt bleiben, dass diese das Ausmaß an Variety-Seeking beeinflussen können (Trijp 1995, S. 84).

sumiert wird. Es entsteht gleichsam eine Art psychologisches Lager basierend auf dem Ergebnis der Kombination der Eigenschaften bei dem Objekt und der Konsumhistorie (McAlister 1982, S. 141). In der Konsumsituation wählt der Konsument dann dasjenige Objekt aus diesem Portfolio, dessen Nutzenkomponenten seinen akuten Bedürfnissen am meisten entsprechen, bzw. dessen Konsum zusammen mit den bisher konsumierten Einheiten zusammen seine Bedürfnisse am besten befriedigt.[9] Dabei strebt der Konsument ein für ihn ideales Gleichgewicht an eingelagerten Eigenschaften an. Seine Wahl der nächsten konsumierten Einheit richtet sich somit danach, welche Eigenschaften im Lager gerade fehlen (McAlister 1982, S. 142). Jedoch bleibt die Menge der Eigenschaft nicht konstant, sie wird durch physiologische Prozesse oder durch Vergessen abgebaut (Haseborg/Mäßen 1997, S. 169). Die Eigenschaften der vor einer Woche konsumierten Objekte sind dadurch weniger stark im Lager vertreten, als die der vor einer Stunde konsumierten. Wenn man davon ausgeht, dass alle Eigenschaften gleichgewichtig sind, hätte also das zuletzt nicht konsumierte Objekt eine höhere Wahrscheinlichkeit als nächstes konsumiert zu werden als das zuletzt konsumierte.

Die Präferenz für ein Objekt nimmt mit zunehmender Sättigung ab, da der Konsument keinen so großen Wunsch mehr nach diesen Eigenschaften verspürt und durch den Kauf keinen so großen Nutzen mehr erzielen kann. Daher ergibt sich ein fallender Grenznutzen für die Objekteigenschaften (Herrmann/Gutsche 1994, S. 64 f.; McAlister 1979, S. 214). Bei zunehmendem Konsum sinkt durch die zunehmende Befriedigung

---

8 Das Eigenschaftsinventar wird auch dem OSL untergeordnet (Trijp 1995, S. 82). Dieser Sichtweise soll hier jedoch nicht gefolgt werden, da der Wechsel hier nicht zu Stimulierungszwecken erfolgt.

9 Es ist anzunehmen, dass es bei Wechselverhalten, dem vornehmlich ein solcher Wechselgrund zugrunde liegt, zu geteilter Markentreue kommt.

der Nutzenbeitrag einzelner Objekteigenschaften somit auch der Nutzen des gesamten Objektes (Haseborg/Mäßen 1997, S. 169). Wird der Nutzen des Objektes zu gering findet ein Wechsel statt.

4.2 Zunahme von N_B

Unter der Erhöhung des Nutzens ist hier zu verstehen, dass man dem letztmalig nichtkonsumierten Objekt einen höheren Nutzen zuweist, als bei der letzten Kaufentscheidung, weil der Konsument die Hoffnung hat, dass diese ihm einen größeren Nutzen stiften kann. Entscheidend ist die höhere Nutzenerwartung im Vergleich zum letztmaligen Einkauf.[10] Der Nutzen resultiert aber nicht aus dem Objekt als Ganzem, sondern aus dessen Eigenschaften. Jedoch sind nicht alle Objekteigenschaften in der Lage, diese Hoffnung zu evozieren. Weiber/Adler (1995, S. 54) unterscheiden drei Arten von Eigenschaften: Sucheigenschaften, Erfahrungseigenschaften und Vertrauenseigenschaften. Jedes Objekt setzt sich immer aus diesen Eigenschaften zusammen; jedoch dominieren unter Umständen gewisse Arten bei der Kaufentscheidung. Sucheigenschaften bezeichnen solche Eigenschaften, die sich vor dem Kauf beurteilen lassen, z. B. durch entsprechende Informationen auf der Verpackung. Für die eben angestellten Überlegungen sind sie nicht von Relevanz, da der Konsument sich darüber keine Hoffnungen zu machen braucht. Als Erfahrungseigenschaften werden solche verstanden, die nach dem Kauf beurteilt werden können. Diese können zwar eine Hoffnung wecken, da diese Hoffnung jedoch beim Konsum in Wissen übergeht, stellt es eine Form des Wechselnutzens dar und wird dort weiter diskutiert werden. Es

10 Nicht gemeint ist damit aber jener Fall, in dem der Nutzenzuwachs dadurch zustande kommt, dass das Objekt durch Vergessen oder längerer Nichtverwendung seinen bis dahin abgenommen Grenznutzen wieder aufbaut.

bleiben die Vertrauenseigenschaften. Sie können weder vor noch nach dem Kauf beurteilt werden, weil der Konsument nicht über die notwendigen Kenntnisse verfügt oder die Kosten der Beurteilung scheut. Lediglich die Vertrauenseigenschaften vermögen auch nach einem Wechsel des Objektes dauerhaft die Hoffnung, dass dieses besser ist, zu erhalten. Diese Hoffnung führt dann zu einer Veränderung der Nutzeneinschätzung bei diesen Eigenschaften und somit auch zu einer dauerhaft höheren Einschätzung des Objektnutzens.

4.3 Wechselnutzen ($WN_{A/B}$)

Das Konzept des Wechselnutzens ist als Pendant zu dem der Wechselkosten zu verstehen. Wechselkosten fallen einmalig an, wenn ein Konsument eine Geschäftsbeziehung, im Sinne wiederholter Transaktionen mit einem Anbieter bzw. wiederholter Kauf von Objekten eines Anbieters, auflöst und zu einem anderen Anbieter wechselt oder die gleiche Leistung bei einem anderen Anbieter zusätzlich bezieht. Entsprechend fällt auch der Wechselnutzen nur einmal an, wenn ein Konsument den Anbieter wechselt oder bei einem weiteren Anbieter zusätzlich kauft. Der Wechselnutzen grenzt sich dabei von dem Nutzengewinn einer Alternative mit höherem Nettonutzen zum einen dadurch ab, dass dieser Nutzen nach dem Wechsel zu der jeweiligen Alternative nicht erneut realisiert werden kann.
Er tritt also nur einmalig auf, im Gegensatz zu dem Nutzen, den das Objekt stiftet. Zum anderen, dass diese nicht objektspezifisch sind, bzw. nicht von der Beschaffenheit des Objektes abhängen, sondern lediglich davon, inwieweit der Konsument mit diesem Objekt bereits Erfahrungen gesammelt hat.

Der Wechselnutzen ist nach einmaliger Realisierung jedoch nicht für alle Zeiten verloren. Genau wie bei Wechselkosten, die auf- und abgebaut werden können, unterliegt auch der Wechselnutzen keiner bloßen Existenz oder eben Nicht-Existenz, sondern kann seinerseits auf- oder abgebaut werden. Ein erneuter Aufbau des Wechselnutzens kann dadurch erreicht werden, dass der Konsument nach langer Konsumpause seine Einschätzung des Objektes vergessen hat.

Neugier: Eine Ursache des Wechsels zwischen Konsumalternativen ist Neugier, sei es für ein unbekanntes oder neues Objekt (Koppelmann et al. 2001, S. 58; Helmig 1997 S. 32; Trijp 1995, S. 3). Der Nutzen wird auf Basis der Informationen evaluiert, die mittels extrinsischer und/oder intrinsischer Exploration gewonnen werden (Scitovsky 1977, S. 35). Erstere beschreibt die Suche nach Informationen, aus dem Grunde einer antizipierten, nachgelagerten Verwendungsmöglichkeit. Die intrinsische Exploration hingegen erfolgt nur um ihrer selbst Willen und dem damit einhergehen Vergnügen. Somit wird Neuheit zu einer Quelle der Bedürfnisbefriedigung (Scitovsky 1977, S. 55). Die Suche nach neuen, bisher unbekannten Erfahrungen, wird häufig auch unter dem Schlagwort des Novelty-Seeking diskutiert und teilweise auch dem Variety-Seeking untergeordnet (Koppelmann et al. 2002, S. 45).[11]

Stimulierung durch Risiko: Begrenzte Angst, kann als angenehm empfunden werden (Scitovsky 1977, S. 42). Daher setzten sich Menschen Gefahren aus, solange diese begrenzt, mittelbar, vorgetäuscht oder kontrollierbar erscheinen (Scitovsky 1977, S. 42). Ungewissheit wirkt in Maßen stimulierend (Scitovsky 1977, S. 54). Vor dem ersten Kauf einer bisher unbekannten Konsumalternative besteht Ungewissheit, ob der

11 Novelty-Seeking bezeichnet die aktive Suche nach neuen Informationen, die intrinsisch motiviert ist (Hirschmann 1980, S. 284).

Konsum den erwarteten Nutzen bringt. Dieses Risiko existiert bei jeder im Markt befindlichen Alternative nur einmal und stellt daher Wechselnutzen dar. Der Nutzen entsteht dann aus der empfundenen Stimulierung durch das Risiko, d. h. der Käufer kauft bzw. wechselt gerade wegen des Risikos.

Risikoreduktion: Wenn das Risiko zu groß wird, streben Kunden nach Risikoreduktion (Jeker 2002, S. 41). Es besteht aber immer ein gewisses Risiko, die falsche Entscheidung zu treffen, bzw. getroffen zu haben (Jeker 2002, S. 153). So kann sich die Wahl des Konsumenten auch deswegen häufig ändern, weil der Konsument versuchen möchte, auf der Basis der durch den Wechsel gewonnenen Informationen das Risiko eines Fehlkaufs zu reduzieren. Die Unterscheidung zur Neugier ist hierbei in der Zweckgerichtetheit des Wechsels zu sehen, bei dem eben nicht das bloße Kennen, sondern das Streben nach Information, um besser vergleichen zu können und dadurch das Risiko zu minimieren, die treibende Kraft darstellt. Denn eine Möglichkeit der Reduktion des wahrgenommenen Risikos ist Information (Wallenburg 2004, S. 74). Durch den systematischen Wechsel von Objekten oder Anbietern können Kunden versuchen, sich gegen falsches Verhalten abzusichern (Jeker 2002, S. 149).

Prestige: Prestige umschreibt ein soziales Bedürfnis: das Streben nach Wertschätzung durch andere (Trommsdorff 2004, S. 128). Das Konsumverhalten kann über demonstrativen Konsum oder sichtbaren Besitz sozialen Status verleihen. Insbesondere sind dafür Autos, Reisen oder Kleidung geeignet (Trommsdorff 2004, S. 128). Dieses Bedürfnis kann dazu führen, dass ein Wechsel stattfindet, um Vielseitigkeit und Offenheit zu demonstrieren. Es geht nicht darum, ein bestimmtes Objekt zu konsumieren, um einer Gruppe zugehörig zu sein bzw. sich von dieser abzugrenzen, sondern es geht gerade um die Vielfalt der konsumierten Objekte.

Reaktanz: Reaktanz beschreibt das Bestreben, uneingeschränkte Freiheit wiederherzustellen (Jeker 2002, S. 161). Sie resultiert in der Aufwertung der verlorenen oder bedrohten Alternative. Sie stellt somit einen Gegenpol für das Kundenbindungsmanagement dar. Die Abhängigkeit kann von Konsumenten bereits antizipiert werden. In diesem Fall werden Bindungen erst gar nicht eingegangen oder sie werden minimiert, indem zu mehreren Anbietern Beziehungen unterhalten werden (Jeker 2002, S. 161). Diese Konsumenten können auch versuchen, sich durch systematischen Wechsel von Objekten oder Anbietern gegen das Risiko abzusichern, in eine zu große Abhängigkeit zu geraten (Jeker 2002, S. 149; Bänsch 1995). Auch ein Beeinflussungsversuch kann für den Konsumenten mit der Wahrnehmung der Einschränkung seiner Handlungsfreiheit einhergehen. Dies kann dazu führen, dass er eine Abwehrhaltung entwickelt und es infolge dessen nicht zu der erstrebten Transaktion kommt (Wiedmann/Langner 2004, S. 2). So können ein „Dauerfeuer" an Werbung oder ständige Mailings als Kundenbindungsmaßnahme den Effekt hervorrufen, dass man sich bewusst diesen Beeinflussungsversuchen widersetzt und die Marke wechselt, obwohl man mit der Leistung zufrieden war. Auch könnten solche Verhaltensweisen auftreten, ohne dass äußere Beeinflussungs- oder Bindungsversuche unternommen werden, wenn Kunden sich nach wiederholtem Kauf derselben Marke beweisen wollen, dass sie keine „Gewohnheitstiere" sind oder dass sie ihre Kaufentscheidungen nicht nur auf Grundlage von Werbung treffen. Um sich selbst diese Unabhängigkeit zu beweisen, kaufen sie ein anderes Objekt.

Kognitive Konsistenz: Kunden streben nach kognitiver Konsistenz (Jeker 2002, S. 41). Dies bedeutet, Konsumenten streben nach einer Reduktion innerer Widersprüche von Kognitionen, Handlungen und Überzeugungen (Wallenburg 2004, S. 72). Kognitive Dissonanzen werden dann empfunden, wenn widersprüchliche Kognitionen aufeinander treffen. Sie äußern sich als Spannungszustand, der als unangenehm empfunden wird (Festinger 1970, S. 3). Im Bereich des Konsums beschreiben sie einen Zwiespalt der entsteht, indem durch neu erlangte Informationen Vorteile der nicht gewählten oder Nachteile der gewählten Alternative bewusst werden (Richter 2001, S. 65). Der Kunde erlebt dies als psychologische Spannung (Rudolph 1998, S. 14). Die Stärke der Dissonanz wird von der Wichtigkeit der Entscheidung beeinflusst. Sie ist ebenso abhängig davon, wie viele Alternativen auf dem Markt vorhanden sind. Festinger beschreibt dies über die Relation der dissonanten zu den konsonanten Elementen (Festinger 1970, S. 17). Dabei hat der Konsument die Möglichkeit einer Reduktion mit Hilfe einer Anpassung der Wahrnehmung des betreffenden Objektes (Rudolph 1998, S. 14). Je nach Form des Auftretens der Dissonanz kann der Konsum einer Alternative diese Dissonanz beseitigen. Ein Konsument kann z. B. eine Präferenz für ein bestimmtes Objekt haben, das in seiner Kategorie relativ hochpreisig ist. Der ständige Konsum dieses Objektes kann dazu führen, dass der Konsument sich darüber unsicher wird, ob es sich wirklich lohnt, soviel Geld auszugeben und kann durch einfaches Versuchen eines billigen Objektes diesen Zweifel ausräumen.

Nutzenhoffnung: Hoffnungen, dass ein nicht konsumiertes Objekt besser ist als das bisher konsumierte können einen Konsumenten dazu veranlassen, dieses Objekt zu kaufen. Bei Erfahrungseigenschaften tritt der Fall ein, dass ein Wechsel zu dem anderen Objekt keine Erhöhung des Nutzens dieses Objektes darstellt, sondern einen Wechselnutzen. Denn bei Erfahrungseigenschaften kann der Konsument nach der ersten Verwendung beurteilen, ob das Objekt nun besser ist oder nicht. Wenn dies nicht der Fall ist, wird er wieder zurückwechseln, sonst wird er dies weiter konsumieren. In jedem Fall handelt es sich aber um Wechselnutzen, da die Erfahrung nur einmal gemacht werden kann.

5 Merkmale und Abgrenzung des Variety-Seekings

Die Kriterien, unter denen Variety-Seeking vorliegt, sind aus dem Obigen abgeleitet:

- Nicht-Unzufriedenheit mit der bisherigen Leistung
- Entscheidung für das andere Objekt (echte Präferenz)
- Unveränderte Stimuli-Situation, bzw. Änderung nicht ausschlaggebend[12]

Damit lässt sich Variety-Seeking wie folgt definieren:

Von Variety-Seeking wird dann gesprochen, wenn trotz Zufriedenheit der Wechsel zwischen den Objekten gezielt, d. h. beabsichtigt, erfolgt und die Änderung der Präferenzen nicht durch eine Änderung der Stimuli ausgelöst wird, sondern aus einem abnehmenden Grenznutzen des bisher konsumierten Objektes, einer Zunahme der Nutzenerwartung des bisher nichtkonsumierten Objektes oder einem Wechselnutzen resultiert.

Es ist an dieser Stelle zu betonen, dass auch eine Kombination dieser drei Faktoren vorliegen kann. Entscheidend ist, dass die meisten Gründe des Variety-Seekings nicht zwangsläufig zu einem Markenwechsel füh-

12 Zwar wird z. B. die Einführung neuer Stimuli in den Markt das Verhalten unterstützen und unter Umständen Neugier wecken. Neugier kann sich aber ebenso auch auf bereits im Markt befindliche Objekte beziehen. Äquivalent verhält es sich mit den anderen Konzepten.

ren, um das jeweilige Bedürfnis zu befriedigen. So können abgesehen von Reaktanz alle beschriebenen Gründe auch zu einem Wechsel zwischen zwei Objekten desselben Anbieters führen. Durch hohe Objektvielfalt innerhalb einer Marke kann ein Anbieter somit versuchen, möglichst viele Kunden mit Wechselabsichten zu halten (Riepe 2003, S. 43; Tscheulin 1994, S. 60). Es ist zudem unerheblich, ob der Konsument diese Objekte, die er konsumieren möchte, bei zwei unterschiedlichen Einkäufen besorgt. Ebenso kann er seinen Konsum antizipieren und daher bei nur einer Besorgung verschiedene Objekte beschaffen. Teilweise wird in der Literatur davon ausgegangen, dass es sich beim Variety-Seeking um eine
zeitlich stabile Verhaltensdisposition handelt (z. B. Bauer/Hammerschmidt 2004, S. 196). Dies ist aber nur für einen Teil der aufgeführten Bedürfnisse zutreffend.

6 Fazit

Im Rahmen dieses Beitrags wurde eine klare Abgrenzung des zu erklärenden Verhaltens einerseits und der Gründe dafür andererseits erarbeitet. Hierzu wurde zunächst eine Übersicht über bestehende Definitionen gegeben. Anhand des Nutzenkonzeptes konnte dargestellt werden, wieso Konsumenten Variety-Seeking betreiben. Nutzen entsteht aus Bedürfnisbefriedigung und daher wurde geklärt, was im Rahmen dieser Arbeit unter Bedürfnissen zu verstehen ist und welche Bedürfnisse dem Variety-Seeking zugrunde liegen. Dies ermöglichte es, das Konstrukt des Variety-Seekings klarer zu beschreiben und in sich strikter abzugrenzen. Für Markenunternehmen, bedeutet dies die weitere vertikale und horizontale Differenzierung des eigenen Produktportfolios, wie v. a. im Konsumgüterbereich bereits intensiv verfolgt, um auf diese Weise Variety-Seeking im eigenen Objektangebot abfangen zu können. Grundlegend ist dabei immer eine genaue Kenntnis der eigenen Zielgruppe und ihrer (Konsum)bedürfnisse.

An vielen Stellen besteht hier noch Klärungsbedarf. Für die vorgestellte Begriffsfassung existiert keine Messskala. Somit konnte bislang auch nicht empirisch überprüft werden, wie bedeutsam die einzelnen Bedürfnisse in der Realität bei unterschiedlichen Objektgruppen sind. Vermutlich ist gerade bei Lebensmitteln der größte Anteil beim abnehmenden Grenznutzen zu finden. Andere Objektgruppen werden stärker vom Wechselnutzen beeinflusst. Dies wäre zum Beispiel bei Dienstleistungen vorstellbar.

Der Anbieterwechsel hat nicht nur im Endkonsumentenmarkt Bedeutung. Auch bei gewerblichen Abnehmern lassen sich solche Verhaltensweisen beobachten (Peter 1999, S. 257). Daher wäre eine empirische Untersuchung über das Vorhandensein von Variety-Seeking bei institutionellen Käufern ebenfalls notwendig. Gerade die Besonderheiten der Industriegüter- und Dienstleistungsmärkte lassen bei weiteren Untersuchungen zum Variety-Seeking interessante Ergebnisse erwarten.

Literatur

Bänsch, A. (1995): Variety Seeking, in: Jahrbuch der Absatz- und Verbrauchsforschung, 41. Jg., H. 4, S. 342-365.

Bass, F. M.; Pessemier, E. A.; Lehmann, D. R. (1972): An Experimental Study of Relationships between Attitudes, Brand Preference, and Choice, in: Behavioral Science, Vol. 17, No. 6, pp. 532-541.

Bauer, H. H.; Hammerschmidt, M. (2004): Kundenzufriedenheit und Kundenbindung bei Internetportalen, in: Konsumentenverhalten im Internet, Hrsg.: Bauer, H. H.; Rösger, J.; Neumann, M. M.:, München, S. 189-214.

Baumgarth, C. (2008): Markenpolitik – Markenwirkung - Markenführung - Markencontrolling, 3. Aufl., Wiesbaden.

Berlyne, D. E. (1960): Conflict, Arousal, and Curiosity, New York.

Festinger, L. (1970): A theory of cognitive dissonance, Stanford.

Freter, H. (2008): Markt- und Kundensegmentierung, 2. Aufl., Stuttgart.

Givon, M. (1985): Variety Seeking, Market, Partitioning and Segmentation, in: International Journal of Research in Marketing, Vol. 2, No. 2, pp. 117-127.

Goukens, C.; Dewitte, S.; Anthoons, I. (2003): When New Feels Good. Enhacing Variety Seeking by Using Subtle Priming, in: Tijdschrift voor Economie en Management, Vol. 48, No. 3, pp. 469-487.

Gutsche, J. (1995): Produktpräferenzanalyse, Berlin.

Haseborg, F.; Mäßen, A. (1997): Das Phänomen des Variety-Seeking-Behavior, in: Jahrbuch der Absatz- und Verbrauchsforschung, 43. Jg., H. 2, S. 164-188.

Hanseler, J. (2006): Das Wechselverhalten von Konsumenten im Strommarkt, Wiesbaden, S. 67-69.

Helmig, B. (1997): Variety-Seeking-Behavior im Konsumgütermarketing,Wiesbaden.

Helmig, B. (1999): Der Einfluß der Ausgabe unentgeltlicher Produktproben auf das "variety-seeking-behavior", in: Marketing Zeitschrift für Forschung und Praxis, 21. Jg., H. 2, S. 105-119.

Herrmann, A.; Gutsche, J. (1994): Ein Modell zur Erfassung der individuellen Markenwechselneigung, in: Zeitschrift für betriebswirtschaftliche Forschung, 46. Jg., H. 1, S. 63-80.

Hetherington, M. M.; Rolls, B. J. (1996): Sensory-Specific Satiety, in: Why we eat what we eat – the psychology of eating, Hrsg.: Capaldi, E. D., Washington D. C., S. 267-290.

Hirschman, E. C. (1980): Inovativeness, Novelty Seeking and Consumer Creativity, in: Journal of Consumer Research, Vol. 7, No. 3, pp. 283-295.

Huber, F.; Herrmann, A.; Braunstein, C. (2006): Der Zusammenhang zwischen Produktqualität, Kundenzufriedenheit und Unternehmenserfolg, in: Kundenorientierte Unternehmensführung, Hrsg.: Hinterhuber, H.; Matzler, K., Wiesbaden, S. 68-83.

Inman, J. J. (2001): The Role of Sensory-Specific Satiety in Attribute-Level Variety Seeking, in: Journal of Consumer Research, Vol. 28, No. 1, pp. 105-120.

Jeker, K. (2002): Das Bindungsverhalten von Kunden in Geschäftsbeziehungen, Bern u. a.

Jeuland, A. P. (1978): Brand preference over time, in: Research Frontiers in Marketing, Vol. 43, No.43, pp. 33-37.

Koppelmann, U.; Brodersen, K.; Volkmann, M. (2001): Variety Seeking (Teil I), in: Absatzwirtschaft, 40. Jg., H. 12, S. 56-63.

Koppelmann, U.; Brodersen, K.; Volkmann, M. (2002): Variety Seeking (Teil II), in: Absatzwirtschaft, 41. Jg., H. 1, S. 44-47.

McAlister, L. (1982): A Dynamic Attribute Satiation Model of Variety-Seeking Behavior, in: Journal of Consumer Research, Vol. 9, No. 2, pp. 141-150.

Mc Alister, L. (1979): Choosing multiple items from a product class, in: Journal of Consumer Research, Vol. 6, No. 3, pp. 213-224.

Michaelidou, N.; Dibb, S. (2006): Brand Switching as a Function of Variety Seeking Behavior and Product Characteristics, in: Advances in Consumer Research, Vol. 7, No. 1, pp. 518-519.

Mittelstaedt, R. A.; Grossbart, S. L.; Curtis, W. W.; Devere, S. P. (1976): Optimal Stimulation Level and the Adoption Decision Process, in: Journal of Consumer Research, Vol. 3, No. 2, pp. 84-94.

Peter, S. I. (1999): Kundenbindung als Marketingziel, 2. Aufl., Wiesbaden.

Plinke, W. (1989): Die Geschäftsbeziehung als Investition, in: Specht, G.; Silberer, G.; Engelhardt, W. H. (Hrsg.): Marketing- Schnittstellen, Stuttgart, S. 305-325.

Raju, P. S. (1980): Optimum Stimulation Level, in: Journal of Consumer Research, Vol. 7, No. 3, pp. 272-282.

Richter, H. P. (2001): Investitionsgütermarketing – Business-to-Business-Marketing von Industrieunternehmen, München u. a.

Riepe, C. (2003): Variety Seeking bei der Auswahl von Lebensmittelprodukten, in: Planung und Analyse, 21. Jg., H. 1, S. 41-47.

Roehm, H. A.; Roehm, M. L. (2004): Variety-Seeking and Time of Day, in: Marketing Letters, Vol. 15, No. 4, pp. 213-221.

Rudolph, B. (1998): Kundenzufriedenheit im Industriegüterbereich, Wiesbaden.

Scitovsky, T. (1977): Psychologie des Wohlstands, Frankfurt.

Schneider, W. (2006): Marketing und Käuferverhalten, 2. Aufl., München u. a.

Trijp, H. C. M. van (1995): Variety-seeking in product choice behavior, Wageningen.

Trijp, H. C. M. van; Hoyer, W. D.; Inman, J. J. (1996): Why Switch? in: Journal of Marketing Research, Vol. 33, No. 3, pp. 281-292.

Trommsdorff, V. (2004): Konsumentenverhalten, 6. Aufl., Stuttgart.

Tscheulin, D. K. (1994): "Variety-seeking-behavior" bei nicht-habitualisierten Konsumentenentscheidungen, in: Zeitschrift für betriebswirtschaftliche Forschung, 46. Jg., H. 1, S. 54-62.

Vershofen, W. (1940): Handbuch der Verbrauchsforschung, Berlin.

Wallenburg, C. M. (2004): Kundenbindung in der Logistik, Bern u. a.

Weiber, R.; Adler, J. (1995): Informationsökonomisch begründete Typologisierung von Kaufprozessen, in: Zeitschrift für betriebswirtschaftliche Forschung, 47. Jg., H. 1, S. 43-65.

Wiedmann K.; Langner, S. (2004): Theoretische Grundlagen zur Beeinflussung des Konsumentenverhaltens, Arbeitspapier, Institut für Marketing & Management, Hannover.

Förderung der Markenloyalität beim Spenden – Ergebnisse von Fokusgruppeninterviews für das Spenderbindungsmanagement von Nonprofit-Organisationen

Julia Naskrent, Jens Zimmermann

Förderung der Markenloyalität beim Spenden – Ergebnisse von Fokusgruppeninterviews für das Spenderbindungsmanagement von Nonprofit-Organisationen

Stichworte: Dank, Fokusgruppeninterview, Markenloyalität, Nonprofit, Spenden

Abstract:

Nonprofit-Organisationen stehen vor zunehmenden finanziellen Herausforderungen. Sowohl in der Fundraising-Praxis als auch in der Marketingforschung gab es bisher Versäumnisse bezüglich des Konzepts der Spenderbindung. Vor diesem Hintergrund untersucht dieser Artikel, welche Maßnahmen und Instrumente die Markenloyalität beim Spenden fördern. Hierzu wurden vier explorative Fokusgruppeninterviews mit Spendern durchgeführt, die konzeptionelle Ansatzpunkte zur Bindung der Spender an die Nonprofit-Organisation als Marke liefern. Durch eine Kategorisierung der Aussagen der interviewten Spender lassen sich vier Maßnahmen identifizieren, deren Relevanz anschließend Literaturbelege verdeutlichen. Der Artikel zeigt abschließend weiteren Forschungsbedarf und nächste Analyseschritte auf.

1 Einführung

1.1 Problemhintergrund und Relevanz – Entwicklungen auf dem Spendermarkt

Seit Mitte der neunziger Jahre stagniert das Spendenaufkommen in Deutschland (Daberstiel 2009, S. 16). Einem gleichbleibenden Spendenaufkommen steht jedoch eine wachsende Zahl von Nonprofit-Organisationen (NPOs) gegenüber, die um Gelder werben (Urselmann 2007, S. 29). Zudem ist der Wettbewerbsdruck größer geworden, weil sich der sogenannte Dritte Sektor zunehmend professionalisiert (Helmig et al. 2006, S. 353). Die Konkurrenz der NPOs zeigt sich durch eine neue Aggressivität bei der Spenderakquisition: In der Vorweihnachtszeit verschicken die großen 15 deutschen NPOs jeweils mehr als eine Million Mailings (Hermes 2007, S. 101).

Darüber hinaus lässt sich in Deutschland ein Wandel im Verhältnis von Staat und Bürgern hinsichtlich gesellschaftlicher und individueller Verantwortung feststellen. In den letzten Jahren äußerte sich dies in einem *Rückgang staatlicher Unterstützungen* und einer gleichzeitigen Übertragung von Aufgaben an NPOs (Burgy 2008, S. 9). Eine größere Nachfrage für die Leistungen der NPOs sowie die Notwendigkeit der finanziellen Unabhängigkeit vom Staat erhöht die Bedeutung von Privatspenden.

In Anbetracht dieser Entwicklungen lässt sich festhalten, dass der Druck auf NPOs zunimmt. Für viele Organisationen ist es erforderlich umzudenken und nach Differenzierungspotenzialen im Wettbewerb sowie neuen Ausschöpfungspotenzialen des Spendenmarktes zu suchen. Unter den heutigen Bedingungen können NPOs ihre Spendeneinnahmen nicht mehr allein dadurch steigern, dass sie neue Spender werben; vielmehr gewinnen ein *dauerhafter Spenderstamm* und seine *Bindung an die Organisation* als Marke an Bedeutung (Urselmann 2007, S. 34). Die Loyalität der Spender gegenüber einer Nonprofit-Organisation wird für die NPOs also immer wichtiger.

Hierbei ist es für NPOs bedeutsam zu wissen, wie die Loyalität der Spender gegenüber der NPO-Marke gefördert werden kann und welche Maßnahmen zur Förderung der Spenderbindung effizient sowie effektiv sind. Diese Kenntnis scheint aber bislang nicht vorzuliegen, denn die Markenloyalität beim Spenden ist bisher kaum gegeben: Während beispielsweise in einer Branche wie dem ebenfalls wettbewerbsintensiven Mobilfunkmarkt lediglich eine durchschnittliche Kundenabwanderungs-

rate von 22 % besteht (Hundacker 2005, S. 31), unterstützen ca. 50 % der Erstspender einer NPO die Organisation nicht erneut; bei Mehrfachspendern sind Verlustraten von durchschnittlich 30 % jährlich nicht unüblich (Sargeant 2008, S. 3). Aufgrund dieses Praxisproblems steigt die Notwendigkeit an theoretisch und empirisch fundierten Erkenntnissen über die Spenderbindung (Voss 2007, S. 287).
Betrachtet man nun die bisherige wissenschaftliche Auseinandersetzung mit dem Konstrukt Markenloyalität im Nonprofit-Bereich, so lässt sich feststellen, dass nur wenige empirische Untersuchungen existieren, die diesen Forschungsgegenstand betrachten (Bruhn 2005, S. 512). Es lässt sich konstatieren, dass das Thema einen geringen Anteil der Marketingforschung ausmacht (Helmig et al. 2009, S. 473). Oft fungiert die Untersuchung von Beziehungen im Nonprofit-Kontext lediglich als Anwendung eines allgemein interessierenden Marketingproblems; der branchenspezifische NPO-Aspekt rückt in den Hintergrund (Helmig/Michalski 2008, S. 37).

1.2 Zielsetzung des Artikels

Vor dem skizzierten Hintergrund besteht die Motivation des Artikels darin, wissenschaftliche Erkenntnisse zu gewinnen, die für die Praxis von Bedeutung sind und eine konkrete Hilfestellung leisten. Der zentrale Zweck dieses Artikels ist es, den Kenntnisstand des Forschungsbereichs Markenloyalität beim Spenden zu erweitern und mithilfe von Interviews die aus Sicht der Spender sinnvollen Maßnahmen und Instrumente zu identifizieren. Diese Zielsetzung soll dem Anspruch der Marketingwissenschaft als angewandte Realwissenschaft gerecht werden und Problemlösungshilfen für die Praxis bieten, ohne die wissenschaftliche Perspektive zu vernachlässigen. Im Gegensatz zu anderen Arbeiten (z. B. Kristoffersen/Singh 2004) stehen hier keine Patenschaften, ehrenamtliches Engagement oder Sach- bzw. Blutspenden im Vordergrund, sondern Geldspenden von Privatpersonen.

2 Explikation des Begriffs Spenderloyalität

NPOs sind Bestandteil des Dritten Sektors. Dieser dient als Abgrenzung zu den Sektoren Staat (öffentlicher Sektor) und Markt (privater Wirtschaftssektor) (Sargeant 2009, S. 6).

Das wichtigste Merkmal einer NPO ist, dass sie keine Gewinnverwendung im Sinne einer Ausschüttung für Mitglieder oder Eigentümer anstrebt. Stattdessen besteht das Ziel einer NPO darin, erwirtschaftete Überschüsse gemäß ihrem spezifischen Zweck, d.h. ihrer Mission, einzusetzen. Bei NPOs steht das Sachziel im Vordergrund, die Leistungserbringung. Wohingegen bei kommerziellen Unternehmen das Formalziel, die Gewinnmaximierung, als Selbstzweck Vorrang hat (Helmig et al. 2006, S. 4 ff.). Hier ist der durch die Transaktion entstandene Nutzen für Kunden nur Mittel zum Zweck. Bei NPOs dient der „Absatz" der Leistungen nicht, wie im kommerziellen Bereich, mittelbar zur Gewinnerzielung, sondern stellt das Oberziel selbst dar. Finanzielle Einnahmen, wie z. B. Leistungsentgelte, Zuschüsse sowie die hier im Fokus stehenden Spenden sind nicht Folge von, sondern Voraussetzung für Produktion und Absatz der Organisationsleistung (Hohn 2001, S. 45).

Es besteht somit eine spezielle „Dreieckskonstellation" zwischen Spender, NPO und Leistungsempfänger (Hankinson 2000, S. 209). Demnach stellen der Spender und der Profiteur der Leistung, welche die NPO mithilfe der Spenden erbringt, zwei unterschiedliche Personen dar (Sargeant 2009, S. 39). Es gibt daher keine direkte Verbindung bzw. keine Rückkopplungsmöglichkeit zwischen Ressourcen-Gewinnung und Ressourcen-

Allokation. Zwischen Spender und Leistungsempfänger existiert kein direkter Kontakt (Conway/Whitelock 2004, S. 322).
Da NPOs die erwirtschafteten Überschüsse gemäß ihrer Zielsetzung im Interesse des Gemeinwohls investieren, können sie bei der Beschaffung der für die Leistungserstellung notwendigen Ressourcen gar keine oder keine marktadäquate Gegenleistung anbieten und benötigen deshalb Spenden. Es bedarf also Spender, die aus *uneigennützigen Motiven und Interessen* und/oder aus einer eher *subjektiven Wertschätzung* der NPO eine Spende überlassen, ohne dafür eine gleichwertige marktadäquate materielle Gegenleistung zu erhalten (Bendapudi et al. 1996, S. 33). Aus diesem Grund stellt die Förderung der Markenloyalität des Spenders gegenüber der NPO eine große Herausforderung für Letztere dar.
Gerade im Nonprofit-Bereich ist es vorteilhaft, langfristige Beziehungen zu Spendern zu führen, denn viele Projekte und Aktivitäten weisen einen dauerhaften Charakter auf und bedürfen daher einer fundierten, langfristigen Finanzplanung mit kontinuierlicher und prognostizierbarer finanzieller Unterstützung. Diese Planung ist aufgrund des angesprochenen Rückgangs staatlicher Subventionen nicht ohne Spenden möglich (Urselmann 2007, S. 35). Die Förderung der Markenloyalität der Spender durch sinnvolle Maßnahmen ist also zentrale Aufgabe des Fundraising.
Das Konstrukt der *Markenloyalität* ist Gegenstand vieler theoretischer und empirischer Untersuchungen, die sich auf unterschiedlichste Bereiche und Branchen beziehen. Aus diesem Grund zeigt sich das Begriffsverständnis als vielfältig (Rams 2001, S. 23) In einem philosophischen Kontext lässt sich Loyalität als die willentliche und konsequente Unterwerfung und Verpflichtung einer Person gegenüber einem Bezugsobjekt verstehen. Sie zeigt sich in einem dauerhaften Handeln im Dienste bzw. zugunsten des Bezugsobjekts (Royce 1971, S. 16 f.). Als Bezugsobjekt können Personen, Gruppen, aber auch die in diesem Artikel betrachteten Marken von Unter-

nehmen, sozialen Institutionen oder einzelnen Produkten fungieren (von Stenglin 2008, S. 8 f.). Allgemein lässt sich somit unter dem Konstrukt der Markenloyalität beim Spenden eine langfristige, regelmäßige Beziehung zwischen Spender und NPO verstehen (Urselmann 1998, S. 73). Hierbei liefert eine ausschließliche Fokussierung auf das bisherige Verhalten (ex post-Betrachtung) keine hinreichende Erklärung. Es gilt insbesondere die Einstellungen des Spenders abzufragen, denn schließlich setzt Loyalität eine positive Einstellung gegenüber dem Bezugsobjekt (NPO) voraus (Burgy 2008, S. 27). Spenderloyalität liegt dann vor, wenn innerhalb eines definierten Zeitraums eine Einzelperson (= ein Spender) freiwillig wiederholt im Sinne der NPO gehandelt hat (ex post-Betrachtung) und beabsichtigt, dies in Zukunft fortzusetzen (ex ante-Betrachtung).
Bei den Wirkungseffekten der Markenloyalität können stabilitätsbezogene, einnahmensteigernde und kostensenkende Potenziale unterschieden werden (Hennig-Thurau et al. 2002, S. 231). Durch die Dauer gewinnt die Beziehung zunächst an Stabilität, was für die Organisation Sicherheit bedeutet. Diese basiert auf den durch langfristige Beziehung gegebenen Einblicke in die Bedürfnisse und Absichten ihrer Spender (Huber et al. 2009, S. 78). Spenderbindung stellt zudem einen zentralen Bestimmungsfaktor für den Ausbau des Anteils am Spendenmarkt der NPO dar. Neben der Steigerung der durchschnittlichen Spendenhöhe, bei welcher der Spender stärker ein Projekt unterstützt, kann der Spender ebenso die Bereitschaft zeigen, seine Spendenhäufigkeit zu steigern was zur Erhöhung des Spendenvolumens der NPO beiträgt (Sargeant 2009, S. 268). Die Förderung der Markenloyalität beim Spenden stellt ein Weg zur Kostensenkung dar, was insbesondere im Hinblick auf die allseits geforderte Effizienz von NPOs bei der Mittelverwendung attraktiv erscheint (Lee 2002, S. 111). Diese Kostensenkungspotenziale kommen dadurch zustande, dass eine Fokussierung auf bestehende Spender es erlaubt, die Gewinnung von Spendern mit

weniger Nachdruck zu betreiben. Die Akquise von neuen Spendern kann vernachlässigt werden, einerseits, weil die NPO durch den Fokus auf die Entwicklung und Vertiefung der Beziehung zum bestehenden Spenderstamm diesen aufrechterhält; andererseits, weil die NPO aufgrund von Empfehlungen und Referenzen automatisch neue Spender hinzugewinnt (Homburg et al. 1999, S. 177). Durch eine „eingespielte" Beziehung lassen sich zudem Informations- und Koordinationskosten einsparen. Dies bedeutet i. a. W. geringere Spenderbetreuungskosten (Reichheld/Sasser 1990, S. 106).

Zusammenfassend lässt sich festhalten, dass eine Markenloyalität beim Spenden die Leistungsfähigkeit und Wirtschaftlichkeit der NPO steigern kann und so eine verstärkte Konzentration auf die Missionserfüllung ermöglicht. Aufgrund dieser für NPOs so wichtigen Effekte, sollen im Folgenden Maßnahmen zur Förderung der Markenloyalität beim Spenden, die im Rahmen von Fokusgruppeninterviews identifiziert wurden, vorgestellt werden.

3 Design der empirischen Untersuchung

Fokusgruppeninterviews zählen zu der qualitativen Marktforschung. Sie werden durchgeführt, damit Forscher in einem neuen oder wie bei dem vorliegendem Thema bisher unzureichend erforschten Bereich mehr Erfahrungen sammeln und ihr Wissen vertiefen können (Mayerhofer 2009, S. 479).

Im Rahmen des Forschungsbereichs NPO-Marken bieten sich insbesondere Fokusgruppeninterviews als Methoden der qualitativen Marktforschung an (vgl. hierzu die Arbeiten von Voeth/Herbst 2008; Hankinson 2000). Das Fokusgruppeninterview kann als Synonym zur Gruppendiskussion verstanden werden (Sargeant 2009, S. 104). Kennzeichnendes Merkmal ist, dass der Interviewer und die Probanden nur wenigen Regeln unterliegen (Kepper 2008, S. 180).

Für eine erfolgreiche Organisation und Durchführung von Fokusgruppeninterviews gilt es einige Aspekte zu beachten: I. d. R. nehmen 2 bis maximal 20 Probanden an einem Fokusgruppeninterview teil, wobei als ideale Größe eine Anzahl von 6 bis 12 Teilnehmern gilt (Mayerhofer 2009, S. 481 f.). Die Gruppe sollte Homogenität hinsichtlich demografischer Kriterien wie Alter, Bildung oder Familienstand aufweisen. Dadurch lassen sich die Hierarchisierung und Polarisierung in heterogenen Gruppen und die damit verbundenen Positions- und Machtkämpfe vermeiden (Kepper 2008, S. 186 f.). Im Rahmen der Vorbereitung des Fokusgruppeninterviews sollte ein Leitfaden entwickelt werden, um den groben Ablauf des Gesprächs zu umreißen. Der Interviewer sollte die im Leitfaden enthaltenen Fragen jedoch nur zu passenden Zeitpunkten in das Interview integrieren; eine feste Reihenfolge der Fragen ist abzulehnen. Die Interaktion zwischen Gruppenmitgliedern sollte stimuliert und gefördert werden (Mayerhofer 2009, S. 482).

Konkret wurden für die vorliegende Untersuchung vier Fokusgruppengespräche mit einer jeweiligen Länge von 30-45 Minuten geführt. Die zuvor genannten erfolgskritischen Durchführungshinweise wurden jeweils berücksichtigt. Anhang 1 listet den Leitfaden auf, der in nicht-standardisierter Form jedem Interview zugrunde lag. Anhang 2 gibt einen Überblick über die Charakteristika der jeweiligen Probandengruppen. Bei der Auswahl der Probanden wurde auf ein generelles Interesse an NPOs sowie ersten Erfahrungen im Umgang mit dem Spenden geachtet. Die Probanden wurden um einen Bias hinsichtlich des Wohnorts vorzubeugen aus einem großen Einzugsgebiet (> 100 KM) akquiriert. Da insbesondere ältere Menschen eine Spendenbereitschaft aufweisen und sowohl die Anzahl der Spenden als auch die jährliche Höhe der Spenden mit steigendem

Alter der Spender zunimmt (Crole 2007, S. 31), wurde versucht, diese Altersgruppe besonders stark bei der Probandenauswahl zu berücksichtigen.

4 Ergebnisse

Voraussetzung jeder wissenschaftlichen Auswertung von Fokusgruppeninterviews ist die sorgfältige Transkribierung der Gespräche. Damit erfolgt die qualitative Inhaltsanalyse, welche die Strukturierung und Fokussierung des Inhalts der Interviews umfasst. Durch die Strukturierung des Interviews mittels einer inhaltlichen Zuordnung einzelner Sequenzen zu Themenkomplexen lassen sich im Rahmen dieser qualitativen Inhaltsanalyse Mehrfachnennungen und sinnverwandte Aspekte aufdecken, die sich in Antwortkategorien zusammenfassen lassen. Dies dient der Synthese und Abstraktion. Durch ein revolvierendes Auswertungsvorgehen konnten die Aussagen in jeder Iterationsschleife stärker verdichtet und aggregiert werden.

Im Rahmen der vorgenommenen Inhaltsanalyse ließen sich auf diese Art vier übergeordnete Kategorien mit Ansatzpunkten zur Förderung der Markenloyalität identifizieren. Diese sind in Anhang 3 dargestellt. Sie beschreiben die aus Sicht der Spender zentralen Maßnahmen von NPOs, um ihre finanzielle Unterstützung aufrechtzuerhalten. Neben einer generellen Beschreibung der Bedeutung dieser Maßnahmen, listet Anhang 3 ausgewählte wörtliche Aussagen der Fokusgruppenteilnehmer auf, die im Rahmen der Inhaltsanalyse aufgrund ihrer besonderen Prägnanz als Anker für die Kategorisierung dienten und die Bedeutung dieser Maßnahmen anschaulich illustrieren.

Im Folgenden werden die einzelnen Maßnahmen vorgestellt und ihre Relevanz durch eine im Anschluss an die Fokusgruppeninterviews durchgeführte, ergänzende Literaturrecherche verdeutlicht. Die Ausführungen erklären die Aussagen der Fokusgruppenteilnehmer aus wissenschaftlicher Sicht. Hierbei wird jeweils dargestellt, wie sich die von den Probanden genannten Maßnahmen auf wichtige Determinanten und Prädispositionen eines loyalen Verhaltens auswirken.

Als ein wichtiges Prinzip im Rahmen des spenderorientierten Beziehungsmarketing gilt die *Wertschätzung* der geleisteten Unterstützung. Jeder Spender wünscht sich bewusst oder auch unbewusst Anerkennung für sein gemeinnütziges Engagement (Notarantonio/Quigley 2009, S. 302). Ein ausgesprochener *Dank* verstärkt und verfestigt die (positiven) Verhaltensintentionen des Spenders. Durch einen glaubwürdigen Dank lässt sich bspw. die Zufriedenheit des Spenders fördern. Eventuelle Nach-Spende-Dissonanzen lassen sich von der NPO durch den Dank abbauen und dem Spender wird durch die NPO bestätigt, die richtige Entscheidung getroffen zu haben (Burk 2003, S. 35). Darüber hinaus stiftet ein Dank dem Spender sowohl ein gutes Gefühl und damit einen immateriellen als auch durch die in einem Interview angesprochenen Urkunden einen materiellen Nutzen. Dies fördert sein Commitment. Dank signalisiert dem Spender, dass die NPO ihn als Partner und nicht als Geldquelle sieht (Bennett 2006, S. 53). Dadurch erfahren die Spender eine positive Bestärkung und Unsicherheitsreduktion, was zu Vertrauen führt. Der Dank fördert auch das Spenderinvolvement (Jackman 2000, S. 35). Damit die aufgezeigten Wirkungen des Dankes eintreten, sollte der Dank den Spender möglichst schnell nach seiner Spende erreichen (Burnett 1996, S. 103). Eine weitere Maßnahme um das Bedürfnis der Spender nach Anerkennung zu befriedigen, besteht darin, den Dank – sofern die Spender, wie in einem Fokusgruppeninterview kritisch angemerkt wurde, dem zustimmen – öffentlich aussprechen etwa durch die Veröffentlichung von Spendernamen in lokalen Zeitungen bzw. in Publikationen der NPO oder durch Gedenktafeln zu Ehren der

Spender (Scott/Lane 2000, S. 51). Dabei sollten die Präferenzen der Spender bezüglich der Häufigkeit des Dankes berücksichtigt werden. Einige Spender könnten – wie die Fokusgruppeninterviews verdeutlichten – diese Art der Kommunikation als Mittelverschwendung ansehen.

Die Fokusgruppeninterviews zeigten zudem, dass Spender gerne erfahren, was die NPO mit dem gespendeten Geld bewirken konnte. Sie haben ein Informationsbedürfnis über die Effekte, welche die NPO auslösen konnte, und sie möchten am Nutzenzuwachs der Hilfsbedürftigen partizipieren (Burnett 2002, S. 86). Die NPO sollte deswegen mittels sogenannten *Erfolgsmeldungen* ihren Spendern regelmäßig aufzeigen, welchen Unterschied ihre Unterstützung bewirkt, welche Leistungen sie damit erbringen konnte und wie der Einzelne durch seine Spende konkrete Hilfestellung ermöglicht (Bennett/Ali-Choudhury 2009, S. 167). Aufgrund der angesprochenen Divergenz zwischen Spender und Leistungsempfänger einer NPO kann der Spender die von der NPO erzielten Ergebnisse kaum beurteilen. Deshalb stellt die Kommunikation des Erfolgs einen Schlüsselfaktor der Spenderzufriedenheit dar (Sargeant 2001, S. 186). Die Tatsache, dass sie mit ihrer finanziellen Unterstützung de facto einen Einfluss auf die Entwicklung der Gesellschaft nehmen können, erleben viele Spender als persönliche Bereicherung. Deswegen sollten NPOs ihnen auch zeigen, dass sie genau dies mithilfe der NPO tun (Nathan/Hallam 2009, S. 329). Indem die NPO ihren Spendern aufzeigt, dass sie die angestrebten Resultate tatsächlich erzielt, kann sie darüber hinaus ihre Kompetenz sowie Glaubwürdigkeit unter Beweis stellen und damit das Vertrauen der Spender stärken (Mast et al. 2005, S. 214).

Aufgrund der systeminhärenten Divergenz zwischen Spender und Leistungsempfänger einer NPO und der daraus resultierenden asymmetrischen Informationsverteilung sollten NPOs im Rahmen der Förderung der Markenloyalität beim Spenden außerdem darauf abzielen, *Rechenschaft* ge-

genüber dem Spender abzulegen und *Transparenz* herzustellen. Gemäß der Fokusgruppeninterviews sollte es hierbei Ziel sein, sämtliche relevanten Vorgänge und Prozesse der NPO so zu kommunizieren, dass die Spender sie nachvollziehen können. Das Ablegen von Rechenschaft stärkt nämlich hauptsächlich das Vertrauen des Spenders in die NPO, während intransparente Leistungen und Abläufe Misstrauen hervorrufen. Durch sachliche Informationen und Rechenschaftsberichte vermittelt die NPO ihre Kompetenz. Hierdurch wird die NPO berechenbar (Jeker 2002, S. 115). Neben Informationen über die Mittelverwendung und den Verwaltungskostenanteil gilt es, die Spender über sämtliche Einnahmen, Ausgaben und die allgemeine Vermögenslage (Rücklagen) zu unterrichten. Neben Rechenschafts- und Jahresberichten können NPOs auch mithilfe eigener, kostenloser Förderzeitschriften informieren. Diese zielen darauf ab, Transparenz über die Mittelverwendung zu schaffen und Informationen gezielt zu verbreiten. Auch Gütesiegel, wie das DZI Spendensiegel, stellen eine Maßnahme dar, um zu zeigen, dass die NPO ordnungsgemäß handelt (Rottenaicher/Rennhak 2006, S. 14).
Die Fokusgruppeninterviews zeigten allerdings auch, dass es heutzutage nicht mehr ausreicht, Spender lediglich kommunikativ zu bearbeiten; sie wünschen sich *Emotionen* und *Erlebnisse* und vor allem Interaktion mit der NPO und anderen Spendern. Aus diesen Gründen bieten sich insbesondere *Events* als geeignet zur Förderung der Markenloyalität an (Nufer 2002, S. 7). Hierunter lassen sich Konzerte, Versteigerungen und Ausstellungen aber ebenso auch Informationsabende, Preisverleihungen oder Sommerfeste verstehen. Events gehören zu den aufwändigsten, aber auch zu den wirkungsvollsten Förderungsmaßnahmen der Markenloyalität. Das für den Spender inszenierte Erlebnis unterscheidet sich von dessen alltäglicher Wirklichkeit und spricht ihn auf der emotionalen Ebene multisensitiv an (Stokburger-Sauer et al. 2008, S. 944). Die Erlebnisorientierung

eines Events fördert also den Dialog und die Interaktion (Mast et al. 2005, S. 312 f.). Diese emotionale Spenderintegration hat eine höhere Aktivierung und ein höheres Marken-Involvement zur Folge (Gerpott 2000, S. 28). Darüber hinaus bieten Events einen emotionalen Zusatznutzen, der Begeisterung auslösen kann. Solche involvierenden Veranstaltungen liefern Eindrücke, die sich der Spender jederzeit ins Gedächtnis rufen kann. Es lässt sich daher festhalten, dass der Spender mit dem Event und damit mit der NPO positive Erfahrungen verknüpft, die sich wiederum günstig auf dessen Zufriedenheit auswirken. Beispielsweise signalisiert ein Tag der offenen Tür die Bereitschaft der NPO, sich um den Spender zu bemühen. Durch solche Art Events erhalten die Spender Informationen über Mitarbeiter und Organisationsstrukturen, welche die Distanz zwischen ihnen und der NPO verringert. Dies trägt zur Entwicklung des Vertrauens des Spenders bei. Darüber hinaus bilden die Teilnehmer des Events eine Art Gemeinschaft, die trotz eventueller Unterschiede das Gefühl erzeugt, zu einer „großen Familie“ zu gehören. Durch den Kontakt und die Interaktion der Teilnehmer untereinander entwickelt sich ein Gefühl der Zusammengehörigkeit, welches das Commitment erhöht (Stokburger-Sauer et al. 2008, S. 944).

Die Nachteile von Events sind der organisatorische Aufwand und die zumeist hohen Kosten. Events wirken sich zwar sehr effektiv auf die Markenloyalität aus, können jedoch aufgrund von personellen und finanziellen Restriktionen nur selektiv eingesetzt werden. Beispielsweise sollten Events nicht zu häufig stattfinden und zu pompös sein, da sie sonst – wie in den Fokusgruppeninterviews angesprochen – den Spendern Mittelverschwendung suggerieren könnten (Bennett 1998, S. 34).

5 Fazit und weiterer Forschungsbedarf

Die vorgenommene explorative, qualitative Untersuchung liefert erste wertvolle Erkenntnisse für das Spenderbindungsmanagement. Insgesamt ließen sich vier Maßnahmen identifizieren, die aus Sicht der interviewten Spender dazu beitragen würden, ihre Markenloyalität gegenüber der von ihnen finanziell unterstützten NPO aufrechtzuerhalten. Dieser Artikel fördert somit die notwendige Abkehr von herkömmlichen Denkansätzen und Fundraising-Maßnahmen und leistet einen Beitrag dazu, dass das Beziehungsmarketing im Nonprofit-Bereich eine größere Verbreitung finden kann. In Zeiten zunehmenden Drucks auf NPOs werden die hier vorgestellten Maßnahmen an Bedeutung gewinnen, denn in Zukunft wird es für NPOs noch wichtiger, die Beziehungen zu ihren Spendern weiter zu vertiefen.

Allerdings stellt die vorgenommene Untersuchung erst den Einstieg in ein bisher wenig erforschtes Themengebiet dar. Die hier auf Basis der Fokusgruppeninterviews und der Literaturrecherche dargelegte Relevanz der Maßnahmen (in Hinblick auf Determinanten und Prädispositionen der Markenloyalität) gilt es durch eine quantitative Befragung zu validieren. Ziel einer solchen weitergehenden Untersuchung wäre es, die tatsächlichen Reaktionen und Einstellungen von Spendern auf diese Bindungsmaßnahmen zu analysieren. Konkret könnte man durch eine standardisierte Befragung den Einfluss der im Rahmen dieser Vorstudie analysierten vier Maßnahmen auf das Verhalten und die Verhaltensabsichten der Spender, welche durch die benannten Mediatoren (d.h. die Prädispositionen bzw. Determinanten wie Commitment, Vertrauen, Zufriedenheit, Involvement) beeinflusst werden, klären. Anhang 4 zeigt eine Übersicht über die im Rahmen dieses Artikels hergeleiteten möglichen Untersuchungsaspekte einer konfirmatorischen, quantitativen Befragung oder anderen Forschungsmethoden.

Anhang

Ziel	Diskussion von Erwartungen und Anforderungen von Spendern an die NPOs sowie Erörterung entsprechender Maßnahmen und Schritte, welche die NPOs durchführen sollten, um die Loyalität der Spender zu erhöhen
Zielsetzung/ Kategorie	Fragen
Einflussgrößen der Markenloyalität	• Was beeinflusst die Treue eines Spenders? • Welche Voraussetzungen müssen gegeben sein, damit sich Spender gegenüber einer NPO loyal verhalten? • Welche Einflussgrößen bestimmen die Loyalität eines Spenders? • Ist die Treue eines Spenders abhängig von dem Verhalten der NPO? Auf welche Weise? • Welche der genannten Einflussgrößen finden Sie am wichtigsten?
Ansatzpunkte für das Spender-bindungs-management	• Wie kann eine NPO auf die identifizierten Einflussgrößen einwirken? • Mit welchen Maßnahmen kann eine NPO die Treue ihrer Spender fördern? • Was bzw. welche Maßnahme der NPO hat dazu geführt, dass Sie ihr Engagement intensiviert haben?
Verbesserungs-bedarf beim Spenderbindungs-management	• Was müsste die NPO, die Sie unterstützen, Ihrer Meinung nach verbessern? • Was könnte die NPO unternehmen, damit Sie zufriedener sind? • Was könnten andere Organisationen von der NPO, für die Sie spenden, lernen?

Anhang 1: Leitfaden für Fokusgruppeninterviews

Nr. Fokusgruppen-interview	Anzahl Teilnehmer & Geschlecht	Alter der Teilnehmer	Beruf der Teilnehmer
1	8 Personen (4 Frauen, 4 Männer)	ca. 58-65 Jahre	Steuerberater, Sekretärin, Lehrer, Unternehmer etc.
2	12 Personen (7 Frauen, 5 Männer)	ca. 20-25 Jahre	Studenten, die sich im Rahmen eines Seminars intensiv mit dem Thema auseinandergesetzt haben
3	2 Personen (ein Ehepaar)	59 Jahre	Leiter Rechnungswesen, ehemalige Sekretärin
4	8 Personen (4 Frauen, 4 Männer)	ca. 60-65 Jahre	Steuerberater, Sekretärin, Lehrer, Unternehmer etc.

Anhang 2: Übersicht über geführte Fokusgruppeninterviews

Maß-nahme	Ergebnisse im Überblick	Ausgewählte wortwörtliche Aussagen (Beispiele)
Dank	• Fördert die Zufriedenheit und das Vertrauen des Spenders • Regelmäßige Anerkennung der geleisteten finanziellen Unterstützung durch Briefe, Emails, persönliche Gespräche und kleinere Geschenke (z. B. Schlüsselanhänger) • Spender sind sich bewusst, dass viele nur spenden, um anschließend Anerkennung für diese finanzielle Unterstützung zu erhalten • Positive Beurteilung von Telefonanrufen als Form des Danks • Allerdings: – keine Übertreibung bei Danksagungen – Öffentliche Anerkennung sollte nur nach Zustimmung des Spenders erfolgen, da nicht alle diese Art der Bekanntmachung wollen	• „Wenn ich dann merke, okay, die haben mir so ein Danksagungsschreiben geschickt, ich bin glücklich damit, ich bin zufrieden, ich bau Vertrauen auf, dann geht's weiter." • „Bei uns ist das so, wenn wir beispielsweise eine E-Mail zum Namenstag kriegen, freuen wir uns." • „Wo ich Stolz empfinde ist, wenn er uns als Freunde bezeichnet." • „Nehmen wir das Beispiel der Dresdner Frauenkirche. Für die Spender, die etwas für die Dresdner Frauenkirche gegeben haben, da wurde eine Stifterkarte erstellt. Die haben sich viele aufgehangen. Weil sie stolz waren." • „Damals nach meinem Geburtstag hab ich mich sehr gefreut als die vom Kinderschutzbund angerufen haben und sich recht herzlich bedankt haben und gesagt haben, wie toll die Spende war und sich erkundigt haben, wie ich auf die Idee mit der Spende kam. Das fand ich sehr nett." • „Ich sehe das eher als Nachteil an, wenn der uns schreibt, weil er dann Zeit mit etwas verbringt, die er besser anders genutzt hätte."
Erfolgs-meldungen	• Effektivität der NPO soll gezeigt werden • Regelmäßige Unterrichtungen über Leistungen und Zielerreichung der Organisation werden geschätzt • Alle Spender interessieren sich dafür, was die NPO mit dem Geld gemacht und erreicht hat • Positive Beurteilung authentischer Erfolgsgeschichten (z.B. vorher-nachher Fotos) • Allerdings: Informative Erfolgsmeldungen sollen ergänzt werden durch sachliche Rechenschaftsberichte (s.u.)	• „Ich habe ja ein gewisses Ziel, wenn ich spende. Ich habe dann eine gewisse Vorstellung, das und das wird damit jetzt gemacht." • „...Und die erzählen dann auch davon und die Briefe, die wir bekommen, da steht immer alles drin, was sie im Laufe des Jahres gemacht haben." • „Wenn ich die unterstütze, dann will ich doch auch wissen, was mit meinem Geld gemacht worden ist." • „Für mich ist das Wichtigste, dass die mit dem was ich gebe, was Gescheites anfangen und darüber berichten." • „Nicht nur eine Einnahmen-Ausgaben-Rechnung, sondern ich möchte auch wissen, was die mit ihrem Vermögen machen." • „Diese Plakatwerbung [der Welthungerhilfe], wo ein Kind ist und dann als Erwachsene gezeigt wird und gesagt wird durch die Spenden hat sie die Ausbildung machen können. Durch die Spende hatte sie nämlich die Möglichkeit zu arbeiten oder einen Beruf zu erlernen oder auch gesund zu werden, operiert zu werden. Das ist total interessant!"

Maß-nahme	Ergebnisse im Überblick	Ausgewählte wortwörtliche Aussagen (Beispiele)
Rechen-schaft & Trans-parenz	• Umgang mit Spenden muss dokumentiert werden • Nachvollziehbarkeit der Mittelverwendung ist wichtig • Effizienz der NPO soll gezeigt werden • Professionalität der NPO soll gezeigt werden • Die Organisation soll greifbar sein • Spender kritisieren, dass NPOs zu wenig offenlegen	• „Ich möchte irgendwo auch wissen, wo mein Geld hinkommt." • „Ich würde sicherlich noch ein bisschen mehr spenden, wenn ich wüsste, das ist eine Organisation, der ich hundertprozentig vertrauen kann." • „Ich möchte mich darauf verlassen können, dass anständig mit meinem Geld umgegangen wird, was jetzt Sachen angeht wie Verschwendung [...]. Ich möchte halt gerne auch, dass es effizient genutzt wird, dass also der Spendenzweck, den ich im Sinn habe, erreicht wird, so gut es eben geht [...]." • „Ein Kriterium ist: Wissen sie die Spenden wirklich sinnvoll einzusetzen? Man glaubt gar nicht, wie viele Organisationen es gibt, vor allen Dingen so kleine Vereine, die mit Spenden überhaupt nicht umgehen können, die das verplempern! Regelrecht verplempern. Da geht es nämlich nicht dahin, was man sich eigentlich so vorstellt." • „Manche legen da sehr wenig offen. Manche regionale Organisation sind nicht so offenlegungsfreundlich." • „Da haben wir die Gewissheit, dass jeder Cent und jeder Euro zu 100 % da ankommt. Kein einziger Cent geht verloren durch irgendwelche Verwaltung, durch Gebühren oder Dinge, die dazwischen hängen – von uns bis zum Empfänger in Brasilien."
Events	• Spender möchten direkten, persönlichen Kontakt mit der NPO und auch untereinander • Einladungen zu persönlichen Treffen werden sehr geschätzt • Events von NPOs gerne und regelmäßig besucht, bieten Kontaktmöglichkeiten • Events erhöhen aber auch Verwaltungskostenaufwand	• „Die kommen auch alle zwei Jahre nach Deutschland und wir treffen die dann auch." • „Die sollen einen einladen; die sollen auf einen zukommen." • „Die machen jedes Jahr das Sommerfest. Da sind wir auch immer und das finde ich auch immer ganz schön. Dann kann man mal mit den Leuten in Kontakt treten."

Anhang 3: Ergebnisse der Fokusgruppeninterviews

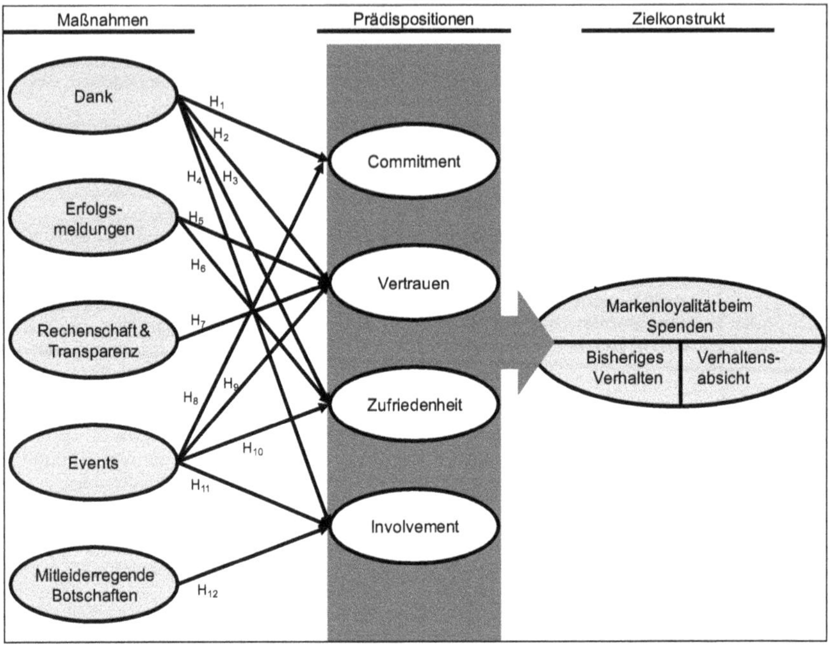

Anhang 4: Hergeleitete Untersuchungsaspekte zukünftiger Forschung

Literatur

Bendapudi, N.; Singh, S. N.; Bendapudi, V. (1996): Enhancing Helping Behavior, in: Journal of Marketing, Vol. 60, No. 3, pp. 33-49.

Bennett, R. (1998): Market Orientation among Small to Medium Sized UK Charitable Organisations, in: Journal of Nonprofit and Public Sector Marketing, Vol. 6, No. 1, pp. 31-45.

Bennett, R. (2006): Predicting the Lifetime Durations of Donors to Charities, in: Journal of Nonprofit and Public Sector Marketing, Vol. 15, No. 1/2, pp. 45-67.

Bennett, R.; Ali-Choudhury, R. (2009): Second-gift Behavior of First-Time Donors to Charity, in: International Journal of Nonprofit and Voluntary Sector Marketing, Vol. 14, No. 3, pp. 161-180.

Bruhn, M. (2005): Marketing für Nonprofit-Organisationen, Stuttgart.

Burk, P. (2003): Donor-Centered Fundraising, Chicago et al.

Burgy, C. (2008): Nonprofit-Marketing: Messung von Spenderzufriedenheit bei Stiftungen als Fundraisinginstrument, Saarbrücken.

Burnett, K. (1996): Friends for Life, London.

Burnett, K. (2002): Relationship Fundraising, 2. Aufl., San Francisco.

Conway, T.; Whitelock, J. (2004): Can Relationship Marketing Enhance Strategic Thinking in the Public Sector?, in: International Journal of Nonprofit and Voluntary Sector Marketing, Vol. 9, No. 4, pp. 320-334.

Crole, B. (2007): Profi-Handbuch Fundraising, Regensburg.

Daberstiel, M. (2009): Vertrauen ist die Währung im Neuspender-Geschäft, in: Fundraiser: Das Branchenmagazin für Spendenmarketing, Stiftungen und Sponsoring, o. Jg., H. 2, S. 14-17.

Gerpott, T. J. (2000): Kundenbindung, in: Die Unternehmung, 54. Jg., H. 1, S. 23-42.

Hankinson, P. (2000): Brand Orientation in Charity Organisations, in: International Journal of Nonprofit and Voluntary Sector Marketing, Vol. 5, No. 3, pp. 207-219.

Helmig, B.; Michalski, S. (2008): Stellenwert und Schwerpunkte der Nonprofit Forschung in der allgemeinen Betriebswirtschaftslehre, in: Zeitschrift für Betriebswirtschaft, 78. Jg., H. 3, S. 23-55.

Helmig, B.; Purtschert, R.; Beccarelli, C. (2006): Nonprofit but Management, in: Nonprofit-Management, Hrsg.: Helmig, B.; Purtschert, R., 2. Aufl., Wiesbaden, S. 3-20.

Helmig, B.; Michalski, S.; Thaler, J. (2009): Besonderheiten und Managementimplikationen der Kundenintegration in Nonprofit-Organisationen, in: Forum Dienstleistungsmanagement, Hrsg.: Bruhn, M.; Stauss, B., Wiesbaden, S. 471-492.

Hennig-Thurau, T.; Gwinner, K. P.; Gremler, D. D. (2002): Understanding Relationship Marketing Outcomes, in: Journal of Service Research, Vol. 4, No. 3, pp. 230-247.

Hermes, V. (2002): „Das ist ein super Job, den ich hier habe!“, in: Absatzwirtschaft, 50. Jg., H. 11, S. 100-103.

Hohn, B. (2001): Internet-Marketing und Fundraising für Nonprofit Organisationen, Wiesbaden.

Homburg, C.; Giering, A.; Hentschel, F. (1999): Der Zusammenhang zwischen Kundenzufriedenheit und Kundenbindung, in: Die Betriebswirtschaft, 59. Jg., H. 2, S. 174-195.

Huber, F.; Herrmann, A.; Braunstein, C. (2009): Der Zusammenhang zwischen Produktqualität, Kundenzufriedenheit und Unternehmenserfolg, in: Kundenorientierte Unternehmensführung, Hrsg.: Hinterhuber, H. H.; Matzler, K., 6. Aufl., Wiesbaden, S. 69-85.

Hundacker, S. (2005): Customer-Equity-Management bei kontinuierlichen Dienstleistungen, Wiesbaden.

Jackman, L. A. (2000): Donor Involvement, in: Fund Raising Management, Vol. 31, No. 7, pp. 34-35.

Jeker, K. (2002): Das Bindungsverhalten von Kunden in Geschäftsbeziehungen, Bern u. a.

Kepper, G. (2008): Methoden der qualitativen Marktforschung, in: Handbuch Marktforschung, Hrsg.: Herrmann, A.; Homburg, C.; Klarmann, M., 3. Aufl., Wiesbaden, S. 175-212.

Kristoffersen, L.; Singh, S. (2004): Successful Application of a Customer Relationship Management Program in a Non-Profit Organization, in: Journal of Marketing Theory and Practice, Vol. 12. No. 2, pp. 28-42.

Lee, S. (2002): From Marketing Products to Fundraising for Causes, in: A Lot of Give, Ed.: Walker, C.; Pharoah, C., London, S. 109-115.

Mast, C.; Huck, S.; Güller, K. (2005): Kundenkommunikation, Stuttgart.

Mayerhofer, W. (2009): Das Fokusgruppeninterview, in: Qualitative Marktforschung, Hrsg.: Buber, R.; Holzmüller, H. H., 2. Aufl., Wiesbaden, S. 477-490.

Nathan, A.; Hallam, L. (2009): A Qualitative Investigation into the Donor Lapsing Experience, in: International Journal of Nonprofit and Voluntary Sector Marketing, Vol. 14, No. 4, pp. 317-331.

Notarantonio, E. M.; Quigley, C. J. (2009): An Investigation of the Giving Behavior of Loyal, Lapsed, and Non-Givers to a Religious Organization, in: International Journal of Nonprofit and Voluntary Sector Marketing, Vol. 14, No. 3, pp. 297-310.

Nufer, G. (2002): Wirkungen von Event-Marketing, Wiesbaden.

Rams, W. (2001): Kundenbindung im deutschen Mobilfunkmarkt, Wiesbaden.

Reichheld, F. F.; Sasser, W. E. (1990): Zero Defections, in: Harvard Business Review, Vol. 68, No. 5, pp. 105-111.

Rottenaicher, S.; Rennhak, C. (2006): Spendenmarketing, Arbeitspapier 04-2006 der Munich Business School, München.

Royce, J. (1971): The Philosophy of Loyalty (Nachdruck der Ausgabe von 1924), New York.

Sargeant, A. (2001): Relationship Fundraising, in: Nonprofit Management & Leadership, Vol. 12, No. 2, pp. 177-192.

Sargeant, A. (2008): Donor Retention: What Do We Know and What Can We Do About It?, URL: http://www.studyfundraising.info/page 57.php, letzter Abruf am 25.03.2011.

Sargeant, A. (2009): Marketing Management for Nonprofit Organizations, 3rd ed., Oxford.

Scott, S. G.; Lane, V. R. (2000): A Stakeholder Approach to Organizational Identity, in: Academy of Management Review, Vol. 25, No. 1, pp. 43-61.

Stokburger-Sauer, N.; Bauer, H. H.; Mäder, R. (2008): Kundenidentifikation als Basis von Kundenloyalität, in: Zeitschrift für Betriebswirtschaft, 78. Jg., H. 9, S. 923-950.

Urselmann, M. (1998): Erfolgsfaktoren im Fundraising von Nonprofit-Organisationen, Wiesbaden.

Urselmann, M. (2007): Fundraising. Professionelle Mittelbeschaffung für Nonprofit-Organisationen, 4. Aufl., Bern.

Voeth, M.; Herbst, U. (2008): The Concept of Brand Personality as an Instrument for Advanced Non-Profit Branding, in: Journal of Nonprofit and Public Sector Marketing, Vol. 19, No. 1, pp. 71-97.

Voss, K. (2007): Öffentlichkeitsarbeit von Nichtregierungsorganisationen: Mittel, Ziele, interne Strukturen, Wiesbaden.

von Stenglin, A. (2008): Commitment in der Dienstleistungsbeziehung, Wiesbaden.

Brand Values als Instrument der Markenführung – Konzeptualisierung, Messung und Abgrenzung von der Markenpersönlichkeit

Steffen Jahn, Jan Drengner, Hansjörg Gaus, Tina Kießling

Brand Values als Instrument der Markenführung – Konzeptualisierung, Messung und Abgrenzung von der Markenpersönlichkeit

Stichworte: Brand Values, Markenpersönlichkeit, Skala.

Abstract:

Brand Values, d.h. menschliche Werte, die Konsumenten Marken zuschreiben, stellen eine wichtige Erfolgsgröße der Markenführung dar. In diesem Beitrag werden aufbauend auf den Arbeiten von Schwartz (1992, 1994) zum menschlichen Wertesystem zunächst eine eigenständige Konzeptualisierung von Brand Values sowie eine Skala zu deren Erfassung entwickelt. Damit kann gezeigt werden, dass sich Brand Values sowohl zur Analyse von Markenassoziationen eignen als auch konzeptionell und empirisch von der Markenpersönlichkeit unterscheiden. Daher ist der Praxis die konsequente Berücksichtigung von Brand Values bei der Markenführung zu empfehlen.

1 Einleitung

Marken werden immer mehr zu wichtigen Elementen im Leben vieler Menschen (Diamond et al. 2009, S. 122). Konsumenten schreiben Marken menschliche Werthaltungen zu, deren Ausprägung wesentlich über den Erfolg einer Marke entscheiden kann. Dies zeigt sich beispielsweise bei Marken wie Hummer (Luedicke et al. 2010) und Starbucks (Thompson/Arsel 2004), die sich in der Vergangenheit moralischen Debatten ausgesetzt sahen. Wenn Konsumenten feststellen, dass aus ihrer Sicht eine Marke für unerwünschte oder inkongruente Werte steht, erhöht dies die Wahrscheinlichkeit, diese Marke zu meiden oder gar zu boykottieren (Lee et al. 2009, S. 170). Repräsentiert eine Marke hingegen erwünschte Werte, kann sie einen besonderen Status bei den Konsumenten erlangen (Holt 2004, S. 77 ff.). Ein Beispiel dafür ist die Marke Harley-Davidson, die aufgrund konsequenter Verweise in der Markenführung auf persönliche Freiheit, Patriotismus und traditionelle Werte zur Ikone wurde (Schouten/McAlexander 1995, S. 51 ff.). Für ein erfolgreiches Markenmanagement ist es demnach entscheidend zu wissen, welche Werte eine Marke aus Konsumentensicht repräsentiert, um so beispielsweise auf Veränderungen der Werthaltungen innerhalb der Gesellschaft und einzelner Zielgruppen reagieren zu können (Holt 2004, S. 77 ff.).

Konzeptualisiert werden die vom Konsumenten wahrgenommenen Werte in der Marketingliteratur anhand sog. Brand Values (Zhang/Bloemer 2008, S. 3), verstanden als menschliche Werte, die mit Marken verbunden werden (Gaus et al. 2010, S. 697). Bestehende Konzeptualisierungen der Brand Values sehen menschliche Werte und Brand Values inhaltlich als identisch an (Torelli et al. 2008; Zhang/Bloemer 2008). Analog dazu erfolgt die Operationalisierung der Brand Values meist anhand der Indikatoren zur Erfassung der menschlichen Werte. Die Übernahme eines Konstrukts (samt Messinstrument) aus der menschlichen Sphäre in einen neuen Kontext wie den der Markenwelt erscheint ohne die Prüfung der inhaltlichen und semantischen Übertragbarkeit jedoch kritisch.

Aus diesem Grund soll im Folgenden zunächst überprüft werden, welche Teile des menschlichen Wertesystems sich für eine Abbildung von Brand Values eignen und inwiefern Adaptionen notwendig sind. Dies führt zur systematischen Entwicklung einer eigenständigen Konzeptualisierung und eines entsprechenden Messinstruments. Darauf aufbauend wird untersucht, wie sich Brand Values vom Konzept der Markenpersönlichkeit abgrenzen. Analog zu den Brand Values folgt auch die Forschung zur Markenpersönlichkeit der Annahme, dass Konsumenten gewisse menschliche Merkmale – in diesem Fall Persönlichkeitszüge – mit Marken in Verbindung bringen (Prozess der Vermenschlichung von

Marken). Da in der Literatur (Bilsky/Schwartz 1994; Roccas et al. 2002; Rokeach 1973) teilweise Überschneidungen zwischen Werten und Persönlichkeitszügen diskutiert werden, erscheint eine vergleichende Analyse beider Konstrukte sinnvoll.

Im Weiteren wird zunächst der aktuelle Stand der Forschung zur Vermenschlichung von Marken diskutiert, wobei der Fokus auf der Darstellung des Brand Values-Konzepts liegt. Daran anschließend erfolgt die Vorstellung der empirischen Analysen, welche einerseits zur Konzeptualisierung der Brand Values und anderseits zur Abgrenzung der Brand Values vom Markenpersönlichkeitskonstrukt durchgeführt wurden.

2 Marken als Träger menschlicher Eigenschaften

2.1 Vermenschlichung von Marken

Mittlerweile hat sich in der Markenforschung eine Perspektive etabliert, Marken als menschenähnliche Objekte zu betrachten. Die Tendenz, nichtmenschlichen Objekten – wie beispielsweise Marken – menschliche Eigenschaften zuzuschreiben, wird als Anthropomorphismus bezeichnet (Epley et al. 2007). Demnach denken Konsumenten über Marken als seien diese menschliche Charaktere, um somit ihre Interaktionen mit der nicht-materiellen Welt zu vereinfachen (Chandler/Schwarz 2010, S. 139; Fournier 1998, S. 344 f.). Aktuelle Studien weisen z. B. nach, dass mit dem Design der Vorderansicht von Fahrzeugen menschliches Lächeln assoziiert wird (Aggarwal/McGill 2007) und dass sich Personen seltener von ihrem Auto trennen, wenn sie mit diesem menschliche Merkmale (z. B. sympathisch, verlässlich, offen für Neues) verbinden (Chandler/Schwarz 2010).

Basierend auf dieser Vermenschlichung der Marke wird davon ausgegangen, dass Marken eine *Markenpersönlichkeit* zugeschrieben werden kann (Aaker 1997, S. 347; Bauer et al. 2002, S. 688; Fournier 1998, S. 344 f.; Geuens et al. 2009, S. 99). In Abhängigkeit von der Ausgestaltung der Marketinginstrumente ziehen die Konsumenten Rückschlüsse auf die Markenpersönlichkeit. Hat eine Marke beispielsweise einen hohen Preis, exklusiv gestaltete Distributionskanäle oder wirbt sie in Hochglanzmagazinen, so wird sie tendenziell als kultiviert oder glamourös beurteilt. Führt sie hingegen häufig Sonderpreisaktionen durch, ist sie hauptsächlich in Discountern erhältlich oder wirbt sie mit Postwurfsendungen schlechter Qualität, so könnten Konsumenten die Markenpersönlichkeit als unkultiviert oder wertlos empfinden. Weiterhin wird auf einem abstrakten Niveau die Umsetzung operativer Marketingmaßnahmen als Verhalten von Marken aufgefasst (Fournier 1998, S. 345). Zwar ist dieses „Verhalten" der Marke streng genommen durch das aktive Handeln der Mitarbeiter des markenführenden Unternehmens bedingt, jedoch kann die Marke i.S. eines „Quasi-Handlungsträgers" (Lorenz 2009, S. 51) interpretiert werden, da Konsumenten häufig nicht zwischen den Handlungsträgern und der Marke an sich differenzieren (Fournier 1998, S. 345).

Aufbauend auf dieser Argumentation zeigt mittlerweile eine Vielzahl von Studien (vgl. zusammenfassend Geuens et al. 2009, S. 99), dass Konsumenten verschiedene Elemente der menschlichen Persönlichkeit (z. B. Kompetenz, Emotionalität) mit unbelebten Marken verbinden. Die ersten Hinweise darauf, dass Marken auch spezifische menschliche *Werte* zugeschrieben werden können, finden sich in den Arbeiten Rokeachs (1973). Mittlerweile gibt es zahlreiche empirische Belege für die Annahme, dass Marken kulturell geteilte Bedeutungen besitzen, welche auf soziale Kategorien (z. B. Nationalität, Geschlecht) und kulturelle Prinzipien wie Normen oder Werte verweisen (Allen et al. 2008, S. 296; Brown et al. 2003, S. 23; Diamond et al. 2009, S. 123; Schouten/McAlexander 1995, S. 51). Die Existenz eines Brand Values-Konzepts mit Bedeutung für die Markenführung liegt somit nahe.

2.2 Brand Values

Menschliche Werte werden definiert als Konzepte oder Überzeugungen über wünschenswerte Zielzustände oder Verhaltensweisen, die situationsübergreifend wirksam sind, die Auswahl oder Beurteilung von Verhalten und Ereignissen leiten und nach relativer Wichtigkeit geordnet sind (Schwartz/Bilsky 1987, S. 551). Im Gegensatz zu den menschlichen Werten als allgemeinen Überzeugungen vom Wünschenswerten werden *Brand Values* definiert als menschliche Werte, die Konsumenten sinnvoll mit einer Marke assoziieren können (Gaus et al. 2010, S. 697). Bisher vorliegende Arbeiten entwickeln allerdings keine eigenständigen Konzeptualisierungen, sondern übernehmen prominente Konzepte aus der Forschung zu menschlichen Werten. So nutzen Torelli et al. (2008) sowie Zhang/Bloemer (2008) die zehn grundlegenden, interkulturell gültigen Wertetypen nach Schwartz (1992) als Ausgangspunkt für ihre Analyse der wertebezogenen Markenassoziationen der Konsumenten. Abbildung 1 stellt diese Wertetypen grafisch dar. Sie bilden ein Kontinuum verwandter Motive innerhalb einer kreisförmigen Struktur. Benachbarte Werte ähneln und ergänzen sich, während gegenüber liegende Werte konfligieren (Schwartz 1992). So stehen beispielsweise die größtmögliche Sicherheit aller Menschen und die Unabhängigkeit des Einzelnen in einem Spannungsverhältnis, während Sicherheit und Macht nahe beieinander liegen (eine prägnante Beschreibung der Wertstruktur nach Schwartz findet sich in Gaus 2000).

Diese zehn Typen menschlicher Werte können durch eine Skala von Schwartz (1992) – den Schwartz Value Survey (SVS) – gemessen werden. Aktuelle Studien zu Brand Values (Torelli et al. 2008; Zhang/Bloemer 2008) erhoben bisher den SVS doppelt. Zunächst sollten die Befragten die für sie selbst wichtigen Werte benennen. Weiterhin wurde der SVS auf die Marke angewandt: Die Befragten hatten zu beurteilen, inwieweit sie die Marke mit den jeweiligen menschlichen Werten assoziieren. Daraufhin berechneten die Forscher den Grad der Übereinstimmung, also die Kongruenz aus menschlichen Werten und Brand Values. Obgleich ein solches Vorgehen plausibel erscheint, sind Bedenken hinsichtlich der ungeprüften Übertragbarkeit menschlicher Werte in den Markenkontext angebracht.

So zeigt die Konzeptualisierung der Markenpersönlichkeit (Aaker 1997; Geuens et al. 2009), dass das dominierende Big Five-Modell der menschlichen Persönlichkeit (Goldberg 1990; McCrae/Costa 1987) im Markenkontext zwar gut anwendbar ist, die Übertragbarkeit jedoch umfangreiche Anpassungen erfordert. Dazu passt außerdem ein Befund von Lages und Fernandes (2005, S. 1568). In ihrer Studie untersuchten sie, welche Werte Konsumenten mit einer Dienstleistungsmarke assoziieren. Dabei stellten sie fest, dass einige Werte wie z. B. „nationale Sicherheit“ und „Macht, andere zu beeinflussen“ für die Beschreibung von Dienstleistungsmarken ungeeignet sind. Im Folgenden wird daher eine Konzeptualisierung der Brand Values entwickelt, die auf der Theorie menschlicher Werte von Schwartz (1992, 1994) aufbaut, jedoch zusätzlich deren Anwendbarkeit im Markenkontext berücksichtigt. Mit Hilfe zweier empirischer Studien wird in einem ersten Schritt geprüft, für welche Teile des menschlichen Wertesystems Anpassungen notwendig sind bzw. wie einzelne Wertetypen im Markenumfeld verstanden werden.

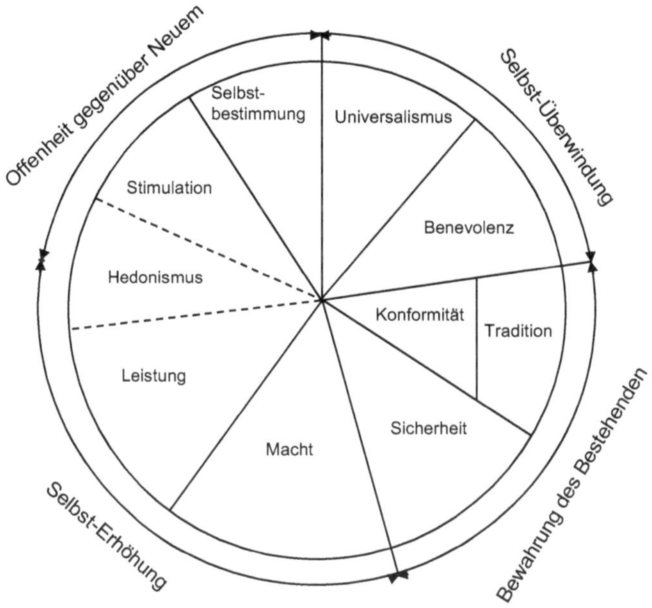

Macht: Sozialer Status und Prestige, Kontrolle und Dominanz über Menschen und Ressourcen.

Leistung: Persönlicher Erfolg durch die Demonstration von Kompetenz gemäß sozialer Standards.

Hedonismus: Vergnügen und sinnliche Befriedigung für sich selbst.

Stimulation: Spannung, Abwechslung und Herausforderung im Leben.

Selbstbestimmung: Unabhängigkeit des Denkens und Handelns.

Universalismus: Verständnis, Anerkennung, Toleranz und Schutz für das Wohl aller Menschen und der Natur; außerdem das sinnliche Genießen der Natur, Schönheit.

Benevolenz: Wahrung und Steigerung des Wohlergehens derjenigen Menschen, mit denen man in regelmäßigem persönlichen Kontakt steht.

Tradition: Respekt, Annahme und Akzeptanz der Gebräuche und Ideen traditioneller Kultur oder Religion.

Konformität: Beschränkung von Handlungen, Neigungen und Impulsen, die Andere oder soziale Normen verletzen; Gehorsam.

Sicherheit: Sicherheit, Harmonie und Stabilität der Gesellschaft, der Beziehungen und des Selbst.

Abbildung 1: Wertestruktur nach Schwartz (1994)

Wie zuvor erwähnt, ist es darüber hinaus aus Sicht der Markenführung interessant, inwiefern sich das Konzept der Brand Values von dem der

Markenpersönlichkeit unterscheidet. In der Literatur zum Verhältnis von menschlicher Persönlichkeit und Werten lassen sich auf der einen Seite Hinweise finden, dass die menschlichen Werte als Bestandteil der allgemeinen Persönlichkeit konzeptualisiert werden können (Rokeach 1973, S. 21). Auf der anderen Seite belegen jedoch konzeptionelle und empirische Arbeiten von Schwartz und Kollegen (Bilsky/Schwartz 1994, S. 165; Roccas et al. 2002, S. 793), dass sich menschliche Werte signifikant von Persönlichkeitszügen unterscheiden und daher getrennt behandelt werden sollten. So sind Persönlichkeitszüge relativ *unveränderliche psychische Eigenschaften*, welche die für einen Menschen charakteristischen Verhaltensmuster über einen längeren Zeitraum und viele Situationen prägen (Gerrig/Zimbardo 2008, S. 504). Ihr Einfluss auf das Verhalten ist dabei stabil und vergleichsweise unabhängig vom Kontext und der Handlungsabsicht des Individuums. Werte sind ebenfalls relativ stabil und verhaltensrelevant. Im Vergleich zu den Persönlichkeitszügen fungieren sie jedoch als *Zielvorgaben* für das Handeln der Person und ziehen damit absichtsvolles Verhalten nach sich (Bilsky/Schwartz 1994, S. 165). Je emotionaler eine Situation ist, umso größer ist die Wahrscheinlichkeit, dass das jeweilige Verhalten durch die Persönlichkeitszüge bestimmt wird. Entsprechend setzen sich die Werte eher dann durch, wenn das Verhalten vor allem auf rationalen Überlegungen beruht (Roccas et al. 2002).

Wenn die menschlichen Persönlichkeitszüge und Wertvorstellungen unterschiedliches Verhalten erklären können (Roccas et al. 2002, S. 798), so ist zu vermuten, dass es sich auch bei Brand Values und der Markenpersönlichkeit um verschiedene Konstrukte handelt. Dies bedeutet, dass Brand Values nicht, wie von Keller (2008, S. 66) impliziert, als Bestandteil der Markenpersönlichkeit verstanden werden sollten, sondern ein eigenständiges Konstrukt darstellen. Mit Hilfe einer weiteren empirischen Studie soll daher geprüft werden, inwiefern sich das Konzept der Brand Values von dem der Markenpersönlichkeit unterscheidet.

3 Empirische Untersuchung zur Konzeptualisierung der Brand Values

3.1 Analyse der Übertragbarkeit des SVS auf den Markenkontext

Den ersten Teil der empirischen Untersuchung bildet eine qualitative Studie in Form einer Gruppendiskussion mit neun Marketingwissenschaftlern. Ziel der Studie war die Erarbeitung einer Konzeptualisierung von Brand Values. Die Teilnehmer diskutierten etwaige Bedeutungsverschiebungen und semantische Herausforderungen bei der Übertragung des SVS auf den Markenkontext. Darüber hinaus wurden Marken identifiziert, die prototypisch für einzelne Wertetypen stehen können. Die qualitative Studie verdeutlichte zunächst, dass sich Schwartz' Modell als Ausgangspunkt für eine Konzeptualisierung der Brand Values eignet. Gleichzeitig zeigten sich jedoch auch eine Reihe von Übertragungsproblemen, womit entsprechender Anpassungsbedarf besteht. Zur Veranschaulichung werden im Folgenden die untersuchten Wertetypen beschrieben.

Die menschlichen Werte *Macht* und *Leistung* eignen sich gut zur Beschreibung von Marken. Obwohl Macht tendenziell als negativ und Leistung als positiv angesehen werden, gleichen sich viele der beispielhaft genannten Marken (z. B. Deutsche Bank, Google, McDonald's, Porsche).

Weiterhin bestand zwischen den Teilnehmern Einigkeit darin, dass *Konformität* sehr schlecht auf den Markenkontext übertragen werden kann. Entsprechend schwer fiel es den Diskutanten, Marken zu nennen, die prototypisch für Konformität stehen. Zu begründen ist die geringe Eignung dieses menschlichen Wertetyps für eine Übertragung auf den Markenkontext damit, dass nahezu jede Marke bestrebt ist, sich politisch korrekt zu verhalten und soziale Normen zu beachten. Ebenfalls ließen sich nur schwer Marken finden, die explizit Gehorsam verkörpern.

Den menschlichen Wert des *Universalismus* brachten die Teilnehmer der Gruppendiskussion vorrangig mit ökologischen Inhalten in Verbindung und bildeten damit nur eine Facette innerhalb des von Schwartz (1994) ausgemachten Werteraums ab. Entsprechend wurden nichtstaatliche Organisationen, die für Umweltschutz und Nachhaltigkeit stehen, als prototypische Exemplare universalistischer Marken genannt. Die Bedeutungsverlagerung hin zu den Themen Umwelt und Nachhaltigkeit spiegelt aktuelle Entwicklungen hinsichtlich der Anforderungen an Marken wider (Wagner et al. 2009, S. 77) und kann als *ökologischer Brand Value* bezeichnet werden. Eine weitere diskutierte Facette des Universalismus betrifft die Schönheit. Entsprechend wurde vorgeschlagen, Ästhetik als eigenständigen Brand Value zu konzeptualisieren. Marken wie Apple, das Museum of Modern Art oder Dom Perignon stehen aus Sicht der Teilnehmer der Gruppendisskussion für *Ästhetik.*

Benevolenz bezieht sich als menschlicher Wert auf das Wohl einzelner Menschen im engen persönlichen Umfeld. Im Gegensatz dazu interpretierten die Diskutanten benevolente Marken als jene, die sich um das Wohl der Gesellschaft (also vieler Menschen) kümmern. Derartige Marken sind hilfsbereit und verantwortungsbewusst (z. B. Amnesty International, Fair Trade). Dieses Verständnis überschneidet sich mit der ursprünglichen Bedeutung von Universalismus. Im Markenkontext scheint somit eine Trennung in das Wohlergehen der Umwelt (Brand Value Ökologie) und das Wohlergehen der Menschen (Brand Value Benevolenz) angemessener als eine Unterscheidung zwischen engem sozialem

Umfeld (menschlicher Wert Benevolenz) und der Menschheit und Natur im Allgemeinen (menschlicher Wert Universalismus).

Bedeutungsverschiebungen ergaben sich ebenfalls beim Wertetyp *Sicherheit.* Während sichere Produkte und Dienstleistungen (z. B. Stiftung Warentest) sowie Angebote, die sich mit der Absicherung persönlicher Risiken beschäftigen (z. B. Versicherungsunternehmen), direkt diesem Wert zugeordnet werden können, spielte zusätzlich das Thema *Gesundheit* als Sicherheit des eigenen Selbst eine große Rolle. Diese Facette wird beispielsweise durch Marken im Pharma-, Wellness- und Bio-Bereich adressiert (z. B. Bayer, Sagrotan, demeter). Aufgrund der unterschiedlichen Bedeutungen im Markenkontext werden beide Facetten als eigenständige Brand Values konzeptualisiert.

Das Begriffsverständnis von *Tradition* umfasst im Markenkontext zum einen die Historie einer Marke, zum anderen den Respekt vor traditionellen Werten und Errungenschaften. Die Diskussionsteilnehmer nannten zahlreiche Marken, die für Tradition stehen (z. B. Warsteiner, Schalke 04, Werthers Echte, Dallmayr).

Eine problemlose Übertragbarkeit attestierten die Befragten ebenso den Wertetypen Hedonismus, Stimulation und Selbstbestimmung. Für *Hedonismus* wurden Marken genannt, die für Vergnügen und Spaß (z. B. Rock am Ring) und für sinnliche Belohnung (z. B. Cohiba, Tiffany) stehen. Typische Marken, die die Teilnehmer mit dem Wert *Stimulation* verbanden, stehen für Abenteuer und Herausforderung (z. B. Audi, O'Neill, K2, Jack Wolfskin). Obwohl ein Teil der letztgenannten Marken ebenfalls mit dem Wert *Selbstbestimmung* assoziiert werden konnte, ließen sich darüber hinaus zusätzliche Unternehmen finden, die nur mit Selbstbestimmung (und nicht mit Stimulation) in Verbindung gebracht wurden (z. B. VISA).

Zusammenfassend lassen sich auf Grundlage der menschlichen Wertestruktur nach Schwartz und der Ergebnisse der qualitativen Studie die in der folgenden Tabelle 1 aufgeführten elf Brand Values identifizieren, welche sinnvoll mit Marken assoziiert werden können.

Brand Values	Beschreibung
Ästhetik	Die Marke steht für Schönheit, Schönheit der Künste, Ästhetik und Ideale vom Vollkommenen (Beispielmarken: Apple, Museum of Modern Art, Tiffany).
Benevolenz	Die Marke steht für Hilfsbereitschaft, Verantwortungsgefühl, Ehrlichkeit und das Kümmern um andere (Beispielmarken: Amnesty International, Fair Trade).
Gesundheit	Die Marke steht für Gesundheit und die Unversehrtheit anderer (Beispielmarken: Bayer, Sagrotan, demeter).
Hedonismus	Die Marke steht für Vergnügen, Spaß und Kreativität (Beispielmarken: Apple, Cohiba, Rock am Ring, Tiffany).
Leistung	Die Marke steht für Leistung, Erfolg und Leistungsfähigkeit (Beispielmarken: Deutsche Bank, Google, Porsche).
Macht	Die Marke steht für Macht, Einfluss und Reichtum (Beispielmarken: Google, Porsche, Starbucks).
Ökologie	Die Marke steht für Umweltschutz, Einklang mit der Natur, Respekt vor der Natur und den nachhaltigen Schutz natürlicher Ressourcen (Beispielmarke: Greenpeace).
Selbstbestimmung	Die Marke steht für Freiheit und Unabhängigkeit (Beispielmarken: Jack Wolfskin, Visa, Marlboro, Canon, Nokia).
Sicherheit	Die Marke steht für Sicherheit im Allgemeinen sowie für sichere Produkte und Dienstleistungen im Besonderen (Beispielmarken: Stiftung Warentest, Allianz).
Stimulation	Die Marke steht für Abenteuer, Herausforderung, Spannung und Nervenkitzel (Beispielmarken: Jack Wolfskin, O'Neill, Marlboro, Audi, K2).
Tradition	Die Marke steht für Tradition, die Bewahrung traditioneller Werte sowie des kulturellen Erbes (Beispielmarken: Dallmayr, Schalke 04, Warsteiner, Werthers Echte).

Tabelle 1: Beschreibung der Brand Values

3.2 Überprüfung der Brand Values-Konzeptualisierung

Die in der qualitativen Studie entwickelte Konzeptualisierung wurde in einem nächsten Schritt mittels quantitativer Befragung getestet. Als

Ausgangspunkt diente der SVS. Für den Markenkontext unpassende Indikatoren wurden entfernt oder umformuliert, darüber hinaus wurden in Einzelfällen mit Hilfe der Ergebnisse der Gruppendiskussion zusätzliche Indikatoren generiert. Mittels der daraus resultierenden Brand Values-Skala beurteilten Konsumenten die Marke McDonald's. Alle Indikatoren wurden auf 7-stufigen Ratingskalen erhoben, die von 1 (stimme voll und ganz zu) bis 7 (stimme überhaupt nicht zu) reichten. Die Stichprobe bestand aus 321 vollständig ausgefüllten Fragebögen. Das Durchschnittsalter betrug 32 Jahre, 72% der Befragten waren weiblich.

Die Auswertung der Daten erfolgte mittels konfirmatorischer Faktorenanalyse. Die Gütemaße (χ^2 (409) = 810,91, p < 0,001; RMSEA = 0,054; SRMR = 0,049; CFI = 0,98; NNFI = 0,97) weisen auf einen sehr guten Modellfit hin und bestätigen damit die entwickelte Konzeptualisierung der Brand Values. Auf Ebene der Messmodelle zeigen sich zwar Verbesserungspotenziale (vgl. Tabelle 2), insgesamt sind die Ergebnisse jedoch zufrieden stellend. So unterschreitet lediglich der Wert für die durchschnittlich erfasste Varianz (DEV) des Brand Values Macht den für dieses Gütekriterium präferierten Schwellenwert von 0,5 spürbar (Fornell/Larcker 1981, S. 45 f.). Hingegen ergibt die Prüfung des Fornell/Larcker-Kriteriums (Fornell/Larcker 1981, S. 46), dass zwischen allen Brand Values-Typen Diskriminanzvalidität vorliegt.

Nachdem die Konzeptualisierung der Brand Values sowie deren Messung anhand der Brand Values-Skala durch die Daten bestätigt wurden, erfolgte eine Analyse des Brand Values-Profils von McDonald's. Dafür wurden für jeden Brand Values-Typ die Mittelwerte berechnet und in die Abbildung 2 übertragen.

Brand Values	Faktor-ladungen	Cronbachs Alpha	Konstrukt-reliabilität	DEV
Ästhetik	0,67 – 0,72	0,78	0,79	0,49
Benevolenz	0,64 – 0,79	0,81	0,81	0,51
Gesundheit	0,69 – 0,79	0,71	0,71	0,55
Hedonismus	0,70 – 0,75	0,77	0,77	0,53
Leistung	0,66 – 0,75	0,66	0,66	0,50
Macht	0,53 – 0,72	0,55	0,57	0,40
Ökologie	0,68 – 0,83	0,85	0,86	0,61
Selbstbestim-mung	0,65 – 0,81	0,69	0,70	0,54
Sicherheit	0,62 – 0,92	0,71	0,76	0,62
Stimulation	0,63 – 0,88	0,83	0,83	0,56
Tradition	0,70 – 0,82	0,79	0,81	0,60

Tabelle 2: Deskriptive Statistiken für die Marke McDonald's

Die Ergebnisse zeigen, dass McDonald's von den Probanden als Marke wahrgenommen wird, die für Macht und Leistung steht, hingegen nicht mit Werten wie Tradition, Ökologie, Gesundheit und Ästhetik assoziiert wird. Offensichtlich waren die Bestrebungen der Marke in den vergangenen Jahren, verstärkt auf Gesundheit und Ökologie zu setzen, bei den Befragten wenig erfolgreich. Die stark differenzierte Wahrnehmung von McDonald's in Bezug auf die mit der Marke assoziierte Wertestruktur impliziert, dass sowohl die Erhebung von Brand Values als auch die Markensteuerung auf Basis der Brand Values sehr zu empfehlen sind.

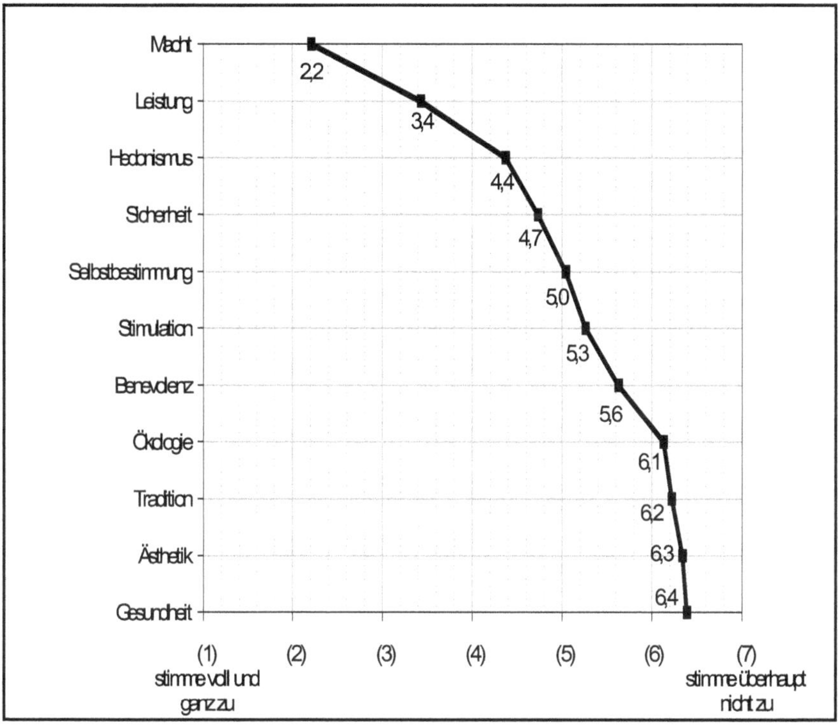

Abbildung 2: Mittelwertbasiertes Brand Values-Profil für die Marke McDonald's

3.3 Vergleich der Brand Values und der Markenpersönlichkeit

Das Ziel dieser Studie bestand in der Überprüfung der Diskriminanz- und nomologischen Validität der Brand Values. Als Untersuchungsobjekt stand die Deutsche Bank als starke Dienstleistungsmarke im Mittelpunkt der Untersuchung. Sie adressiert in ihrem Slogan („Leistung aus Leidenschaft") sowohl Werte (Leistung) als auch Persönlichkeitszüge (Emotionalität) und ist daher ideal geeignet für die vorliegende Untersuchung. Die Stichprobe bestand aus 206 vollständig ausgefüllten Fragebögen. Das Durchschnittsalter betrug 27 Jahre, 52% der Befragten waren weiblich. Alle Indikatoren wurden auf 7-stufigen Ratingskalen erhoben, die von 1 (stimme voll und ganz zu) bis 7 (stimme überhaupt nicht zu) reichten.

Zur Messung von Brand Values kam erneut die Brand Values-Skala zum Einsatz. Aufbauend auf den Ergebnissen der vorherigen Studie wurden kleinere Korrekturen an den Formulierungen vorgenommen. Dies führte zu einer spürbaren Verbesserung der Messung (vgl. Tabelle 3).

	Mittelwert	Faktorladungen	Cronbachs Alpha	Konstruktreliabilität	DEV
Brand Values					
Ästhetik	5,94	0,80 – 0,85	0,89	0,89	0,68
Benevolenz	4,29	0,68 – 0,88	0,88	0,88	0,65
Gesundheit	5,86	0,79 – 0,87	0,82	0,82	0,69
Hedonismus	5,79	0,64 – 0,77	0,75	0,84	0,63
Leistung	3,01	0,73 – 0,77	0,71	0,72	0,56
Macht	2,43	0,69 – 0,76	0,67	0,69	0,53
Ökologie	5,85	0,82 – 0,93	0,90	0,93	0,76
Selbstbestimmung	4,21	0,65 – 0,81	0,75	0,74	0,59
Sicherheit	3,60	0,79 – 0,79	0,78	0,77	0,62
Stimulation	5,73	0,76 – 0,85	0,87	0,87	0,63
Tradition	4,68	0,76 – 0,87	0,86	0,86	0,68
Markenpersönlichkeit					
Aggressivität	5,01	0,72 – 0,91	0,79	0,80	0,67
Aktivität	3,87	0,84 – 0,90	0,90	0,90	0,75
Einfachheit	5,98	1,0	/	/	/
Emotionalität	6,62	0,71 – 0,89	0,77	0,78	0,65
Verantwortung	3,44	0,67 – 0,88	0,83	0,83	0,63

Ratingskala von (1) = „stimme voll und ganz zu“ bis (7) = „stimme überhaupt nicht zu“

Tabelle 3: Deskriptive Statistiken (Deutsche Bank)

Die New Brand Personality Scale (Geuens et al. 2009, S. 103) mit zwölf Indikatoren diente der Messung der Markenpersönlichkeit. Die 2-Item-Messung für die Dimension Einfachheit weist mit 0,45 einen schlechten

Wert für Cronbachs Alpha auf. Da ein Indikator wahrscheinlich missverstanden worden ist, wurde dieser eliminiert und für die weiteren Analysen nur ein Indikator („einfach“) verwendet.

Die Auswertung der Daten erfolgte mittels konfirmatorischer Faktorenanalyse. Die Gütemaße für die Brand Values-Skala (χ^2 (409) = 660,39, p < 0,001; RMSEA = 0,051; SRMR = 0,052; CFI = 0,98; NNFI = 0,98) weisen auf einen sehr guten Modellfit hin und bestätigen damit erneut die entwickelte Konzeptualisierung der Brand Values. Die Gütemaße für die Markenpersönlichkeits-Skala (χ^2 (35) = 82,56, p < 0,001; RMSEA = 0,082; SRMR = 0,048; CFI = 0,96; NNFI = 0,93) deuten auf einen guten Modellfit hin. Auf Ebene der Messmodelle liegen alle Werte über den einschlägigen Schwellenwerten, ebenso ist das Fornell/Larcker-Kriterium für Diskriminanzvalidität erfüllt.

Eine erste Analyse betrifft die Assoziationen der Deutschen Bank mit Werten und Persönlichkeitszügen. Wie Tabelle 3 zu entnehmen ist, steht die Deutsche Bank besonders für die Werte Macht, Leistung, Sicherheit sowie die Persönlichkeitszüge Aktivität und Verantwortung. Werte wie Ästhetik, Gesundheit, Hedonismus, Ökologie, Stimulation und Persönlichkeitszüge wie Emotionalität und Einfachheit werden hingegen nicht mit der Deutschen Bank assoziiert. Mit Blick auf den von der Deutschen Bank verwendeten Slogan („Leistung aus Leidenschaft“) lässt sich somit feststellen, dass der Wert Leistung bereits in den Köpfen der Konsumenten verankert ist. Emotionalität als Persönlichkeitszug hingegen müsste den Nachfragern in Zukunft noch stärker vermittelt werden.

Die Korrelationen zwischen den einzelnen Brand Values-Typen und den Dimensionen der Markenpersönlichkeit ermöglichen eine Einschätzung der Überschneidungen und Unterschiede zwischen beiden Konzepten.

Brand Values	*Markenpersönlichkeit*				
	Aggressivität	Aktivität	Einfachheit	Emotionalität	Verantwortung
Ästhetik	0,19a	0,33a	-0,26a	0,50a	0,26a
Benevolenz	-0,05	0,46a	-0,10	0,11	0,68a
Gesundheit	0,07	0,32a	-0,16b	0,32a	0,30a
Hedonismus	0,28a	0,50a	-0,15b	0,41a	0,28a
Leistung	0,28a	0,53a	0,03	0,05	0,58a
Macht	0,44a	0,38a	0,03	0,05	0,32a
Ökologie	0,08	0,36a	-0,17b	0,30a	0,25a
Selbstbestimmung	0,23a	0,52a	0,02	0,17b	0,47a
Sicherheit	-0,09	0,35a	-0,01	0,10	0,72a
Stimulation	0,35a	0,47a	-0,16b	0,34a	0,08
Tradition	0,08	0,22a	-0,10	0,26a	0,49a

a = p<0,01, b = p<0,05

Tabelle 4: Korrelationen zwischen Brand Values und Markenpersönlichkeit

Wie in Tabelle 4 zu erkennen ist, gibt es bis auf wenige Ausnahmen (z. B. zwischen Benevolenz und Verantwortung: r = 0,68; Sicherheit und Verantwortung: r = 0,72) nur geringe und mittlere Korrelationen zwischen den Brand Values-Typen und den Dimensionen der Markenpersönlichkeit. Es ist aber festzustellen, dass sämtliche Korrelationskoeffizienten hinsichtlich Stärke und Richtung plausibel interpretiert werden können, was ein Indikator für die Verschiedenartigkeit der Konzepte ist. Während beispielsweise einerseits die Markenpersönlichkeit mit ihren Dimensionen Aggressivität und Einfachheit solche Markenassoziationen erfasst, die wenig mit Brand Values zusammenhängen, können andererseits Markenpositionierungen in Richtung Gesundheit und Ökologie nur mit Hilfe von Brand Values ermittelt werden.

Zusammenfassend bedeutet dies, dass die Betonung unterschiedlicher Facetten zwischen beiden Markenkonzepten dazu führt, dass sie analog zu ihren menschlichen Äquivalenten (Roccas et al. 2002) unterschiedliche Erklärungsbeiträge für Markenwirkungen leisten könnten. Gleichzeitig finden sich wichtige und inhaltlich plausible Überschneidungen im Kernbereich, was für die nomologische Validität der Messungen spricht.

4 Diskussion

Dieser Beitrag geht von der Annahme aus, dass die erst in jüngster Zeit untersuchten Brand Values ein wichtiges Konzept für die Markenführung sind, das zudem getrennt vom prominenten Konzept der Markenpersönlichkeit zu betrachten ist. Zunächst wurde in einer qualitativen Studie gezeigt, dass die ungeprüfte Übertragung der Konzeptualisierung menschlicher Werte nach Schwartz (1992, 1994) nicht adäquat ist. Während Schwartz-Wertetypen im Markenkontext nicht (Konformität) oder anders (Benevolenz, Universalismus) verstanden werden, gibt es Typen von Brand Values, die bei Schwartz nicht separat existieren (Ästhetik, Gesundheit, Ökologie). Aus den gewonnenen Erkenntnissen wurde auf Basis des SVS eine Brand Values-Skala zur Erfassung der elf ermittelten Typen entwickelt. Die empirische Anwendung auf die Marke McDonald's zeigt sowohl die Adäquanz von Konzeptualisierung und Skala als auch deren Eignung zur Beschreibung von Marken.

In einer weiteren Studie wurden Daten zu einer nochmals leicht verbesserten Brand Values-Skala sowie der New Brand Personality Scale für die Marke Deutsche Bank erhoben. Damit konnte gezeigt werden, dass es sich bei Brand Values um ein separates und leistungsfähiges Konzept handelt, das in einem sinnvollen Zusammenhang zur Markenpersönlichkeit steht. Offenbar ist es so, dass Brand Values und Markenpersönlichkeit jeweils eigenständige Aspekte der Markenassoziationen von Konsumenten erfassen. Daher ist der Praxis der Markenführung ein konsequenter Einsatz der Erfassung von Brand Values zu empfehlen. Damit kann beispielsweise ein wesentlicher Beitrag zur Steuerung und Erfolgskontrolle von Imagekampagnen oder des Engagements im Bereich der Corporate Social Responsibility geleistet werden.

Für die Markenforschung sind vertiefende Analysen zu den Konsequenzen von Brand Values – wie z. B. auf die Markeneinstellung, die Kaufabsicht oder die Markenbeziehung – wünschenswert. In den hier vorgestellten empirischen Studien wurde gezeigt, dass Personen in der Lage sind, durch anthropomorphische Prozesse Marken Werthaltungen zuzuschreiben. Da jedoch kein Anspruch auf Repräsentativität erhoben werden kann, sind die Ergebnisse mit weiteren Stichproben und Untersuchungsobjekten in unterschiedlichen kulturellen Kontexten zu validieren, um daraus zukünftig Strategien und operative Maßnahmen für die Markenführung entwickeln zu können.

Literatur

Aaker, J. L. (1997): Dimensions of Brand Personality, in: Journal of Marketing Research, Vol. 34, No. 3, pp. 347-356.

Aggarwal, P.; McGill, A. L. (2007): Is That Car Smiling at Me?, in: Journal of Consumer Research, Vol. 34, No. 4, pp. 468-479.

Allen, M. W.; Gupta, R.; Monnier, A. (2008): The Interactive Effect of Cultural Symbols and Human Values on Taste Evaluation, in: Journal of Consumer Research, Vol. 35, No. 2, pp. 294-308.

Bauer, H. H.; Mäder, R.; Huber, F. (2002): Markenpersönlichkeit als Determinante von Markenloyalität, in: Zeitschrift für betriebswirtschaftliche Forschung, 54. Jg., H. 12, S. 687-709.

Bilsky, W.; Schwartz, S. H. (1994): Values and Personality, in: European Journal of Personality, Vol. 8, No. 3, pp. 163-181.

Brown, S.; Kozinets, R. V.; Sherry, J. F. (2003): Teaching Old Brands New Tricks, in: Journal of Marketing, Vol. 67, No. 3, pp. 19-33.

Chandler, J.; Schwarz, N. (2010): Use Does Not Wear Ragged the Fabric of Friendship, in: Journal of Consumer Psychology, Vol. 20, pp. 138-145.

Diamond, N.; Sherry, J. F.; Muniz, A. M.; McGrath, M. A.; Kozinets, R. V.; Borghini, S. (2009): American Girl and the Brand Gestalt, in: Journal of Marketing, Vol. 73, No. 3, pp. 118-134.

Epley, N.; Waytz, A.; Cacioppo, J. T. (2007): On Seeing Human, in: Psychological Review, Vol. 114, No. 4, pp. 864-886.

Fornell, C.; Larcker, D. F. (1981): Evaluating Structural Equation Models with Unobservable Variables and Measurement Errors, in: Journal of Marketing Research, Vol. 18, No. 1, pp. 39-50.

Fournier, S. (1998): Consumers and their Brands, in: Journal of Consumer Research, Vol. 24, No. 4, pp. 343-353.

Gaus, H. (2000): Wertesystem-Segmentierung im Automobilmarketing, Wiesbaden.

Gaus, H.; Jahn, S.; Kiessling, T.; Drengner, J. (2010): How to Measure Brand Values?, in: Advances in Consumer Research, Eds.: Campbell, M. C.; Inman, J.; Pieters, R., Duluth, Vol. 37, pp. 697-698.

Gerrig, R. J.; Zimbardo, P. G. (2008): Psychologie, 18. Aufl., München.

Geuens, M.; Weijters, B.; De Wulf, K. (2009): A New Measure of Brand Personality, in: International Journal of Research in Marketing, Vol. 26, No. 2, pp. 97-107.

Goldberg, L. R. (1990): An Alternative "Description of Personality": The Big-Five Factor Structure, in: Journal of Personality and Social Psychology, Vol. 59, No. 6, pp. 1216-1229.

Holt, D. B. (2004): How Brands Become Icons, Boston.

Keller, K. L. (2008): Strategic Brand Management, 3rd ed., Upper Saddle River.

Lages, L. F.; Fernandes, J. C. (2005): The SERPVAL Scale, in: Journal of Business Research, Vol. 58, No. 11, pp. 1562-72.

Lee, M. S. W.; Motion, J.; Conroy, D. (2009): Anti-Consumption and Brand Avoidance, in: Journal of Business Research, Vol. 62, No. 2, pp. 169-180.

Lorenz, B. (2009): Beziehungen zwischen Konsumenten und Marken, Wiesbaden.

Luedicke, M. K.; Thompson, C. J.; Giesler, M. (2010): Consumer Identity Work as Moral Protagonism, in: Journal of Consumer Research, Vol. 36, No. 6, pp. 1016-1032.

McCrae, R. R.; Costa, P. T., Jr. (1987): Validation of the Five-Factor Model of Personality Across Instruments and Observers, in: Journal of Personality and Social Psychology, Vol. 52, No. 1, pp. 81-90.

Roccas, S.; Sagiv, L.; Schwartz, S. H.; Knafo, A. (2002): The Big Five Personality Factors and Personal Values, in: Personality and Social Psychology Bulletin, Vol. 28, No. 6, pp. 789-801.

Rokeach, M. (1973): The Nature of Human Values, New York.

Schouten, J. W.; McAlexander, J. H. (1995): Subcultures of Consumption, in: Journal of Consumer Research, Vol. 22, No. 1, pp. 43-61.

Schwartz, S. H. (1992): Universals in the Content and Structure of Values, in: Advances in Experimental Social Psychology, Ed.: Zanna, M. P., San Diego, Vol. 25, pp. 1-65.

Schwartz, S. H. (1994): Are There Universal Aspects in the Structure and Content of Human Values?, in: Journal of Social Issues, Vol. 50, No. 4, pp.19-45.

Schwartz, S. H.; Bilsky, W. (1987): Toward a Universal Psychological Structure of Human Values, in: Journal of Personality and Social Psychology, Vol. 53, No. 3, pp. 550-62.

Thompson, C. J.; Arsel, Z. (2004): The Starbucks Brandscape and Consumers' (Anticorporate) Experiences of Globalization, in: Journal of Consumer Research, Vol. 31, No. 3, pp. 631-642.

Torelli, C. J.; Ozsomer, A.; Carvalho, S. W.; Keh, H. T.; Maehle, N. (2008): A Measure of Brand Values, in: Paper presented at the Advances in Consumer Research Conference, San Francisco.

Wagner, T.; Lutz, R. J.; Weitz, B. A. (2009): Corporate Hypocrisy, in: Journal of Marketing, Vol. 73, No. 6, pp. 77-91.

Zhang, J.; Bloemer, J. M. M. (2008): The Impact of Value Congruence on Consumer-Service Brand Relationships, in: Journal of Service Research, Vol. 11, No. 2, pp. 161-78.

Die Nation als Marke – Der Einfluss von Patriotismus, Ethnozentrismus, der Tendenz zu sozial erwünschten Antworten und der Umfragemethode auf die Images von Ländern

Elena S. Amashaufer, Helmut Kurz

Die Nation als Marke – Der Einfluss von Patriotismus, Ethnozentrismus, der Tendenz zu sozial erwünschten Antworten und der Umfragemethode auf die Images von Ländern

Stichworte: Ethnozentrismus, Landesimages, Patriotismus, Tendenz zu sozial erwünschten Antworten, Verzerrung von Umfrageergebnissen

Abstract:

In zwei, zeitgleich vom 12. bis 26. Mai 2010 durchgeführten Umfragen wurden 402 Österreicher mündlich sowie 387 Österreicher online über ihre Images von Deutschland, Österreich, der Schweiz sowie von China, Südafrika und der Türkei befragt und weiters ermittelt, wie stark ihr Patriotismus, ihr Ethnozentrismus und ihre Tendenz zu sozial erwünschten Antworten ausgeprägt ist. Die Studie beantwortet die Frage, ob und wie sehr die Messung von vermutlich guten und schlechten Landesimages durch die gewählte Umfragemethode (face-to-face mit keiner, online mit hoher Anonymität) sowie durch die drei genannten psychografischen Merkmale verzerrt wird und welche Auswirkungen sich daraus für die Führung einer Landesmarke (Nation Branding) ergeben.

1 Ausgangslage, Problemstellung und Zielsetzung

Die zunehmende Globalisierung der Wirtschaft verstärkt nicht nur den internationalen Wettbewerb zwischen Unternehmen sondern auch zwischen Staaten, Regionen und Metropolen. Mehr denn je konkurrieren Staaten um politischen Einfluss, die Ansiedelung renommierter Firmen, potente Investoren, gut ausgebildete Arbeitskräfte, zahlungskräftige Touristen, die Veranstaltung von Olympiaden oder Weltmeisterschaften, sowie um die Aufmerksamkeit und den Respekt internationaler Medien, anderer Regierungen und anderer Völker. Die Globalisierung zwingt Nationen geradezu zur Vermarktung (Hartl 2007, S. 1), sodass im Zuge dieser Entwicklung der Begriff des „Nation Branding“ geprägt wurde. Dieses sog. Nation Branding beschreibt das Bemühen, ein Land durch die Anwendung modifizierter Instrumente der strategischen Markenführung als prägnante und attraktive Marke zu etablieren (z. B. Morgan et al. 2006; Anholt 2007), um die bereits eingangs genannten Ziele zu erreichen (Perlet 2008, S. 2) sowie den Export von Produkten und Dienstleistungen unter Ausnutzung des „country of origin“-Effektes zu fördern.

Erstmals wurde der Begriff des Nation Branding 1996 von Simon Anholt, einem britischen Regierungsberater, verwendet. Anholt erkannte früh den Wunsch von Politik und Wirtschaft, in Zeiten der Globalisierung durch gezielte Maßnahmen die Wettbewerbsposition des eigenen Landes zu sichern oder sogar zu verbessern. Er entwickelte neben dem Konzept des Nation Branding auch den Nation Brand-Index, welcher anhand jährlich durchgeführter Umfragen in vielen Ländern den Wert einer Landesmarke angibt. Der erste Nation Brand-Index wurde im Mai 2005 veröffentlicht (Anholt 2009). Seit einigen Jahren hat sich auch in der Marketingforschung die Sichtweise etabliert, dass ein Land selbst als eine, wenn auch sehr komplexe, Marke gesehen werden kann (z. B. O-lins 1999; Kotler/Gertner 2002; Kavaratzis 2004; Csaba 2005; Morgan et al. 2006; Moilanen/Rainisto 2009).

Basis des Nation Branding sind Umfragen, in denen das aktuelle Image des betreffenden Landes in möglichst vielen Ländern erhoben wird (z. B. Kurz 1988; Schweiger 1988/1992; Weiss-Richard 2003; Kurz 2008; Pasquier et al. 2009). Darüber hinaus belegen unzählige Studien den positiven Einfluss der Herkunft von hochwertigen Produkten („country of origin“) auf Kaufentscheidungen (Bilkey/Nes 1982; Sattler 1991; Möller 1997; Friederes 2006).

Für ein effizientes Nation Branding ist eine möglichst valide Messung des Landesimages unabdingbar. Wenn sich die befragten Personen scheuen, ihre negative Meinung über ein Land und dessen Bewohner offen auszusprechen und ihre Antworten schönen, resultiert daraus ein verzerrtes Landesimage. Tatsächlich vorhandene Landesimageschwächen würden dann nicht erkannt werden und kein Thema des Nation Branding sein. In einem Vergleich der Selbstbilder der Deutschen und der Österreicher sowie ihrer gegenseitigen Fremdbilder fand Kurz heraus, dass die Öster-reicher ein deutlich besseres Selbstbild als die Deutschen haben (Kurz 2008, S. 229). Unklar blieb bei diesem Vergleich jedoch, worauf dies zurückzuführen war: auf einen deutlichen höheren Patriotismus der Österreicher (z. B. Smith/Kim 2006) oder auf die unterschiedlichen Befragungsmethoden (Face-to-Face-Befragung der Österreicher ohne Anonymität, Online-Befragung der Deutschen mit hoher Anonymität; Taddicken 2009, S. 34) oder auf eine Kombination beider Faktoren.

Ziel der gegenständlichen Studie war daher, herauszufinden, ob die Befragungsmethode einen Einfluss auf die Images von Ländern hat und welchen Einfluss der Patriotismus, der Ethnozentrismus sowie die Tendenz zu sozial erwünschten Antworten, die anhand bewährter Skalen gemessen wurden, auf die Landesimages haben. Dabei versteht man unter Patriotismus eine starke positive Gefühlsbindung zum eigenen Land, die jedoch im Gegensatz zum Ethnozentrismus keine Abwertung eines anderen Landes einschließt. Ferner wird gemäß dem Theorem des "Ingroup-favoritism" unterstellt, dass ein hoher Patriotismus mit einem positiven Selbstbild einhergeht (Scholz 2000, S. 192 ff.). Unter dem Begriff Ethnozentrismus wird ein, in hohem Maße unbegründetes, Gefühl der Überlegenheit des eigenen Landes gegenüber anderen Ländern verstanden, welches sich in einem stark überhöhten Selbstbild sowie stark negativen Fremdbildern manifestiert (Sumner 1906, S. 13). Für den Begriff der sozialen Erwünschtheit wird die Definition von Edwards (1957 zitiert nach Grohs et al. 2009, S. 88) herangezogen, gemäß der die Tendenz zu sozial erwünschten Antworten „die Tendenz von Subjekten [ist], sich in Selbstbeschreibungen solche Persönlichkeitsstatements zuzuschreiben, die positive Soziale-Erwünschtheits-Skalenwerte haben, und solche abzulehnen, die negative Soziale-Erwünschtheits-Skalenwerte haben".

2 Forschungsfragen und Forschungshypothesen

Die zentralen Forschungsfragen (F) sowie die dazugehörigen Forschungshypothesen (H) lauten wie folgt:

F1: Hat die Umfragemethode einen Einfluss auf Landesimages?

H_{1a}: Die Online-Befragung führt wegen ihrer höheren Anonymität zu einem schlechteren Selbstbild der Österreicher als die Face-to-Face-Befragung durch österreichische Interviewer.

H_{1b}: Die Online-Befragung führt wegen ihrer höheren Anonymität zu schlechteren Fremdbildern von den untersuchten Ländern als die Face-to-Face-Befragung durch österreichische Interviewer.

F_2: Welchen Einfluss haben Patriotismus, Ethnozentrismus und die Tendenz zu sozial erwünschten Antworten auf Landesimages?

H_{2a}: Je höher der Patriotismus der Österreicher, umso besser ist ihr Selbstbild.

H_{2b}: Je höher der Ethnozentrismus der Österreicher, umso schlechter ist ihr Image von den anderen untersuchten Ländern.

H_{2c}: Je höher die Tendenz zu sozial erwünschten Antworten, umso besser ist das Selbstbild der Österreicher und umso besser sind die Images der anderen untersuchten Länder.

3 Auswahl der untersuchten Länder

In Landesimagestudien stellt sich genauso wie in Markenimagestudien grundsätzlich die Frage, ob nur einige wenige Länder in die Studie einbezogen werden sollen, deren Images aber sehr detailliert abgefragt werden, oder umgekehrt wie im Nation Brand-Index eine Vielzahl an Ländern, deren Images aber nur anhand von ein paar zentralen Dimensionen erhoben werden. Der entscheidende Faktor ist dabei die maximale Dauer des Interviews (Kurz 1994, S. 46 f.; Möller 1997, S. 139). Will man wie in der gegenständlichen Studie (auch) eine Online-Befragung durchführen, sollte das Ausfüllen des Fragebogens höchstens 15 Minuten dauern, um Interviewabbrüche zu vermeiden. Wie in vielen bisherigen Landesimagestudien (z. B. Martinek 1990; Schweiger 1992; Höglinger/Kleedorfer 2008) wurde die erste Variante, also die detaillierte Messung der Images einiger weniger Länder gewählt, um möglichst facettenreiche und aussagekräftige Landesimages zu ermitteln (Kurz 1994, S. 46 f.).

Die Wahl fiel dabei wie in vielen bisherigen Studien auf die drei Länder *Deutschland, Österreich und die Schweiz*, welche sich in kultureller, sozialer, politischer, wirtschaftlicher und teilweise auch topographischer Hinsicht ähnlich sind und deren Images überdurchschnittlich gut sind (Rangplätze im letzten öffentlich zugänglichen Nation Brand-Index 2008: 1. Deutschland, 8. Schweiz, 14. Österreich; Anholt 2008). Um die Forschungshypothesen möglichst valide überprüfen zu können, wurden drei weitere Länder mit weniger guten Images in die Studie einbezogen.

Die Wahl fiel dabei auf *China, Südafrika und die Türkei* (Rangplätze im Nation Brand-Index 2008: 29. China, 36. Türkei, 37. Südafrika; Anholt 2008). Der Grund für die Wahl von Südafrika war vor allem die dort stattfindende Fußball-Weltmeisterschaft 2010, deren erhoffte positive Auswirkung auf das Image von Südafrika durch eine „Vorher-Nachher"-Online-Befragung im Mai und im Juli 2010 in Österreich empirisch überprüft wurde, hier aber aus Platzgründen nicht behandelt wird (siehe dazu Amashaufer 2011, S. 174). China wurde auch deshalb ausgewählt, da vom 1. Mai bis zum 31. Oktober 2010 die Weltausstellung Expo 2010 in der ostchinesischen Metropole Shanghai stattfand. Österreich war auf der EXPO mit einem Pavillon vertreten, so dass mit einer hohen Medienpräsenz Chinas in Österreich ab Mai 2010 zu rechnen war. Schließlich fiel die Wahl auf die Türkei, da laut Vermutung der Autoren bei der Erhebung des türkischen Landesimages in Österreich die Tendenz zu sozial erwünschten Antworten sowie der Unterschied zwischen Face-to-Face- und Online-Befragung deutlich zum Vorschein kommen müsste.

4 Untersuchungsmethode und Stichproben

Zur Überprüfung des Einflusses der Umfragemethode auf die Images der sechs Länder wurden zwischen dem 12. und 26. Mai 2010 zeitgleich eine Face-to-Face-Befragung und eine Online-Befragung durchgeführt. Die sechs Länder wurden wegen der Höchstdauer der Online-Befragung von 15 Minuten, vor allem aber aufgrund der vermutlich sehr unterschiedlichen Imagedimensionen (z. B. alpine Landschaften nur in der Schweiz, Österreich und Deutschland; Meereslandschaften nur in China, Südafrika und in der Türkei) auf zwei Fragebogenvarianten aufgeteilt. Tabelle 1 zeigt die Eckdaten der Studie.

Die Interviews mit den 402 Befragten der Face-to-Face-Befragung wurden von 41 Studenten der Wirtschaftsuniversität Wien durch-geführt. Dabei wurde darauf geachtet, dass die Auskunftspersonen in der 1. Fragebogenvariante mit Österreich nur von österreichischen Interviewern befragt wurden. Die Befragten wurden anhand von vorgegebenen Quoten für Geschlecht, Alter und Bildung ausgewählt. Die 387 Befragten in der Online-Befragung wurden aus den Teilnehmern des österreichischen Onlinepanels meinungsraum.at anhand identischer Quotenvorgaben ausgewählt und zur Befragung per E-Mail eingeladen.

Fragebogenvarianten	Untersuchte Länder	Face-to-Face-Befragung	Online-Befragung
Variante 1	Österreich, Deutschland, Schweiz	199 Befragte	198 Befragte
Variante 2	China, Südafrika, Türkei	203 Befragte	189 Befragte
insgesamt		*402 Befragte*	*387 Befragte*

Tabelle 1: Eckdaten der Studie

5 Messinstrumente

Die Ermittlung der Images der sechs Länder war der *zentrale Erhebungstatbestand* der gegenständlichen Studie. Dabei handelt es sich bei einem Landesimage „um das subjektive, mehrdimensionale Bild, das sich eine Person von den wirtschaftlichen, kulturellen und gesellschaftlichen Eigenheiten eines geographischen Gebiets, dessen Bewohnern, Organisationen und Produkten macht“ (Juvancic 2000, S. 4). In der gegenständlichen Studie wurden die Vorschläge von Schweiger (1988, 1992), Martinek (1990), Mayerhofer (1995), Kurz (2008) sowie Höglinger/Kleedorfer (2008) zur Messung der Landesimages übernommen und aktualisiert. Dies bedeutet, dass die Landesimages in Form von Mehrfachzuordnungen einer Vielzahl verbaler Eigenschaften und Bilder auf die Länder auf nominalem Datenniveau („Eigenschaft A oder Bild B trifft auf Land bzw. Nationalität A und B und C zu oder nicht zu“) erhoben wurden. Die typische Fragestellung im Online-Fragebogen lautete beispielsweise wie folgt: „Auf dieser Seite sind einige Eigenschaften aufgeführt. Bitte klicken Sie spontan und ohne viel nachzudenken jene Eigenschaften an, die Ihrem Gefühl nach auf diese Nationalitäten passen. Sie können auf eine, zwei oder drei Nationalitäten oder auf ‚keine davon‘ klicken, wenn Sie denken, dass diese Eigenschaft auf keine der Nationalitäten zutrifft.“ Der Vorteil dieser Methode zur Messung von Landesimages ist die Möglichkeit, sehr viele Wort- und Bildreize einzusetzen. Sie birgt jedoch den Nachteil des geringeren Skalenniveaus im Vergleich zu einer mehrdimensionalen Landesimagemessung unter Einsatz von Intervallskalen (Kurz 2008, S. 232). Die in den beiden Fragebogenvarianten eingesetzten Eigenschaften und Bilder unterscheiden sich zum Teil (siehe Anhang). Items wie beispielsweise „Überfälle auf Touristen“ oder „Slums und Elendsviertel“ wurden nur im Länderset mit China, Südafrika und der Türkei eingesetzt, jedoch nicht im Länderset mit Deutschland, Österreich und der Schweiz. *Der Vergleich eines Landes aus dem 1. Länderset mit einem Land aus dem 2. Länderset (z. B. des Images Deutschlands mit jenem der Türkei) ist daher nicht zulässig.*

Die *Tendenz zu sozial erwünschten Antworten*, der *Patriotismus* und der *Ethnozentrismus* wurden anhand von je zehn Aussagen erhoben, denen die Befragten anhand einer fünfstufigen Skala (von 1 = "stimme überhaupt nicht zu“ bis 5 = "stimme völlig zu") zustimmen konnten. Zur Messung der Tendenz zu sozial erwünschten Antworten wurde eine modifizierte Form der Balanced Inventory of Desirable Responding (BIDR) von Paulhus (1984) eingesetzt. Fünf Aussagen zum Patriotismus sowie die zur Messung herangezogene fünfstufige Antwortskala entstammen aus der Patriotismus-Skala von Weiss et al. (1999). Die übrigen fünf Aussagen wurden von den Autoren formuliert. Die zehn Aussagen zur Messung des Ethnozentrismus wurden in Anlehnung an die Ethnozentrismus-Skala von Neuliep/McCroskey (1997) von den Autoren selbst erstellt. Die genauen Wortlaute der Aussagen befinden sich im Anhang. Eine Reliabilitätsanalyse der internen Konsistenz der drei eingesetzten Skalen ergab für alle zehn Aussagen zur Messung der Tendenz zu sozial erwünschten Antworten Cronbach's Alpha-Werte von mindestens *0,7* und für die jeweils zehn zur Messung des Patriotismus sowie des Ethnozentrismus eingesetzten Aussagen Cronbach's Alpha-Werte von mindestens *0,9*, womit die Mindestanforderung für eine akzeptable Reliabilität von Konstruktmessungen in Höhe von *0,6* bis *0,7* (z. B. Gerpott/Paukert 2011, S. 59 f.) erfüllt ist.

6 Ergebnisse

6.1 Repräsentativität der Stichproben für die österreichische Bevölkerung

Ein Vergleich der soziodemografischen Struktur der vier Teilstichproben mit jener der österreichischen Bevölkerung ergab folgendes: Die Befragten sind hinsichtlich ihres Geschlechts repräsentativ für die Österreicher, jedoch deutlich jünger und gebildeter als diese, außerdem weist die Stichprobe ein Ost-West-Gefälle auf: Es sind deutlich mehr Wiener und Niederösterreicher als Westösterreicher in der Stichprobe vertreten. Bildung und Alter haben keinen Einfluss auf die Landesimages. Ob die Umfrageergebnisse durch das Ost-West-Gefälle der Stichprobe verzerrt sind, wurde in allen nachfolgenden Analysen überprüft.

6.2 Hypothesentests

H_{1a}: *Die Online-Befragung führt wegen ihrer höheren Anonymität zu einem schlechteren Selbstbild der Österreicher als die Face-to-Face-Befragung durch österreichische Interviewer.*

Um mit einem einzigen Wert ausdrücken zu können, wie gut oder wie schlecht das Image jedes der sechs untersuchten Länder aus Sicht der Österreicher ist, wurden zunächst additive Imageindizes für Österreich und die anderen Länder gebildet. Dabei wurde für jede Zuordnung einer positiven Eigenschaft (z. B. „gastfreundlich") oder eines positiven Bildes (z. B. Foto eines gepflegten Parks) auf ein Land ein Plus und für jede Zuordnung einer negativen Eigenschaft (z. B. „aufdringlich") oder eines negativen Bildes (z. B. Foto von einem Handtaschenraub auf der Straße) auf ein Land ein Minus vergeben (siehe Anhang). Diese wurden anschließend zusammengezählt und auf den Wertebereich von 0 = sehr negativ bis 100 = sehr positiv normiert.

Tabelle 2 enthält die Imageindizes der sechs untersuchten Länder, getrennt nach den beiden eingesetzten Umfragemethoden. Um eine mögliche Verzerrung der Landesimages durch das Ost-West-Gefälle der Stichprobe aufzudecken, wurden alle vier Teilstichproben mit den tatsächlichen Wohnorten der österreichischen Bevölkerung gewichtet und die Indizes in der gewichteten Stichprobe berechnet. Wie man aus den Werten in Tabelle 2 erkennen kann, sind die Abweichungen der korrespondierenden Indizes minimal und ändern nichts an den Ergebnissen. Nochmals sei darauf hingewiesen, dass aufgrund der in den beiden Fragebogenvarianten eingesetzten unterschiedlichen Imageitems der *Vergleich der Länder aus dem 1. Länderset (Deutschland, Österreich und Schweiz) mit den Ländern aus dem 2. Länderset (China, Südafrika und Türkei) nicht zulässig ist.*

Image-indizes	Face-to-Face-Befragung (ungewichtete Stichprobe)	Online-Befragung (ungewichtete Stichprobe)	p (ein-seitig)	Face-to-Face-Befragung (gewichtete Stichprobe)	Online-Befragung (gewichtete Stichprobe)	p (ein-seitig)
Österreich	63	61	0,069	64	62	0,033
Schweiz	52	52	0,315	52	52	0,200
Deutschland	43	38	< 0,001	43	37	< 0,001
China	51	50	0,231	49	51	0,109
Südafrika	39	40	0,328	40	40	0,378
Türkei	43	38	< 0,001	42	37	< 0,001
Basis	199 Befragte	198 Befragte		197 Befragte	198 Befragte	

Tabelle 2: Imageindizes der untersuchten Länder im Methodenvergleich

Der Vergleich der beiden Imageindizes von Österreich zwischen der Face-to-Face-Befragung und der Online-Befragung mittels T-Test zeigt in der gewichteten Stichprobe einen signifikanten Unterschied auf ($p < 0,05$), in der ungewichteten Stichprobe ist die Irrtumswahrscheinlichkeit mit 0,069 kleiner als 10%. Hypothese H_{1a} kann somit als bestätigt gelten.

H_{1b}: Die Online-Befragung führt wegen ihrer höheren Anonymität zu schlechteren Fremdbildern von den untersuchten Ländern als die Face-to-Face-Befragung durch österreichische Interviewer.

Die Werte in Tabelle 2 zeigen bei der Schweiz, China und Südafrika keine signifikanten Unterschiede der Indizes zwischen den Befragungsmethoden. Nur Deutschland und die Türkei werden in der anonymen Online-Befragung signifikant schlechter bewertet als im persönlichen Face-to-Face-Interview. Hypothese H_{1b} kann also nur für die beiden letztgenannten Länder bestätigt werden.

Zusammengefasst können diese Ergebnisse wie folgt interpretiert werden: wenn eine Person eine sehr gute oder zumindest gute Meinung von einem Land wie hier vom Heimatland Österreich oder von der Schweiz hat, dann kann und wird sie diese in einem persönlichen Face-to-Face-Interview auch offen aussprechen. Hat eine Person dagegen eine weniger gute Meinung von einem Land wie relativ viele Österreicher von Deutschland und der Türkei, dann wird sie diese eher in einer anonymen Online-Befragung als in einem persönlichen Face-to-Face-Interview preisgegeben. Somit lässt sich schon vorweg für künftige Landesimagestudien als Basis für das Nation Branding festhalten, dass Länder mit einem vermutlich negativen Image im Ausland die Studie in Form einer deutlich anonymeren Online-Befragung durchführen sollten. Wenn das Vorwissen des Forschers aufgrund bisheriger Studien jedoch besagt, dass das zu erhebende Landesimage eher positiv ausfallen wird, sind keine Unterschiede zwischen den Befragungsmethoden zu erwarten. Da die Online-Befragungen im Allgemeinen jedoch Vorteile wie beispielsweise die raschere Durchführung und geringere Kosten aufweist und da ein Trend Richtung Online-Marktforschung zu verzeichnen ist (z. B. Diekmann 2009; Taddicken 2009; Theobald/Neundorfer 2010), empfehlen die Autoren, Landesimagestudien künftig in Form von Online-Befragungen durchzuführen.

Zur Überprüfung der Hypothesen H2a bis H2c wurde für jedes der drei psychographischen Merkmale ein normierter Index gebildet. Da einige Aussagen bei der Messung der drei psychographischen Merkmale positiv formuliert waren, wie etwa die Aussage „ich bin noch nie mit den öffentlichen Verkehrsmitteln schwarz gefahren“ (siehe dazu die gesammelten Aussagen im Anhang), wurde bei diesen Aussagen vor der Indexbildung die fünfstufige Skala umgedreht, damit hohe Indexwerte auch eine starke Ausprägung der drei Variablen zum Ausdruck bringen. Anschließend wurden durch Addition der Skalenstufen über jeweils alle zehn Items hinweg für jede Auskunftsperson ein Patriotismus-, ein Ethnozentrismus- sowie ein Sozialer-Erwünschtheitsindex gebildet. Im nächsten Schritt wurden die Indexwerte auf einen Wertebereich von 0 bis 100 normiert.

H_{2a}: Je höher der Patriotismus der Österreicher, umso besser ist ihr Selbstbild.

Der mittlere Patriotismusindex der befragten Österreicher beträgt 57 in der ungewichteten Stichprobe bzw. 59 in der mit den tatsächlichen Wohnorten gewichteten Stichprobe auf einer Skala von 0 bis 100. Auch diese beiden Werte zeigen klar, dass die geringere Gewichtung der Ostösterreicher und die gleichzeitige höhere Gewichtung der Westösterreicher kaum eine Auswirkung auf die Ausprägung des Patriotismus hat. Die Hypothese H_{2a} wurde sowohl mittels des Korrelationskoeffizienten nach Pearson als auch mittels Rangkorrelationskoeffizienten nach Spearman getestet. Tabelle 3 zeigt die Ergebnisse.

Die Werte in Tabelle 3 zeigen, dass der Zusammenhang zwischen dem Patriotismus und dem Selbstimage der Österreicher sehr stark und hochsignifikant ist, womit Hypothese H_{2a} bestätigt wird. Auch hier zeigt sich, dass nach der Gewichtung der Stichprobe die Korrelation praktisch unverändert bleibt.

	Pearson's r ungewichtete Stichprobe	Spearman's r ungewichtete Stichprobe	Pearson's r gewichtete Stichprobe	Spearman's r gewichtete Stichprobe
r	+ *0,415*	+ 0,397	+ 0,405	+ 0,389
p	< 0,001	< 0,001	< 0,001	< 0,001
Basis	395 Befragte	395 Befragte	392 Befragte	392 Befragte

Tabelle 3: Zusammenhang zwischen Patriotismus und Selbstbild der Österreicher

H_{2b}: *Je höher der Ethnozentrismus der Österreicher, umso schlechter ist ihr Image von den anderen untersuchten Ländern, nämlich Deutschland, der Schweiz, China, Südafrika und der Türkei.*

Tabelle 4 zeigt zunächst die Mittelwerte des Ethnozentrismusindex für die gesamte gewichtete Stichprobe sowie getrennt nach den beiden Umfragemethoden und den beiden Fragebogenvarianten.

Fragebogenvariante	Ø Index der Face-to-Face-Befragung	Ø Index der Online-Befragung	insgesamt
Österreich, Deutschland, Schweiz	44	48	46
China, Südafrika, Türkei	37	52	44
insgesamt	40	50	45

Tabelle 4: Zusammenhang zwischen Ethnozentrismus und Befragungsmethode

Insgesamt ist der Ethnozentrismus der Österreicher mit einem Mittelwert von 45 auf einer Skala von 0 bis 100 etwas unterdurchschnittlich ausgeprägt. Eine zweifache Varianzanalyse zeigt, dass der Ethnozentrismus der in der Online-Befragung befragten Österreicher mit einem Durchschnittswert von 50 um 10 Index-Punkte signifikant höher ist als bei den persönlich Befragten, die einen Mittelwert von nur 40 erreicht haben ($p < 0{,}001$). Offen-bar haben die anonym per Internet Befragten die zehn Aussagen (siehe Anhang) ehrlicher beantwortet als die von einem Interviewer persönlich Befragten. Außerdem gibt es einen signifikanten ($p < 0{,}001$) Interaktionseffekt zwischen den beiden Fragebogenvarianten und der Umfragemethode: In der Online-Befragung ist der mittlere Ethnozentrismus bei jenen, die über China, Südafrika und die Türkei befragt wurden, mit einem Wert von 52 deutlich höher als der Ethnozentrismus jener, die nur über Österreich, Deutschland und die Schweiz befragt wurden (Mittelwert von 48). In der Face-to-Face-Befragung ist es genau umgekehrt: Hier sinkt der mittlere Ethnozentrismusindex der über China, Südafrika und die Türkei Befragten auf den Wert von 37 und ist damit deutlich geringer als bei jenen, die nur über Österreich, Deutschland und die Schweiz befragt wurden. Dies könnte darauf zurückzuführen sein, dass die Befragten, nachdem sie durch den Interviewer fast 40 Minuten lang detailliert über ihre Meinung über China, Südafrika und die Türkei befragt wurden, bei der 36. und letzten Frage im Fragebogen die eine oder andere Aussage wie etwa „So wie in der Schweiz sollte man auch in Österreich den Bau von Moscheen mit Minaretten verbieten" nicht ehrlich beantwortet haben. Auch dieser Befund zeigt, dass Online-Befragungen bei derart heiklen Fragen einen Vorteil gegenüber der klassischen mündlichen Befragung haben, weil das anonyme Ausfüllen eines Fragebogens im Internet ehrlichere Antworten begünstigt.

Hypothese H_{2b} wurde genauso wie Hypothese H_{2a} durch die Berechnung der parametrischen und des nichtparametrischen Korrelationen geprüft. Tabelle 5 präsentiert die Ergebnisse.

Images der Österreicher von	Pearson's r in der gewichteten Stichprobe	p (einseitig)	Basis
Türkei	*- 0,423*	*< 0,001*	376 Befragte
Südafrika	*- 0,145*	*0,002*	380 Befragte
Deutschland	*- 0,100*	*0,026*	379 Befragte
China	*- 0,085*	*0,049*	376 Befragte
Schweiz	- 0,011	0,414	379 Befragte

Tabelle 5: Zusammenhang zwischen Ethnozentrismus der Österreicher und den Images der Türkei, Südafrikas, Deutschlands, Chinas und der Schweiz

Da die Rangkorrelationskoeffizienten sowie die Korrelationen in der ungewichteten Stichprobe praktisch identisch mit jenen in Tabelle 5 angeführten Werten sind, werden diese nicht ausgewiesen. Der Korrelationskoeffizient in Höhe von - 0,423 zeigt einen sehr starken negativen und hochsignifikanten Zusammenhang zwischen dem Ethnozentrismus der Österreicher und ihrem Image der Türkei auf. Dasselbe gilt in abgeschwächter Form auch für Südafrika, Deutschland und China, dagegen nicht für die Schweiz, die ja ein sehr gutes Image bei den Österreichern hat. Hypothese H_{2b} wird also mit Ausnahme der Schweiz für die vier anderen untersuchten Länder bestätigt.

H_{2c}: Je höher die Tendenz zu sozial erwünschten Antworten, umso besser ist das Selbstbild der Österreicher und umso besser sind ihre Images von Deutschland, der Schweiz, China, Südafrika und der Türkei.

Hypothese H_{2c} fußt auf der Annahme, dass sich eine höhere Tendenz zu sozial erwünschten Antworten positiv auf das Image des eigenen sowie fremder Länder auswirkt, da die Tendenz zu sozial erwünschten Antworten die Befragten in der Regel dazu veranlasst, wenig zu polarisieren und ihre Antworten der wahrgenommenen Norm anzupassen.
Tabelle 6 zeigt, dass die mittlere Tendenz zu sozial erwünschten Antworten in der gewichteten Gesamtstichprobe mit einem Wert von 42 auf einer Skala von 0 bis 100 etwas unterdurchschnittlich ausgeprägt ist. Eine zweifache Varianzanalyse zeigt folgendes: Die Tendenz zu sozial erwünschten Antworten war bei den über Österreich, Deutschland und die Schweiz Befragten etwas, aber signifikant ($p < 0,001$) höher als bei den über China, Südafrika und die Türkei Befragten (Mittelwerte: 44 vs. 41). Überraschenderweise war auch entgegen den Vermutungen die Tendenz zu sozial erwünschten Antworten bei den anonym Online-Befragten signifikant höher als bei den persönlich Befragten (Mittelwerte: 46 vs. 39; $p < 0,001$). Beispielsweise stimmten 49% der persönlich

Befragten der Aussage“ Ich habe mich schon einmal über andere Personen lustig gemacht“ völlig zu, von den im Internet-Befragten dagegen nur 23%. Es handelt sich dabei um eine schlechte Angewohnheit, die aber praktisch jeder einmal praktiziert hat und offenbar haben es einige persönlich Befragte als unglaubwürdig empfunden, wenn sie dieser Aussage gegenüber dem Interviewer nicht zugestimmt hätten.

Fragebogenvariante	Ø Index der Face-to-Face-Befragung	Ø Index der Online-Befragung	insgesamt
Österreich, Deutschland, Schweiz	41	48	44
China, Südafrika, Türkei	38	44	41
insgesamt	39	46	42

Tabelle 6: Zusammenhang zwischen Tendenz zu sozial erwünschten Antworten und Umfragemethode

Zur Überprüfung von Hypothese H_{2c} wurden wiederum die Korrelationskoeffizienten zwischen dem Sozialen-Erwünschtheitsindex und den Imageindizes der untersuchten Länder mit der gewichteten Stichprobe berechnet. Tabelle 7 enthält die Ergebnisse dieser Analyse.

Images der Österreicher von	Pearson's r in der gewichteten Stichprobe	p (einseitig)	Basis
Österreich	*+ 0,147*	*0,002*	391 Befragte
Türkei	+ 0,068	0,089	391 Befragte
Deutschland	+ 0,045	0,186	394 Befragte
China	+ 0,009	0,430	391 Befragte
Schweiz	- 0,066	0,094	394 Befragte
Südafrika	- 0,035	0,242	395 Befragte

Tabelle 7: Zusammenhang zwischen der Tendenz zu sozial erwünschten Antworten und den Images der Türkei, Deutschlands, Chinas, Südafrikas und der Schweiz

Wie man sieht, wird die Hypothese *H2c* nur für Österreich bestätigt, aber der positive Zusammenhang zwischen der Tendenz zu sozial erwünschten Antworten und dem Selbstbild der Österreicher ist sehr schwach. Bei den restlichen 5 untersuchten Ländern dagegen gibt es keinen Zusammenhang, für diese muss Hypothese H_{2c} daher verworfen werden.

7 Fazit

Die Studie hat gezeigt, dass die beiden eingesetzten Umfragemethoden persönliche Face-to-Face-Befragung und Online-Befragung nur bei der Türkei und Deutschland zu voneinander abweichenden Landesimages führen und zwar zu deutlich schlechteren in der anonymen Online-Befragung. Dies sind genau jene zwei Länder von den untersuchten sechs Ländern, die von den Österreichern eher schlechter beurteilt wurden, und zwar Deutschland in der 1. Fragenbogenvariante im Vergleich zu Österreich und der Schweiz und die Türkei in der 2. Fragenbogenvariante im Vergleich zu China und Südafrika. Dieses relativ schlechte Bild der Österreicher von den beiden Ländern wird vom Ethnozentrismus beeinflusst und zwar besonders stark bei der Türkei. Weiters hat sich gezeigt, dass sich der Patriotismus der Österreicher sehr stark positiv auf ihr Selbstbild auswirkt. Die Tendenz zu sozial erwünschten Antworten hatte keinen nennenswerten Einfluss auf die Images aller sechs untersuchten Länder.

8 Einschränkungen der Ergebnisse und Implikationen für die Landesimageforschung und das Nation Branding

Die gegenständliche Studie ist nicht repräsentativ für die österreichische Bevölkerung, da die Stichprobe deutlich jünger und gebildeter ist als die österreichische Bevölkerung. Bei der Auswertung der Umfragedaten hat sich jedoch gezeigt, dass diese beiden Merkmale keinen signifikanten Einfluss auf die Images der untersuchten Länder haben. Weiters gelten die Umfrageergebnisse nur für die Österreicher und können nicht für andere Länder verallgemeinert werden. Interessant wäre es beispielsweise, die gegenständliche Thematik in Kulturkreisen zu untersuchen, in denen man kaum oder gar nicht anderen die eigene Meinung sagt und besonders höflich ist (z. B. Japan oder China) oder in denen man anderen meist offen seine Meinung kundtut (z. B. USA). Schließlich gelten die Ergebnisse nur für die sechs untersuchten Länder und können nicht auf andere Länder übertragen werden.

Es hat sich aber gezeigt, dass Länder mit eher negativem Image wie die Türkei und Deutschland in der anonymen Online-Befragung schlechter und daher wahrscheinlich ehrlicher beurteilt werden als im persönlichen Face-to-Face-Interview. Für das Nation Branding derartiger Länder bedeutet das, dass Landesimagestudien als Basis für die Diagnose der tatsächlichen Stärken und Schwächen im Ausland auf jeden Fall per Internet durchgeführt werden sollten. Mittlerweile gibt es in vielen Ländern Online-Panels, in denen man rasch und kostengünstig viele Leute befragen kann. Ethnozentrismus als Hauptursache für schlechte Landesimages und damit Landesmarken kann man sicher nicht von heute auf morgen beseitigen, wohl aber durch die Förderung des Austausches mit fremden Kulturen und durch eine bessere Integration von Ausländern im jeweiligen Land sukzessive abbauen.

Anhang

1 Skalen zur Messung der drei psychographischen Merkmale

Aussagen zur Messung der Tendenz zu sozial erwünschten Antworten
Ich tratsche nicht über die Angelegenheiten anderer.^
Ich habe noch nie etwas auf der Straße weggeworfen.^
Ich bin schon einmal wegen einer angeblichen Krankheit nicht zur Arbeit oder zur Schule gegangen.^
Ich bin noch nie mit öffentlichen Verkehrsmitteln „schwarz" gefahren.
Ich habe schon einmal hinter dem Rücken von Freunden schlecht über sie gesprochen.^
Ich habe schon einmal zu viel Wechselgeld herausbekommen, ohne es dem / der Verkäufer/in zu sagen.^
Ich habe mich schon einmal über andere Personen lustig gemacht.
Ich bin noch nie bei Rot über die Kreuzung gegangen.
Ich habe schon einmal bei einer Prüfung geschummelt.
Manchmal lüge ich, wenn es unbedingt notwendig ist.^
Anmerkung: 5-stufige Antwortskala von 1 = „stimme überhaupt nicht zu" bis 5 = „stimme völlig zu". Alle mit ^ gekennzeichneten Aussagen entstammen der BIDR-Skala nach Paulhus (1984).
Aussagen zur Messung des Patriotismus
Ich freue mich, wenn Österreich bei Sportereignissen erfolgreich ist.
Ich könnte mir nicht vorstellen, in einem anderen Land als Österreich zu leben.
Mich stört es, wenn österreichische Sportler die Nationalhymne nicht mitsingen.
Ich bin stolz darauf, ein österreichischer Staatsbürger zu sein.^
Österreicher zu sein, empfinde ich als einen großen Teil meines Ichs.^
Auch wenn ich nicht immer mit den Entscheidungen der Regierung einverstanden bin, stehe ich doch voll zu Österreich.^
Europa oder die Völkergemeinschaft sind für mich wichtiger als Österreich.
Ich bin stolz, wenn ein Österreicher oder eine Österreicherin den Oscar gewinnt.

Aussagen zur Messung des Ethnozentrismus
Ich habe viele Freunde und Bekannte, die aus einem anderen Kulturkreis stammen.
Ich habe vor Menschen aus anderen Ländern genauso großen Respekt wie vor den Österreichern.
Abfällige Bemerkungen über Ausländer verärgern mich.
Ausländer sind genauso freundlich und friedfertig wie Inländer.
Die Ausländer in Österreich sollten sich mehr an die österreichischen Werte und Bräuche anpassen.
Viele Ausländer nutzen unser Sozialsystem schamlos aus.
Ausländer werden häufiger straffällig als Inländer.
Die meisten schwarzafrikanischen Asylanten in Österreich sind Drogenhändler.
So wie in der Schweiz sollte man auch in Österreich den Bau von Moscheen mit Minaretten verbieten.
Islamischen Frauen sollte in Österreich das Tragen von Kopftüchern verboten werden.
Anmerkung: 5-stufige Antwortskala von 1 = „stimme überhaupt nicht zu“ bis 5 = „stimme völlig zu“. Die Aussagen wurden in Anlehnung an die allgemeine Ethnozentrismus-Skala von Neuliep/McCroskey (1997) in Zusammenarbeit mit dem wissenschaftlichen Betreuer der gegenständlichen Studie ausformuliert.
Wenn ich die österreichische Fahne sehe, fühle ich mich großartig.^
Ich liebe Österreich.^
Anmerkung: 5-stufige Antwortskala von 1 = „stimme überhaupt nicht zu“ bis 5 = „stimme völlig zu“. Alle mit ^ gekennzeichneten Aussagen entstammen der Patriotismus-Skala nach Weiss et al. (1999).

2 Eigenschaften und Bilder zur Messung der Images von Österreich, Deutschland und der Schweiz und zur Bildung der Landesimageindizes in beiden Umfragen

1. Dichotome (ja/nein) Mehrfachzuordnung folgender 20 Eigenschaften: ehrgeizig (+), gastfreundlich (+), hilfsbereit (+), lebenslustig (+), selbstbewusst (+), sportlich (+), traditionsbewusst (+), zuverlässig (+), charmant (+), fleißig (+), modern (+), musikalisch (+), naturbewusst (+), patriotisch (+), sympathisch (+), tolerant (+), unkompliziert (+), aufdringlich (-), spießig (-), überheblich (-).

2. Dichotome (ja/nein) Mehrfachzuordnungen folgender 22 Begriffe: berühmte historische Gebäude (+), berühmte Künstler (+), erfolgreiche Sportler (+), erfolgreiche Unternehmen (+), schöne Landschaften (+),

gutes Essen und Trinken (+), saubere Gewässer (+), saubere Städte (+), hohe Gehälter und Löhne (+), attraktive Arbeitsplätze (+), gutes Gesundheitssystem (+), gute Betreuung behinderter und älterer Menschen (+), lange Öffnungszeiten der Geschäfte (+), Asylland für politische Flüchtlinge (+), politische Skandale (-), Skandale im Sport (-), Wirtschaftsskandale (-), Arbeitslose (-), schlechte Luft (-), hohe Kriminalität (-), Jugendkrawalle (-), hohe Preise (-).

3. Dichotome (ja/nein) Mehrfachzuordnungen folgender 12 Bilder:

Parklandschaft (+)

Radfahrer (+)

Fast Food (-)

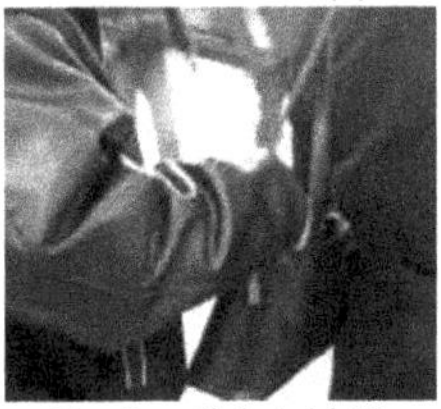
Taschendiebstahl (-)

Kulinarik (+)

Verschmutzte Straße (-)

Punker (-)

Hundekot (-)

Wolkenkratzer (+)

Obdachloser (-)

Grafitti (-)

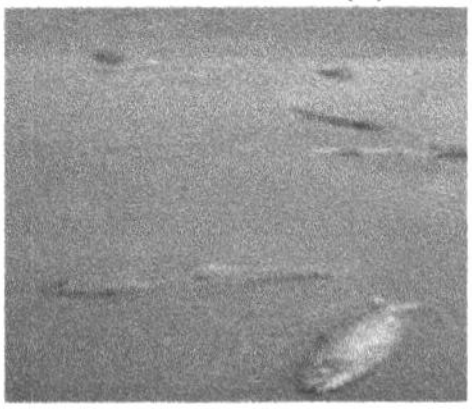
Tote Fische (-)

3 Eigenschaften und Bilder zur Messung der Images von China, Südafrika, der Türkei und zur Bildung der Landesimageindizes in beiden Umfragen

1. Dichotome (ja/nein) Mehrfachzuordnung folgender 20 Eigenschaften: ehrgeizig (+), gastfreundlich (+), hilfsbereit (+), lebenslustig (+), selbstbewusst (+), sportlich (+), traditionsbewusst (+), zuverlässig (+), fortschrittlich (+), konservativ (+), vertrauenswürdig (+), weltoffen (+); aufdringlich (-), aggressiv (-), faul (-), hinterhältig (-), misstrauisch (-), unehrlich (-), überheblich (-), ungebildet (-).

2. Dichotome (ja/nein) Mehrfachzuordnungen folgender 22 Begriffe: gutes Essen und Trinken (+), saubere Städte (+), saubere Gewässer (+), florierende Wirtschaft (+), gut ausgebildete Arbeitskräfte (+), Meinungsfreiheit (+), Religionsfreiheit (+), Kriege und Konflikte(-), korrupte Regierung (-), bestechliche Polizisten (-), Arbeitslose (-), Kinderarbeit (-), große Unterschiede zwischen Arm und Reich (-), Slums und Elendsviertel (-), schlechte Luft (-), AIDS-Kranke (-), gefälschte Markenartikel (-), Überfälle auf Touristen (-), Morde (-), Fast Food (-), strenge Sitten und Gebräuche (-).

3. Dichotome (ja/nein) Mehrfachzuordnungen folgender 13 Bilder:

Straßenkreuzung (+)

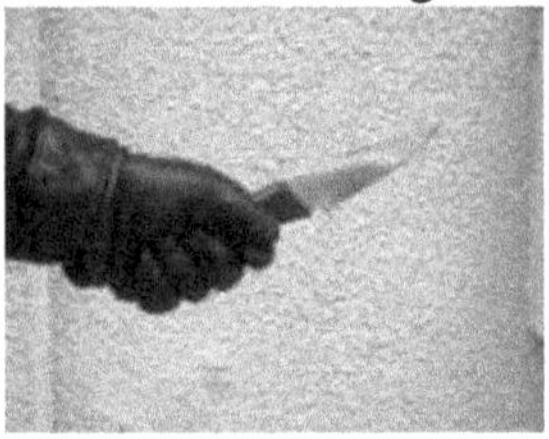
Messer (-)

Autoeinbruch (-)

Basar (+)

Wolkenkratzer (+)

Taschenraub (-)

Fast Food (-)

Sauberes Wasser (+)

Slum (-)

Feines Essen (+)

Verschmutzte Straße (-)

Tote Fische (-)

Mord Umriss (-)

Literatur

Amashaufer, E. S. (2011): Das Selbstbild der Österreicher und ihr Image von Deutschland, der Schweiz, China, Südafrika und der Türkei 2010, Dissertation an der Wirtschaftsuniversität Wien.

Anholt, S. (2009): The Anholt-GfK Roper Nation Brands Index SM 2009 - Highlights Report, URL: http://www.brandscapeafrica.org, letzter Abruf am 22.02.2010.

Anholt, S. (2008): Anholt Nation Brands Index 2008, URL: http://www.earthspeak.com, letzter Abruf am 13.08.2011.

Anholt, S. (2007): Competitive Identity, New York.

Bilkey, W. J.; Nes, E. (1982): Country of Origin Effects on Product Evaluation, in: Journal of International Business Studies, Vol. 13, No. 1, pp. 89-99.

Csaba, F. F. (2005): The Limits of Corporate Branding, in: Corporate Branding, Eds.: Schultz, M.; Antorini, Y. M.; Csaba, F. F., Copenhagen, Copenhagen.

Diekmann, A. (2009): Empirische Sozialforschung, 20. Aufl., Reinbek bei Hamburg.

Edwards, A. (1957): The social desirability variable in: Personal assessment and research, New York.

Friederes, G. (2006): Country of Origin-Strategien in der Markenführung, in: Werbe- und Markenforschung, Hrsg.: Strebinger, A.; Mayerhofer, W.; Kurz, H., Wiesbaden.

Gerpott, T. J.; Paukert, M. (2011): Reliabilität empirischer Konstruktmessungen, in: WiSt, Heft 2, München.

Grohs, R.; Ebster, C.; Kummer, C. (2009): An meinen Fähigkeiten als Liebhaber habe ich schon gezweifelt, in: Marketing, 31. Jg., H. 2, S. 87-100.

Hartl, C. (2007): Die Welt zu Gast bei Marken, in: powimag - Magazin für Politikwissenschaften, URL: http://www.powimag.de, letzter Abruf am 22.02.2010.

Höglinger, S.; Kleedorfer, F. (2008): Das Selbstimage der Österreicher und ihr Image von Deutschland, der Schweiz, den USA, Italien, Tschechien und der Türkei 2007, Diplomarbeit an der Wirtschaftsuniversität Wien.

Juvancic, M. (2000): „Made-in“ - Beeinflussung von Kaufentscheidungen durch Länderimages, 1. Aufl., München.

Kavaratzis, M. (2004): From city marketing to city branding, in: Place Branding, Vol. 1, No. 1, pp. 58-73.

Kotler, P.; Gertner, D. (2002): Country as brand, product, and beyond, in: Brand Management, Vol. 9, No. 4/5, pp. 249-261.

Kurz, H. (1988): Das Image Österreichs im Ausland, in: Österreichs Image im Ausland , Hrsg.: Schweiger, G., 1. Aufl., Wien, S. 62-119.

Kurz, H. (1994): Exportwerbung, Wien.

Kurz, H. (2008): Die Selbstbilder der Deutschen und der Österreicher und ihre gegenseitigen Fremdbilder, in: Impulse für die Markenforschung und Markenführung, Hrsg.: Baumgarth, C.; Schneider, G. K.; Ceritoglu, B., 1. Aufl., Wiesbaden, S. 229-247.

Martinek, G. (1990): Das Selbstbild der Österreicher, Wien.

Mayerhofer, W. (1995): Imagetransfer, Wien.

Moilanen, T.; Rainisto, S. (2009): How to brand Nations, Cities and Destinations, Basingstoke and Hampshire.

Morgan, N.; Pritchard, A.; Pride, R. (2006): Destination Branding, 2nd ed., Oxford.

Möller, T. (1997): Landesimage und Kaufentscheidung, Wiesbaden.

Neuliep, J. W.; McCroskey, J. C. (1997): The development of a U.S. and generalized ethnocentrism scale, in: Communication Research Reports, Vol. 14, No. 4, pp. 385-398.

Olins, W., (1999): Trading identities, UK.

Pasquier, M.; Weiss-Richard, M.; Yersin, N. (2009): Das Image der Schweiz im Ausland, Bern.

Paulhus, D. L. (1984): Two-Component Models of Social Desirable Responding, in: Journal of Personality and Social Psychology, Vol. 46, No. 3, pp. 598-609.

Perlet, C. (2008): Executive Summary - Nation Branding, Universität Zürich, URL: www.isu.uzh.ch, letzter Abruf am 22.02.2010.

Sattler, H. (1991): Herkunfts- und Gütezeichen in Kaufentscheidungsprozess, Stuttgart.

Scholz, J. (2000): Soziologie der Fremdenfeindlichkeit, Frankfurt am Main.

Schweiger, G. (1992): Österreichs Image in der Welt, Wien.

Schweiger, G. (1988): Österreichs Image im Ausland, 1. Aufl., Wien.

Smith, T. W.; Kim, S. (2006): National Pride in Cross-national and Temporal Perspective, in: International Journal of Public Opinion Research, Vol. 18, pp. 127-136.

Sumner, W. G. (1906): Folkways, 1. Aufl., Boston.

Taddicken, M. (2009): Observational Errors in Web Surveys, in: Planung und Analyse, Vol. 3, Special English Edition 2009, pp. 34-38.

Theobald, E.; Neundorfer, L. (2010): Qualitative Online-Marktforschung, 1. Aufl., Baden-Baden.

Weiss, H.; Donat, E.; Latcheva, R. (1999): Patriotismus-Items der Wiener, in: Zusammenstellung sozialwissenschaftlicher Items und Skalen, Hrsg.: Glöckner-Rist, A., Bonn.

Weiss-Richard, M. (2003): Struktur und Stabilität von Landesimages, Bern.

Interaktionstreiber in der Facebook-Kommunikation – eine empirische Studie

Philipp A. Rauschnabel, Sandra Praxmarer, Björn S. Ivens

Interaktionstreiber in der Facebook-Kommunikation – eine empirische Studie

Stichworte: Effektivität, Facebook, Fanpage, Social Media Marketing, Werbewirkung

Abstract:

Die Nutzung von Facebook-Fanpages als Marketinginstrument gewinnt in der Unternehmenspraxis zunehmend an Relevanz. Unabhängig von der Branche oder der Unternehmensgröße investieren Marketers vermehrt in eine eigene Präsenz im größten sozialen Netzwerk, um kostengünstig mit (potenziellen) Kunden zu kommunizieren. Weitestgehend unerforscht sind jedoch die Wirkungsmechanismen dieser Aktivitäten. Die vorliegende Studie stellt einen Ansatz zur Schließung dieser managementrelevanten Forschungslücke dar. Erkenntnisse der Werbewirkungsforschung werden auf das Medium Facebook übertragen und anhand einer Stichprobe von 369 Beiträgen deutschsprachiger Automobilhersteller-Fanpages empirisch überprüft. Es zeigt sich, dass die Fan-Reaktionen von der Größe der Beiträge, der Textdichte und den medialen Inhalten abhängig sind. Zudem erhalten Beiträge mit Aufforderungen und Fragen überdurchschnittlich starke Reaktionen.

1 Einleitung

Die Tatsache, dass sich Menschen regelmäßig in sozialen Netzwerken wie Facebook oder MySpace aufhalten und öffentlich über alltägliche Dinge diskutieren macht diese Plattformen für Unternehmen besonders attraktiv. So verwundert es auch nicht, dass immer mehr Marketer ihre Budgets in diese Netzwerke verlegen (Busby et al. 2010; CFMR 2009). Aber auch als Quelle für Marktinformationen können diese Netzwerke in der Praxis genutzt werden. Erstaunlich ist es aber, dass Unternehmen, die bereits in Social Media investiert haben, mit ihren Aktivitäten häufig selbst nicht zufrieden sind (von Vietinghoff 2010). Des Weiteren nennen

Praktiker, die bisher noch nicht in Social Media investiert haben, die mangelnden Erfahrungen und das fehlende Management Commitment als wesentliche Hürden (von Vietinghoff 2010). Verallgemeinerbares Wissen und umfassende Erfahrungswerte zum Umgang mit Medien, in denen Nutzer markenbezogene Inhalte kommunizieren können, existieren kaum – obwohl die Relevanz dieses Wissens zweifelsfrei besteht. Burmann/Arnhold (2009) sprechen bereits von User Generated Branding und verstehen darunter das strategische und operative Management von markenbezogenen Inhalten, die von Nutzern im Internet erstellt wurden.

Die führende Rolle unter den sozialen Netzwerken nimmt zweifelsfrei Facebook ein. Facebook wurde 2004 gegründet und verfügt bis heute über eine Fanbasis von über 700 Mio. Nutzern, Tendenz steigend. Auch Unternehmen haben diesen Trend erkannt und bedienen sich verschiedenster Präsenzmöglichkeiten in diesem Medium. Eine Option hierfür ist die Implementierung einer eigenen Fanpage (Frey et al. 2011). Darunter wird eine Seite innerhalb von Facebook verstanden, über welche sich eine Marke oder Organisation präsentieren kann. Registrierte Facebook-Nutzer, welche sich mit dieser Seite verbinden (sogenannte Fans), können auf diese Weise mit der Marke im Dialog stehen. Seitenbetreiber haben die Möglichkeit, durch so genannte Beiträge (auch Page-Updates genannt) Nachrichten zu veröffentlichen, welche den Fans standardmäßig auf der Pinnwand präsentiert werden. Ferner werden auch alle Reaktionen eines Fans in Bezug auf eine Marke bei all dessen Freunden auf der Pinnwand präsentiert. Durch die Abgabe positiver Kommentare oder die Bewertung verschiedener Elemente mittels des „Gefällt mir!“-Buttons (auch als „Liken“ bezeichnet) vermittelt ein Fan somit auch all seinen Freunden die Affinität zu dieser Marke – eine Art (unbewusste) Weiterempfehlung. Empfehlungen aus dem eigenen Bekanntenkreis werden deutlich vertrauenswürdiger beurteilt als andere Online- und Offline-Werbemittel und haben deshalb eine dementsprechend hohe Relevanz (Trusov et al. 2010, Nielsen 2009). Für Unternehmen mit einer Facebook-Fanpage besteht somit das Ziel, möglichst viele Fans zu motivieren, auf der Seite aktiv zu werden – zum Beispiel indem sie Beiträge kommentieren oder „liken". Um dieses Ziel zu erreichen, bedarf es Erkenntnissen zur richtigen Ausgestaltung der Kommunikationsaktivitäten. Zweifelsfrei ist die Relevanz von fundiertem Wissen über das Management von Facebook-Engagements in der Praxis enorm hoch. Auch im wissenschaftlichen Diskurs wird der Forschungsbedarf nach Erfolgsfaktoren neuer Marketingformen erwähnt (Burmann 2010). Trotz der Erkenntnis des Mangels und der Nachfrage aus der Praxis nach fundierten Erkenntnissen über die Wirkungsmechanismen von Facebook, finden sich in der Wissenschaft nur wenige Studien zu diesem Thema. Zwar existieren wissenschaftliche Aufsätze über Facebook als Marktforschungsmedium (z. B. Casteleyn et al. 2009; Poynter 2008), Arbeiten der managementorientierten oder verhaltenswissenschaftlichen Marketingforschung existieren bisher jedoch kaum[1]. Zu den Ausnahmen gehören bspw. Bestandsaufnahmen (z. B. Frey et al. 2011; Zhang et al. 2010; Barnes 2010) oder Wirkungsstudien. Die Eyetracking-Studie von Fox et al. (2010) bspw. verdeutlichte, dass von Fanpages ausgehende Postings intensiv wahrgenommen werden. Borle et al. (2011) wiesen nach, dass die Vernetzung mit einer Fanpage zu Umsatzzuwächsen führen kann.

Diese Studie setzt sich zum Ziel, einen Ansatz zur Schließung dieser Lücke zu geben.

---

1 Andere Wissenschaftsdisziplinen hingegen widmen sich diesem Netzwerk bereits intensiver. Exemplarisch sind Arbeiten aus der Pädagogik (z. B. Peluchette/Karl 2010), der Soziologie (z. B. Park et al. 2009), der Psychologie (z. B. Wise et al. 2010), der Rechtswissenschaft (z. B. Strand 2011) oder der Informatik (z. B. Gjoka et al. 2010) zu nennen.

Auf Basis von Erkenntnissen der Werbewirkungsforschung soll der Frage nachgegangen werden, welche Faktoren die Stärke der Fanreaktionen auf Beiträge beeinflussen, die von Fanpages ausgehen.
In Kapitel 2 wird zunächst ein theoretischer Bezugsrahmen aufgestellt und Hypothesen abgeleitet. Im dritten Kapitel werden diese mittels Beobachtungsdaten von Automobilfanpages empirisch überprüft. Abschließend werden im vierten Kapitel Limitationen und Implikationen für Wissenschaft und Praxis aufgezeigt.

2 Theoretische Fundierung und Hypothesen

2.1 Theoretischer Bezugsrahmen

Wie einleitend erwähnt, handelt es sich bei Fanpages um eine Art der Werbemöglichkeit. Zur Erklärung von Werbewirkung wurden zahlreiche und nicht unumstrittene Modelle und Methoden zur Messung der Werbewirkung etabliert.
Das wohl bekannteste Modell der Werbewirkungsmessung ist unter dem Namen AIDA bekannt und wurde von Levis (1898) entwickelt. Es beschreibt die vier Stufen der Aufmerksamkeit (Attention, Interest, Desire und Action), die ein Kunde durchlaufen muss, um eine Kaufentscheidung zu treffen. An erster Stelle steht dabei die Aufmerksamkeit. Das bedeutet, dass die Aufmerksamkeit einer Werbeanzeige die notwendige Voraussetzung dafür ist, dass die folgenden Stufen erreicht werden können. Trotz zahlreicher Kritik findet die AIDA-Formel in der Werbepraxis noch immer Beachtung.
Ein neueres Modell aus der Medienwirkungsforschung ist das Elaboration-Likelihood-Modell (ELM) von Petty/Wegener (1999). Dieses Modell fokussiert sich auf persuative Kommunikation und differenziert in Abhängigkeit des Involvements zwischen zwei verschiedenen Verarbei-

tungswegen, die zu einer mehr oder minder dauerhaften Einstellungsänderung führen. Einstellungen wiederum können hingegen als Verhaltenstreiber gesehen werden. Eisend/Küster-Rohde (2008) beziehen sich ebenfalls auf das AIDA- und das EL-Modell im Kontext sozialer Netzwerke. Sie verdeutlichen die Relevanz des Werbekontaktes und der Aufmerksamkeit, wie sie in Studien der klassischen Werbewirkungsforschung bereits dargelegt werden. Somit liegt es nahe, diese Erkenntnisse aufzugreifen und die Übertragbarkeit auf Facebook-Beiträge zu untersuchen.

Eine weitere Herangehensweise zur Schaffung eines Wirkungsverständnisses der Fanreaktionen auf Beiträge bietet die Forschung zum viralen Marketing. In gewisser Weise stellen die Vernetzung mit einer Fanpage und die Bewertung von Beiträgen auf dieser auch eine Form der Word-of-Mouth-Kommunikation (WoM) dar. Diese digitale Form wird auch als eWoM bezeichnet (Hennig-Thurau et al. 2004). Jede Aktivität auf einer Fanpage wird standardmäßig all dessen Freunden auf der Startseite präsentiert. Forschungsarbeiten zur WoM-Kommunikation haben zahlreiche Gründe für das Weiterempfehlen identifiziert (z. B. Hennig-Thurau et al. 2004; Sundaram et al. 1998). Sundaram et al. (1998) und Engel et al. (1993) zeigen zum Beispiel, dass die WoM-Kommunikation auch als Form der Selbstdarstellung genutzt wird. Dies deckt sich auch mit den Erkenntnissen von Morpace (2010). In dieser praxisnahen Studie wurden Gründe für die Vernetzung mit Fanpages abgefragt. Den eigenen Freunden zu zeigen, welche Produkte befürwortet werden, wurde dabei als wichtigstes Motiv genannt. Inwieweit sich die verhaltenswissenschaftlichen Erkenntnisse aus früheren Studien klassischer WoM-Kommunikation auf Fanaktivitäten bei Facebook übertragen lassen, ist nicht Teil dieser Untersuchung und wird bewusst

ausgeklammert. Deshalb werden im folgenden Kapitel nur Hypothesen auf Basis von Studien zur Werbewirkungsforschung hergeleitet.
Ein plausibles Ziel der Fanpage-Betreiber ist die Generierung von Nutzerreaktionen auf Beiträge in Form von „Likes“ oder Kommentaren. Diese sind ein Indiz dafür, dass der Inhalt dieser Beiträge wahrgenommen wurde und entsprechende psychische Prozesse stattfanden, die zu einer Reaktion geführt haben. Trotz aller Kritik an Werbewirkungsmodellen herrscht Einigkeit darüber, dass Werbung nur wirken kann, wenn diese auch wahrgenommen wird. Folglich kann der Aufmerksamkeit von Beiträgen eine besonders hohe Bedeutung zugeschrieben werden – besonders dann, wenn diese um die Aufmerksamkeit mit weiteren Neuigkeiten auf den Startseiten der Fans konkurrieren.
Als abhängige Variablen werden in der Werbewirkungsforschung verschiedenste Befragungs- (bspw. Werbeerinnerung) oder Beobachtungsdaten (bspw. Eye-Tracking) herangezogen. In der Onlinewerbeforschung werden diese Verfahren um Logfile-Analysen und entsprechende Kennzahlen (z. B. Views oder Klicks) erweitert. Die nur den Seitenbetreibern vorliegende Anzahl an Views je Beitrag sagt aber nichts darüber aus, ob diese auch wirklich wahrgenommen wurden. Es kann jedoch unterstellt werden, dass die Wahrnehmung eine notwenige, wenngleich auch keine hinreichende, Voraussetzung für die Erstellung eines Kommentars oder „Likes“ für einen Fan darstellt.

2.2 Hypothesen

Verschiedene Studien haben für klassische Werbeanzeigen in Zeitungen einige gestalterische Faktoren ermittelt, welche die Wahrnehmung der Anzeigen beeinflussen. Einigkeit herrscht über den positiven Einfluss der Anzeigengröße auf deren Wahrnehmung (z. B. Mayerhofer et al. 2004; Hofer et al. 2008; Rossiter/Percey 1997). Da es sich bei Beiträgen im Wesentlichen auch um eine Art Werbung handelt, liegt es nahe, diese Erkenntnisse zu übertragen. Zudem wurde dieser positive Einfluss auch bei Werbebannern mehrfach nachgewiesen (einen Überblick geben Fritz et al. 2007). Somit kann unterstellt werden, dass es sich dabei nicht um ein reines Offline-Phänomen handelt. Es ist also davon auszugehen, dass diese Wirkung auch bei Facebook-Beiträgen auftritt:

H1a: Je größer die Fläche eines Beitrags ist, desto häufiger wird dieser geliked.

H1b: Je größer die Fläche eines Beitrags ist, desto häufiger wird dieser kommentiert.

Ebenfalls aus der Werbeforschung stammt die Erkenntnis, dass Werbeanzeigen mit steigendem Textanteil negativer beurteilt und kürzer betrachtet werden (Hofer et al. 2008). Ein hoher Textanteil steigert die wahrgenommene visuelle Komplexität, was zur einer schwierigeren Verarbeitung für den Konsumenten führt (Pieters et al. 2010; Tuch et al. 2009). Auch diese Erkenntnis kann auf Beiträge adaptiert werden: Es liegt nahe, dass Beiträge mit einem höheren Textanteil von weniger Nutzern wahrgenommen und gelesen werden, was als notwendige Voraussetzung für die Bewertung gesehen werden kann:

H2a: Je geringer die Textdichte eines Beitrags ist, desto häufiger wird dieser geliked.

H2b: Je geringer die Textdichte eines Beitrags ist, desto häufiger wird dieser kommentiert.

Einig ist sich die Werbeforschung auch darin, dass Bilder aufmerksamkeitsgenerierend sind (z. B. Pieters/Wedel 2004; Rossiter/Percey 1997) und Anzeigen mit Bildern dementsprechend eine bessere Wirkung erzielen (z. B. Rehorn 1989). Auch in der Forschung zur Wirkung von Werbebannern wurde der Einfluss multimedialer Elemente nachgewiesen (TomorrowFocus Media 2010; Fritz et al. 2007). Beiträge können zwar keine dynamischen Elemente enthalten, dennoch aber auf diese verlinken und eine Miniaturansicht dieser darstellen. Außerdem können Fotos und Grafiken – wenn auch nur als Miniaturansicht – integriert werden. Somit ist anzunehmen, dass die Beiträge aufgrund der medialen Inhalte häufiger wahrgenommen werden, was die Grundlage für Fanreaktionen ist:

H3a: Je mehr mediale Elemente in einem Beitrag sichtbar sind, desto häufiger wird dieser geliked.

H3b: Je mehr mediale Elemente in einem Beitrag sichtbar sind, desto häufiger wird dieser kommentiert.

Unternehmen können durch gezielte Fragen in Beiträgen Informationen von den Fans gewinnen. Dennoch ist davon auszugehen, dass die Inhalte von Fankommentaren für den Betreiber oft nur eine untergeordnete Relevanz haben (z. B. die Frage, was die Fans am Wochenende machen). Vielmehr kann davon ausgegangen werden, dass diese mit dem Ziel möglichst *vieler* Fanreaktionen erstellt werden. Die Relevanz solcher augenscheinlich „unwichtigen“ Kommentare besteht vielmehr darin, dass durch die virale Verbreitung auch die mit dem Verfasser befreundeten Nutzer mit der Marke in Kontakt kommen. Bei Werbebannern konnte nachgewiesen werden, dass die Aufforderung zum Klicken die Klickhäufigkeit beeinflusst (Johannsen 2002; Jarchow 1999). Somit kann davon ausgegangen werden, dass sich dieser Effekt auch bei den hier untersuchten Beiträgen widerspiegelt. Grundsätzlich können sich die Aufforderungen darin unterscheiden, ob sie zum Erstellen von Likes,

Kommentaren oder beidem aufrufen. Auf diese Besonderheit wird der Einfachheit halber verzichtet.

H4a: Beiträge mit Aufforderungen zu Reaktionen werden häufiger geliked als Beiträge ohne Aufforderungen.

H4b: Beiträge mit Aufforderungen zu Reaktionen werden häufiger kommentiert als Beiträge ohne Aufforderungen.

Wie eingangs erwähnt, wirken Beiträge nur sehr kurzzeitig. Dies ist möglicherweise dadurch begründet, dass die Beiträge auf der Startseite nur eine kurze Zeit nach der Erstellung gut sichtbar sind. Generell gilt, dass Nutzern die neueren Beiträge weiter oben dargestellt werden als ältere (die genaue Reihenfolge kann allerdings beeinflusst werden). Bereits wenige Stunden nach der Erstellung kann ein Beitrag, je nach Aktivität des Netzwerkes des Nutzers, durch andere Beiträge und/oder Statusinformationen von den gut sichtbaren Rangplätzen auf untere verdrängt werden. Somit ist davon auszugehen, dass Beiträge insbesondere dann besonders starke Reaktionen hervorrufen, wenn sie zu einem Zeitpunkt publiziert werden, zu welchem die Fans online sind. Dann ist die Wahrscheinlichkeit höher, dass diese gut sichtbar und im oberen Bereich präsent sind. Informationen über die Zahl der Fans, welche zur Beitragserstellung online sind, liegen jedoch nicht vor. Dennoch ist anzunehmen, dass weniger Nutzer während den gängigen Arbeitszeiten online und im Netzwerk aktiv sind, als zu den Abendstunden. Dies ist dadurch begründet, dass einige Arbeitgeber die private Nutzung sozialer Netzwerke während der Arbeitszeit verbieten (CISCO 2010). Zudem verzeichnen Fanpages der Automobilbranche in den Abendstunden ein erhöhtes Fanwachstum (Ivens/Rauschnabel 2011). Obwohl die Facebook-Nutzung während der Arbeitszeit dennoch von einigen Arbeitgebern toleriert wird, und auch Schüler und Studenten

Facebook nutzen, werden erhöhte Nutzerreaktionen dennoch in den Abendstunden postuliert:

H5a: Beiträge, die abends erstellt werden, werden öfter geliked als Beiträge zu anderen Tageszeiten.

H5b: Beiträge, die abends erstellt werden, werden öfter kommentiert als Beiträge zu anderen Tageszeiten.

3 Untersuchungsdesign

3.1 Untersuchte Fanpages

Bei der Wahl der untersuchten Seiten wurde auf Automobilhersteller zurückgegriffen. Der Fokus wurde auf deutschsprachige Seiten gelegt, um den Einfluss der Tageszeit genau messen zu können. Bei internationalen Seiten könnten diese Effekte durch die internationale Struktur der Fans und der Zeitverschiebung verzerrt werden. Die Wahl von Automobilseiten ist dadurch begründet, dass diese Branche im Kontext der aktuellen Forschung zu Onlinemarketing und Weiterempfehlung Beachtung findet (Silberer/Pfrang 2011), die Relevanz der Erkenntnisse in der Praxis erkannt wurde (Thunig 2011) und innovative Kommunikationsformen in der Automobilbranche aufgrund der gegenwärtigen Marktentwicklungen besonders wichtig sind (Littich/Zimmermann 2010).

Um eine ausreichend große Anzahl an Beiträgen zu erlangen, wurden mehrere Automobilmarken untersucht. In die Untersuchung einbezogen wurden nur Seiten, welche eindeutig als offizielle Seiten identifiziert werden konnten und mindestens 45 verwertbare Beiträge aufwiesen. Tabelle 1 gibt einen Überblick über die untersuchten Beiträge.

Marke	Analysierte Beiträge (N)	Analysezeitraum der Beiträge*	Durchschnittliche Anzahl an Likes	Durchschnittliche Anzahl an Kommentaren
Opel	129	01.09.2010 – 22.03.2011	59,23 (SD=43,29)	10,36 (SD=10,21)
Lexus	46	01.09.2010 – 22.03.2011	75,85 (SD=34,47)	12,89 (SD=9,69)
BMW	99	01.08.2010 – 22.03.2011	271,77 (SD=239,80)	34,47 (SD=46,48)
Audi	95	01.09.2010 – 22.03.2011	328,23 (SD=346,21)	44,67 (SD=64,35)
*variiert, da die Seiten unterschiedlich alt sind und frühere Beiträge von den Fanreaktionen deutlich abweichen. ** SD = Standardabweichung				

Tabelle 1: Analysierte Seiten und Beiträge

3.2 Operationalisierung

Die abhängigen Variablen der Untersuchung sind die Anzahl an Likes und Kommentaren je Beitrag. Zu jedem analysierten Beitrag wurden diese Werte manuell erfasst. Berücksichtigt wurden dabei nur Beiträge, welche bereits mindestens vier Tage existierten. Zudem wurden die neuesten Beiträge je Marke später erneut analysiert und ggf. aktualisiert. Nennenswerte Zuwächse gab es jedoch nicht. Um Effekte unterschiedlicher Fanzahlen der Seiten zu berücksichtigen, wurden für die Kommentare und Likes Indizes je Marke gebildet; hierzu wurde die Anzahl an Likes bzw. Kommentaren jeweils durch den Mittelwert der Likes bzw. Kommentare der entsprechenden Marke dividiert. Ein Index-Score von 1 entspricht somit einer durchschnittlichen Fanreaktion, Werte darüber deuten auf über- und Werte darunter auf unterdurchschnittlich starke Reaktionen hin. Durch diese Skalierung werden Einflüsse der Marke – und somit auch der Anzahl an Fans der Seiten – kontrolliert. Dennoch wird diese Herangehensweise im Rahmen der Limitationen erneut aufgegriffen und ein – wenn auch deutlich aufwändigerer - Alternativvorschlag gegeben.

Die Größe des Beitrags wurde über die Anzahl an Pixeln gemessen. Hierzu wurde mit dem Programm „MeasureIt" die Höhe aller Beiträge manuell abgemessen. Um Fehler durch die Auflösung und Darstellungseigenschaften zu kontrollieren, wurden die Messungen nur an einem PC durchgeführt, da unterschiedliche Einstellungen der Grafikkarten die Anzeige – wenn auch nur gering – beeinflussen können. Die Messung erfolgte auf +/- 5 Pixel genau. Die Werte wurden von einer zweiten Person kontrolliert, um die Gefahr von Messfehlern zu minimieren.

Der Anteil an Text in einem Beitrag wurde über die Anzahl an Buchstaben in Relation zur Fläche gemessen. Im Rahmen der Werbewirkungsforschung wird zur Messung des Einflusses des Textanteils meist auf die Anzahl an Wörtern zurückgegriffen. Es scheint jedoch plausibel, aufgrund von Abkürzungen und Smilies in den Texten hier jedoch die Anzahl an Buchstaben heranzuziehen. Generell sind bei Facebook nur Texte bis rund 340 Buchstaben vollständig sichtbar. Längere Texte können zwar veröffentlicht werden, sind aber nur dann vollständig sichtbar, wenn ein Nutzer ihn aktiv aufruft. Das setzt jedoch ein gewisses Interesse an dem Beitrag voraus. Befindet sich in einem Beitrag ein Link, wird meist ein Vorschautext der verlinkten Seite angezeigt. Als Länge des Textes wurde somit die Summe aller sofort sichtbaren Buchstaben herangezogen.

Die Anzahl an Medien setzt sich aus der Summe der sofort sichtbaren Bilder, Fotos und Videos zusammen. Diese Werte sind aufgrund der Facebook-Einstellungen jedoch begrenzt. Die Anzahl medialer Elemente liegt somit in einem Intervall zwischen 0 und 3.Der Zeitpunkt der Erstellung des Beitrags wurde in mitteleuropäischer Zeit erhoben. Die Uhrzeiten wurden danach wie folgt klassifiziert: morgens (00:00 bis 10:59), mittags (11:00 bis 12:59), nachmittags (13:00 bis 16:59) und abends/nachts (17:00 bis 23:59). Somit decken die Zeitintervalle auch typische Zeiten der Mittagspause (ca. 12 Uhr) und Feierabend (ab ca. 17 Uhr) ab. Von einer feineren Klassifikation in abends und nachts ist aufgrund geringer Fallzahlen abzuraten. Der exemplarische Beitrag in Abbildung 1 wurde nachmittags veröffentlicht und hat eine Länge von 145 Buchstaben, eine Größe von 91.575 Pixel und einen Medienscore von 1. Er wurde 403-mal geliked und 476-mal kommentiert. Daraus resultieren ein Likes-Index von 1,21 und ein Kommentar-Index von 10,64.

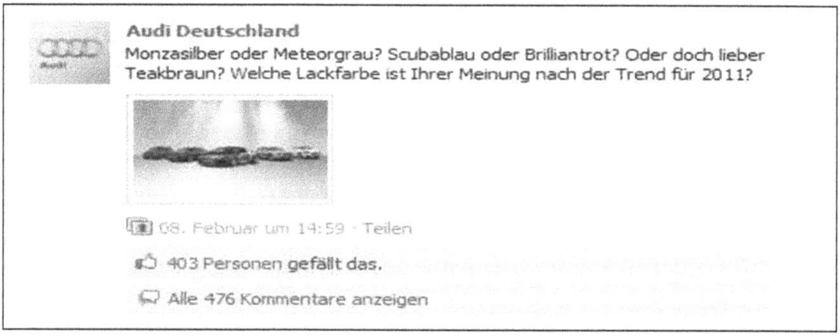

Abbildung 1: Beispielhafter Beitrag

4 Ergebnisse

Die Hypothesen H1 bis H3 wurden mittels einfacher Regressionsanalysen getestet. Tabelle 2 zeigt die standardisierten Regressionskoeffizienten auf.

Wie die Ergebnisse der Hypothese 1 verdeutlichen, besteht ein positiver Einfluss der Beitragsfläche auf die Fanreaktionen, welcher jedoch nur in Bezug auf die Likes (H1a; r=.252; p<.001) und nicht auf die Kommentare (H1b; r=.070; p=.182) signifikant ist. H1a kann somit bestätigt werden, H1b hingegen nicht.

Wie die Ergebnisse der Hypothese 2 verdeutlichen, kann der postulierte negative Einfluss der Textdichte sowohl auf die Likes (H2a; r=-.403;

p<.001) als auch auf die Kommentare (H2b; r=-.306; p<.001) statistisch ermittelt werden. H2a und H2b können somit bestätigt werden.

Nr.	UV	AV	
		a) Likes-Index	b) Kommentar-Index
H1	Fläche	.252** (p<.001)	.070 (n.s.) (p=.182)
H2	Textdichte	-.403** (p<.001)	-.306** (p<.001)
H3	Mediale Elemente	.365** (p<.001)	.178** (p<.001)
N=369; n.s. = nicht signifikant; ** = signifikant p< 1% UV = unabhängige Variable, AV = Abhängige Variable			

Tabelle 2: Standardisierte Regressionskoeffizienten der Hypothesen H1-H3

Der Einfluss der medialen Elemente der Beiträge wurde in Hypothese 3 getestet. Auch hier können sowohl H3a (r=.365; p<.001) als auch H3b (r=.178; p<.001) bestätigt werden.

Die übrigen Hypothesen werden mittels einfaktoriellen Varianzanalysen getestet. Tabelle 3 zeigt die Ergebnisse der Tests auf.

Die Hypothesen 4a und 4b können ebenfalls beide bestätigt werden. Aufforderungen an die Nutzer, bspw. durch gezielte Fragen, wirken sich positiv auf die Anzahl an Likes (Eta=.204; p<.001) und Kommentaren (Eta=.411; p<.001) aus. Die deutlich stärkere Wirkung der Aufforderung auf die Kommentare ist wohl dadurch begründet, dass Fans oft nach ihrer Meinung gefragt wurden (siehe bspw. in Abbildung 1).

H5a und H5b können nicht bestätigt werden. Wie die Ergebnisse zeigen, gibt es sowohl für die Likes, als auch für die Kommentare zu früheren Tageszeiten stärkere Reaktionen. Die F-Tests weisen zudem keine generellen Einflüsse der Uhrzeit auf die Likes (p=.943) bzw. die Kommentare (p=.855) nach. An dieser Stelle ist bereits anzumerken, dass das hypothesenrelevante Zeitintervall abends/nachts besonders lang ist und zudem nur aus recht wenigen Werten (N=50) besteht. Dennoch deuten die Mittelwerte darauf hin, dass morgens und mittags veröffentlichte Beiträge überdurchschnittlich häufig geliked werden, die später erstellten hingegen überdurchschnittlich häufig kommentiert werden. Diese Aussagen sind aufgrund der geringen Stichprobengrößen und der minimalen Unterschiede jedoch nur unter Vorbehalt gültig.

Nr.	UV	Ausprägung	AV			
			a) Likes-Index		b) Kommentar-Index	
H4	Auffor-derung	Nein (N=319)	M= .93 (SD=.78)	F(368)=15.881 p<.001 Eta=.204	M=.80 (SD=.79)	F(368)=88.42 p<.001 Eta=.411
		Ja (N=50)	M=1.43 (SD=1.05)		M= 2.29 (SD=2.02)	
H5	Uhrzeit	morgens (N=79)	M=1.04 (SD=0.69)	F(368)=0.128 p=.943 Eta=.032	M=0.99 (SD=0.87)	F(368)=0.259 p=.855 Eta=.046
		mittags (N=72)	M=1.01 (SD=0.93)		M=0.90 (SD=0.81)	
		nachmittags (N=168)	M=0.98 (SD=0.89)		M=1.04 (SD=1.40)	
		abends/nachts (N=50)	M=0.97 (SD=0.71)		M=1.02 (SD=1.14)	

Tabelle 3: Varianzanalysen der Hypothesen H4 und H5

Die Ergebnisse deuten darauf hin, dass die Erkenntnisse der Werbewirkungsforschung weitestgehend auch auf die Fanreaktionen auf Beiträge übertragbar sind: Große Beiträge mit einem geringen Textanteil und medialen Elementen erzielen stärkere Reaktionen als kleine Beiträge mit hoher Textdichte. Ebenfalls wird ersichtlich, dass die Effekte von H1 bis H3 auf die Likes stärker sind als auf die Kommentare. Dies ist möglicherweise dadurch begründet, dass ein „Like“ im Gegensatz zu einem Kommentar eher impulsiv abgegeben wird. Es ist ferner auch davon auszugehen, dass es zur Kommentierung eines Beitrags eines überdurchschnittlichen Fan-Involvements bedarf. Solch besonders stark involvierte

Fans suchen möglicherweise aktiv nach Informationen und konzentrieren sich deshalb stärker auf die Inhalte der Beiträge als auf deren spontanes Erscheinungsbild.

5 Limitationen und Implikationen für Forschung und Praxis

Nach Wissen der Autoren wurden die Einflussfaktoren auf Fanreaktionen bei Facebook bis dato noch nicht wissenschaftlich untersucht. Dieser Beitrag stellt somit einen Ansatz dar, diese äußerst praxisrelevante Forschungslücke zu schließen. Aufgrund des betretenen „Neulands" ist diese Studie mit einigen Limitationen behaftet, die an dieser Stelle dargelegt werden sollen.

An erster Stelle ist anzumerken, dass es sich bei dieser Studie um eine Analyse von reinen Beobachtungsdaten handelt. Zwar können hier Nachteile klassischer Befragungen wie bspw. Antwortfehler, Reaktanzen oder soziale Erwünschtheit vermieden werden, jedoch basieren die Herleitungen der Hypothesen lediglich auf Vermutungen. Die wahren Hintergründe für die ermittelten Zusammenhänge konnten im Rahmen dieser Studie nicht validiert werden. In Folgeuntersuchungen könnte die Fragestellung mittels anderer Verfahren, bspw. einer Kombination aus Eyetracking und Befragung, untersucht und dabei auch stärker auf die in Kapitel 2 beschriebenen Modelle eingegangen werden. Zudem könnten moderierende Faktoren wie bspw. das Markeninvolvement oder -vertrauen miteinbezogen werden. Denkbar wäre es, dass bei einer hohen Ausprägung dieser Konstrukte, die in dieser Studie gemessenen Effekte, abgeschwächt werden. Durch die Integration von Persönlichkeitsfaktoren in Folgeuntersuchungen könnte das Nutzerverhalten noch detaillierter untersucht werden. Bspw. könnte überprüft werden, ob extrovertierte Personen überdurchschnittlich oft Kommentare erstellen oder introvertierte Fans das Liken bevorzugen. Ferner sollten die Beiträge auch inhaltlich bewertet werden. Eine sinnvolle Klassifikation erwies sich in dieser ersten Studie als schwierig und aufgrund der begrenzten Anzahl an Beiträgen und deren hoher inhaltlicher Varianz als wenig erfolgsversprechend.

Ferner wurden nur lineare Zusammenhänge unterstellt und deren Einfluss einzeln geschätzt. In der Forschung zur Werbewirkung wurden jedoch auch nicht-lineare Zusammenhänge nachgewiesen, bspw. zwischen der Anzeigengröße und der Aufmerksamkeit. In Folgestudien sollten daher auch nicht-lineare Zusammenhänge berücksichtigt werden. Über eine simultane Schätzung könnten ferner noch Interaktionseffekte zwischen den Einflussfaktoren ermittelt werden.

Bei den Einflussfaktoren wurde zudem ein wesentlicher Faktor nicht miteinbezogen: Die Anzahl an Fans zum Zeitpunkt der Beitragserstellung und kurz danach. Diese Limitation musste in Kauf genommen werden, da diese Zahlen aus der Vergangenheit nicht verfügbar waren. Auch eine Schätzung dieser Werte erwies sich als schwierig und ungenau, da Facebook-Seiten, bedingt durch Werbeaktionen, oft auch nicht-linearen Wachstumsverläufen unterliegen. Aufgrund mangelnder Erfahrungswerte scheint eine solche Schätzung sehr gewagt. Folgestudien sollten deshalb die jeweiligen Seiten monitoren, das bedeutet, in regelmäßigen Abständen die Anzahl an Fans abfragen und dokumentieren. Die Facebook-Schnittstelle Open Graph ermöglicht dies. Zudem könnten weitere Wirkungstreiber der Werbewirkungsforschung mitein-bezogen werden, bspw. die Inhalte der medialen Elemente oder die visuelle Komplexität (letzteres untersuchten bspw. Tuch et al. (2009) am Beispiel von Websites). Kritisch anzumerken ist auch die Tatsache, dass der Medienscore Unterschiede in der Größe der medialen Elemente nicht berücksichtigt.

Folgestudien könnten die Größen ebenfalls miteinbeziehen und die Elemente auch inhaltlich bewerten.

Wie Studien mit praktischem Hintergrund zeigen, wirken sich zu häufige Kommunikationsaktivitäten negativ auf die Fanzahlen aus. Ein Zusammenhang zwischen der Beitragsfrequenz und den Reaktionen ist daher auch zu vermuten (Thunig 2011). Hierzu mangelt es bei den betrachteten Beiträgen gegenwärtig noch an einer ausreichenden Varianz.

Letztendlich basieren die Auswertungen nur auf einer begrenzten Anzahl an Beiträgen weniger Marken innerhalb einer Branche. Folgestudien sollten in unterschiedlichen Produkt- und Dienstleistungskategorien repliziert werden.

Trotz der Limitation ergeben sich auch für die Praxis zahlreiche Implikationen wie die Kommunikation über Facebook effektiv gestaltet werden kann. Primär gilt es, Beiträge mit einem geringen Textanteil, vielen medialen Inhalten und idealerweise konkreten Fragen zu publizieren. Informationen darüber, zu welchen Zeiten die jeweiligen Fans der Marke in Facebook aktiv sind, können ebenfalls hilfreich sein. Zwar wurden keine generellen Zusammenhänge nachgewiesen, doch zeigt sich in der Praxis, dass außerhalb der typischen Arbeitszeiten kaum Beiträge publiziert wurden. Sollte sich bspw. herausstellen, dass die relevante Zielgruppe Facebook erst in den späten Abendstunden nutzt, so könnte diese Erkenntnis die Wirksamkeit der Kommunikation dennoch beeinflussen. Seitenbetreiber könnten erste Hinweise darauf bereits durch die Entwicklung der Views in den Abendstunden bekommen.

Entsprechende Umfragen unter den Fans könnten über Beiträge verbreitet, und so wichtige Insights über die aktive Zielgruppe generiert werden. Sollten sich dabei demographische Unterschiede feststellen lassen, könnten Seitenbetreiber von ihrer Möglichkeit Gebrauch machen, Beiträge nur an bestimmte soziodemographisch abgrenzbare Fansegmente zu senden. Ferner könnten die in dieser Studie noch unbeantworteten Fragestellungen so möglicherweise erforscht werden.

Literatur

Barnes, N. G. (2010): The Fortune 500 and Social Media, Working Paper des Center for Marketing Research der University of Massachusetts Dartmouth.

Borle, S.; Dholakia, U. M.; Singh, S. S.; Durham, E. (2011): The Impact of Facebook Fan Page Participation on Customer Behavior, Forthcoming.

Burmann, C. (2010): A call for User-Generated Branding, in: Journal of Brand Management, Vol. 18, No. 1, pp. 1-4.

Burmann, C.; Arnhold, U. (2009): User Generated Branding, Münster.

Busby, E.; Field, D.; Forth, P.; Harsaae, J.; Rose, J.; Salha, H. (2010): The CMO's Imperative, Boston.

Casteleyn, J.; Mottart, A.; Rutten, C. (2009): How to use Facebook in your market research, in: International Journal of Market Research, Vol. 51, No.4, pp. 439-447.

CFMR (2009): 2010 Media Planning Intelligence Study, USA.

CISCO (2010): Studie zeigt: Verbot von Social Media Anwendungen in jedem zweiten Büro in Deutschland, URL: http://www.cisco.com/web/DE/presse/meld_2010 /16-04-2010-studie_zeit.html; letzter Abruf am 24.03.2011.

Eisend, M.; Küster-Rohde, F. (2008): Soziale Netzwerke im Internet, in: Marketing Review St. Gallen, 25. Jg., H. 5, S. 12-15.

Engel, J.F.; Blackwell, R. D.; Miniard, P.W. (1993): Consumer Behavior, 8. Aufl., Fort Worth.

Fox, C.; Reynolds, A.; Weibelzahn, S.; Li, J. (2010): Face the Facts, Working paper des National College of Ireland.

Frey, L.; Rauschnabel, P. A.; Praxmarer, S. (2011): Facebook-Fanpages als Marketinginstrument, Working-Paper der Uni Bamberg, Forthcoming.

Fritz, W.; Kempe, M.; Hauser, A. (2007): Werbewirkung von Layer-Ads, in: Vielfalt und Einheit in der Marketingwissenschaft, Hrsg.: Bayón, T.; Herrmann, A.; Huber, F., Wiesbaden, S. 279-303.

Gjoka, M.; Kurant, M.; Butts, C. T.; Markopoulou, A. (2010): Walking in Facebook, in: Proceedings of IEEE INFOCOM 2010, pp. 1-9.

Hennig-Thurau T.; Gwinner K. P.; Walsh G.; Gremler D. D. (2004): Electronic Word-of- Mouth via Consumer-Opinion Platforms, in: Journal of Interactive Marketing, Vol. 18, No. 1, pp. 38-52.

Hofer, N.; Schweiger, G.; Schießl, M. (2008): Aufmerksamkeitsleistung von Anzeigen in den Gelben Seiten, in: Transfer - Werbeforschung und Praxis, 54. Jg., H. 1, S. 8-24.

Ivens, B. S.; Rauschnabel, P. A. (2011): Fan-Insights , in: Beiträge des Onlinemarketingforums am 4. Mai 2011, Düsseldorf.

Jarchow, C. (1999): Werbebanner im World Wide Web , in: Planung und Analyse, 26. Jg., H. 2, S. 45-47.

Johannsen, N. (2002): Banner-@dvertising, Wiesbaden.

Levis (1898): La doctrine du sacrifice dans les Brâhmanas, Paris.

Littich, M.; Zimmermann, L. (2010): Erlebniskommunikation, in: Marketing Review St. Gallen, 27. Jg., H. 3, S. 26-31.

Mayerhofer, W.; Hütten, B.; Schimpl, B. (2004): Einflussfaktoren auf die Aufmerksamkeitsleistung von Anzeigen, in: Transfer - Werbeforschung und Praxis, 49. Jg., H. 3, S. 24-27.

Morpace (2010): Is Facebook an effective marketing tool for retailers to influence consumer purchase decisions?, URL: http://www.morpace.com/Omnibus-Reports/Omnibus%20 Report-Facebooks%20Impact %20on%20Retailers.pdf.

Nielsen (2009): Nielsen Global Online Consumer Survey Trust, Value and Engagement in Advertising, URL: http://nielsen.com /nielsenwire/wp-content/uploads/2009/07/trustinadvertising0709.pdf.

Park, N.; Kee Kerk F.; Valenzuela, S. (2009): Being Immersed in Social Networking Environment, in: CyberPsychology and Behavior, Vol. 12, No. 6, pp. 729-733.

Pieters, R.; Wedel, M.; Batra, R. (2010): The stopping power of advertising, in: Journal of Marketing, Vol. 74, No. 5, pp. 48-60.

Peluchette, J.; Karl, K. (2010): Examining Students' Intended Image on Facebook: "What Were They Thinking?!", in: Journal of Education for Business, Vol. 85, No. 1, pp. 30-37.

Petty, R. E.; Wegener, D. T. (1999): The Elaboration Likelihood Model, in: Dual Process Theories in Social Psychology, Eds.: Chaiken, S.; Trope, Y., New York, pp. 41-72.

Pieters, R.; Wedel, M. (2004): Attention capture and transfer in advertising, in: Journal of Marketing, Vol. 68, No. 2, pp. 36-50.

Poynter, R. (2008): Facebook: The future of networking with customers, in: International Journal of Market Research, Vol. 50, No. 1, pp. 11-12.

Rehorn, J. (1989): Größe zahlt sich aus. Zur Werbewirkung unterschiedlicher Anzeigen-Formate, in: Marketing Journal, No. 2, pp. 157-162.

Rossiter, J.R.; Percy, L. (1997): Advertising Communications and Promotion Management, Boston.

Silberer, G.; Pfrang, T. (2011): Empfehlungsservices auf PKW-Websites, in: Transfer - Werbeforschung und Praxis, 57. Jg., H. 1, S. 44-52.

Strand, John L. (2011): Facebook: Trademarks, Fan Pages, and Community Pages, in: Intellectual Property and Technology Law Journal, Vol. 23, No. 1, pp. 10-13.

Sundaram, D. S.; Mitra, K.; Webster, C. (1998): Word-of-Mouth Communications, in: Advances in Consumer Research, Vol. 25, No. 1, pp. 527-531.

Thunig, C. (2011): Vier bis sechs Postings sind ideal, in: Absatzwirtschaft, H. 4, S. 42.

TomorrowFocus Media (2010): Click Effects 2010 - TomorrowFocus Media.

Trusov, M.; Bodapati, A. V.; Bucklin, R. E. (2010): Determining Influential Users in Internet Social Networks, in: Journal of Marketing Research, Vol. 73, No. 5, pp. 90-102.

Tuch, A.N.; Bargas-Avila, J. A .; Opwis, K.; Wilhelm, F.H. (2009): Visual complexity of websites, in: Human-Computer Studies, Vol. 67, No. 9, pp. 703-715.

Von Vietinghoff, C. (2010): Social Media Marketing/ Monitoring in deutschen Unternehmen, Hrsg: Pepper GmbH; Univ. Augsburg; Prof. Gierl & BIG Group; München, Berlin, Augsburg.

Wise, K.; Alhabash, S.; Park, H. (2010): Emotional Responses During Social Information Seeking on Facebook, in: CyberPsychology and Behavior, Vol. 13, No. 5, pp. 555-562.

Zhang, J.; Sung, Y.; Lee, W.-N. (2010): To Play or Not to Play, in: American Journal of Business, Vol. 25, No. 1, pp. 53-64.

Teilnehmercollagen

TEIL III: Markenführung – Effektives und effizientes Management von Marken

Markenarchitekturbildung in der pharmazeutischen Industrie

Christoph Burmann, Christopher Kanitz

Markenarchitekturbildung in der pharmazeutischen Industrie

Stichworte: Markenarchitektur, Markenhierarchie, Markenportfolio, Markenimage, Pharmazeutische Industrie

Abstract:

Die Pharmaindustrie ist mit intensivem Wettbewerb, sinkenden Wachstumsraten und einer geringer werdenden Anzahl innovativer Wirkstoffe konfrontiert. Diese Veränderungen führen dazu, das aktuelle, innovations- und produktorientierte Geschäftsmodell hinsichtlich der zukünftigen Herausforderungen zu hinterfragen. Einer der wichtigsten Faktoren wird die Fähigkeit sein, das gesamte pharmazeutische Markenportfolio gegenüber dem komplexen Nachfragernetzwerk adäquat zu führen. Dies verlangt nach einem systematischen, pharmazeutischen Markenarchitekturansatz. Dieser ist bisher nicht vorhanden. Aus diesem Grund wurde ein allgemeiner Markenarchitekturprozess hergeleitet und auf die Pharmaindustrie übertragen. Basierend auf den hergeleiteten Bewertungskriterien zur Architekturgestaltung, offenbart sich ein umfassender Forschungsbedarf hinsichtlich der quantitativen Bewertung pharmazeutischer Markenarchitekturen.

1 Einleitung

Die Pharmaindustrie ist in einer prekären Situation. Die Wachstumsraten sinken, die Anzahl neuer, innovativer Wirkstoffe ist sehr gering und der Wettbewerb, speziell mit Generikaherstellern, wird intensiver. Im Weiteren wird in den nächsten Jahren eine Vielzahl von Patenten, speziell von Blockbustermedikamenten mit hohen Umsätzen und einer hohen Marktmacht, ablaufen (Illert/Emmerich 2008, S. 23). Das Zeitalter der Blockbustermedikamente scheint vorbei zu sein.

Der vielversprechendste Weg liegt auch im Pharmamarkt im Aufbau starker Marken mit einer spezifischen Markenpersönlichkeit, um zusätzlichen Nutzen zu generieren (Kapferer 1997a, S. 49). Wichtig ist primär, alle Marken gegenüber den verschiedenen Stakeholdern zu koordinieren und zu adressieren (Chailan 2008, S. 255; Rajagopal 2007, S. 27). Dies bedingt einen systematischen, pharmazeutischen Markenmanagementansatz, speziell für die Markenarchitektur. Markenarchitektur umfasst die Struktur des Markenportfolios und die Rollen und Beziehungen aller Portfoliomarken (Aaker 2004, S. 48). Das Markenportfolio umfasst alle relevanten Marken und Submarken des Unternehmens, inklusive möglicher Co-Brandings (Strebinger 2008, S. 15 f.). Überraschenderweise ist der aktuelle Stand der pharmazeutischen Markenforschung ungenügend. Speziell das Konzept der pharmazeutischen Markenarchitekturbildung wurde bisher nicht hinreichend untersucht. Es existieren bisher lediglich zwei Arbeiten hierzu. Während Meissner/Baumgarth (2005a; 2005b) den Status quo der Markenarchitekturen sowie potenzielle Einflussfaktoren analysieren, diskutiert Moss (2007) einen theoretischen Markenarchitekturansatz auf Basis von Kapferer (1997b). Generell ist jedoch weder die allgemeine Markenarchitekturforschung noch die spezifische Forschung zur pharmazeutischen Markenarchitektur konzeptionell und empirisch ausgereift.

Aus diesem Grund wird zunächst ein theoretischer Untersuchungsrahmen für die pharmazeutische Markenarchitekturbildung entwickelt. Er dient als Basis für die spätere empirische Bewertung und Validierung. Zuerst wird ein Überblick über den aktuellen Stand der Forschung gegeben. Im Anschluss wird ein allgemeiner Markenarchitekturprozess entwickelt und auf die Pharmaindustrie angepasst. Außerdem werden Kriterien zur Bewertung der Markenarchitekturoptionen hergeleitet. Der Beitrag schließt mit einer kurzen Ausführung für die geplante Empirie ab.

2 Aktueller Stand der Forschung

Wenige Arbeiten haben sich bisher mit dem pharmazeutischen Markenmanagement befasst. Messgrößen zur Erfolgsmessung wurden bisher lediglich für einzelne Produktmarken, ohne erweiterten Blick auf das Markenportfolio, entwickelt (Tebbey et al. 2009, S. 221 f.). Die Markenerinnerung wurde lediglich im Kontext des Direct-to-Consumer-Advertising (DTCA), der direkten Medikamentenwerbung bei Patienten, untersucht (Ladha 2007, S. 149). Weiterhin wurden Theorien aus dem Konsumgüterbereich auf den Pharmamarkt übertragen (Schuiling/Moss 2004, S. 366 ff.). Ein Medikament steht nur für eine bestimmte Wirksamkeit, eine Marke hat darüber hinaus eine Markenpersönlichkeit. Sie ist dazu in der Lage, dem Arzt als zentraler Anspruchsgruppe zusätzlichen Nutzen zu bieten und dient zur Differenzierung (Kapferer 1997a, S. 43). Die Markenführung, speziell die Markenarchitekturbildung, kann daher zu einem neuen Wettbewerbsvorteil werden.

Die bisher einzigen Arbeiten zur pharmazeutischen Markenarchitektur stammen von Meissner/Baumgarth (2005a; 2005b) und Moss (2007). Meissner/Baumgarth ermittelten in einer Studie, dass pharmazeutische Produktmarken im Verhältnis zu Unternehmensmarken deutlich stärker präsent sind. Dies bestimmten sie im Rahmen einer Analyse von 229 Verpackungen (Meissner/Baumgarth 2005a, S. 20 ff.).

Moss (2007) hingegen diskutiert einen theoretischen Ansatz der Markenarchitekturgestaltung, bestehend aus zwei grundlegenden Dimensionen (vgl. Abbildung 1). Die Dimension *Product differentiation* ist eine produktbezogene Größe und gibt den Grad der Differenzierungsmöglichkeit und der Individualisierung einer Marke an. Diese Individualisierung kann sich auf spezifische Marktgegebenheiten, Zielgruppen und weitere interne und externe Ressourcen beziehen. Ist diese hoch, so handelt es sich um eine Marke mit einem hohen Grad an Individualität und Differenzierung, während eine geringe Ausprägung von einer hohen Austauschbarkeit zeugt (Moss 2007, S. 317). Die zweite Dimension Indicator of Origin ist eine organisationsbezogene Größe und gibt den Grad der Assoziation mit der organisationalen Herkunft der Marke, dem Markeneigentümer, an. Ist diese hoch ausgeprägt, lässt sich ein klarer Bezug zur Herkunft der Marke herstellen. Bei einer niedrigen Ausprägung wird die Marke weitgehend unabhängig von ihrer organisationalen Herkunft wahrgenommen (Moss 2007, S. 318).

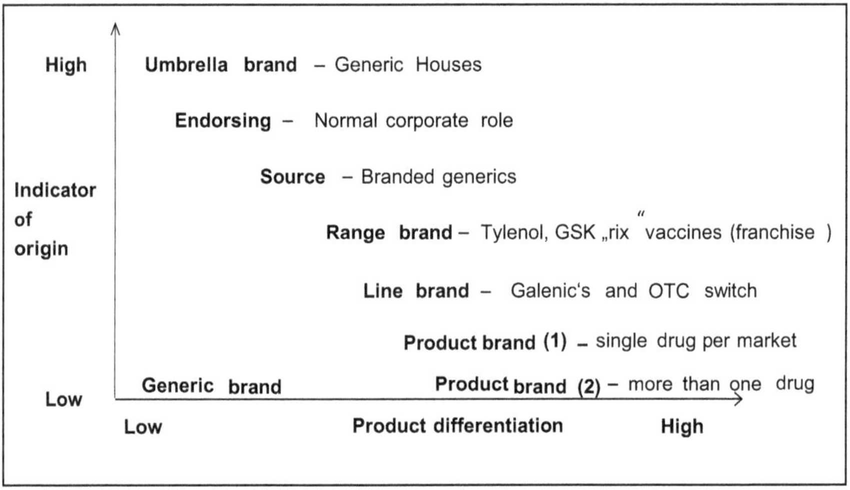

Abbildung 1: Pharmaceutical Brand Strategy Hierarchy
Quelle: In Anlehnung an Moss 2007, S. 319; Kapferer 1997b, S. 187 ff.

Es ist jedoch festzuhalten, dass die zwei Dimensionen des Ansatzes nicht widerspruchsfrei sind. Die Dimension „Indicator of origin" muss nicht zwangsweise ein Indikator für die Stärke einer potenziellen Dachmarke sein, wie auch die Dimension „Product differentiation" nicht zwangsweise ein Indikator für die Stärke der Produktmarke ist (Moss 2007, S. 315 ff.).

Es existiert eine Vielzahl kleiner biopharmazeutischer Unternehmen, die hochinnovativ sind. Diese beschränken sich häufig auf ein spezifisches Indikationsgebiet.

Hier wird die Unternehmensmarke die treibende Kraft innerhalb der Markenhierarchie, da die Breite des Produktportfolios des Unternehmens und das Volumen des Indikationsgebietes oftmals keine starken Produktmarken zulassen und das Unternehmen bereits als Experte in der spezifischen Indikation bekannt ist. Die Ausprägung der Dimension Product Differentiation ist dabei hoch und die Ausprägung der Dimension Indicator of Origin ebenfalls. Diese Option wird von Moss nicht abgedeckt.

Zudem können keine komplexen Markenportfolios abgebildet werden. Zum Pharmaunternehmen Novartis gehört mit Sandoz einer der größten Generikahersteller weltweit. Sandoz hat ebenfalls Tochterunternehmen, wie z.B. Hexal. Hexal als Generikahersteller betont stets die Umbrella brand, während die Originalpräparate unter dem Dach von Novartis als starke Produktmarken positioniert werden. Hexal wirkt demnach als Umbrella brand. Novartis hingegen nicht, da die Produktmarken im Vordergrund stehen. Somit kann Novartis als Gesamtunternehmen im Ansatz von Moss weder als Unternehmen mit Fokus auf die Umbrella brand, noch als Unternehmen mit Fokus auf Produktmarken beschrieben werden. Die Gestaltung der Markenarchitektur komplexer Markenportfolios kann demnach nicht abgebildet werden. Der gleichberechtigte Einsatz von Produkt- und Unternehmensmarke wird ebenfalls ausgeblendet.

3 Herleitung eines allgemeinen Prozesses zur Markenarchitekturbildung

Die relevantesten und am häufigsten zitierten Ansätze der Markenarchitekturforschung wurden analysiert und bewertet (Laforet/Saunders 1994; 1999; 2005; 2007; Aaker 1996; 2004; Meffert/Burmann 1996; Kapferer 1997b; Aaker/Joachimsthaler 2000; Esch/Bräutigam 2001; Bräutigam 2004; Strebinger 2004; 2008; 2010; Goertz 2007; Moss 2007; Treiblmaier/Strebinger 2008; Huber et al. 2009; Muzellec/Lambkin 2009). Auf Basis dessen lässt sich zunächst ein widerspruchsfreies Begriffsverständnis darstellen, welches die Begriffe Markenportfolio, Markenhierarchie und Markenarchitektur klar voneinander abgrenzt (vgl. Tabelle 1).

Begriffe	*Definition*	*Quelle*
Markenportfolio	Gesamtheit aller Marken eines Unternehmens, zu deren Gestaltung das Unternehmen als Markeninhaber oder durch vertragliche Vereinbarung (Lizenz, Allianz) mit dem Markeninhaber berechtigt ist	In Anlehnung an Meffert/Burmann (1996); Aaker/ Joachimsthaler (2000); Aaker (2004)
Gestaltung der Markenhierarchie	Zuordnung der Marken des Portfolios zu den organisationalen Ebenen eines Unternehmens	In Anlehnung an Aaker (1996)
Gestaltung der Markenarchitektur	Entwicklung eines globalen, langfristigen, bedingten Plans zur Ausgestaltung der Beziehungen zwischen den Marken des Markenportfolios und dessen Umsetzung in operative Markenführungsmaßnahmen	In Anlehnung an Aaker (2004); Bräutigam (2004)
Wahrgenommene Markenarchitektur	Die Markenarchitektur aus Sicht externer Anspruchsgruppen, z. B. Nachfrager betrachtet	In Anlehnung an Strebinger (2008)

Tabelle 1: Begriffsabgrenzung

Zudem war es möglich, einen allgemeinen vierstufigen Markenarchitekturprozess abzuleiten: (1) Hierarchisierung des Markenportfolios; (2) Strategische Gestaltung der Markenarchitektur; (3) Übersetzung der Markenarchitektur in Markenstrategien und (4) Erfolgskontrolle.

Die umfassende Bewertung bisheriger Markenarchitekturansätze verlangt nach einer klaren Trennung zwischen Markenhierarchien und der Markenarchitektur. Einige der Ansätze vermischen diese Schritte, was zu einer Vermengung von Hierarchieebenen und Architekturoptionen führt (Kapferer 1997b, S. 187 ff.). Daher werden die Schritte bewusst getrennt. Die *strukturelle* Perspektive der Hierarchisierung des Markenportfolios ist der erste Prozessschritt. Der Ansatz von Aaker (1996) dient hierbei als Grundlage, da er umfassend, widerspruchsfrei und verständlich ist. Grundlage hierfür ist das Markenportfolio, also die Gesamtheit aller angebotenen Marken eines Unternehmens.

Im Anschluss erfolgt mit der *strategischen* Perspektive der zweite Part der Markenarchitekturbildung, in welchem die Grundsatzpositionierung des Gesamtportfolios vorgenommen und der Grad der Verknüpfung der Marken untereinander festgelegt wird (Freter et al. 2002, S. 400 ff.). Die Perspektive der strategischen Gestaltung der Markenarchitektur besteht aus zwei Teilschritten: (1) Handlungsoptionen identifizieren und (2) Handlungsoptionen bewerten und entscheiden. Der Ansatz von Esch/Bräutigam (2001) offenbart einen vollständigen und trennscharfen Ansatz mit konsistenten Architekturoptionen. Doch speziell der zweite Teilschritt, welcher sich auf die Bewertungskriterien bezieht, wurde bisher nicht untersucht. Einige Ansätze integrieren darüber hinaus umsetzungsbezogene Handlungsoptionen in die Markenarchitekturgestaltung (Aaker 2004, S. 48).

Um eine strikte Trennung zwischen Strategie und Umsetzung zu gewährleisten, wurde ebenfalls eine *implementierungsbezogene* Perspektive berücksichtigt. Sie übersetzt die Markenarchitektur in individuelle Markenstrategien. Die Literaturanalyse zeigt, dass sich Arbeiten entweder mit der internen oder der externen Perspektive auseinander setzen (Strebinger 2008, S. 11 ff.). Nur wenige Arbeiten betrachten auch die wahrgenommene Markenarchitektur (Esch/Bräutigam 2001, S. 27 ff.; Strebinger 2004, S. 656). Unter Berücksichtigung des identitätsbasierten Markenführungsansatzes, welcher parallel von Kapferer (1992), Aaker (1996) und Meffert/Burmann (1996) entwickelt wurde, wird der Prozess sowohl eine interne, strategisch orientierte, als auch eine externe, *wirkungsbezogene* Perspektive berücksichtigen. Dies ermöglicht eine kontinuierliche Erfolgskontrolle, welche als vierter Prozessschritt integriert wird (vgl. Abbildung 2).

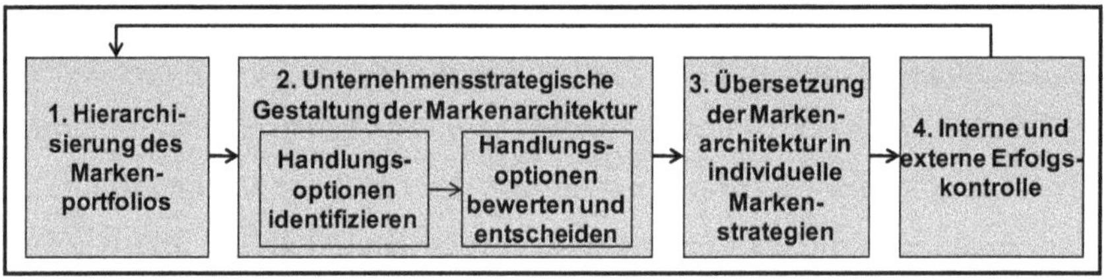

Abbildung 2: Prozess der Markenarchitekturbildung

4 Übertragung des Prozesses der Markenarchitekturbildung auf die Pharmaindustrie

Zunächst wird das fünfstufige Hierarchie-Modell von Aaker (1996) auf die Besonderheiten der Pharmaindustrie angepasst. Für *Unternehmensmarken* ist dies unproblematisch. Pfizer ist ein Beispiel hierfür. Auf der Ebene der *Geschäftsfeldmarke* sind die Ausprägungen heterogener. Es kann sich z. B. um die Unternehmensmarke einer Tochtergesellschaft handeln. Ein Beispiel ist Ratiopharm von Teva. Diese Holding-

Strukturen sind vergleichbar mit der Automobilindustrie, z. B. beim Volkswagen-Konzern (Meffert/Perrey 2005, S. 217 ff.). Apothekenketten oder Pharmagroßhändler sind auch als Geschäftsfeldmarken denkbar.

Eine *Produktgruppenmarke* hat einen medizinischen Bezug, in dem sie über einer Reihe von Produktmarken als Dach steht. Ein Beispiel ist Henning von sanofi aventis, die Dachmarke für die Indikation (Krankheitsgebiet) Schilddrüsenerkrankungen. Im Folgenden werden Marken, welche als Dach über einem spezifischen Indikationsgebiet stehen, als *Indikationsmarken* bzw. bei unterschiedlichen Indikationen, aber gleichem Wirkstoff als *Produktgruppenmarken* bezeichnet. Produktmarken können sich ebenfalls durch Markenerweiterungen zu Produktgruppenmarken entwickeln (Meffert et al. 2012, S. 372 ff.), so z. B. Aspirin von Bayer, dessen Submarken auf dem Wirkstoff Acetyl-Salicyl-Säure (ASS) basieren. Im Gegensatz zur Indikationsmarke können bei dieser Form der Produktgruppenmarke weitere Produktmarken in der gleichen Indikation im Markenportfolio vertreten sein. Außerdem kann die Produktgruppenmarke teilweise in mehreren Indikationen Anwendung finden (Moss 2007, S. 318). *Produktmarken* verfeinern die übergeordnete Hierarchiestufe, um spezifische Produkteigenschaften zu betonen (Aaker 1996, S. 243 f.). Dies ist z. B. bei Aspirin Plus C von Bayer der Fall.

Produktmerkmals-, Device- und Servicemarken stehen für einzelne Bestandteile der Produktmarke bzw. zusätzliche Leistungen und Services, welche sie ergänzen. Im Pharmabereich sind dies primär Geräte (Devices), welche der Verwendung der Medikamente bzw. der Unterstützung der Therapie dienen. Z. B. Insulin-Pens zur Injektion des Insulins, wie der Novopen von Novo Nordisk. Diese Marken können einen signifikanten Effekt auf die Wahrnehmung der Produktmarken haben. Sie sind oftmals die einzig mögliche Visualisierung der Medikamentleistung (vgl. Abbildung 3).

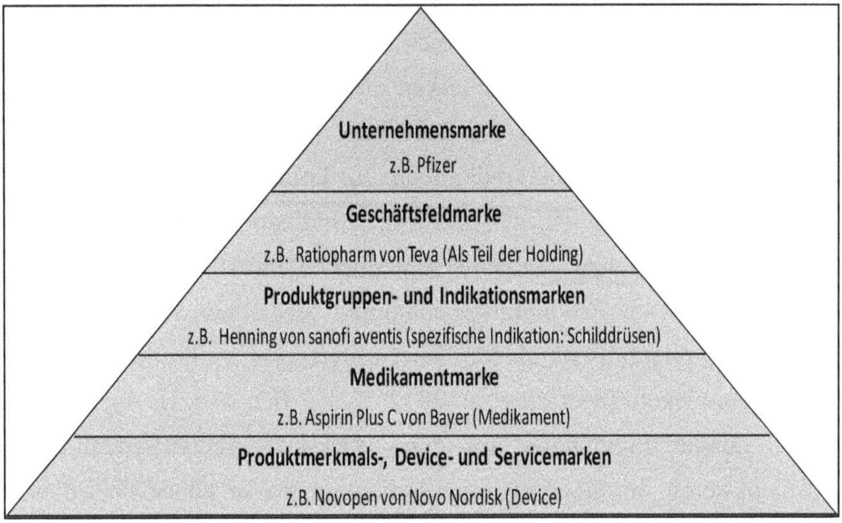

Abbildung 3: Pharmazeutische Markenhierarchie
Quelle: In Anlehnung an Aaker 1996, S. 242 f.

Das Markenhierarchiemodell ist jedoch nicht in der Lage, die Angebotsvielfalt der Pharmaunternehmen adäquat abzudecken. Denn die Heterogenität der Produktmarken ist aufgrund der branchenspezifischen Rahmenbedingungen so groß, dass die verschiedenen Typen von Produktmarken auf einer horizontalen Ebene zusätzlich differenziert werden müssen. Daher wird für den Pharmamarkt eine branchenspezifische Produktmarkentypologie hergeleitet. Hierzu sind die relevanten technischen, rechtlichen und vermarktungsrelevanten Eigenschaften der Präparate zu unterscheiden. Als erstes ist die *Wettbewerbsstellung* zu betrachten.

Es existieren Originalpräparate und generische Medikamente. Originalpräparate genießen für einen begrenzten Zeitraum Patentschutz und damit Exklusivität der Vermarktung des Wirkstoffes. Im Weiteren ist der *Rechtsstatus* der Medikamente ein relevantes Kriterium. Es existieren verschreibungspflichtige Medikamente, welche nur nach Rezeptausstellung ausgegeben werden und nicht verschreibungspflichtige Medikamente (Over-the-Counter: OTC), die ohne Rezept erworben werden können (Chandler/Owen 2002, S. 386). Für die Verschreibungsentscheidung des Arztes äußerst relevant ist der *Erstattungsstatus* des Medikamentes aufgrund strikter werdender Budgetrestriktionen (Illert/Emmerich 2008, S. 25; Tebbey et al. 2009, S. 221 f.).

Eine weitere rechtliche Hürde liegt in der *Apothekenpflicht*. Es existieren Medikamente, welche ausschließlich über Apotheken vertrieben werden und andere, welche frei verkäuflich sind. Vermarktungsrelevant ist im Weiteren die *Eigentümerstruktur*. Durch steigende Forschungsausgaben hat der Anteil an Forschungsallianzen deutlich zugenommen (DiMasi et al. 2003, S. 151 ff.; Goncalves/Goncalves 2008, S. 69 ff.). Wirkstoffe werden in diesem Fall nach der Zulassung von zwei oder mehr Unternehmen vermarktet, teilweise unter der gleichen Produktmarke, teilweise unter verschiedenen Produktmarken (Schuiling/Moss 2004, S. 377 f.).

Eine letzte Determinante, welche bisher in der Literatur nur wenig Berücksichtigung fand, betrifft die *Marktstufe*. Vermarktungsrelevant ist, ob das Medikament bereits am Markt oder noch in der Entwicklung ist. In den verschiedenen Phasen der klinischen Studien werden bereits Ergebnisse kommuniziert. Daher erhalten medizinische Adressaten, z. B. Ärzte, bereits frühzeitig Informationen über die physisch-funktionalen Eigenschaften des Wirkstoffes (DeKoven et al. 2008, S. 303). Zu diesem Zeitpunkt ist das Unternehmen noch nicht dazu berechtigt, einen Markennamen zu vergeben, jedoch werden Studienergebnisse unter dem International Nonproprietary Name (INN) veröffentlicht (WHO 2011). Das Konzept des Target Product Profile (TPP) dient dazu, den Wert eines zukünftig zu vermarktenden Medikamentes bereits in der Phase der Forschung und Entwicklung zu kommunizieren (Tebbey/Rink 2009, S. 301 f.).

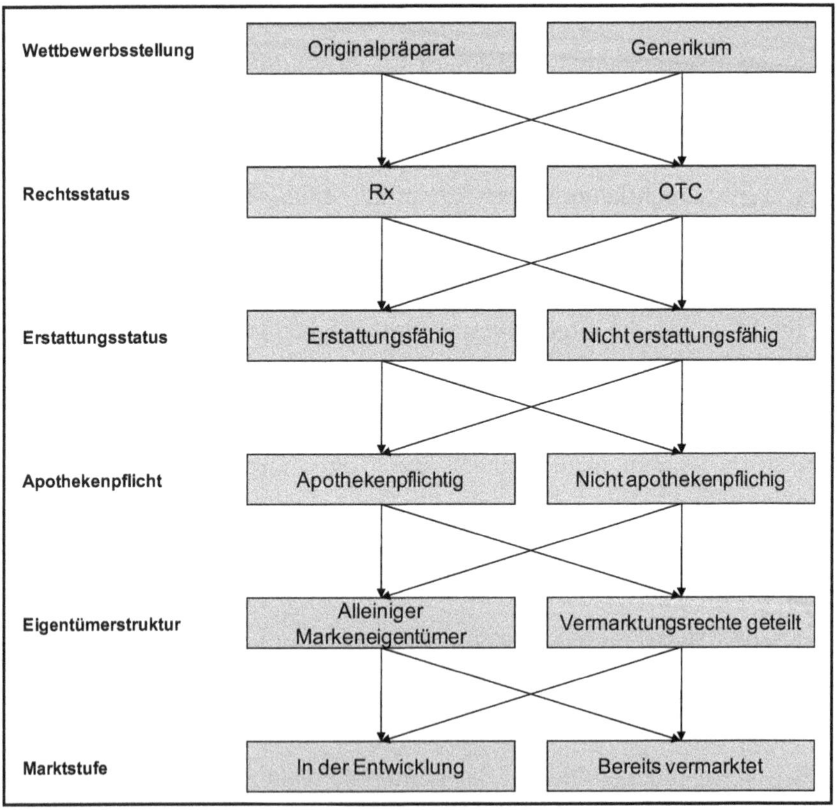

Abbildung 4: Pharmazeutische Produktmarkentypologie

Auf Grundlage der Darstellung der physisch-funktionalen Nutzenkomponenten kann das noch nicht zugelassene Medikament bereits als „Nutzenbündel mit spezifischen Merkmalen (…), die dafür sorgen, dass sich dieses Nutzenbündel gegenüber anderen Nutzenbündeln, welche dieselben Basisbedürfnisse erfüllen, aus Sicht relevanter Zielgruppen nachhaltig differenziert“ (Burmann et al. 2003, S. 3), und damit als Marke, bezeichnet werden.
Diese Methode wird auch als „Prephase-Marketing“ bezeichnet und erhöht die Bekanntheit bei der Zielgruppe äußerst schnell. Rechtlich wichtig ist die Betonung des aktuellen Forschungsstandes, ohne explizit dass noch nicht zugelassene Medikament zu bewerben. Daher sind Medikamente in der Entwicklung ebenfalls als Marken zu betrachten (vgl. Abbildung 4).
Im zweiten Schritt werden mögliche Handlungsoptionen der Markenarchitekturgestaltung diskutiert. Das Integrationskontinuum beschreibt die beiden Extrema alternativer Markenarchitekturoptionen. Während in einer House of Brands Architektur jede einzelne Produktmarke seinen Markteinfluss maximiert, wird die Dachmarke in einer Branded House Architektur zum primären bzw. dominierenden Treiber. Die beschreibende Submarke nimmt eine zu vernachlässigende Rolle ein (Aaker/Joachimsthaler 2000, S. 106 ff.). Im Gegensatz zum Ansatz von Aaker (2004) sollten bei den Handlungsoptionen zwischen den Extrema die drei Optionen Endorsed Brands, Co-Drivers und Subbrands berücksichtigt werden. Da die Überschneidungen gering sind, können sowohl die Endorsed Brands als auch die Subbrands Architektur jeweils in zwei Optionen untergliedert werden (vgl. Abbildung 5).

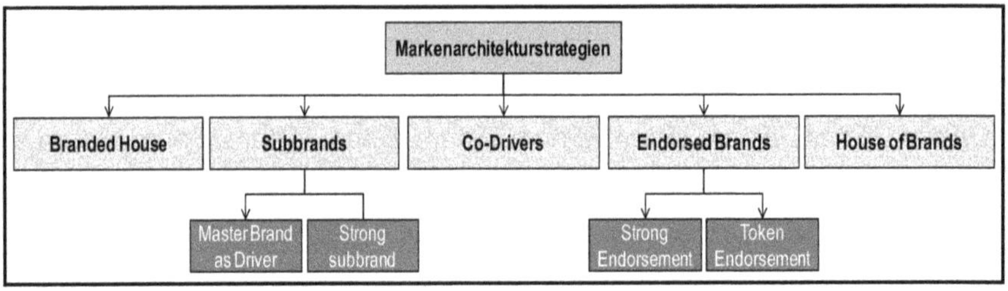

Abbildung 5: Markenarchitekturoptionen
Quelle: In Anlehnung an Aaker 2004, S. 48.

Im Pharmamarkt lassen sich unterschiedliche Markenarchitekturen identifizieren. Generikahersteller nutzen in der Regel eine Branded House Architektur mit einer starken Unternehmensmarke, da auf der Produktebene kaum Differenzierungspotenzial besteht. Originalhersteller mit hochinnovativen, patentgeschützten Originalpräparaten haben einen starken Produktmarkenfokus (House of Brands Architektur). Während eine starke Produktmarke Differenzierung in einem spezifischen Indikationsgebiet ermöglicht, profitieren hierarchisch untergeordnete Marken aufgrund des Transfereffektes von einer starken Unternehmensmarke (Aaker/Joachimsthaler 2000, S. 118 f.). Eine starke Produktmarke kann, auf den Pharmamarkt übertragen, speziell medikamentspezifische Vorteile adressieren. Eine starke Unternehmensmarke ist strategischer und langfristiger orientiert und steht für Kontinuität und Konsistenz. Jedoch besteht das Risiko, dass negative Forschungsergebnisse zu einem Imageverlust der Unternehmensmarke und einem negativen Transfer auf das Markenportfolio führen. Indikationsmarken, welche bisher kaum vorhanden sind, könnten diesen Effekt reduzieren. So kann das Unternehmen durch Indikationsmarken ein klares Kompetenzprofil signalisieren und medizinische Vorteile vermitteln, jedoch das Risiko des negativen Imagetransfers senken.

Außerdem wird immer wichtiger, auf welcher Basis Architekturentscheidungen überhaupt getroffen werden sollten. Daher sind relevante und trennscharfe Kriterien herzuleiten, welche eine unternehmensindividuelle Architektur-Bewertung ermöglichen. In Anlehnung an den identitätsbasierten Markenführungsansatz werden externe und interne Kriterien unterschieden (Burmann/Spickschen 2004, S. 39). Dies hat den Vorteil, dass neben der externen Marktsicht auch die interne Ressourcensicht des Unternehmens in den Prozess der Markenarchitekturgestaltung integriert wird. Dieses Vorgehen basiert auf dem Competence-based View, welcher neben dem Markt auch die internen Fähigkeiten und Kompetenzen des Unternehmens in strategische Entscheidungen mit einbezieht (Meffert et al. 2012, S. 240 f.).

Das erste interne Kriterium umfasst die interne Akzeptanz der Mitarbeiter. Ein gemeinsames Brand Commitment und markenkonformes Mitarbeiterverhalten (Brand Citizenship Behavior) ist für das gesamte Markenportfolio notwendig (Piehler 2011, S. 303 ff.). Das zweite Kriterium basiert auf der Portfoliotheorie von Markovitz (1952) und umfasst den Risikoausgleich. Die Theorie besagt, dass die Diversifikation das idiosynkratische (individuelle) Risiko und damit auch das Gesamtrisiko des Portfolios senkt (Markovitz 1952, S. 77 ff.). Das dritte interne Kriterium sind die Ressourcenanforderungen. Speziell House of Brands Architekturen mit verschiedenen Produktmarken induzieren meist hohe Markenführungskosten (Aaker/Joachimsthaler 2000, S. 106 f.). Bei den externen Kriterien ist primär die Akzeptanz der externen Anspruchsgruppen von Relevanz. Dies ist speziell im Pharmamarkt aufgrund des komplexen Nachfragernetzwerkes bestehend aus Ärzten, Patienten, Apotheken, Krankenhäusern und Kostenträgern, wie z.B. Krankenkassen, erfolgskritisch (European Commission 2008). Das Kriterium Marktpotenziale determiniert, ob ein Segment mit einer zusätzlichen Produktmarke adressiert werden sollte. Das letzte Kriterium der strategischen Flexibilität wird in Anlehnung an Teece (2009) stark durch die Architektur beeinflusst.

Der dritte Prozessschritt schafft den Link zwischen der Markenarchitekturgestaltung und der Übertragung dieser Ergebnisse auf die individuellen Markenstrategien. Hierbei reicht die Relevanz bei der Implementierung von Medikamenten in frühen Phasen der klinischen Studien bis zu Medikamenten, die seit Jahrzehnten vermarktet werden und deren Patente bereits abgelaufen sind. Ebenfalls umfasst dies die Übertragung auf die Strategien von Unternehmens- und Indikationsmarken.

Im letzten Schritt ist die wahrgenommene Markenarchitektur aus Sicht des komplexen, pharmazeutischen Nachfragernetzwerkes, speziell aus Sicht der Ärzte, Patienten und Kostenträger, im Rahmen der Erfolgskontrolle zu untersuchen. Verschiedene Konzepte, welche sich auf manifeste Indikatoren der Markenarchitektur beziehen, z.B. die Gestaltung der Medikamentverpackung oder der Auftritt des Pharmaaußendienstes, können im Rahmen dieser wirkungsbezogenen Perspektive Berücksichtigung finden (Rao et al. 2004, S. 126 ff.). Die Ergebnisse der extern wahrgenommenen Markenarchitektur müssen mit der intern Entwickelten verglichen werden (Strebinger 2008, S. 13 ff.). Mögliche Gaps müssen durch eine Anpassung der Markenarchitekturgestaltung oder der Implementierung dieser geschlossen werden.

Methodisch ist hierzu jedoch anzumerken, dass bislang kein Ansatz eine umfassende empirische Validierung aus interner und externer Perspektive (z. B. aus Mitarbeiter- und Nachfragersicht) vorweisen kann (Strebinger 2008). Zukünftige Ansätze sollten daher eine umfassende interne und externe Validierung durchführen. Auch die derzeit verwendete empirische Ermittlung der wahrgenommenen Markenarchitektur ist problematisch. So wird die wahrgenommene Markenarchitektur lediglich als beobachtbare Markenarchitektur auf Verpackungen bzw. sichtbaren Marketing-Mix-Instrumenten interpretiert (Bräutigam 2004; Strebinger 2008).

Eine Marke ist allerdings mehr als ein Markenlogo. Nutzenassoziationen mit der Marke werden hierbei vollständig ausgeblendet. Jedoch handelt es bei einer Marke um ein differenzierendes Nutzenbündel (Burmann et al. 2003, S. 3). Dies führt zu der Notwendigkeit, zukünftig das Markenimage als zentrales Einstellungskonstrukt im Rahmen der Messung der wahrgenommenen Markenarchitektur heranzuziehen.

5 Anstehende empirische Untersuchung

Zusammenfassend lässt sich festhalten, dass der entwickelte allgemeine Markenarchitekturprozess auf die Besonderheiten der pharmazeutischen Industrie übertragen werden konnte. Hierbei handelt es sich jedoch lediglich um den ersten Schritt. Im Folgenden gilt es, eine auf dem Prozess basierende Empirie aufzusetzen, die den Entscheidungsprozess der pharmazeutischen Markenarchitekturbildung validiert. Eine umfassende Untersuchung der hergeleiteten Entscheidungskriterien, wie z.B. die interne Akzeptanz der Mitarbeiter oder die externe Akzeptanz des Nachfragernetzwerkes ist jedoch äußerst komplex.

Dies trifft ebenfalls auf das pharmazeutische Nachfragernetzwerk zu. Daher wird sich die Untersuchung auf eine der wesentlichen Nachfragergruppen beschränken, welche nachweislich den größten Einfluss haben (Fischer/Albers 2010, S. 103 ff.). Im Detail wird sich die Untersuchung auf die wahrgenommene Markenarchitektur aus Sicht der Apotheker beschäftigen. Denn diese übernehmen mehr und mehr die Rolle des Arztes (Chansarkar 2002, S. 128). Zudem erweitert sich ihr Aufgabengebiet durch Ausgabeempfehlungen von Medikamenten und ergänzende Serviceleistungen, wie z.B. zusätzliche und alternative Präparateempfehlungen (auch OTC), Überprüfung der Therapien und Pflegeberatung (Brooks et al. 2007, S. 5; Tootelian et al. 2007, S. 55 f.; Zermansky/Silcock 2009, S. 13). Die Empirie wird den Einfluss der Markenimages auf drei verschiedenen Hierarchieebenen (Produktmarken, Indikationsmarken, Unternehmensmarken) auf das Ausgabeverhalten ermitteln. Hierbei kann eine verhaltensrelevante Aussage über die wahrgenommene Markenarchitektur aus Sicht der Apotheker getroffen werden. Die Markenimages werden letztlich mit Hilfe relevanter, pharmaspezifischer Markennutzen bestimmt.

Literatur

Aaker, D. A. (1996): Building Strong Brands, New York.

Aaker, D. A. (2004): Brand Portfolio Strategy. Creating Relevance, Differentiation, Energy, Leverage, and Clarity, New York.

Aaker, D. A.; Joachimsthaler, E. (2000): Brand Leadership, New York.

Bräutigam, S. (2004): Management von Markenarchitekturen, Gießen.

Brooks, J. M.; Klepser, D. G.; Urmie, J. M.; Farris, K. B.; Doucette, W. R. (2007): Effect of local competition on the willingness of community pharmacies to supply medication therapy management services, in: Journal of Health and Human Services Administration, Vol. 30, No. 1, pp. 4-27.

Burmann, C.; Blinda, L.; Nitschke, A. (2003): Konzeptionelle Grundlagen des identitätsbasierten Markenmanagements, in: Arbeitspapier Nr. 1 des Lehrstuhls für innovatives Markenmanagement (LiM), Hrsg.: Burmann, C., Bremen.

Burmann, C.; Spickschen, J. (2004): Die Relevanz der Corporate Brand in der Markenarchitekturgestaltung internationaler Finanzdienstleiter, Arbeitspapier Nr. 8 des Lehrstuhls für innovatives Markenmanagement, Bremen.

Chailan, C. (2008): Brands portfolios and competitive advantage, in: Journal of Product and Brand Management, Vol. 17, Nr. 4, pp. 254-264.

Chandler, J., Owen, M. (2002): Pharmaceuticals, in: International Journal of Market Research, Vol. 44, No. 4, pp. 385-404.

Chansarkar, B. A. (2002): Pharmacists and governmental medicine policy, in: Pharmaceuticals Policy and Law, Vol. 5, No. 1, pp. 127-133.

DeKoven, M.; Hazard, E. H.; Goldberg, E.; Pokras, S. (2008): Got value? Determine it. Demonstrate it. Communicate it. Realise it, in: Journal of Commercial Biotechnology, Vol. 14, No. 4, pp. 299-306.

DiMasi, J. A.; Hansen, R. W.; Grabowski, H. G. (2003): The Price of Innovation, in: Journal of Health Economics, Vol. 22, No. 1, pp. 151-185.

Esch, F.-R.; Bräutigam, S. (2001): Corporate Brands versus Product Brands?, in: Thexis, 18. Jg., H. 4, S. 27-34.

European Commission (2008): Pharmaceutical Sector Inquiry: Preliminary Report, DG Competition Staff Working Paper.

Fischer, M.; Albers, S. (2010): Patient- or Physician-Oriented Marketing, in: Journal of Marketing Research, Vol. 47, No. 1, pp. 103-121.

Freter, H.; Wecker, F.; Baumgarth, C. (2002): Markenportfolio, in: Marketing, Management und Unternehmensführung, Hrsg.: Böhler, H., Stuttgart, S. 389-419.

Goertz, S. (2007): Portfolio-Werbung: Eine Technik zur Stärkung von Dachmarken in komplexen Markenarchitekturen, Wiesbaden.

Goncalves, F. R.; Goncalves, V. d. C. (2008): Strategic Alliances and Competitive Performance in the Pharmaceutical Industry, in: Journal of Medical Marketing, Vol. 8, No. 1, pp. 69-76.

Huber, F.; Meyer, F.; Wilhelmi, S.; Schäfer, M. (2009): Phänomen Markenarchitektur, Lohmar.

Illert, G.; Emmerich, R. (2008): Marketing Strategy, in: Journal of Medical Marketing, Vol. 8, No. 1, pp. 23-30.

Kapferer, J. N. (1992): Strategic brand management, London.

Kapferer, J. N. (1997a): Marque et medicaments le poids de la marque dans la prescription medicale, in: Revue francais du Marketing, Vol. 165, No. 5, pp. 43-52.

Kapferer, J. N. (1997b): Strategic Brand Management, 2nd ed., London.

Ladha, Z. (2007): Marketing Strategy, in: Journal of Medical Marketing, Vol. 7, No. 1, pp. 146-151.

Laforet, S.; Saunders, J. (1994): Managing Brand Portfolios, in: Journal of Advertising Research, Vol. 34, No. 5, pp. 64-76.

Laforet, S.; Saunders, J. (1999): Managing Brand Portfolios, in: Journal of Advertising Research, Vol. 39, No. 1, pp. 51-66.

Laforet, S.; Saunders, J. (2005): Managing Brand Portfolios, in: Journal of Advertising Research, Vol. 45, No. 3, pp. 314-327.

Laforet, S.; Saunders, J. (2007): How Brand Portfolios Have Changed, in: Journal of Marketing Management, Vol. 23, No. 1, pp. 39-58.

Markovitz, H. M. (1952): Portfolio Selection, in: Journal of Finance, Vol. 7, No. 1, pp. 77-91.

Meffert, H.; Burmann, C. (1996): Towards an identity-orientated Approach of Branding, Working Paper No. 18, University of Cambridge.

Meffert, H.; Perrey, J. (2005): Mehrmarkenstrategien, in: Markenmanagement - Identitätsorientierte Markenführung und praktische Umsetzung, Hrsg.: Meffert, H.; Burmann, C.; Koers, M., 2. Aufl., Wiesbaden, S. 213-244.

Meffert, H.; Burmann, C.; Kirchgeorg, M. (2012): Marketing – Grundlagen marktorientierter Unternehmensführung, 11. Aufl., Wiesbaden.

Meissner, S.; Baumgarth, C. (2005a): Der Marke auf der Spur, in: PharmaRelations, 5. Jg., H. 3, S. 20-22.

Meissner, S.; Baumgarth, C. (2005b): Markenarchitekturen im Pharmamarkt, Proceedings des 1. Wissenschaftlichen Markentages der WU Wien, CD-Rom, Wien.

Moss, G. D. (2007): What can the pharmaceutical world learn from consumer branding practice, in: Journal of Medical Marketing, Vol. 7, No. 2, pp. 315-320.

Muzellec L.; Lambkin, M. C. (2009): Corporate Branding and Brand Architecture, in: Marketing Theory, Vol. 9, No. 1, pp. 39-54.

Piehler, R. (2011): Interne Markenführung, Wiesbaden.

Rajagopal, A. (2007): Architecting Brands, in: Journal of Transnational Management, Vol. 12, No. 3, pp. 25-37.

Rao, V. R.; Agarwal, M. K.; Dahlhoff, D. (2004): How Is Manifest Branding Strategy Related to the Intangible Value of a Corporation?, in: Journal of Marketing, Vol. 68, No. 4, pp. 126-140.

Schuiling, I.; Moss, G. D. (2004): How different are branding strategies in the pharmaceutical industry and the fast-moving consumer goods sector?, in: Journal of Brand Management, Vol. 11, No. 5, pp. 366-380.

Strebinger, A. (2004): Strategic Brand Concept and Brand Architecture Strategy, in: Advances in Consumer Research, Vol. 31, pp. 656-661.

Strebinger, A. (2008): Markenarchitektur – Strategien zwischen Einzel- und Dachmarke sowie lokaler und globaler Marke, Wiesbaden.

Strebinger, A. (2010): Markenarchitektur – Strategien zwischen Einzel- und Dachmarke sowie lokaler und globaler Marke, 2. Aufl., Wiesbaden.

Tebbey, P. W.; Bergheiser, J. K.; Mattick, R. N. (2009): Brand momentum, in: Journal of Medical Marketing, Vol. 9, No. 3, pp. 221-232.

Tebbey, P. W.; Rink, C. (2009): Target Product Profile, in: Journal of Medical Marketing, Vol. 9, No. 4, pp. 301-307.

Teece, D. J. (2009): Dynamic Capabilities and Strategic Management, Oxford.

Tootelian, D. H.; Rolston, L.W.; Negrete, M. J. (2007): Expanding into Non-Traditional Roles, in: Services Marketing Quarterly, Vol. 28, No. 3, pp. 55-75.

Treiblmaier, H.; Strebinger, A. (2008): The Effect of E-Commerce on the Integration of IT Structure and Brand Architecture, in: Information Systems Journal, Vol. 18, No. 5, pp. 478-498.

WHO (2011): Medicines – International Nonproprietary Names, URL: http://www.who.int/medicines/services/inn/en/index.html, letzter Abruf am 03.02.2011.

Zermansky, A. G.; Silcock, J. (2009): Is Medication Review by Primary-Care Pharmacists for Older People Cost Effective?, in: Pharmaco-Economics, Vol. 27, No. 1, pp. 11-24.

Extending Service Brands – Does the Extension Category Matter?

Christina Sichtmann

Extending Service Brands – Does the Extension Category Matter?

Keywords: Brand extension, Drivers of success, Service brands

Abstract:
This paper focuses on drivers of brand extension success of service-dominant parent brands. More specifically, it analyzes a model of determinants of brand extension success that includes additional drivers of service brand extension success beyond fit between the extension and parent brand and the perceived quality of the parent brand that have not been analyzed in the context of service brand extensions. Furthermore, it considers whether the extension category as either being a product or a service does have an impact on brand extension success. The results indicate that the included additional drivers of success may influence brand extension success. However, their influence depends on whether the extension is a product or a service.

1 Introduction

Brand extensions, that is the "use of established brand names to launch new products" (Völckner/Sattler 2006, p. 18), where a service-dominant brand is extended into manufactured products (service-to-product extensions) are well established in managerial practice. For example, the software company Microsoft extended into game pads, the coffeehouse chain Starbucks now sells instant coffee, and Weight Watchers, known as providing weight management services introduced a food line. The Viennese hotel Sacher, originally operating in the hotel and catering business, makes over 30 per cent of its turnover with the sales of cakes and sweets all over the world (Austrian Federal Economic Chamber 2008). This example shows that service-dominant brands that extend into manufactured product are not a marginal phenomenon but can have a major financial impact for service providers.

Despite their high managerial relevance, scholarly research on extensions of service-dominant parent brands has largely ignored effects of the extension category (being product- or service-dominant) on determinants of brand extension success. Previous studies focus on service-dominant parent brands that extend into other services (service-to-service extensions; e.g., de Ruyter/Wetzels 2000; Hem et al. 2003; Martínez/Pina 2010; van Riel et al. 2001). By doing so, while they aim to explain drivers of "brand extensions of services" (Völckner et al. 2010, p. 379) their general focus is on the parent brand that is service-dominant. However, their argumentation "which [leads] us to expect that there are equally important differences in the mechanisms by which consumers evaluate extensions of service brands and nonservice brands" (van Riel et al. 2001, p. 220) is primarily based on differences in *evaluating* manufactured goods and services and therefore relates to the extension category rather than to the parent brand. This argumentation suggests that the category of the extension (manufactured product vs. service extension) and not necessarily the category of the parent brand (goods-dominant vs. service-dominant) leads to particularities of brand extensions in the services context. Hence, while the results of previous studies provide important insights for service firms that extend into other services, they cannot necessarily be generalized to all extensions from service-dominant brands without taking into consideration the category of the extension.

Against this background, this study focuses on analyzing and understanding the relevance of the extension category (i.e., either being a manufactured product or a service) in the context of the success of service brand extensions. The intended contribution of this study is twofold. First, this study is the first of its kind to test potential drivers of service brand extension success and explicitly model the extension category as another driver of success as well as its moderating influence on other brand extension success factors identified in previous literature. Knowledge about whether the extension category does matter for service brand extension success is important because it has an impact on the transferability of extant previous knowledge on service brand extension success. If the extension category has an influence on brand extension success and/or the effect of drivers of brand extension success, the transfer and application of previously identified success factors of service-to-service brand extensions to brand extension of service brands in general may be misleading.

Second, we extend the scope of analysis of service brand extensions by considering several potential drivers of extension success that have not been previously analyzed in this context. While previous literature on service brand extensions has largely focused on the replication of the Aaker/Keller (1990) model, including the quality of the parent brand and the fit between the parent brand and the service extension (e.g., de Ruyter/Wetzels 2000; Hem et al. 2003; van Riel et al. 2001; Völckner et al. 2010), we include further parent brand and consumer characteristics identified as determinants of brand extension success in the literature. More specifically, we analyze the effect of the parent brand conviction (Kirmani et al. 1999; Völckner/Sattler 2006) and the experience with the parent brand (Swaminathan et al. 2001; Völckner et al. 2010) as well as consumer innovativeness (Klink/Smith 2001) and consumers' perceived risk (e.g., Völckner/Sattler 2006) on service brand extension success.

From a managerial point of view, our study provides managers with a more detailed study on drivers of service brand extension success accounting for the extension category. This seems relevant given the increasing number of real-life cases of service-to-product extensions. Therefore, our study can help managers to avoid failures of service-to-product extensions and focus on the most important determinants of brand extension success depending on to which category they want to extend to. As such, managers can use our findings as guidance with regard to successful designing and implementing marketing strategies of their brand extensions.

2 Development of the Conceptual Framework

2.1 Established determinants of brand extension success

The conceptual framework of the study is depicted in Figure 1 and includes main effects of established determinants of brand extension success identified in previous studies and the main and the moderating effect of the extension category in the context of service brand extensions. A considerable part of the main effects of the determinants of brand extension success have been previously studied and are established in extant brand extension research. We do not develop explicit hypotheses for these relationships, but assume that we can also observe these main effects in the current study. Therefore, we limit on a brief rationale for their expected direction.

The relevance of the perceived *fit* between the parent brand and the extension (extension-level characteristic) as driver of extension success is based on *categorization theory*. The perceived fit can be understood as "the attribute or association overlap between an extension and the parent [brand]" (Lei et al. 2004, p. 245). According to categorization theory, consumers classify brands into different cognitive categories in their memories for a better understanding and processing (Broniarczyk/Alba 1994). If consumers associate an extension as being a member of the same cognitive category, they transfer their attitude towards that category to the extension (Boush/Loken 1991). The higher the perceived fit between parent brand and extension, the more positive is the attitude of consumers towards the extension and the greater their purchase intention (Aaker/Keller 1990).

The relevance of *brand-level* and *consumer-level* characteristics for brand extension success refers to the innovation aspect of brand extensions. With brand extensions, firms "enter a completely different product class" (Aaker/Keller 1990, p. 27) and therefore, brand extensions can be classified as an innovation (de Ruyter/Wetzels 2000).

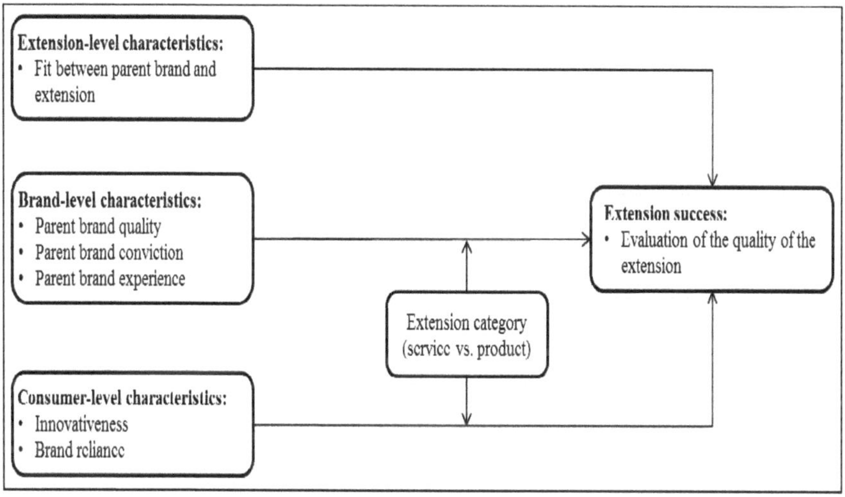

Figure 1: Conceptual Framework of the Study

Being a new market offering, the quality of brand extensions cannot be evaluated by consumers leading to increased consumer perceived risk (DelVecchio 2000; Klink/Smith 2001). Perceived risk has a major influence on evaluations of products and services and prevents consumers from purchasing a product or service (Mitchell 1999). Perceived risk can be defined as "the uncertainty and consequences of the [purchase] decision" (Laroche et al. 2004, p. 373). The uncertainty of the purchase decision relates to the likelihood that the product or service does not fulfill a consumer's expectations, i.e. is of bad quality. The consequences of the purchase decision relate to the relevance of the loss (amount at stake) if the product or the service is of bad quality in the eyes of a consumer (Bauer 1960).

Arguments supporting *parent brand characteristics* as determinants of brand extension success rely on their potential to reduce the likelihood of an unfavourable purchase outcome. First, parent brand characteristics can be used as an information cue to infer the quality of the extension (Erdem 1998; Klink/Smith 2001; Smith/Park 1992). Second, parent brand characteristics are an implicit 'bond' of quality in that disappointing customers of the extension will have negative feedback effects on the parent brand and thus endanger the specific investments in the brand (Wernerfelt 1988). Consequently, consumers believe that offering bad quality puts the expected returns on a firm's brand investments and a firm's reputation at risk giving firms an incentive to produce high quality products and services (Erdem/Swait 1998; Shapiro 1983).

Against this background three parent brand characteristics are discussed in the literature that are assumed to positively influence brand extension success. First, extant literature emphasizes that the perceived *quality of the parent brand* is an information cue that can be used to reduce consumer uncertainty (e.g., Aaker/Keller 1990; de Ruyter/Wetzels 2000; van Riel et al. 2001). Due to a lack of information about the quality of the extension, consumers rely on the quality of the parent brand as they expect that "the new extension of a high quality brand is likely to be of high quality as well" (Erdem 1998, p. 340). Also, the higher the perceived quality of the parent brand, the more is "at stake" for the brand in case of a bad quality product. Therefore, the higher the perceived quality of the parent brand, the better are the brand extension evaluations.

Second, consumers can "use their experience with the parent product as a signal of the quality of the extension" (Erdem 1998, p. 340). More specifically, consumers can extrapolate past experiences with the parent brand to predict the quality of the extension (Kim/Sullivan 1998; von Weizsäcker 1980). Information based on experiences with a parent brand is more vivid and therefore more easily retrievable from memory. Moreover, because experiences are self-generated the information is more trustworthy than from external sources such as advertising (Swaminathan et al. 2001). In addition, the role of the parent brand as a "quality bond" might have a major impact when consumers' experiences with a brand are high. The stronger the experiences with a brand, the more valuable should the consumer be for a parent brand firm because of an increased turnover of this customer. Customers being aware of their value believe that the parent brand firm would not risk losing the customer by offering an inferior extension. Therefore, parent brand experience has a positive influence on consumers' attitude towards an extension.

A third parent brand characteristics that is assumed to influence brand extension success in the literature is parent brand conviction. Parent brand conviction can be defined as the degree of trust, likeability and relatedness of a consumer to a parent brand (Völckner/Sattler 2006; Völckner et al. 2010). If a consumer likes or trusts a brand, then it is likely that she/he has a greater purchase intention for goods or service offered under that brand name (Delgado-Ballester/Munuera-Aleman 2001). Kirmani et al. (1999) study indicates that consumers that like a brand are more willing to buy extensions from that brand. Gupta/Zeithaml (2006) have shown that customers who are related to a brand may tend to buy multiple products from that brand. Based on these considerations we argue that parent brand conviction has a positive influence on service brand extension success.

Arguments supporting *consumer characteristics* as drivers of brand extension success suggest that the severity of the loss in case of a bad quality extension in the eyes of a consumer depends on characteristics of the consumer. In particular two consumer characteristics are discussed in the literature (1) consumers' innovativeness and (2) perceived risk of unknown brands (DelVecchio/Smith 2005; Hem et al. 2003; Klink/Smith 2001; Lei et al. 2008; Völckner/Sattler 2006). Viewing brand extensions as product innovations, brand extension research relies on the argumentation of product innovation research in this context.

Consumer innovativeness refers to a consumer's predisposition to new ideas and willingness to try new products and brands (Hem et al. 2003). Consumers that are more innovative are more propense to risk-taking (Klink/Smith 2001). In other words, they are less risk averse (Hem et al. 2003) and therefore, the relevance of the expected loss in case of an unfavourable outcome when purchasing the extension is expected to be lower (Steenkamp/Baumgartner 1992). In general, consumer innovativeness has an impact on the evaluations of and the willingness to try new products and services (Im et al. 2007). As extensions can be considered as new, a positive impact of consumer innovativeness on consumer evaluations of brand extensions is expected.

The perceived risk of unknown brands relates to a consumer's uncertainty with respect to the type and degree of expected loss if buying a brand of bad quality (DelVecchio/Smith 2005). If consumers tend to generally perceive buying an unknown brand as more risky, they will turn to a well-known brand if buying a product or service in the extension category. Hence, they will more favorably evaluate extensions from a well-known brand instead of buying a new or no-name brand. Consequently, a positive impact of perceived risk of unknown brands on extension evaluation is expected (DelVecchio 2000; Völckner/Sattler 2006).

2.2 Main and Moderating Effect of the Extension Category

Prior brand extension studies in the services context emphasizes that "brand extension research must acknowledge the conceptual differences between consumer products and services" (Völckner et al. 2010, p. 380) that "have consequences for the relative importance of the dimensions consumers use to compare original and extension" (van Riel et al. 2001, p. 222). The conceptual differences between manufactured products and services primarily reflect differences in the share of search, experience and credence properties (Darby/Karni 1973; Nelson 1970). The higher the level of experience and credence qualities, the greater the level of consumers' quality uncertainty and consequently, the greater the level of perceived risk associated with the purchase of a product or service (Bloom/Pailin 1995). Due to the service characteristics of intangibility, heterogeneity and inseparability of production and consumption, services are expected to be higher in experience and credence qualities implying that the quality of services is more difficult to evaluate compared to goods (Zeithaml 1981). Hence et al. (1993, p. 179) suggest that "the theory of perceived risk plays a greater role in explaining the behaviours of buyers of services than in the behaviour of buyers of goods". Bearing in mind that consumers' perceived risk influences their evaluation and behavioural intentions negatively (Dowling 1986; Bearden/Shimp 1982), the difference in services and products lead to the conclusion that extensions are evaluated better when they are products.

H1: The category of the extension has an impact on consumer's attitude towards an extension. Products are evaluated better than services.

The parent brand characteristics can be viewed as information cues that consumers can use when evaluating brand extensions (Smith/Park 1992). Consumers rely on information cues such as the perceived quality or the history of the parent brand to reduce their perceived risk associated with a brand extension when no other information is available (Klink/Smith 2001). When the service brand extension is a manufactured product, however, "consumers can obtain useful information about quality through visual inspection" (Smith/Park 1992, p. 300). Conversely, consumers cannot rely on experiences and/or concrete attributes to evaluate the quality of service extension. Therefore, they are forced "to rely more on cues and information signals that are generally available to them" (de Ruyter/Wetzels 2000, p. 643) to reduce their uncertainty and the perceived risk associated with services by inferring the quality of the new service (Kirmani/Wright 1989). These considerations suggest that consumers rely more heavily on the parent brand level characteristics when the extension is a service. Hence, we hypothesize:

H2: The category of the extension has a moderating effect on the relationship between parent brand characteristics and attitude towards the extension. The relationship between parent brand characteristics and attitude towards the extension is stronger for services.

The consumer characteristics of consumer innovativeness and the perceived risk of unknown brands have an influence on brand extension success because of brand extensions being product innovations that are associated with consumers' perceived risk (DelVecchio 2000; Völckner/Sattler 2006). Because products can be more easily evaluated before the purchase and therefore, are associated with a lower perceived risk

(Smith/Park 1992), we may assume that these consumer characteristics play a minor role when service brands extend into products. When a service brand extends into services however, the perceived risk of the extension is higher (de Ruyter/Wetzels 2000) and therefore, the fact that some consumers are more propense to take this risk should be higher. Similarly, the risk of buying an unknown brand can be reduced through inspection and not through relying on a well-known brand when buying a product extension. Therefore, the relevance of the perceived risk of unknown brands may be stronger in the case of service extensions. Therefore,

H3: The category of the extension has a moderating effect on the relationship between parent consumer characteristics and attitude towards the extension. The relationship between consumer characteristics and attitude towards the extension is stronger for services.

3 Research Design

3.1 Selection of parent brands and extensions

We tested out hypotheses with an empirical study. We used real parent brands to increase the external validity of the study. Fictitious extensions were used however, because we wanted to isolate the specific effects of the extension category on brand extension success from other influencing factors from real market settings such as advertising or competitors' actions. By doing so, we adapt an approach that is widely used in brand extension research. Also, Völckner/Sattler (2007) have shown that the results of fictitious brand extension studies "can be largely generalized to real brand extension studies" (p. 155).

We presented a list of service-dominant brands to five market experts and asked them to select parent brands that, based on the parent brand selection criteria of Aaker/Keller (1990), were (a) relevant to the respondents, (b) of a medium quality and that (c) “respondents knew immediately and unambiguously” (van Riel/Ouwersloot 2005, p. 249) such that their associations with the brands were relatively specific (Martínez/Pina 2010) and that were clearly associated with a service as core product. Two service-dominant parent brands were selected that according to the marketing experts’ evaluations met these criteria best. One was an airline brand and the other one a car-repair service brand.

For each parent brand we used four fictitious extensions. Two of them were services and two of them were products. In particular, we chose products (services) with a low (high) degree of intangibility, heterogeneity and inseparability of consumption and production. To get variance in terms of the fit of the extension to the parent-brand, in each category we chose an extension that was similar to the core offering and one that was not similar to the core offering. Again, we asked five marketing experts to discuss the extensions with regard to their fit to the parent brand as well as their characteristics being more service- or goods-dominant. For the airline brand we chose a hotel (high fit) and a wellness center (low fit) as service, and luggage (high fit) and business clothes (low fit) as product extensions. For the car-repair service we chose rest areas at motorways (high fit) and mobile phone services (low fit) as service, and navigation devices (high fit) and bicycles (low fit) as product extensions. Manipulation check results indicate that our selection of extensions varied satisfactorily in perceived fit (mean fit ratings 1.84 to 4.03 on a five-point scale, 1 = very low fit and 5 = very high fit).

3.2 Data collection

Data were collected with a Web-based survey. A total of 632 personalized e-mails were sent to a random sample comprising e-mail addresses of a database administered by the marketing department of a major German university. The link to the questionnaire was personalized with the advantage that each respondent could only participate once and we could control who answered the questionnaire. After two weeks, a reminder was sent to the non-respondents to our first e-mail. 216 answered questionnaires could be generated leading to a response rate of 34.2 %. 58.5 % of the respondents were female. The average respondent was 25.8 years old.

3.3 Results

Wherever possible, established scales that had been used in prior studies were adopted to measure the constructs of interest (e.g., Aaker/Keller 1990; Völckner/Sattler 2006). To assess reliability and validity of the scales we ran confirmatory factor analyses using LISREL 8.8. A detailed overview of the wording of the items and the psychometric information for each construct is given in the Appendix. In summary, the results indicate good psychometric properties for all constructs. Discriminant validity was proved based on the Fornell and Larcker criterion (Fornell/Larcker 1981). To test for multicollinearity of the predictors, we inspected the variance inflation factors (VIF). All VIF values were below the recommended threshold value of 10 with a maximum of 1.91, indicating the absence of serious multicollinearity (Kleinbaum et al. 1998). A common method bias test based on Lindell/Whitney (2001) revealed no significant correlation changes among the variables after adding a marker variable.

Following a number of brand extension studies (e.g., Bottomley/Doyle 1996; van Riel et al. 2001), we applied a repeated measure approach to collect the data. Respondents had to answer the questionnaire for two brands that were extended to four brand extensions each, two product and two service extensions. Hence, we collected data on three levels: on consumer level (216 evaluations), on brand level (432 evaluations) and on extension level (1728 evaluations). The dependent variable is located at the lowest hierarchical level, the brand extension level, and is influenced by variables of the same level as well as by variables on the brand and the consumer level.

To analyze such a data structure, the use of the multilevel approach – also known as hierarchical linear modeling seems to be appropriate (Bryk/Raudenbush 2002). The multilevel approach makes it possible to examine effects between different hierarchical levels of analysis simultaneously. The hypotheses were tested using multilevel regression analysis using MLwiN. All scales were averaged to form a composite. The results of the analysis are shown in Table 1.

Overall, the model explains with 45 % a significant share of the variance in the perceived quality of the extension. With respect to the effects of the determinants of brand extension success identified in prior studies, for which no explicit hypotheses were developed, results confirm the positive influence of the fit between the parent brand and the extension (.78; $p <.01$) and the quality of the parent brand on the attitude towards the extension (.22; $p <.01$). Consistent with prior studies (e.g., Hem et al. 2003; van Riel et al. 2001) we find that the fit between the parent brand and the extension is the dominant driver of brand extension success.

Contrary to expectations, the results indicate a negative moderating effect of the fit on the parent brand quality-attitude relationship indicating that consumers transfer the perceived parent brand quality on the extension more strongly if they perceive a low fit (-.04; p<.05).

	Perceived quality of the extension
Extension level	
Fit	.78**
Category of brand extension[b]	-.60**
Brand level	
Quality of the parent brand	.22**
Parent brand conviction	.04
Parent brand experience	-.04*
Consumer level	
Risk of unknown brands	.02
Innovativeness	.00
Moderating effects	
Fit x quality of the parent brand	-.04*
Category x quality of the parent brand	.19**
Category x conviction	-.13**
Category x experience	.02
Category x risk of unknown brands	.06*
Category x innovativeness	.04
R^2	.45

[a] unstandardized coefficients are shown; [b] Services coded as 1, Products coded as 0.
** p<.01; * p<.05;

Table 1: Results of multi-level analysis

Apart from these two most frequently studied driver of service brand extension success (e.g., van Riel et al. 2001), we found that the experience has a significant direct effect on attitude towards the extension. However, contrary to expectations, this effect is negative and therefore indicates that the experience with a service brand leads to lower brand extension evaluations (-.04; p<.05). The other potential determinants of brand extension success, more specifically the parent brand conviction as well as consumers' innovativeness and perceived risk of unknown brands, do not significantly directly impact the evaluation of the extension. H1 predicts that the category of the extension has an influence on the attitude towards the extension in that products are better evaluated than services. Results show that the estimate is negative (.-60) and significant indicating that consumers evaluate extensions form service-dominant brands to services worse than extension to products.

With regard to the moderating effects of the category of extension, we find three of the six interaction terms to be significant; however only two in the expected direction. Specifically, H2 predicts that characteristics of the parent brand are more important if the extension is a service. The interaction term for the quality of the parent brand and the category type is positive (.19) and significant (p<.01). Furthermore, results indicate a significant (p<.01) moderating effect of the category of extension on the relationship between parent brand conviction and attitude towards the extension. However, in contrast to expectations, parent brand conviction has a negative influence on the attitude towards the extension when the extension is a service (-.13, p<.01). The results of the model estimation do not confirm a moderating effect of the extension category on the effect of parent brand experience (.02; p>.10). In summary, H2 is only partially supported by the data.

H3 proposes that consumer characteristics are more relevant in the case of extensions to services. In support of the hypothesis that the perceived risk of unknown brands has a stronger influence on extension evaluations when the extension is a service (.06; p<.05). However, the interaction between category type and consumer innovativeness was not significant (.00; p>.10). Thus we find not support for a stronger or weaker effect of this factor depending on the extension category. In summary, H3 is partly confirmed by the data.

4 Discussion and Implications

4.1 Research Issues

Our study had two objectives. A first aim was to explore the effect of the extension category (product vs. service) in the context of the success of brand extensions from service-dominant brands. Despite prior research emphasizing differences in evaluating product and service extensions, the role of the extension category has not been previously investigated in the context of drivers of brand extension success of service-dominant parent brands. Our study is the first research that provides an integrative analysis of drivers of brand extension success of both types of extensions and investigates how the kind and degree of different drivers of brand extension success varies depending on the extension category type. The second objective of the study was to extend the scope of extensions from service-dominant parent brands by considering several other potential drivers of extension success beyond the fit between the parent brand and the extension and the quality of the parent brand.

The findings of the study complement and specify undifferentiated notions about drivers of brand extension success of service-dominant brands made by previous research that only considered extensions from service-dominant brands to other services. First, our findings help to explain why brand extension success of service-dominant brands differs. Second, our study shows that findings of prior research on brand extensions from service-dominant brands to other services should be interpreted in the light of the category of the extensions analyzed, i.e. in most cases need to be limited situations where the parent brand is extended into other services. The findings also strongly encourage researchers studying drivers of brand extension success to systematically consider the category type of the extension in their frameworks.

Our study advances academic understanding of extensions of service-dominant brands by providing evidence that the drivers of their success depends on whether they extend to service or to products. A first important result of our study relates to the finding that the extension category has a direct influence on consumers' quality evaluations of an extension from service-dominant parent brands; extensions to products are evaluated better than extension to services. Furthermore, we found that the category type moderates the influence of the drivers of success on service brand extension success. While, consistent with expectations, the influence of the perceived quality of the parent brand is stronger in the case of service extensions, we find a negative influence of parent brand conviction when extensions are services. A possible explanation is that convicted customers are afraid of losing their "exclusive status" when service providers extend to other services. Offering a brand extension, a customer may fear that the service provider dedicates resources to the new services at the expense of providing the original service with implications on its quality. Furthermore, a brand extension may involve that the service provider gains new customers and therefore, decreases the value of belonging to an exclusive group of customers to that service provider. Relating to the main effects of drivers of service brand extension success, three results are worth discussing. First, we found that additional drivers of success beyond the fit and the quality of the parent brand do not play a major role when we look at service-brand extensions in general. Second, we found a negative effect of the experience with the parent brand on the perceived quality of the extension. A possible explanation for this finding may be that consumers who have intensively experienced a service brand cannot transfer their associations with the parent brand to new products or services offered under the same brand name. In particular, service brands are formed by experiences (Berry

2000). The more consumers experience a brand, the more they associate the parent brand with particular attributes and capabilities which are closely related to the original service so that consumers do not transfer them on new products or services. Finally, we found a negative interaction effect between the fit and the quality of the parent brand. Thus, the lower the fit, the stronger consumers use the quality of the parent brand to infer the quality of the extension. A possible explanation could be that fit is perceived as another quality signal which cannot be used if the fit is low and therefore, is substituted by an increased use of the quality of the parent brand. However, there is no theoretical justification for this relationship and therefore, this issue needs to be considered in further research.

Our study also contributes methodologically to the brand extension literature by using a hierarchical modeling approach for data analysis purposes. A repeated measure design is commonly used in brand extension research (e.g., Bottomley/Doyle 1996; van Riel et al. 2001; Völckner/Sattler 2007) leading to a nested data structure. This approach helps to eliminate distortion effects that occur because of the disaggregation of data in repeated measure designs.

4.2 Managerial Implications

The results of our study provide useful recommendations for managers of service brands. Independent of the category type, service brand managers should consider that the extension fits to the parent brand. Also, due to the small negative effect of the parent brand experience on the quality evaluation of the extension, brand extensions seem to be a slightly more attractive strategy to gain new customers rather than attracting existing customer to cross-buying activities.

The key recommendation is that managers should consider the category of the extension when extending their service brand. When extending into products, in particular customers that are parent-brand convicted can be convinced to buy the new product, therefore, service providers should in particular target these customers. When extending into services, managers should particularly emphasize the strength of their parent brand to potential customers. Furthermore, because consumers that perceive a greater risk in buying unknown brands evaluate service extensions better, service providers should emphasize in their communication how important it is to buy known brands in the service category of the extension. Furthermore, the results show that the extension to a service is more successful when addressing a new target segment. Customers that are convicted to the parent brand should be re-assured that the original service will be delivered in the same quality. In addition, they could be offered particular conditions when using the new service to convince themselves of the quality of the new service and/or to show them their exclusive status as a customer of the service brand.

Appendix: Scale Items and properties of the measurement models

Construct	Indicator	Mean (s.d.)	Factor loadingt	Cronbach's alpha	CR	AVE
Quality of the Extension	Perceived overall quality of the extension product/Service[1]	3.46 (1.07)	---	---	---	---
Fit	How does the picture you have from [brand name] fit to [extension product].[2]	3.06 (1.38)	.85	.87	.87	.69
	In your opinion, how does the [extension product] fit to the other products and services that are offered by [brand name].[2]	3.18 (1.35)	.89			
	Are the people, facilities, and skills of [brand name] used in delivering the original service be helpful if the service provider offers the following products and services?[4]	3.18 (1.31)	.75			
Quality of the Parent-Brand	[Brand name] offers high-quality products.[2]	3.69 (1.01)	.76	.79	.77	.50
	The quality of [brand name] products is far above average.[2]	3.63 (.98)	.86			
Parent-Brand Conviction	I trust [brand name].	3.50 (1.06)	.77	.84	.81	.58
	[Brand name] is a likeable brand [2]	3.30 (1.11)	.89			
	I relate to [brand name].[2]	2.73 (1.17)	.76			
Parent-Brand Experience	How often have you purchased services from [brand name] in the past?[3]	2.29 (1.19)	.82	.83	.84	.64
	In the past, I have frequently purchased services from [brand name].[2]	2.65 (1.36)	.89			
	In the future, I will purchase services from [brand name].[2]	3.34 (1.13)	.68			
Innovativeness	Overall, I enjoy buying the latest products.[2]	2.86 (1.16)	.79	.82	.78	.55
	I like to purchase new products before others do [2]	3.41 (1.08)	.57			
	Overall, it is exciting to buy the latest products.[2]	2.68 (1.16)	.70			
Perceived Risk of Unknown Brands	If I buy an unknown brand, I would feel very uncertain of the level of quality that I am getting.[2]	3.63 (.96)	.89	.73	.82	.61
	I prefer buying a well-known brand, because I need the reassurance of an established brand name.[2]	2.77 (1.07)	.77			
	I prefer buying a well-known brand, because the risk that my needs will not be met is low compared with an unknown brand.[2]	3.59 (1.01)	.67			

[1] 1 = very bad and 5 = very good; [2] 1= strongly disagree and 5 = strongly agree; [3] 1= not at all and 5 = very often; [4] 1 = "not at all" and 5 = "very strong"

References

Aaker, D. A.; Keller, K. L. (1990): Consumer Evaluations of Brand Extensions, in: Journal of Marketing, Vol. 54, No. 1, pp. 27-41.

Austrian Federal Economic Chamber (2008): Everybody loves food and drink from Austria, in: Austria Export, Vol. 127, pp. 14-21.

Bauer, R. A. (1960): Consumer Behavior as Risk Taking, in: Dynamic Marketing for a changing world, Ed.: Hancock, R.S., Chicago, pp. 389-398.

Bearden, W. O.; Shimp, T. A. (1982): The Use of Extrinsic Cues to Facilitate Product Adoption, in: Journal of Marketing Research, Vol. 19, No. 2, pp. 229-239.

Berry, L. L. (2000): Cultivating service brand equity, in: Journal of the Academy of Marketing Science, Vol. 28, No. 1, pp. 128-137.

Bloom, P. N.; Pailin, J. E. (1995): Using information situations to guide marketing strategy, in: Journal of Consumer Marketing, Vol. 12, No. 2, pp. 19-27.

Bottomley, P. A.; Doyle, J. R. (1996): The formation of attitudes towards brand extensions, in: International Journal of Research in Marketing, Vol. 13, No. 4, pp. 365-377.

Boush, D. M.; Loken, B. (1991): A Process-Tracing Study of Brand Extension Evaluation, in: Journal of Marketing Research, Vol. 28, No. 1, pp. 16-28.

Broniarczyk, S. M.; Alba, J. W. (1994): The Importance of the Brand in Brand Extension, in: Journal of Marketing Research, Vol. 31, No. 2, pp. 214-228.

Bryk, A. S.; Raudenbush, S. W. (2002): Hierarchical Lineal Models: Applications and Data Analysis Methods, 2nd ed., Newbury Park.

Darby, M. R.; Karni, E. (1973): Free Competition and the Optimal Amount of Fraud, in: Journal of Law and Economics, Vol. 16, No. 1, pp. 67-88.

de Ruyter, K.; Wetzels, M. (2000): The Role of Corporate Image and Extension Similarity in Service Brand Extension, in: Journal of Economic Psychology, Vol. 21, No. 6, pp. 639-659.

Delgado-Ballester, E.; Munuera-Alemán, J. L. (2001): Brand trust in the context of consumer loyalty, in: European Journal of Marketing, Vol. 35, No. 11/12, pp. 1238-1258.

DelVecchio, D. (2000): Moving beyond fit, in: Journal of Product and Brand Management, Vol. 9, No. 7, pp. 457-471.

DelVecchio, D.; Smith, D. C. (2005): Brand-Extension Price Premiums, in: Journal of the Academy of Marketing Science, Vol. 33, No. 2, pp. 184-196.

Dowling, G. R. (1986): Perceived Risk, in: Psychology and Marketing, Vol. 3, No. 3, pp. 193-210.

Erdem, T.; Swait, J. (1998): Brand Equity as a Signaling Phenomenon, in: Journal of Consumer Psychology, Vol. 7, No. 2, 131-157.

Erdem, T. (1998): An Empirical Analysis of Umbrella Branding, in: Journal of Marketing Research, Vol. 35, No. 3, pp. 339-351.

Fornell, C.; Larcker, D. F. (1981): Evaluating Structural Equation Models with Unobservable Variables and Measurement Error, in: Journal of Marketing Research, Vol. 18, No. 1, pp. 39-50.

Gupta, S.; Zeithaml, V. (2006): Customer Metrics and Their Impact on Financial Performance, in: Marketing Science, Vol. 25, No. 6, pp. 718-739.

Hem, L. E.; de Chernatony, L.; Iversen, N. M. (2003): Factors Influencing Successful Brand Extensions, in: Journal of Marketing Management, Vol. 19, No. 7/8, pp. 781-806.

Im, S.; Mason, C. H.; Houston, M. B. (2007): Does innate consumer innovativeness relate to new product/ service adoption behavior? The intervening role of social learning via vicarious innovativeness, in: Journal of the Academy of Marketing Science, Vol. 35, No. 1, pp. 63-75.

Kim, B-D.; Sullivan, M. (1998): The Effect of Parent Brand Experience on Line Extension Trial and Repeat Purchase, in: Marketing Letters, Vol. 9, No. 2, pp. 181-193.

Kirmani, A.; Sood, S.; Bridges, S. (1999): The Ownership Effect in Consumer Responses to Brand Line Stretches, in: Journal of Marketing, Vol. 63, No. 1, pp. 88-101.

Kirmani, A.; Wright, P. (1989): Money Talks, in: Journal of Consumer Research, Vol. 16, No. 3, pp. 344-353.

Kleinbaum, D. G.; Kupper, L.; Muller, K. E.; Nizam A. (1998): Applied Regression Analysis and Other Multivariable Methods, 3rd ed., Pacific Grove.

Klink, R. R.; Smith, D. C. (2001): Threats of the External Validity of Brand Extension Research, in: Journal of Marketing Research, Vol. 38, No. 3, pp. 326-335.

Laroche, M.; McDougall, G. H. G.; Bergeron, J.; Zhiyong, Y. (2004): Exploring How Intangibility Affects Perceived Risk, in: Journal of Service Research, Vol. 6, No. 4, pp. 373-389.

Lei, J.; de Ruyter, K.; Wetzels, M. (2008): Consumer Responses to Vertical Service Line Extensions, in: Journal of Retailing, Vol. 84, No. 3, pp. 268-280.

Lei, J.; Pruppers, R.; Ouwersloot, H.; Lemmink, J. (2004): Service Intensiveness and Brand Extension Evaluations, in: Journal of Service Research, Vol. 6, No. 3, pp. 243-255.

Lindell, M. K.; Whitney, D. J. (2001): Accounting for Common Method Variance in Cross-Sectional Research Designs, in: Journal of Applied Psychology, Vol. 86, No. 1, pp. 114-121.

Martínez, E.; Pina, J. M. (2010): Consumer responses to brand extensions, in: European Journal of Marketing, Vol. 44, No. 7/8, pp. 1182-1205.

Mitchell, V. W.; Greatorex, M. (1993): Risk Perception and Reduction in the Purchase of Consumer Services, in: Service Industries Journal, Vol. 13, No. 4, pp. 179-200.

Mitchell, V.-W. (1999): Consumer perceived risk, in: European Journal of Marketing, Vol. 33, No. 1/2, pp. 163-195.

Nelson, P. (1970): Information and Consumer Behavior, in: Journal of Political Economy, Vol. 78, No. 2, pp. 311.

Shapiro, C. (1983): Premiums for High Quality Products as Returns to Reputations, in: Quarterly Journal of Economics, Vol. 98, No. 4, pp. 659-679.

Smith, D. C.; Park, C. W. (1992): The Effects of Brand Extensions on Market Share and Advertising Efficiency, in: Journal of Marketing Research, Vol. 29, No. 3, pp. 296-313.

Steenkamp, J.-B. E. M.; Baumgartner, H. (1992): The Role of Optimum Stimulation Level in Exploratory Consumer Behavior, in: Journal of Consumer Research, Vol. 19, No. 4, pp. 434-448.

Swaminathan, V.; Fox, R. J.; Reddy, S. K. (2001): The Impact of Brand Extension Introduction on Choice, in: Journal of Marketing, Vol. 65, No. 4, pp. 1-15.

van Riel, A. C. R.; Ouwersloot, H. (2005): Extending electronic portals with new services, in: Journal of Retailing and Consumer Services, Vol. 12, No. 4, pp. 245-254.

van Riel, A. C. R.; Lemmink, J.; Ouwersloot, H. (2001): Consumer Evaluations of Service Brand Extensions, in: Journal of Service Research, Vol. 3, No. 3, pp. 220-231.

Völckner, F.; Sattler, H. (2006): Drivers of Brand Extension Success, in: Journal of Marketing, Vol. 71, No. 2, pp. 18-34.

Völckner, F.; Sattler, H. (2007): Empirical generalizability of consumer evaluations of brand extensions, in: International Journal of Research in Marketing, Vol. 24, No. 2, pp. 149-162.

Völckner, F.; Sattler, H.; Hennig-Thurau, T.; Ringle, C. M. (2010): The Role of Parent Brand Quality for Service Brand Extension Success, in: Journal of Service Research, Vol. 13, No. 4, pp. 379-396.

von Weizsäcker, C. C. (1980): Barriers to entry, Berlin.

Wernerfelt, B. (1988): Umbrella branding as a signal of new product quality, in: RAND Journal of Economics, Vol. 19, No. 3, pp. 458-466.

Zeithaml, V. (1981): How Consumer Evaluation Processes Differ Between Goods and Services, in: Marketing of Service, Eds.: Donnelly, J. H.; George, W. R., Chicago, pp. 181-190.

Brand and market oriented positioning

Mats Urde, Christian Koch

Brand and market oriented positioning

Keywords: Brand management, Brand orientation, Brand positioning, Market orientation, Metaphors

Abstract:

The purpose of this paper is to explore and open the discussion of the concept of brand positioning. In an extensive literature review the roots and the evolution of the concept are traced. The review of positioning shows 1) the surprising vagueness of the concept, 2) the dominance of a market oriented approach, and 3) the lack of a holistic view. In this paper, the discussion is balanced by exploring positioning both as an image driven construct (market orientation) and as an identity driven construct (brand orientation). Five predominant ways how positioning is understood in theory and practice are presented with the help of metaphors. Positioning as: Chess, Jigsaw puzzle, Monopoly, Wordplay, and Rule breaking. The aim is to pave the way and map routes forward for a more dynamic view of positioning in research and practice. Positioning as a process is one of the suggested routes to explore.

1 Introduction

"Positioning…This curious verb is in great favor among marketing experts, but no two of them agree what it means" (Ogilvy 1983, p. 12).

From a business perspective, the concept of positioning is considered by both academics and practitioners to be one of the key elements of strategy, marketing, and branding. There are a number of strong arguments from the literature explaining why positioning is a pivotal concept:

- Positioning influences the *communication and image building* (van der Grinten/Riezebos forthcoming).
- Positioning is a strategic decision in relation to *customer's perception* and choice decision (Aaker/Shansby 1982).

- Positioning "*sets the direction of marketing activities and programs* – what the brand should and should not do with its marketing" (Keller/Lehmann 2006, p. 740).
- Positioning involves establishing *key brand associations* in customers' minds to differentiate the brand (Keller/Lehmann 2009).
- Positioning is the foundation of brand management (Esch 2010).

The concept of positioning is unquestionably of key importance to marketing, branding and strategy. Positioning, as a concept, risks to become a victim of the attention and interest given to it from theory and practice. When positioning is seen as a panacea, i.e. a solution or remedy for all difficulties and issues, it looses its value as a theoretical concept, and its relevance for practice. If, for example, the entire field of brand management can be interpreted to be an exercise in positioning (Marsden 2002) the limits of the concept are probably stretched too far. The numerous definitions of the concept found in the literature and practice add to the fuzziness of positioning, as noted by Ogilvy already decades ago.

With the privilege to draw for vast literature and knowledge of positioning, *the purpose of this paper is to explore and open the discussion of the concept of brand positioning*. The paper is organized to correspond with the proposed sequence of reviewing the literature, introducing a distinction between image and identity driven positioning, and to categorize the predominant ways positioning is discussed in the literature with the help of metaphors.

Firstly, in the literature review different definitions, approaches, mindsets and research traditions are reviewed. This in itself represents a gap in the literature. Secondly, the paradigms of market and brand orientation are used to make a distinction between what is here termed image and identity driven positioning. Thirdly, the use of five metaphors, on the common theme of games, captures how positioning is understood and discussed in literature and practice. Finally, the implications are drawn for theory and practice for the concept of positioning within the field of strategic brand management.

2 Evolution in brand positioning research

In a general marketing context, the roots to the concept of positioning are traced back to the unique selling proposition (USP) in advertising, developed by Rosser Reaves and the Ted Bates advertising agency in the 1950s. In short, the message was that each product must diligently communicate a single distinctive benefit to its customers (Keller 1998; Holt 2004; Hooley et al. 2008). The powerful idea of positioning grew and in the early 1970s, when Al Ries and Jack Trout published a series on positioning in the trade magazine Advertising Age. Later, Ries and Trout expanded their manifest in the best-selling book *Positioning: The Battle for Your Mind.* They argued that in an over communicated society, where the number of messages far exceeds what consumers can handle, the marketer must focus to win the hearts and minds of the consumer. This requires hard choices on how a brand should stand out amidst competing brands and how it can be perceived as superior in some dimension (Ries/Trout 2001; Kapferer 2008). This *"mind-share branding"* became the common sense of positioning, still referred to (and elaborated upon) in textbooks on marketing and branding (Holt 2004).

Park et al. (1986) developed the *brand concept management framework* (BCM) for selecting, implementing and controlling the brand image over time. They proposed that brands should have a brand concept, which they refer to as a long-term investment to achieve long-run competitive advantage. The BCM concept adds flexibility and guidance to positioning strategies and decisions relying on *functional, symbolic or experiential* brand meaning concepts throughout the life (cycle) of the brand. Positioning strategies, as advised, are to be clearly dictated by the brand concept (Park et al. 1986).

The concept of positioning in the 1990's is related to *brand equity*. Brand equity arises when a brand is seen as distinctive in some important and positive ways in the scarce mental real estate of customer's minds (Aaker 1991; Keller 1998; Kotler et al. 2009). Keller and Lehman emphasize that the real power thus lies in the minds of consumers and what they have learned and experienced about the brand over time (Keller/Lehmann 2009). The essence of mind share positioning is simplicity and insistence: distilling the diverse features of a product or service, its competitors and the market place into a simple message that is easy to understand, and then focusing the promotional effort of a company on retaining and developing that idea in a consistent way (de Chernatony 2010; Hooley et al. 2008; Kotler et al. 2009; Ries/Trout 2001; Trout 2006).

Drawing from the postulation that customer choices are made on the basis of comparison, positioning has to solve an *identity paradox* of being similar enough to be seen as a competitor and simultaneously being different enough to be seen as unique (Kornberger 2010). In approaching this paradox, the terms *points of parity* and *points of difference* are commonly used (Keller 1998). One could also speak of brand associations with the goal of how one wants a brand to be positioned and perceived as well as how to profile existing brand knowledge structures of a brand position (Keller 1998).

To conclude, the underlying mindset of brand positioning theory, as well conceptual as empirical, has a clear tendency towards brand image and brand knowledge constructs. These positioning practices are built on clarity of communications and an integrated production and delivery of strategy with the aim that the brand's functionality should meet customers' expectations. Yet, de Chernatony (2009) for example recognizes that the image driven approach is non-sustainable, as the meanings of *brand* can most likely vary between managers in the same organization. For the positioning of successful brands there needs to be both an input and output perspective (de Chernatony 2010). Consequently, there is a need to broaden the rather narrow conception and focus of positioning research as communication (advertising) and analytical techniques (Kalafatis et al. 2000).

Positioning is not a static concept and it is rather a process that needs to be managed over time to achieve a position in the market place (Blankson/Kalafatis 2007; Hooley et al. 2008; Park et al. 1986;). While in this paper a *position* is seen as an outcome relative to something else (e.g. a competitor in the market place) we propose to use the term *positioning* as an activity with the goal to achieve a certain position (e.g. in a market place). Yet, what are the drivers, resources, and capabilities of positioning activities as a process? How does the process activity of positioning look like? What steps does it involve? What elements can be seen as brand and/or market oriented in nature? How can positioning strategies and processes between a corporate and a product brand level differ within one organization or corporate brand? Answering these particular questions goes beyond the purpose of this paper. However, based on the literature review, there is support for the *idea to view positioning as a process*. As a next step in exploring the concept of positioning, two different, but synergetic approaches are used in order to open the discussion.

3 Market and brand oriented positioning approaches

In essence, the discussion about market orientation and brand orientation is about a company's or an organization's approach to brands and the market (Urde et al. 2011). A similar logic is here used to explore the concept of positioning. According to Urde et al. (2011) brand orientation is an inside out and brand identity driven approach that sees brands as a hub for an organization (synonymous: company) and its strategy.

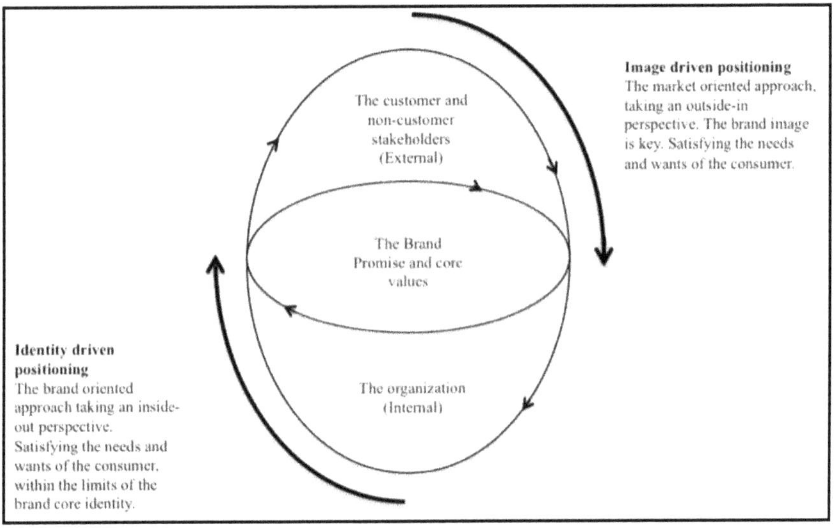

Figure 1: Identity and image driven positioning
Source: adapted from Urde 1997; Urde et al. 2011

Similarly, market orientation is an outside in and brand image driven approach. Initially, brand orientation and market orientation appear as two different strategic options. However, synergistic combinations of the two orientations are also possibilities.

Identity driven positioning: In the brand oriented approach, positioning is primarily related to the identity of the brand. Taking this inside out perspective implies that the mission, vision and values of the brand (organization) influence the choice of the positioning. In Figure 2, a schematic brand positioning process is depicted with four steps leading up to a position in the market. The positioning process has its point of departure in the brand's identity. Satisfying the needs and wants of the customers occurs within the limits of the brand core identity (Urde et al. 2011).

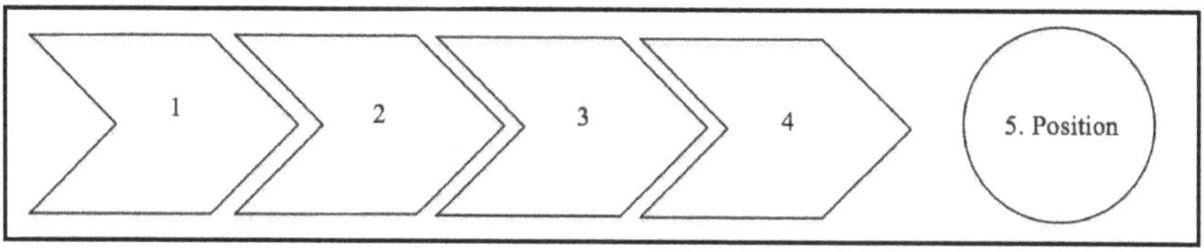

Figure 2: Identity driven positioning: Taking an inside out approach

According to de Chernatony (1999, p. 168) "brand identity is a richer construct to understand and build brands, than just focusing on positioning." This statement clearly indicates the appreciation of an inside out perspective. Kapferer (2008) similarly argues that for existing brands, positioning evidently derives from identity. Nevertheless, positioning just takes advantage of a specific aspect of identity at a given point in time in a given market and against a defined set of competitors. In this sense, positioning does not reveal all the brand's richness of meaning nor reflect all of its potential, while brand identity still provides the framework for overall brand coherence (Kapferer 2008). In Aaker's words (1996, p. 176) brand positioning "is the part of the brand identity and value proposition that is to be actively communicated to the target audience and that demonstrates an advantage over competing brands."

Image driven positioning: In the market oriented approach, positioning is related to the image of the brand. Taking this outside in perspective implies that the satisfaction of the customers needs and wants is key in the choice of a position. In Figure 3, a schematic positioning process is depicted with the intended external position in the market as point of departure.

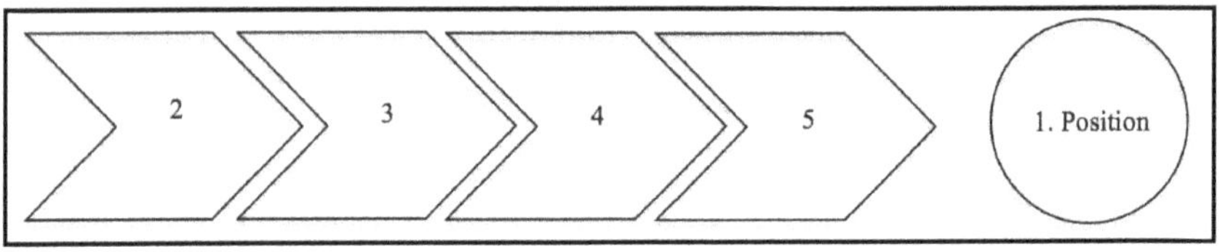

Figure 3: Image driven positioning: Taking an outside in approach

Kotler, building on Ries and Trout's school of thought, defines positioning as the "act of designing the company's offering and image to occupy a distinctive place in the minds of the target market."…"The result of positioning is the successful creation of a *customer-focused value proposition*, a cogent reason why the target market should buy the product." (Kotler et al. 2009, p. 361) Positioning according to Arnott (cited in Blankson/Kalafatis 2007, p. 80) is the attempt to "modify the tangible characteristics and the intangible perceptions of a marketable offering in relation to the competition." Moreover, Keller emphasizes: "In a nutshell, brand positioning is all about creating the optimal location in the minds of existing and potential customers so that they think of the brand in the 'right way'" (Keller 1999, p. 44).
Image driven and identity driven positioning is not an "either or proposition". Kapferer and Bastien state succinctly: "There are two ways to go bankrupt: not listening to the client, and also listening to him too much." (2009, p. 317). Hatch and Schultz (2008) speak about extreme organiza-

tional behavior as self-absorbing narcissism (identity taking overhand) and hyper-adaption (image taking overhand). To conclude, there is no such thing as the best or ideal positioning approach, it depends on the circumstances.

4 Five positioning metaphors

Positioning offers "an almost infinite variety of ways that firms might build competitive advantage" (Hooley et al. 2008, p. 568). Given the "almost infinite variety" of positioning, metaphors as a tool for categorization have the potential to further the understanding of this illusive concept. Metaphors extend our knowledge about the unknown by using the already known (Stålhammar 1997, p. 10) and are common in marketing and business thought. It is "a literally false, declarative assertion of existential equivalence that compares two concepts or things, where one concept, called the primary concept, is claimed to be another, the secondary concept" (Hunt/Menon 1995, p. 82). While a metaphor's value system includes its "underlying goals, motivations, objectives, ideals, aspirations, and ethics" (Hunt/Menon 1995, p. 88) it is the broad *game metaphor* in particular that is associative with competition, logic, exercise or even creativity. The idea of using games as a metaphor for positioning is not entirely new. In Trout's seminal article on positioning (1969), the rules of the game were called positioning. Time has passed and there are new approaches and different perspectives on positioning. The following five game metaphors categorize and mirror what is known about the ubiquitous marketing concept of positioning, emphasizing research fields and traditions in summary.

Metaphor 1: Chess (image and identity driven positioning)

"Chess: a board game of strategic skill for two players, played on a checkered board. Each player begins the game with sixteen pieces that are moved and used to capture opposing pieces according to precise rules. The object is to put the opponent's king under a direct attack from which escape is impossible (checkmate)." (New Oxford American Dictionary 2010)

The metaphor chess represents a combination of an image and identity driven approach to positioning. It stands here for a combination of the brand and market oriented paradigms. Chess calls for strategy and planning, i.e. organization of resources, a process and clear goals. This game also calls for the player to keep close attention to the opponent's strategies and tactics. The set-up on the board opens for opportunities, building up a defensive and/or launching an offensive attack. The situation can change rapidly and calls for constant alertness requiring a thought process.

This relates to the idea of competitive or strategic positioning (e.g. Hooley et al. 1998; Hooley et al. 2008; Hooley/Saunders 1993; Porter 1996). For Porter (1996) strategic positioning means "performing different activities from rivals" or "performing similar activities in different ways" (Porter 1996, p. 62). Moreover, Porter suggests three more specific directions of how companies can position their offerings in the market place. Thus, *variety positioning* is basically a product centered approach, *needs based positioning* target market centered and *access based positioning* refers to the identification of segments. In essence, strategy is about making trade-offs in competing or choosing what not to do (Porter 1996, p. 60). Porter sees strategy at general management's core, which includes defining a company's position, making trade-offs, and creating fit among activities. Yet, in a branding context the question is whether brand strategy should follow or drive business strategy (Esch 2010)?

Metaphor 2: Jigsaw puzzle (image driven positioning)

"Jigsaw puzzle: a puzzle consisting of a picture printed on cardboard or wood and cut into various pieces of different shapes that have to be fitted together." (New Oxford American Dictionary 2010) The challenge laying a puzzle is to see the picture and fit the pieces together. Puzzles are about seeing and finding patterns.

The metaphor jigsaw puzzle stands here for an image driven approach, typical for the market oriented paradigm. Analyzing a market, unmet "needs an wants" can be satisfied by positioning a brand to fit that particular demand.

This positioning metaphor calls for calibration of different parameters in order to find a solution that will stand the test and make sense. Arranging a company's resources and its strength in optimizing its potential may also be viewed as a *puzzle solving* activity. Thomas Kuhn refers to puzzle solving in science (Kuhn 1996). The domination of analytical positioning techniques (e.g. Chintagunta 1994; Gensch/Javalgi 1988; Gwin/Gwin 2003) resembles puzzle solving. The intention is to find a position in the perceptual space of brands and markets (Aaker/Shansby 1982). The variety of methods has the aim to construct perceptual maps, generated from images customers hold about different product or service brands. These perceptual maps are also dimensions and gaps of non-existence (Gensch/Javalgi 1988).

Metaphor 3: Wordplay (image driven positioning)

"Wordplay: the witty exploitation of the meanings and ambiguities of words, esp. in puns." (New Oxford American Dictionary 2010)

The metaphor wordplay stands here for an image driven approach. In advertising wordplay is a literary technique that is often used to position and/or to deposition a competitor's brand. Coca-Cola's "the real thing", says something favorable about Coca-Cola while implying something less positive about Pepsi Cola. The approach is considered image driven because a word play's effectiveness typically depends on and is relative to the competitors' images.
This metaphor category refers to the mostly advertising effectiveness research as a means of positioning brands (e.g. Goodstein/Kalra 1998; Pechmann/Ratneshwar 1991). The legendary advertising man David Ogilvy observed that every advertisement is a long-term investment in the image of a brand (Ogilvy 1983).

Metaphor 4: Monopoly (identity driven positioning)

"Monopoly: trademark a board game in which players engage in simulated property and financial dealings using imitation money." (New Oxford American Dictionary 2010) Monopoly is about the exclusive possession or control of the supply or trade in a commodity or service.
The metaphor monopoly represents here an identity driven approach to positioning a brand. The company (player) wants not only to control, but also to own a position. Ries and Trout prescribe the creation of "a verbal monopoly" (Melin/Urde 1991, p. 93). According to Ries and Trout (1986, p. 2) "[p]ositioning is not what you do to a product. Positioning is what you do to the mind of the prospect. That is, you position the product in the mind of the prospect". They argue that the "essence of positioning" is "to make your brand name stand for the generic. So the prospect freely uses the brand name for the generic" (Ries/Trout 1986, p. 102). Xerox, Jeep, Thermos and Scotch illustrate "successful positioning". The brand name stands for the generic designation. From a legal

point of view, when brand name (and the word mark/trademark) falls into the common domain and becomes a word in the language the exclusive property right is lost. Ironically, *Monopoly* is a trademark that has in some countries been declared generic.

Metaphor 5: Rule breaking (image and identity driven positioning)

Games have rules. However, there is a saying that rules are meant to be broken.

The metaphor rule breaking represents here image and identity driven positioning. In positioning, the rules of the game as it normally is played, might get repealed. Or an attempt is made in trying to redefine the game as Kim and Mauborgne's (2005) blue ocean strategy suggests. The idea is to avoid head-to-head competition by navigating to the uncontested "blue ocean" market space, rather than competing in oceans colored red by blood from deadly competition. Thinking in a different "out of the box" fashion is the key to this kind of positioning strategy. This requires creativity, analysis, and guts. Differentiation is achieved by moving away from competitors and by creating a new set of rules. Yet, this model and idea of innovation can also be criticized due to its over-reliance on worldviews of engineers and economists. Holt and Cameron (2010) challenge this conventional wisdom with their theory of cultural innovation through leveraging ideological opportunities by showing how to identify demand for new culture caused by structural changes in society and how to design strategies to address this demand (Holt/Cameron 2010). Table 1 summarizes the findings.

Metaphor	Category summary	Examples	Orientation
Chess	Chess involves strategy and planning but the opponent's strategies and tactics dictate each move. Positioning then is an overall firm and business strategy involving and requiring constant alertness.	Porter (1996) Hooley et al. (1998) Hooley et al. (2008)	Image and Identity driven
Jigsaw puzzle	The challenge of laying a puzzle is to see the big picture and fit the pieces together. Positioning through analytical puzzle solving activities is about finding patterns in perceptual spaces.	Aaker/Shansby (1982) Chintagunta (1994) Gensch/Javalgi (1988) Gwin/Gwin (2003)	Image driven
Wordplay	Wordplay is the clever exploitation of meanings with words. Positioning here is the image driven meaning exploitation through advertising to create brand success.	Ries/Trout (1986, 2001) Goodstein/Kalra (1998) Pechmann/Ratneshwar (1991)	Image driven
Monopoly	Playing Monopoly is about the exclusive possession and ccumulation of commodities. Positioning can be seen through the idea of "owning territories".	Ries/Trout (1986, 2001) Melin/Urde (1991)	Identity driven
Rule breaking	Games have rules. However, there is a saying that rules are meant to be broken. Positioning here is about redefining markets and challenging "common sense thinking" of the normal "game" played.	Kim/Mauborgne (2005) Holt/Cameron (2010)	Image and Identity driven

Table 1: Five metaphors of positioning

5 Implications and routes forward

In this paper the concept of positioning has been reviewed and explored. It is a key concept that has grown in importance from an academic (e.g. Keller/Lehmann 2006) and business practice (e.g. Zednik/Strebinger

2007) point of view. Positioning, since it was introduced as a marketing and branding term in the 1950's, has been adopted and further developed within disciplines such as strategy and strategic management. In the first decades positioning was mainly used for fast moving consumer goods and product branding. Today, positioning is applied and discussed in different industries (e.g. business-to-business), for all kinds of brands (e.g. corporate brands) and in relation to brands in a wider sense (e.g. politics). The concept of positioning is surprisingly vague. Its' popularity has resulted in a stretch of its definition.

Theoretical implications

a) The distinction between *image driven and identity driven positioning.* Image driven positioning is related to the paradigm of market orientation, representing an outside in approach. Identity driven positioning is related to the paradigm of brand orientation, representing an inside out approach.
b) The *extensive literature review tracing the roots and describing the evolution of the concept of positioning.* The review shows 1) the surprising vagueness of the concept, 2) the dominance of the market oriented approach, and 3) the lack of a process view of positioning.
c) The description (using metaphors) of five predominant ways positioning is discussed in theory and practice.

Managerial implications

The exploratory purpose and aim of this paper is primarily geared toward theory. The managerial implications have the character of questions to consider:

a) Is our approach to positioning image or identity driven? Do we strike the right balance?
b) Chess, Jigsaw puzzle, Wordplay, Monopoly, or Rule breaking. What is the name of the game that best captures our understanding and practice of positioning? Are we in fact in the right game? And, what about our competitors: What game are they playing?
c) If positioning is a process, what does it look like in our organization?

Further research

In accordance with the purpose of the paper, a number of questions call for further research. How do companies practice brand positioning (e.g. with the use of case study research)? How to find the balance between image driven and identity driven brand positioning? How is brand positioning related to other key marketing and strategy concepts? These questions suggest routes to explore positioning as a process.

References

Aaker, D.A. (1991): Managing brand equity, New York.
Aaker, D.A. (1996): Building strong brands, New York.
Aaker, D.A.; Shansby, J. (1982): Positioning your product, in: Business Horizons, Vol. 25, No. 3, pp. 56-62.
Blankson, C.; Kalafatis, S.P. (2007): Congruence between positioning and brand advertising, in: Journal of Advertising Research, Vol. 47, No. 1, pp. 79-94.
Chintagunta, P.K. (1994): Heterogeneous logit model implications for brand positioning, in: Journal of Marketing Research, Vol. 31, No. 2, pp. 304-311.
de Chernatony, L. (1999): Brand management through narrowing the gap between brand identity and brand reputation, in: Journal of Marketing Management, Vol. 15, No. 1, pp. 157-179.
de Chernatony, L. (2009): Towards the holy grail of defining 'brand', in: Marketing Theory, Vol. 9, No. 1, pp. 101-105.
de Chernatony, L. (2010): From brand vision to brand evaluation, Oxford.
Esch, F.-R. (2010): Strategie und Technik der Markenführung , München.
Gensch, D.H.; Javalgi, R.G. (1988): Issues and advances in product positioning models in marketing research, in: Mathematical and Computer Modelling, Vol. 10, No. 12, pp. 929-949.
Goodstein, R.C.; Kalra, A. (1998): The impact of advertising positioning strategies on consumer price sensitivity, in: Journal of Marketing Research, Vol. 35, No. 2, pp. 210-224.
Gwin, C.F.; Gwin, C.R. (2003): Product attributes model, in: Journal of Marketing Theory and Practice, Vol. 11, No. 2, pp. 30-42.
Hatch, M.J.; Schultz, M. (2008): Taking brand initiative, San Francisco.
Holt, D. (2004): How brands become icons, Boston.
Holt, D.; Cameron, D. (2010): Cultural strategy , New York.
Hooley, G.; Saunders, J. (1993): Competitive positioning, Hemel Hempstead.
Hooley, G.; Piercy, N.F.; Nicoulaud, B. (2008): Marketing strategy and competitive positioning, Harlow.

Hooley, G.; Broderick, A.J.; Möller, K. (1998): Competitive positioning and the resource based view of the firm, in: Journal of Strategic Marketing, Vol. 6, No. 2, pp. 97-115.
Hunt, S.D.; Menon, A. (1995): Metaphors and competitive advantage, in: Journal of Business Research, Vol. 33, No. 2, pp. 81-90.
Kalafatis, S.P.; Tsogas, M.H.; Blankson, C. (2000): Positioning strategies in business markets, in: Journal of Business & Industrial Marketing, Vol. 15, No. 6, pp. 416-437.
Kapferer, J.-N. (2008): The new strategic brand management, London.
Kapferer, J.-N.; Bastien, V. (2009): The specificity of luxury management, in: Journal of Brand Management, Vol. 16, No. 5/6, pp. 311-322.
Keller, K.L. (1998): Strategic brand management, New Jersey.
Keller, K.L. (1999): Brand mantras, in: Journal of Marketing Management, Vol. 15, No. 1, pp. 43-51.
Keller, K.L.; Lehmann, D.R. (2006): Brands and branding, in: Marketing Science, Vol. 25, No. 6, pp. 740-759.
Keller, K.L.; Lehmann, D.R. (2009): Assessing long-term brand potential, in: Journal of Brand Management, Vol. 17, No. 1, pp. 6-17.
Kim, W.C.; Mauborgne, R. (2005): Blue ocean strategy, Boston.
Kornberger, M. (2010): Brand society, New York.
Kotler, P.; Keller, K.L.; Brady, M.; Goodman, M.; Hansen, T. (2009): Marketing management, Harlow.
Kuhn, T. (1996): The Structure of Scientific Revolutions, Chicago.
Marsden, P. (2002): Brand positioning, in: Marketing Intelligence and Planning, Vol. 20, No. 5, pp. 307-312.
Melin, F.; Urde, M. (1991): Varumärket, Malmö.
New Oxford American Dictionary (2010), Oxford.
Ogilvy, D. (1983): Ogilvy on advertising, London.
Park, C.W.; Jaworski, B.J.; Maclnnis, D.J. (1986): Strategic brand concept-image management, in: Journal of Marketing, Vol. 50, No. 4, pp. 135-145.
Pechmann, C.; Ratneshwar, S. (1991): The use of comparative advertising for brand positioning, in: Journal of Consumer Research, Vol. 18, No. 2, pp. 145-160.
Porter, M. (1996): What is strategy?, in: Harvard Business Review, Vol. 74, No. 6, pp. 61-78.

Ries, A.; Trout, J. (1986): Positioning: The battle for your mind. New York.

Ries, A.; Trout, J. (2001): Positioning: The battle for your mind, New York.

Stålhammar, M. (1997): Metaforernas Mönster, Stockholm.

Trout, J. (1969): Positioning is a game people play in today's me-too market place, in: Industrial Marketing, Vol. 54, No. 6, pp. 51-55.

Trout, J. (2006): In search of the obvious, Hoboken, New Jersey.

Urde, M. (1997): Märkesorientering, Lund.

Urde, M.; Baumgarth, C.; Merrilees, B. (2011): Brand orientation and market orientation, in: Journal of Business Research, In Press, Corrected Proof, Available online 8 September 2011.

Van der Grinten, J.; Riezebos, R. (forthcoming): Positioning the brand, Abingdon.

Zednik, A.; Strebinger, A. (2007): Brand management models of major consulting firms, advertising agencies and market research companies, in: Journal of Brand Management, Vol. 15, No. 5, pp. 301-311.

Bio-Handelsmarken im Sortiment des Lebensmitteleinzelhandels – Kausalanalytische Untersuchungsergebnisse und Implikationen für das Handelsmanagement

Dirk Möhlenbruch, Annett Wolf

Bio-Handelsmarken im Sortiment des Lebensmitteleinzelhandels – Kausalanalytische Untersuchungsergebnisse und Implikationen für das Handelsmanagement

Stichworte: Anbieterreputation, Bio-Handelsmarken, Gütesiegel, Preis, Premiumhandelsmarken, Risikowahrnehmung, Vertrauen

Abstract:

In der aktuellen Handelspraxis eröffnen premiumpositionierte Eigenmarken durch innovative Produktlösungen im gehobenen Preis-Leistungsbereich neue Dimensionen im Verständnis sowie in der Funktion von Handelsmarken. Durch die Markierung im Segment der biologischen Lebensmittel in Form sog. Bio-Handelsmarken bieten sich den führenden Handelsunternehmen zudem interessante Profilierungs- und Wachstumschancen. Derartige Markenkonzepte sind bisher jedoch nur selten Gegenstand wissenschaftlicher Forschung. Vor allem mangelt es an verhaltenswissenschaftlichen Erkenntnissen. Dieses offensichtliche Forschungsdefizit zum Anlass nehmend, werden in der vorliegenden Abhandlung Hypothesen zur Erklärung des nachfragerseitigen Kaufverhaltens aufgestellt und kausalanalytisch überprüft. Darauf aufbauend sollen geeignete Implikationen für das Handelsmarkenmanagement abgeleitet werden.

1 Problemstellung

Nicht nur aktuelle Ereignisse wie bspw. der Dioxin-Skandal Anfang 2011 steigern das allgemeine Interesse an ökologischen Fragestellungen, sondern auch das zu beobachtende nachfragerseitige Bewusstsein für Umwelt- und Gesundheitsaspekte beim Lebensmittelkauf (Liebmann/Zentes 2008, S. 61). Einer repräsentativen Online-Umfrage der Berliner Strategieagentur „diffferent“ bei 1.000 Käufern von Biolebensmitteln im Jahr 2010 zufolge steht für Konsumenten biologischer

Produkte beim Erwerb derartiger Produkte im Vordergrund, die Umwelt zu schonen und sich gesünder zu ernähren. Zudem werden Bio-Produkte schon heute am häufigsten im konventionellen Einzelhandel gekauft (diffferent 2010, S. 8). Nach einer aktuellen Umfrage des Bundesministeriums für Ernährung, Landwirtschaft und Verbraucherschutz gaben im Jahr 2008 17% der Bevölkerung in Deutschland an, häufig bzw. ausschließlich biologische Lebensmittel zu kaufen. Im Jahr 2010 betrug der Anteil bereits 21% (BLE 2010, S. 3).

Insbesondere Unternehmen des Lebensmitteleinzelhandels haben die Trendentwicklung von einer primär nutzenorientierten Kaufentscheidung hin zu einer hedonistischen Bedürfnisbefriedigung beim Kauf von Lebensmitteln frühzeitig erkannt und führen vermehrt biologische Produkte in Form premiumpositionierter Eigenmarken im Sortiment. Zentrale Relevanz erfahren diese sog. Bio-Handelsmarken auch durch die Angleichung der Sortimente im Lebensmitteleinzelhandel, da Unternehmen, die erfolgreich am Markt agieren wollen, sich durch das Angebot innovativer Produkte vom Wettbewerb differenzieren müssen (Lehmann 2009, S. 32). Premiumpositionierte Markenkonzepte des Lebensmitteleinzelhandels sind bisher jedoch nur selten Gegenstand der wissenschaftlichen Forschung. Aus dem Schrifttum lässt sich zwar eine Vielzahl an Veröffentlichungen anführen, in denen die Handelsmarken als Objekte der Markierung auf unterschiedlichen Sortimentsebenen ausführlich diskutiert werden, die Möglichkeit der Premiumpositionierung wird dabei aber weitestgehend vernachlässigt. Auch ist in der bisherigen Handelsforschung nicht hinreichend erklärt, warum Konsumenten derart positionierte Eigenmarken kaufen (Wolf 2011, S. 3; Müller-Hagedorn 2005, S. 65; Ziemann/Thomas 2003, S. 22). So setzt bspw. eine erfolgreiche Etablierung ökologischer Handelsmarken im Sortiment nicht nur die Kenntnis von Lücken im herstellerseitigen Angebot sowie eine hinreichende Sortiments- und Marktstruktur voraus, sondern auch ein entsprechendes Wissen um die verhaltensbestimmenden Einflussgrößen (Möhlenbruch/Wolf 2007, S. 295). Derartige Forschungsergebnisse sind – nach Kenntnisstand der Autoren - im wissenschaftlichen Schrifttum bisher nur vereinzelt zu finden (Wolf 2011, S. 179 ff.; Hanf et al. 2009, S. 15 ff.). Aufgrund dieses offensichtlichen Forschungsdefizits besteht die Zielsetzung der vorliegenden Abhandlung darin, die verhaltenswissenschaftlichen Bestimmungsgrößen beim Kauf von Bio-Handelsmarken zu erfassen. Zur Erkenntnisgewinnung werden zunächst Hypothesen auf Basis eines Analogieschlusses aus dem wissenschaftlichen Schrifttum abgeleitet und anschließend kausalanalytisch überprüft. Erklärungsrelevanz erfahren in diesem Zusammenhang vorliegende Forschungsergebnisse zum Kaufverhalten bei Handelsmarken im Allgemeinen respektive zu den kaufentscheidungsrelevanten Kriterien beim Erwerb ökologischer Produkte. Darauf aufbauend sollen Implikationen für das Markenmanagement im Einzelhandel abgeleitet werden, welche ggf. nicht nur eine zielorientierte Beeinflussung des Konsumentenverhaltens, sondern auch eine strategisch orientierte Führung premiumpositionierter Handelsmarken ermöglichen.

2 Handelsmarkenmanagement im Einzelhandel

Allgemein bezeichnet das *Markenmanagement* die Führung von Marken auf Basis eines systematischen Planungs-, Realisations- und Entscheidungsprozesses (Dumke 1996, S. 8 f.). Das *Handelsmarkenmanagement* stellt die Markenpolitik eines Handelsunternehmens auf Sortimentsebene dar. Das Sortiment kennzeichnet nach Müller-Hagedorn (2005) die Summe aller Absatzobjekte [hier i. S. von Sachgütern verstanden], die ein anbietendes Handelsunternehmen in einer bestimmten Zeitspanne physisch oder auf andere Weise im Absatzmarkt anbieten will (Müller-Hagedorn 2005, S. 223). *Handelsmarken*, auch als Eigenmarken benannt, sind Waren- oder Firmenkennzeichen, mit denen ein Handelsunternehmen oder eine Handelsorganisation Waren markiert oder markieren lässt, um die so gekennzeichneten Waren exklusiv und im Allgemeinen nur in den eigenen Verkaufsstätten zu vertreiben (Müller-Hagedorn 2005, S. 57). Eine *Premiummarke des Handels* kann zudem als ein von einem Handelsunternehmen auf den Kundennutzen ausgerichtetes Versprechen verstanden werden, unverwechselbare Leistungen in überlegener Qualität zur Erfüllung gegebener Erfordernisse anzubieten (Möhlenbruch/Wolf 2007, S. 287). Werden diese im Segment der ökologischen Lebensmittel positioniert, können derartige Marken auch als *Bio-Handelsmarken* bezeichnet werden.

Allgemein lassen sich Produkte aus ökologischem Anbau von konventionellen Nahrungsmitteln durch die konsequente umweltfreundliche Anbaumethode unterscheiden, bei der bspw. bewusst auf künstliche Einsatzstoffe wie Pestizide oder synthetische Düngemittel verzichtet wird (Spieker 1988, S. 102). Seit 1991 regelt die EG-Öko-Verordnung 2092/91 die Markierung von Produkten aus ökologischer Anbauweise. Diese gilt für tierische und pflanzliche Lebens- und Futtermittel und kommt dann zur Anwendung, wenn ein Erzeuger seine Ware als aus ökologischem Landbau stammend kennzeichnen will. So sind bspw. für den deutschsprachigen Raum die Begrifflichkeiten „ökologisch“ bzw. „Öko“ und die gebräuchliche Bezeichnung „biologisch“ respektive „Bio“ geschützt. Ein Lebensmittel darf diesem Verständnis folgend z. B. nur dann mit „Öko“ benannt werden, wenn mindestens 95 % seiner landwirtschaftlichen Zutaten aus ökologischem Anbau stammen (vgl. EG-Öko-Verordnung 2092/91) und der zulässige Anteil an gentechnisch veränderten Inhaltsstoffen nicht mehr als 0,9 % beträgt (Haccius 2006, S. 12).

3 Bisheriger Forschungsstand und Hypothesen

In der Literatur zur Handelsforschung findet sich eine Vielzahl an Veröffentlichungen, die sich einerseits auf die Grundlagen des Handelsmarkenmanagements beziehen (z. B. Geyskens et al. 2010; Lauer 2001; Peters 1998) und andererseits die verhaltensbestimmenden Determinanten, welche zum Kauf von Handelsmarken führen, zum Inhalt haben (z. B. Ailawadi et al. 2008; Bauer et al. 2004).

Wie in Tabelle 1 zusammenfassend dargestellt ist, erfolgt in den genannten Beiträgen meist nur eine Betrachtung von Handelsmarken im Allgemeinen. Es ist erstaunlich, dass die zur erfolgreichen Führung von Premiumhandelsmarken relevanten verhaltenswissenschaftlichen Aspekte, wie bspw. das Vertrauen, welches die Konsumenten einer Marke entgegenbringen, bisher kaum Gegenstand der wissenschaftlichen Forschung waren.

Zur Analyse der im Folgenden relevanten Determinanten, die den Kauf sog. Bio-Handelsmarken bestimmen, wird ein Analogieschluss von den allgemeinen Bestimmungsfaktoren beim Erwerb von Handelsmarken vorgenommen. Diese Vorgehensweise erscheint zweckmäßig, um auf Basis verschiedener theoretischer Ansätze zu neuen verhaltenswissenschaftlichen Erkenntnissen bezüglich eines derartigen Produktkaufs zu gelangen und damit ggf. die Grundlage für weitere detaillierte Forschungsarbeiten zu legen. So konnte aufbauend auf bereits vorliegenden Ergebnissen zunächst festgehalten werden, dass die *Einstellung* zu Handelsmarken sowie das mit dem Kauf verbundene *Risiko* zentrale Einflussgrößen darstellen. Darüber hinaus erlangen der Zusammenhang von

Handelsmarken- und Einkaufsstättenimage sowie die damit ggf. verbundene Kundenbindung im Rahmen der Konstrukte *Reputation* bzw. *Vertrauen* Erklärungsrelevanz.

Forschungsthema ausgewählte Inhalte	Handelsmarken im Allgemeinen	Premiumhandelsmarken im Speziellen
a.) Ziele der Handelsmarkenpolitik		
Leistungsfähigkeit von Handelsmarken zur **Einkaufsstättenprofilierung**	Lingenfelder/ Lauer 2005; Lauer/ Lingenfelder 2002; Lauer 2001; Peters 1998	Chan Choi/ Coughlan 2006; Corstjens/ Lal 2000
Rentabilitätsverbesserung und Positionierung im Sortiment	Ailawadi/ Keller 2004; Ailawadi/ Harlam 2002; Hoch/ Banerji 1993	Sayman et al. 2002
b.) Verhaltenswissenschaftliche Forschungsinhalte		
Einstellung zu Handelsmarken	Bauer/ Huber/ Mäder 2004; Collins-Dodd/ Lindley 2003; Garretson/ Fisher/ Burton 2002	
Risikowahrnehmung bei Handelsmarken	Mieres/ Martin/ Gutierrez 2006a und 2006b; Bauer/ Huber/ Mäder 2004; Koppe 2003; Batra/ Sinha 2000; Sinha/ Batra 1999; Dick/ Jain/ Richardson 1997	
Bedeutung des **Produktwissens** beim Kauf von Handelsmarken	Mieres/ Martin/ Gutierrez 2006a und 2006b; Bauer/ Huber/ Mäder 2004; Richardson/ Dick/ Jain 1996	
Zusammenhang von **Handelsmarken-** und **Einkaufsstättenimage**	Vahie/ Paswan 2006; Ailawadi/ Keller 2004; Collins-Dodd/ Lindley 2003; Sheinin/ Wagner 2003	
Zusammenhang von **Handelsmarken-** und **Einkaufsstättentreue**	Bauer/ Görtz/ Strecker 2005; Garretson/ Fisher/ Burton 2002	Windbergs 2007

Tabelle 1: Stand der Handelsmarkenforschung

In der verhaltenswissenschaftlichen Forschung finden sich verschiedene Definitionen für das Einstellungskonstrukt. Allgemein betrachtet stellen Einstellungen sog. *Prädispositionen* für das Verhalten gegenüber einem Objekt bzw. Produkt dar, wonach sich das Verhalten nicht danach richtet, wie das Objekt bzw. Produkt objektiv beschaffen ist, sondern wie es vom Konsumenten subjektiv wahrgenommen wird (Kroeber-Riel et al. 2009, S. 212 ff.). Bezogen auf den hier zu betrachtenden Kauf bedeutet dies bspw. die nachfragerseitige Einschätzung eines Produktes als biologisches respektive ökologisches Erzeugnis zur Befriedigung des Motivs nach gesunder Ernährung. Die Einstellung bietet sich als *Indikator* für das nachfolgend zu untersuchende Konsumentenverhalten beim Erwerb von Bio-Handelsmarken an, da angenommen wird, dass eine positive Einstellung im Sinne der Einstellungs-Verhaltens-Hypothese (E-V-Hypothese) eine entsprechende Kaufabsicht und damit eine *höhere Kaufwahrscheinlichkeit* impliziert (Kroeber-Riel et al. 2009, S. 212 ff.). Obwohl der Einstellung in der verhaltenswissenschaftlichen Konsumentenforschung zentrale Bedeutung zukommt, finden sich im relevanten Schrifttum auch kritische Beiträge bezüglich der unterstellten Wirkungsbeziehung (Trommsdorff 2009, S. 151 f.). Danach ist insbesondere unter Beachtung aktueller Marktbedingungen, wie z. B. der wachsenden Marktsättigung oder der steigenden Berücksichtigung sozial erwünschter Aspekte beim Produktkauf, zu überprüfen, ob nicht eher der umgekehrte Richtungszusammenhang – also der Einfluss des Verhaltens auf die Einstellung i. S. einer V-E-Hypothese – Gültigkeit besitzt. So ist es bspw. denkbar, dass sich nach der Geburt eines Kindes (Verhalten) die Einstellung der Eltern bezüglich biologischer Produkte ändert, indem diese derartige Lebensmittel für die Kindesernährung präferieren (Kroeber-Riel et al. 2009, S. 221 f.).

Das Konstrukt des *wahrgenommenen Risikos* ist in der Verhaltensforschung von zentraler Bedeutung, da es einen hohen Erklärungsbeitrag zum individuellen Kaufverhalten der Konsumenten liefert (Bauer et al. 2004, S. 11). Den Mittelpunkt nachfolgender Überlegungen bildet das beim Kauf sogenannter Bio-Handelsmarken empfundene Risiko. Dieses entsteht, wenn die Nachfrager aufgrund situativ verfügbarer Informationen Abweichungen zwischen den Erwartungen, im Sinne des Erwerbs eines ökologischen Produktes, und den voraussehbaren Folgen einer Kaufhandlung, in Folge eines Fehlkaufs oder fehlender sozialer Unterstützung, wahrnehmen (Kuhlmann 2006, S. 168). In diesem Kontext ist auf Basis bereits vorliegender Forschungsergebnisse primär zwischen finanziellem, funktionalem und sozialem Risiko zu differenzieren (Bauer et al. 2006, S. 383; Mieres et al. 2006b, S. 762). Der betrachtete wertsteigernde ökologische Zusatznutzen von Premiumhandelsmarken impliziert eine funktionale Produkteigenschaft. Folglich bezieht sich das funktionale Risiko auf die Beschreibung der nachfragerseitigen Unsicherheit, ein funktionsuntüchtiges Produkt, im Sinne eines nicht ökologischen Leistungsangebotes, zu erwerben (Kuhlmann 2006, S. 170). Das *soziale Risiko* erfasst die Unsicherheit des Nachfragers bezüglich seiner gesellschaftlichen Akzeptanz durch den Produktkauf. Beispielsweise kann der Gebrauch von Plastiktüten für ein Mitglied eines Umweltschutzvereins mit einem sozialen Risiko verbunden sein (Behrens 1991, S. 124). Das *finanzielle Risiko* stellt die Angemessenheit des Preises dar und drückt damit die Tragfähigkeit der finanziellen Belastung durch den Produktkauf aus. Grundlage hierfür ist die Kaufkraft des Nachfragers, welche i. d. R. begrenzt ist (Meffert 1992, S. 70). Insgesamt liegen bezüglich der verschiedenen Risikoarten bereits interessante empirische Forschungsergebnisse von Mieres et al. (2006b) vor. Die Autoren konnten im Rahmen anschaulicher Studien signifikante Unterschiede in den einzelnen Risikodimensionen zwischen Handels- und bekannten Herstellermarken feststellen. So wurden die Eigenmarken des Handels tendenziell mit einem höheren funktionalen, sozialen und finanziellen Risiko wahrgenommen (Mieres et al. 2006b, S. 766). Erfolgt im vorliegenden Forschungskontext eine Betrachtung des *sozialen Risikos*, kann der Konsument bspw. durch eine entsprechende Informationssuche im sozialen Umfeld eine Unsicherheitsreduktion bewirken (Kroeber-Riel et al. 2009, S. 304). Ein festgestelltes soziales Risiko führt daher zur Ableitung folgender Hypothesen:

H1: Je ausgeprägter das ökologische Bewusstsein im sozialen Umfeld des Konsumenten ist, desto geringer ist das wahrgenommene soziale Risiko beim Kauf ökologischer Eigenmarken des Handels.

H2: Je geringer das wahrgenommene soziale Risiko, desto höher ist die Kaufwahrscheinlichkeit für Premiummarken im Segment der ökologischen Produkte.

Obwohl die Theorie des wahrgenommenen Risikos in der verhaltenswissenschaftlichen Literatur weite Verbreitung erfahren hat, greift diese insbesondere zur Erklärung der Wahrnehmung *finanzieller* und *funktionaler Risiken* zu kurz (Weiber/Adler 1995a, S. 43). In dieser Studie werden premiumpositionierte Eigenmarken betrachtet, die im Segment der ökologischen Nahrungsmittel angeboten werden. Ob diese Lebensmittel tatsächlich umweltgerecht produziert wurden, lässt sich vom Nachfrager jedoch nur zu prohibitiv hohen Kosten aufklären, so dass er den Angaben des Herstellers bzw. des Handelsunternehmens *Glauben* schenken muss. Dies wird in der *Informationsökonomie* unter dem Begriff der Vertrauenseigenschaft diskutiert (Trommsdorff et al. 2006, S. 126). Da die produktbezogenen Leistungseigenschaften von den Konsumenten abschließend kaum beurteilt werden können, greifen diese zur Unsicherheits- bzw. Risikoreduktion auf sog. *leistungsübergreifende Informationssubstitute* zurück (Adler 1998, S. 343). Hierzu zählen z. B. die Anbieterreputation, das Firmenimage, der Bekanntheitsgrad des Produktes oder die Verwendung externer Gütesiegel. Diese werden als leistungsübergreifend bezeichnet, da sie eher globalen Charakter besitzen und den Anbieter sowie dessen Stellung im Markt betreffen (Weiber/Adler 1995b, S. 67).

Wie bereits im Rahmen bisheriger Studien zu den Bestimmungsgrößen des Kaufs von Handelsmarken allgemein festgestellt werden konnte, erlangen auch die theoretischen Konstrukte *Reputation* bzw. *Vertrauen* Erklärungsrelevanz. Das *Vertrauen* kann nämlich als Informationssubstitut zur Unsicherheit kompensatorisch wirken (Luhmann 2000, S. 30 ff.), indem die fehlende Möglichkeit einer glaubwürdigen Übermittlung von Qualitätsinformationen bspw. im Kontext des wahrgenommenen *funktionalen Risikos* ersetzt wird (Lingenfelder et al. 1998, S. 6). Nach Trommsdorff et al. (2006) kann das *Konsumentenvertrauen* definiert werden als, „…subjektive, begrenzt bewusste und rationale Beurteilung eines künftigen Verhaltens, Ereignisses oder Zustandes bei freiwilliger Akzeptanz des entsprechenden Risikos." (Trommsdorff et al. 2006, S. 1266). Bezogen auf die hier zu betrachtende höhere Kaufwahrscheinlichkeit ist insbesondere das Vertrauen in die Handelsmarke zur Unsicherheitsreduktion von Bedeutung. Vor dem Hintergrund der dargestellten theoretischen Erkenntnisse erscheint die Ableitung folgender Hypothesen sinnvoll:

H3: Je größer das Vertrauen der Konsumenten in die Premiumhandelsmarken ist, desto geringer ist das wahrgenommene funktionale Risiko beim Kauf.

H4: Je geringer das wahrgenommene funktionale Risiko, desto höher ist die Kaufwahrscheinlichkeit für Premiummarken im Segment der ökologischen Produkte.

Darüber hinaus wiesen Lau/Lee (1999) nach, dass die *Reputation des Markenherstellers* einen Teil der Varianz des Konsumentenvertrauens in die Marke erklärt. Danach lassen sich bspw. Konsumenten, die der Kompetenz und Fairness des anbietenden Unternehmens vertrauen, auch ohne expliziten Nachweis von der Qualität hier i. S. der Ökologieverträglichkeit der angebotenen Produkte überzeugen (Weiber/Adler 1995b, S. 69). Zudem ist nach Kaas (1993) eine *glaubwürdige Reputation* als Anbieter ökologischer Produkte die wichtigste Institution zur Überwindung des Informationsproblems in der Umweltpolitik. In diesem Kontext wird die Reputation zu einem *Substitut* für die nicht bzw. nur sehr eingeschränkt mögliche Qualitätsbewertung vor dem Kauf, indem auf die *Vertrauens- bzw. Glaubwürdigkeit* und damit auf die subjektiv wahrgenommene Kompetenz des Anbieters rekurriert wird (Büschken 1999, S. 2). Auf dieser theoretischen Grundlage aufbauend, ist folgende Hypothese zu prüfen:

H5: Je glaubwürdiger die Reputation von den Konsumenten wahrgenommen wird, desto geringer ist das wahrgenommene funktionale Risiko beim Kauf ökologischer Premiumhandelsmarken.

In dieser Abhandlung werden sog. Bio-Handelsmarken betrachtet, die sich durch ein gehobenes Preis- und Qualitätsniveau auszeichnen. Dass der Preis von den Konsumenten vielfach als *Qualitätsindikator* interpretiert wird, ist in der wissenschaftlichen Literatur in zahlreichen Forschungsarbeiten bestätigt worden (Adler 1998, Völckner 2006). Auch belegen die empirischen Forschungsergebnisse von Chinnici et al. (2002), dass im Kontext von Vertrauenskäufen der Preis bei der Kaufentscheidung für biologische Produkte eine zentrale Rolle spielt (Chinnici et al. 2002, S. 194). Daher ist anzunehmen, dass der Preis zur Reduktion des wahrgenommenen *funktionalen Risikos* beitragen kann. Vor diesem Hintergrund sind nachfolgende Hypothesen zu prüfen:

H6: Ein niedriger Preis beeinflusst das wahrgenommene finanzielle Risiko beim Kauf von Premiumhandelsmarken im Segment der ökologischen Produkte positiv.

H7: Ein geringes wahrgenommenes finanzielles Risiko beeinflusst den Kauf ökologischer Eigenmarken des Handels positiv.

H8: Ein niedriger Preis beeinflusst das wahrgenommene funktionale Risiko beim Kauf von Premiumhandelsmarken im Segment der ökologischen Produkte negativ.

Im Kontext des Angebots biologisch erzeugter Produkte im Sortiment des Lebensmitteleinzelhandels ist auch die Relevanz *ökologischer Gütesiegel* bspw. zur Reduktion des wahrgenommenen *funktionalen Risikos* zu prüfen (Kaas/Busch 1996, S. 245). Der Begriff Öko-Label bzw. Gütesiegel bezeichnet eine spezielle Auszeichnung von Produkten, die sich im Vergleich zu anderen, dem gleichen Verwendungszweck dienenden Artikeln durch besondere Umweltfreundlichkeit charakterisieren lassen (Langer et al. 2008, S. 19; Hansen/Kull 1994, S. 265). Danach tragen Gütesiegel nicht nur zur *Vertrauensbildung* des Konsumenten in das markierte Produkt bei, sondern ermöglichen u. U. auch eine Bewertung des funktionalen Risikos. In Bezug auf die von Handelsunternehmen angebotenen Premiummarken im Segment der biologischen Lebensmittel ist daher folgende Hypothese zu eruieren:

H9: Je glaubhafter die Kennzeichnung ökologischer Produkte durch externe Gütesiegel von den Konsumenten beurteilt wird, desto geringer ist das wahrgenommene funktionale Risiko in der Kaufsituation.

4 Kausalanalytische Untersuchung

4.1 Forschungsdesign

Um die postulierten verhaltenswissenschaftlichen Wirkungszusammenhänge zu bestimmen, ist das aufgestellte Hypothesensystem einer empirischen Überprüfung zu unterziehen. Dabei hat sich in den letzten Jahren die Kausalanalyse als ein Ansatz der multivariaten Datenanalyse in der betriebswirtschaftlichen Forschung durchgesetzt. Die theoretischen Grundlagen sowie die methodische Vorgehensweise bei kausalanalytischen Studien sind in der einschlägigen Literatur bereits umfassend dargestellt worden (z. B. Homburg/Baumgartner 1995; Homburg/Giering 1996; Homburg/Hildebrandt.

Aus dem Schrifttum wurden zunächst geeignete Rohindikatoren zur Erfassung der verschiedenen latenten Variablen abgeleitet. Diese sind bereits im Rahmen empirischer Erhebungen validiert worden und bilden damit eine geeignete Basis für das zu untersuchende Kaufverhalten (vgl. Tabelle A1 im Anhang). Aufbauend auf den Indikatoren wurde ein Fragebogen erstellt (vgl. Tabelle A2 im Anhang). Die primärstatistische Erhebung fand im Zeitraum vom 07.04 bis 11.04.2008 an verschiedenen Wochentagen in Form einer *Konsumentenbefragung* in zufällig ausgewählten Einkaufsstätten kooperierender Handelsunternehmen in Deutschland statt (vgl. Tabelle A3 im Anhang). Insgesamt konnten 288 Interviews geführt werden. Auf Basis einer expliziten Berücksichtigung der charakteristischen Merkmale der Untersuchungseinheiten i. S. der

Käufer biologischer Eigenmarken des Handels und auf Grund von Erfahrungswerten zur *Käuferstruktur im Einzelhandel* (Peters 1998, S. 112; Schweiger/Koppe 1996, S. 284.) sowie bereits vorliegender Forschungsergebnisse zum *Kaufverhalten bei biologischen Produkten* (Wissmann 2008, S. 68f.) kann von einer für das Kaufverhalten im Einzelhandel repräsentativen Erhebung ausgegangen werden.

4.2 Ergebnisse und Gütekriterien

Im Rahmen der vorliegenden Untersuchung wurde zur Datenauswertung das Softwareprogramm AMOS 7.0 genutzt. Die Verwendung von A-MOS kann sowohl mit der angestrebten Vergleichbarkeit der Ergebnisse im wissenschaftlichen Schrifttum, als auch mit der Möglichkeit zur kovarianzbasierten Umsetzung der Beziehungsstrukturen begründet werden (Homburg/Klarmann 2006a, S. 730 ff.). Obwohl im Rahmen der Untersuchung eine entsprechende Anzahl an Gleichungen (465) und Freiheitsgraden (378) vorhanden ist, konnte nicht für alle Beziehungszusammenhänge das Gleichungssystem identifiziert werden. So ist für die latenten Variablen soziale Norm und Preiswahrnehmung das Strukturgleichungsmodell nicht identifizierbar.
Im Schrifttum wird regelmäßig ein Minimum von drei Indikatorvariablen pro Faktor zur Lösung des aufgestellten Gleichungssystems gefordert (Homburg/Hildebrandt 1998, S. 37). Dies wurde sowohl bei der Operationalisierung der sozialen Norm als auch bei der Preiswahrnehmung berücksichtigt. Dennoch reichen die empirischen Daten nicht aus, um das Strukturgleichungsmodell zu identifizieren. Dies kann u. U. darauf zurückgeführt werden, dass das aufgestellte Messmodell zur Erfassung der hypothetischen Konstrukte fehlerhaft ist. Auch ist zu vermuten, dass die Probanden die Fragestellungen eventuell nicht richtig verstan-

den haben oder die Items keine geeigneten Indikatoren zur Erfassung der latenten Variablen darstellten. Da die verwendeten Rohindikatoren zur Operationalisierung bereits im wissenschaftlichen Schrifttum validiert wurden, ist dies erstaunlich. Weil entsprechend der Argumentation von Homburg (1992) nur die Analyse identifizierter Kausalmodelle sinnvoll erscheint, müssen die Hypothesen 1, 6 und 8 bei der weiteren Untersuchung ausgeschlossen werden.

Zur Beurteilung der Schätzergebnisse des aufgestellten Mess- und Strukturmodells werden die in der einschlägigen Literatur empfohlenen globalen und lokalen Anpassungsmaße verwendet (Homburg/Baumgartner 1998, S. 351 ff.). Eine Übersicht über diese Größen liefert Tabelle A4 im Anhang. Obwohl das aufgestellte Messmodell nur eine mäßige Qualität der Parameterschätzung aufweist, konnten bezogen auf die Beurteilung der Reliabilität und Validität des Gesamtmodells durchaus akzeptable Werte erreicht werden (vgl. Tabelle A5 im Anhang). Insgesamt folgt die Modellevaluation dem im relevanten Schrifttum vertretenen Prinzip, dass die Nichterfüllung einzelner Kriterien nicht zwangsläufig zur Ablehnung des gesamten Ansatzes führen muss (Hildebrandt/Temme 2006, S. 14; Homburg/Baumgartner 1998, S. 351 ff.). Im weiteren Verlauf wird daher von einem grundsätzlich geeigneten Kausalmodell ausgegangen.

Abbildung 1 gibt einen zusammenfassenden Überblick über die im Rahmen der Kausalanalyse zu prüfenden Hypothesen sowie deren Bestätigung bzw. Ablehnung. Als Ergebnis ist festzustellen, dass im Rahmen der kausalanalytischen Untersuchung die Hypothesen 3, 4 und 7 als statistisch signifikant bestätigt wurden. Wird bspw. die Beziehung von Markenvertrauen und funktionalem Risiko (Hypothese 3) näher betrachtet, zeigt der Strukturgleichungskoeffizient (S) von -0,86, dass nicht nur die unterstellte negative Wirkungsbeziehung korrekt prognostiziert wurde, sondern auch, dass eine starke Beziehung zwischen den beiden latenten Variablen Markenvertrauen und funktionales Risiko vorliegt. Im Gegensatz dazu unterstützen die sehr geringen Strukturgleichungskoeffizienten bei den Informationssubstituten Reputation und Gütesiegel die Ablehnung der Hypothesen 5 und 9. Dieses Ergebnis ist ggf. darauf zurückzuführen, dass die unterstellte Wirkungsrichtung falsch prognostiziert wurde oder das funktionale Risiko keinen geeigneten Mediator für die latenten Variablen darstellt. Bei der Überprüfung der mediierenden Beziehung konnte dies bestätigt werden.

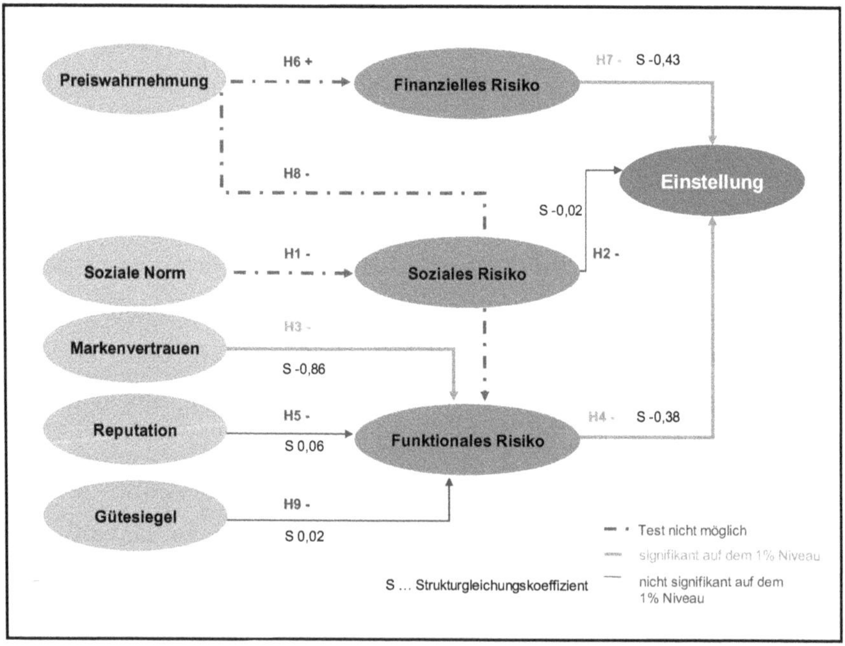

Abbildung 1: Signifikanz der Untersuchungshypothesen

5 Ausgewählte Implikationen für das Markenmanagement im Einzelhandel

Nach den empirischen Ergebnissen übt das mit den premiumpositionierten Eigenmarken verbundene *Vertrauen* einen signifikanten Einfluss auf das wahrgenommene *funktionale Risiko* und damit auf die Einstellung bzw. die Kaufwahrscheinlichkeit für diese Marken aus. Das Vertrauen hat folglich zentrale Relevanz für das Kaufverhalten und kann bei entsprechend positiver Rechtfertigung ggf. zu Einkaufsstättenpräferenzen führen. Handelsunternehmen konkurrieren speziell über das Angebot premiumpositionierter Eigenmarken mit gleichem wertsteigernden Zusatznutzen miteinander, da Produkte wie Rewe Bio, Edeka Bio Wertkost, Naturkind oder BioBio relativ homogene Kundensegmente ansprechen. Daher ist den markierenden Unternehmen des Lebensmitteleinzelhandels zu empfehlen, durch ein strategisch orientiertes Markenmanagement den Aufbau von Vertrauen in die Eigenmarken voranzutreiben und damit weitgehend homogene Waren durch den wertsteigernden Zusatznutzen der Ökologieorientierung stärker zu heterogenisieren. Somit erscheint es möglich, die eigenen Marken gegenüber der Konkurrenz zu profilieren und damit einen entscheidenden Wettbewerbsvorteil aufzubauen, der von konkurrierenden Unternehmen kaum imitiert werden kann. Aufgrund bisher fehlender empirischer und theoretischer Erkenntnisse kann abschließend jedoch kaum zuverlässig beurteilt werden, welche spezifischen Maßnahmen im Rahmen eines *strategisch orientierten Markenmanagements* zu ergreifen sind, um bspw. das Kundenbindungspotenzial optimal auszunutzen (Wolf 2011, S. 203 f.).

Insgesamt bewegt sich das Markenmanagement des Einzelhandels im Spannungsfeld zwischen dem Aufbau von Vertrauen einerseits und der Etablierung einer differenzierungsfähigen Marke andererseits (Rudolph

2002, S. 23). Selbst wenn der Handel vermehrt Herstellermarken durch eigene Marken im Premiumbereich substituiert, benötigt er in der Regel auch weiterhin herstellergeführte Marken zur Verbesserung seines akquisitorischen Potentials sowie zur Vervollständigung seines Sortiments (Corstjens/Lal 2000, S. 281). Obwohl Herstellermarken für die Konsumenten auch weiterhin einen unverzichtbaren Bestandteil des Sortiments und damit einen Orientierungspunkt bilden (Möhlenbruch/Wolf 2006, S. 14; Bauer et al. 2004, S. 24), ist zukünftig eine Verschiebung der Sortimentsanteile zu Gunsten eigener Premiummarken aufgrund der erfolgreichen Etablierung im Segment der ökologischen Lebensmittel zu erwarten.

Die kausalanalytischen Ergebnisse bestätigen ferner einen statistisch signifikanten Zusammenhang zwischen dem wahrgenommenen *finanziellen Risiko* und der Einstellung zu premiumpositionierten Eigenmarken des Handels. Danach kann ein als gering eingeschätztes finanzielles Risiko die Kaufwahrscheinlichkeit für diese Marken erhöhen. Damit bieten sich für Handelsunternehmen durch die Markierung sog. Bio-Handelsmarken nicht uninteressante *Möglichkeiten zur Betriebstättenprofilierung*. So kann bspw. durch eine entsprechende Demonstration der Preiskompetenz bzw. Preiswürdigkeit des Handelsunternehmens eine Differenzierung des Angebotes gegenüber der Konkurrenz erreicht und damit auch eine langfristige Positionierung im Evoked Set des Konsumenten durchgesetzt werden (Wolf 2011, S. 215 ff.). In Deutschland erscheint dazu jedoch ein Wechsel der Handelskommunikation von einer produkt- und damit vorwiegend preisorientierten Kommunikation hin zu einer *stärkeren Imagewerbung* dringend geboten. Die Premium-marken können dadurch nicht nur dem z. T. ruinösen Preiskampf mit anderen Handels- oder Herstellermarken im Lebensmitteleinzelhandel entzogen werden, sondern ggf. auch zum Aufbau einer entsprechenden *Reputation als Anbieter ökologischer Produkte* beitragen. Bisher stellen die anbietenden Handelsunternehmen mit Produkten wie z. B. Rewe Bio nur vereinzelt die Leistungsfähigkeit bzw. den wertsteigernden Zusatznutzen ihrer Marken kommunikativ in den Vordergrund (Wolf 2011, S. 215 f.). Überraschend ist, dass bezüglich des leistungsübergreifenden Informationssubstituts *Gütesiegel* kein statistisch signifikanter Zusammenhang bestätigt werden konnte. Hier erscheint die steigende Konsumentenverwirrtheit infolge einer Vielzahl verschiedener Gütesiegel als mögliche Ursache plausibel, da eine inflationäre Verwendung zum Verlust des eigentlichen Nutzens führt. Obwohl dem Informationssubstitut somit nur eine vergleichsweise geringe risikoreduzierende und damit vertrauensfördernde Funktion zukommt, erwarten die Nachfrager eine Markierung premiumpositionierter Eigenmarken mit entsprechenden Gütesiegeln respektive Öko-Labels. Handelsunternehmen sollten daher auch in Zukunft auf eine derartige Produktkennzeichnung nicht verzichten und ggf. die Zahl der verwendeten Gütesiegel im Kontext der Einführung des einheitlich zu verwendenden EU-Siegels ab dem 01.07.2010 kritisch prüfen.

Jedoch ist anzumerken, dass das Sortiment im Lebensmitteleinzelhandel nur einen Ansatzpunkt zum Aufbau einer starken Marke bildet. Die Eigenmarkenpolitik kann lediglich ein Bestandteil eines erfolgreichen Markenmanagement im Einzelhandel sein. Da nach Ergebnissen von Ailawadi et al. (2008) ein signifikanter Zusammenhang zwischen der Verwendung bzw. dem Konsum von Handelsmarken und der Einkaufsstättentreue besteht, ist den markierenden Unternehmen zu empfehlen, verstärkt eine inhaltliche Verbindung zwischen den Marken auf Betriebstypen- und Sortimentsebene bspw. in *Form einer Retail Brand* zu schaffen. Mit einer derartigen Markierung kann nicht nur die Erzielung von Synergieeffekten unterstützt, sondern ggf. auch durch die Identität von Marken- und Einkaufsstättenimage die Positionierung der Einkaufsstätte selbst im Evoked Set des Konsumenten erleichtert werden. Beispielhaft sei hier die von der Rewe Group Deutschland in allen Betriebstypen eingeführte Bio-Handelsmarke Rewe Bio genannt. Zudem können damit die Exklusivität und Güte des Angebots signalisiert sowie eine eindeutige Abgrenzung von Angeboten konkurrierender Handelsunternehmen erreicht werden. Ein *abgestimmtes Markenmanagement auf Betriebstypen- und Sortimentsebene* stärkt das Vertrauen der Konsumenten in die Marke bzw. in das markierende Unternehmen, was für die angestrebte Einkaufsstättentreue unverzichtbar ist. Ferner ist ein gegenseitiger Imagetransfer vom markierten Betriebstyp auf die Handelsmarke und umgekehrt vorstellbar, welcher die Markenbildung vereinfacht (Wolf 2011, S. 205 ff.).

Abschließend bleibt festzuhalten, dass premiumpositionierte Eigenmarken des Handels betrachtet wurden, die im Segment der biologischen Lebensmittel positioniert sind. Dabei kann eine erfolgreiche Führung derartiger Marken im Sortiment einerseits auf ein professionelles Handelsmarkenmanagement zurückgeführt werden. Andererseits haben auch externe Einflussgrößen, wie z. B. das veränderte Umweltbewusstsein der Nachfrager oder die steigende Zahl an Lebensmittelskandalen, einen nicht unerheblichen Beitrag zur Marktetablierung geleistet. Allerdings erscheint im Kontext der insgesamt sehr verschiedenartigen Sortimentsbereiche eines Handelsunternehmens nicht jeder Teilmarkt zur erfolgreichen Positionierung von Premiummarken geeignet. Dies ist sowohl auf die Existenz starker Herstellermarken als auch auf geringe Marktpotentiale zurückzuführen. Insofern ist die Etablierung von Premiummarken im Sortiment des Einzelhandels nicht zuletzt von der Fähigkeit des Managements abhängig, neue und von Herstellern wenig bearbeitete Segmente zu erfassen und auf diesen erfolgreich zu agieren (Möhlenbruch/Wolf 2006, S. 13 f.). Ferner benötigt das Handelsunternehmen eine ausreichende Betriebsgröße und somit ein ausgebautes Verkaufsstellennetz, um Premiummarken auf Grund von Kostendegressionseffekten z. B. bei Werbung oder Beschaffung rentabel führen zu können (Dumke 1996, S. 44). Durch die zunehmenden Konzentrationsprozesse im Lebensmitteleinzelhandel und die damit einhergehende Verstärkung des Preiswettbewerbs bleibt jedoch abzuwarten, in welchen Sortimentsbereichen zukünftig premiumpositionierte Eigenmarken erfolgreich etabliert werden können.

Anhang

Konstrukt/ Dimension		Rohindikatoren	Quelle
Einstellung als Indikator der Kaufabsicht		Ich beabsichtige... zu kaufen.	Eberl 2006, S. 203
		Wie wahrscheinlich ist der Kauf von...?	
soziale Norm		Meine Familie und meine Freunde erwarten, dass ich sorgfältig mit der Umwelt umgehe.	Schwarz 1977. o.S., zitiert bei: Hunecke 2000, S. 70
		In meiner Familie wird darauf geachtet, solche Produkte zu kaufen, die die Umwelt schonen.	
		In meinem Freundes- und Verwandtenkreis werde ich immer wieder auf... aufmerksam gemacht.	
wahrgenommenes soziales Risiko		Sind Sie besorgt darüber, dass wenn Sie... kaufen, Ihre Familie oder Ihre Freunde Sie dann fallen lassen?	Mieres/ Martín/ Guitiérrez 2006a, S. 72
		Befürchten Sie, dass wenn Sie... kaufen, es vielleicht negative Auswirkungen darauf hat, was andere über Sie denken?	
		Denken Sie, dass wenn Sie... kaufen, andere Personen Sie nicht so sehen, wie sie gerne gesehen werden wollen?	

Konstrukt/ Dimension		Rohindikatoren	Quelle
wahrgenommenes funktionales Risiko		Sind Sie misstrauisch, dass...?	Mieres/ Martín/ Guitiérrez 2006a, S. 72
		Denken Sie, dass... ihr Motiv nach... befriedigen?	
Marken-vertrauen	Marken-zuverlässigkeit	Wenn ich ... kaufe, weiß ich genau, was mich erwartet.	Lau/ Lee 1999, S. 364f.
		Die Qualität der angebotenen ... ist konstant und zuverlässig.	
	Marken-kompetenz	Die ... sind die Besten in der Warengruppe.	
		... befriedigen meine Bedürfnisse besser als andere Marken.	
Reputation		Ich finde, das Angebot... ist nicht angemessen für die Einkaufsstätte.	Zentes/ Morschett/ Schramm-Klein 2006, S. 397f.; Eberl 2006, S. 202
		Das angebotene Sortiment... passt zum Einkaufsstättenimage.	Zentes/ Morschett/ Schramm-Klein 2006, S. 397f.; Eberl 2006, S. 202
		Ich würde... in der Einkaufsstätte kaufen, von der ich weiß, dass diese einen guten Ruf hat.	Schönborn 2005, S. 250
		Ich habe großes Vertrauen in das Handelsunternehmen.	

Konstrukt/ Dimension		Rohindikatoren	Quelle
Wahrnehmung von Gütesiegeln als Informationssubstitute		Gütesiegel sehe ich als Indikator für das Vorhandensein… an.	Benkenstein/ von Stenglin 2006, S. 213ff.; Hansen/ Kull 1994, S. 266f.; Kaas 1993, S. 32f.
wahrgenommenes finanzielles Risiko		Denken Sie, dass der Kauf von… Geldverschwendung ist?	Mieres/ Martín/ Guitiérrez 2006a, S. 72
		Sind Sie besorgt, dass es sich nicht um einen preiswürdigen Kauf handelt?	
		Denken Sie, dass der Kauf von… keine sinnvolle Möglichkeit zum Geld ausgeben ist?	
Preis-wahrnehmung	**Preissuche**	Beim Kauf … suche ich nach Preisinformationen und berücksichtige diese bei der Einkaufsentscheidung.	Diller 2008, S. 106f.
		Einen hohen Preis sehe ich als Indikator für das Vorhandensein … an.	Völckner 2004, S. 10; Mieres/ Martín/ Guitiérrez 2006a, S. 72; Sheinin/ Wagner 2003, S. 213ff.
	Preis-beurteilung	Wenn man … haben möchte, muss man auch dafür bezahlen.	Fricke 1996, S. 323

Tabelle A1: Konzeptualisierung des Messmodells

Konstrukt/ Dimension	Rohindikatoren	Frage
Einstellung als Indikator der Kaufabsicht	Ich beabsichtige auch in Zukunft Bio-Handelsmarken zu kaufen.	Frage 21
	Wie wahrscheinlich ist der Kauf von Bio-Handelsmarken in dieser Einkaufsstätte?	Frage 22
soziale Norm	Meine Familie und meine Freunde erwarten, dass ich sorgfältig mit der Umwelt umgehe.	Frage 10 (a)
	In meinem Freundes- und Verwandtenkreis wird darauf geachtet, solche Produkte zu kaufen, die die Umwelt schonen.	Frage 10 (b)
	In meinem Freundes- und Verwandtenkreis wird mir der Kauf biologischer Produkte empfohlen.	Frage 10 (c)
wahrgenommenes soziales Risiko	Für mich selber kaufe ich Bio-Handelsmarken, für Besuch eher Bio-Produkte aus dem Reformhaus oder vom Bio-Bauern.	Frage 10 (d)
	Mein Freundes- und Verwandtenkreis bevorzugt Bio-Produkte aus dem Reformhaus.	Frage 10 (e)
	Für mich kaufe ich Bio-Handelsmarken, jedoch bin ich unsicher, was meine Freunde und meine Familie darüber denken.	Frage 10 (f)
	Meinen Freunden biete ich lieber Bio-Produkte aus dem Reformhaus als Bio-Handelsmarken an.	Frage 10 (g)

Konstrukt/ Dimension		Rohindikatoren	Frage
wahrgenommenes funktionales Risiko		Wenn ich Bio-Handelsmarken kaufe, bin ich misstrauisch, ob es sich wirklich um biologische Produkte handelt.	Frage 12 (a)
		Ich bin skeptisch, ob der Geschmack von Bio-Handelsmarken wirklich besser ist als der von herkömmlichen Produkten.	Frage 12 (b)
		Ich bin unsicher, ob ich mich durch den Kauf von Bio-Handelsmarken wirklich gesund ernähre.	Frage 12 (c)
Marken-vertrauen	**Marken-zuverlässigkeit**	Denken Sie, dass Bio-Handelsmarken vertrauenswürdig sind?	Frage 6
		Vertrauen Sie beim Kauf von Bio-Handelsmarken auf gleichbleibende und zuverlässige Qualität?	Frage 8
	Marken-kompetenz	Denken Sie, dass Sie beim Kauf von Bio-Handelsmarken die beste Qualität erhalten?	Frage 7
		Vertrauen Sie darauf, dass diese Marken Ihre Bedürfnisse am besten befriedigen?	Frage 9
Reputation		Finden Sie es angemessen, dass in dieser Einkaufsstätte Bio-Handelsmarken angeboten werden?	Frage 17
		Passt Ihrer Meinung nach das angebotene Sortiment an Bio-Handelsmarken zum Image/ Ruf dieser Einkaufsstätte?	Frage 19
		Ich kaufe Bio-Handelsmarken nur bei Handelsunternehmen, denen ich vertraue.	Frage 20 (a)
		Soweit ich das beurteilen kann, ist dieses Handelsunternehmen vertrauenswürdig.	Frage 20 (b)
		Ich habe Vertrauen darauf, dass die von diesem Handelsunternehmen angebotenen Bio-Handelsmarken meine Erwartungen erfüllen.	Frage 20 (c)

Konstrukt/ Dimension		Rohindikatoren	Frage
Wahrnehmung von Gütesiegeln als Informationssubstitute		Gütesiegel sind mir beim Kauf biologischer Produkte wichtig.	Frage 14 (a)
		Wenn ich ein Gütesiegel sehe, gehe ich davon aus, dass es sich um biologische Produkte handelt.	Frage 14 (b)
		Sagen Sie mir bitte, wie wichtig Ihnen Gütesiegel speziell beim Kauf von Bio-Handelsmarken sind.	Frage 15
wahrgenommenes finanzielles Risiko		Ich denke, dass der Kauf von Bio-Handelsmarken Geldverschwendung ist.	Frage 16 (d)
		Ich bin der Meinung, dass das Preis-Leistungs-Verhältnis beim Kauf von Bio-Handelsmarken nicht stimmt.	Frage 16 (e)
		Wenn ich Bio-Handelsmarken kaufe, gebe ich mein Geld für etwas Gutes aus.	Frage 16 (f)
Preis-wahrnehmung	**Preissuche**	Beim Kauf biologischer Produkte suche ich gezielt nach dem Preis.	Frage 16 (a)
		Ein hoher Preis garantiert mir, dass es sich um biologische Produkte handelt.	Frage 16 (c)
	Preis-beurteilung	Ich bin der Meinung, dass ich für biologische Produkte einen höheren Preis zahlen muss.	Frage 16 (b)

Tabelle A2: Im Fragebogen verwendete Indikatoren zur Erfassung der verhaltensbestimmenden Determinanten beim Kauf ökologischer Premiumhandelsmarken

	Teilerhebung ➔Konsumentenbefragung	***(I) Bewusste Auswahl*** der Bundesländer Baden-Württemberg, Bayern, Niedersachsen, Nordrhein-Westfalen, Sachsen und Schleswig-Holstein auf Basis ihrer ***Repräsentativität*** für Deutschland (Merkmale: Geschlecht, Alter, Haushaltsgröße, Bildungsstand).
		(II) Bewusste Auswahl der Handelsunternehmen entsprechend einer ***Positionierung von Bio-Handelsmarken im Sortiment*** und einer hinreichenden ***Kooperationswilligkeit***.
		(III) Zufallsauswahl der Einkaufsstätten in ***Niedersachsen***, ***Bayern***, ***Nordrhein-Westfalen*** und ***Sachsen*** als Erhebungsorte durch die kooperierenden Handelsunternehmen. Darüber hinaus wurde in ***Sachsen-Anhalt*** eine Kontrollbefragung durchgeführt.
		(IV) Bewusste Auswahl: Quoten-Verfahren und ***Bagger-Prinzip*** bei der Auswahl der zu befragenden Probanden entsprechend den Merkmalen der Bio-Käufer im Lebensmitteleinzelhandel (Verhältnis: 2/3 weiblich zu 1/3 männlich).
sachlich	*Was?*	Zielsetzung ist die ***Erhebung verhaltenswissenschaftlicher Determinanten***, welche den Kauf von Premiumhandelsmarken im Segment der ökologischen Produkte beeinflussen.
	Wie?	***Face to-Face Interview*** mit Hilfe eines standardisierten Fragebogens
	Wen?	***Käufer ökologischer Premiumhandelsmarken***, die ***in den letzten 6 Monaten*** mindestens ein Mal ***bewusst*** ökologische Eigenmarken des Lebensmitteleinzelhandels gekauft haben (Bagger-Prinzip) und dem ***Quotenplan*** entsprechen.
örtlich	*Wo?*	***6 zufällig ausgewählte Einkaufsstätten*** von drei kooperierenden Handelsunternehmen in den Bundesländern ***Niedersachsen (Bad Nenndorf), NRW (Spenge), Bayern (Weiden), Sachsen (Dresden; Leipzig) und Sachsen-Anhalt (Halle).*** Voraussetzung war, dass die Einkaufsstätten premiumpositionierte ***Eigenmarken im Segment der ökologischen Lebensmittel*** im Sortiment führen und eine entsprechend große Verkaufsfläche aufweisen.
		Konsumentenbefragung im Bereich der Kassenzone/ Ausgang.
zeitlich	*Wann?*	***07.04 – 11.04.2008***
	Stichprobengröße	***n = 288***

Tabelle A3: Zentrale Bestandteile des Erhebungsdesigns im Überblick

Prüfung der Reliabilität und Validität des verwendeten Messmodells									
Faktor	Frage/ Indikator		Cronbachs Alpha; mindestens ≥ 0,4	Höhe der Faktorladungen (explorative Faktorenanalyse); ≥ 0,7	standardisierte Korrelationskoeffizienten* (konfirmatorische Faktorenanalyse)	Indikatorreliabilität (r^2); ≥ 0,4	Varianzerklärung durch Faktor (explorative Faktorenanalyse); ≥ 50%	Faktorreliabilität; ≥ 0,6	DEV ≥ 0,5
Markenvertrauen	f6	Markenzuverlässigkeit	0,749	0,622	0,689	0,475	43,37%	0,799	0,501
	f7	Markenkompetenz		0,765	0,728	0,530			
	f8	Markenzuverlässigkeit		0,645	0,600	0,360			
	f9	Markenkompetenz		0,586	0,586	0,343			
Soziale Norm	f10a	Soziale Norm 1	0,620	0,515	Modellschätzung nicht möglich		41,87%	-	-
	f10b	Soziale Norm 2		0,886					
	f10c	Soziale Norm 3		0,454					
Soziales Risiko	f10d	Soziales Risiko 1	0,546	0,710	0,509	0,259	30,27%	0,274	0,121
	f10e	Soziales Risiko 2		0,390	0,151	0,023			
	f10f	Soziales Risiko 3		0,228	0,051	0,003			
	f10g	Soziales Risiko 4		0,709	0,501	0,251			
Funktionales Risiko	f12a	Funktionales Risiko 1	0,523	0,496	0,273	0,075	28,23%	0,095	0,036
	f12b	Funktionales Risiko 2		0,416	0,155	0,024			
	f12c	Funktionales Risiko 3		0,654	0,202	0,041			
Gütesiegel	f14a	Gütesiegel 1	0,684	0,889	0,752	0,566	46,63%	0,554	0,340
	f14b	Gütesiegel 2		0,420	0,194	0,038			
	f15	Gütesiegel 3		0,657	0,445	0,198			
Preiswahrnehmung	f16a	Preissuche	0,159	0,040	Modellschätzung nicht möglich		11,78%	-	-
	f16b	Preisbeurteilung		0,418					
	f16c	Preissuche		0,421					
Finanzielles Risiko	f16d	Finanzielles Risiko 1	0,563	0,925	0,758	0,575	40,27%	0,415	0,259
	f16e	Finanzielles Risiko 2		0,404	0,168	0,028			
	f16f	Finanzielles Risiko 3		0,436	0,227	0,052			
Reputation	f17	Reputation 1	0,625	0,294	0,093	0,009	32,21%	0,481	0,215
	f19	Reputation 2		0,379	0,138	0,019			
	f20a	Reputation 3		0,437	0,196	0,038			
	f20b	Reputation 4		0,815	0,590	0,348			
	f20c	Reputation 5		0,725	0,599	0,359			
Kaufabsicht	f21	Kaufabsicht 1	0,598	0,664	0,860	0,740	44,14%	0,590	0,498
	f22	Kaufabsicht 2		0,664	0,206	0,042			

* standardisierter Korrelationskoeffizient r ist Basis zur Bereichnung der Indikatorreliabilität r^2

Tabelle A4: Lokale Anpassungsmaße der konfirmatorischen Faktorenanalyse (Quelle: Eigene Berechnungen auf Basis der Ergebnisse des Softwareprogramms AMOS 7.0)

Prüfung der Reliabilität und Validität des Gesamtmodells	
χ^2	611,078
df	243,000
χ^2 / df; ≤ 3	2,515
GFI; ≥ 0,9	0,856
AGFI; ≥ 0,8	0,822
NFI; ≥ 0,9	0,659
CFI; ≥ 0,9	0,757
RMSEA; ≤ 0,08	0,073

Tabelle A5: Globale Anpassungsmaße zur Beurteilung des Gesamtmodells (Quelle: Eigene Berechnungen auf Basis der Ergebnisse des Softwareprogramms AMOS 7.0.)

Literatur

Adler, J. (1998): Eine informationsökonomische Perspektive des Kaufverhaltens, in: Wirtschaftswissenschaftliches Studium, 27. Jg., H. 7, S. 341-347.

Ailawadi, K.; Pauwels, K.; Steenkamp, J. (2008): Private-Label Use and Store Loyalty, in: Journal of Marketing. Vol. 72, No. 4, pp. 19- 30.

Ailawadi, K.; Harlam, B. (2002): The Effect of Store Brand Share on Retail Margins, Marketing Science Institute, Cambridge.

Ailawadi, K.; Keller, K. (2004): Understanding retail branding, in: Journal of Retailing, Vol. 80, No. 4, pp. 331-342.

Batra, R.; Sinha, I. (2000): Consumer-Level Factors Moderating The Success of Private Label Brands, in: Journal of Retailing, Vol. 76, No. 2, pp. 175-191.

Bauer, H.; Huber, F.; Mäder, R. (2004): Determinanten des Kaufs von Handelsmarken, in: Strategien und Trends im Handelsmanagement, Hrsg.: Bauer, H.; Huber, F., München, S. 3- 27.

Bauer, H.; Görtz, G.; Strecker, T. (2005): "Heavy User" von Handelsmarken, in: Jahrbuch der Absatz- und Verbrauchsforschung, 51. Jg., H. 1, S. 4-25.

Bauer, H.; Schüle, A.; Neumann, M. (2006): Einkaufsstättenvertrauen als Positionierungschance für den Einzelhandel, in: Konsumentenvertrauen – Konzepte und Anwendungen für ein nachhaltiges Kundenbindungsmanagement, Hrsg.: Bauer, H.; Neumann, M.; Schüle, A., München, S. 379-391.

Behrens, G. (1991): Konsumentenverhalten, 2. Aufl., Heidelberg.

Benkenstein, M.; von Stenglin, A. (2006): Gütesiegel als Qualitätssignal zur Überwindung der Qualitätsunsicherheit im Dienstleistungssektor, in: Konsumentenvertrauen – Konzepte und Anwendungen für ein nachhaltiges Kundenbindungsmanagement, Hrsg.: Bauer, H.; Neumann, M.; Schüle, A., München, S. 207-217.

BLE: Öko-Barometer 2010 - Repräsentative Bevölkerungsbefragung im Auftrag des Bundesministeriums für Landwirtschaft und Ernährung, URL: http://www.ble.de/cln_099/nn_470548/sid_BA176E8E874FD4A47E93EF6CDFA6B57A/SharedDocs/Downloads/05__Programme/01__BundesprogrammOekolandbau/Oekobarometer__Umfrage2010.html?__nnn=true, letzter Abruf am 17.08.2011.

Büschken, J. (1999): Wirkung von Reputation zur Reduktion von Qualitätsunsicherheit, Diskussionsbeitrag Nr. 123 der Katholischen Universität Eichstätt, Ingolstadt.

Chan Choi, S.; Coughlan, A. (2006): Private Label positioning, in: Journal of Retailing, Vol. 82, No. 2, pp. 79-93.

Chinnici, G.; D'Amico, M.; Pecorino, B. (2002): A multivariate statistical analysis on the consumers of organic products, in: British Food Journal, Vol. 104, No. 3/4/5, pp. 187-199.

Collins-Dodd, C.; Lindley, T. (2003): Store brands and retail differentiation, in: Journal of Retailing and Consumer Services, Vol. 10, No. 6, pp. 345- 352.

Corstjens, M.; Lal, R. (2000): Building Store Loyality Through Store Brands, in: Journal of Marketing Research, Vol. 37, No. 3, pp. 281-291.

Diffferent (2008): Bio-Einkaufsliste 2010 - diffferent-Studie zu Markenwahrnehmung und Kaufverhalten in den Bereichen Bio-Lebensmittel und Naturkosmetik, URL: http://www.diffferent.de/fileadmin/Bilder/Themen/10-02-20_Studienabstract_Bio-Einkaufs liste_2010.pdf, letzter Abruf am 17.08.2011.

Diller, H. (2008): Preispolitik, 4. Aufl., Stuttgart.

Dumke, S. (1996): Handelsmarkenmanagement, Hamburg.

Dick; J.; Jain, A.; Richardson, P. (1997): How consumer evaluate store brands, in: Pricing Strategy and Practice, Vol. 5, No. 1, pp. 18-24.

Eberl, M. (2006): Unternehmensreputation und Kaufverhalten, Wiesbaden.

EG-Öko-Verordnung (1991): Verordnung (EWG) Nr. 2092/91 des Rates, URL: http://www.bmelv.de/SharedDocs/downloads/04-Land wirtschaft/OekoLandbau/EGOekoVO/EGOekoVO,templateId=raw, property=publicationFile.pdf/EGOekoVO.pdf, letzter Abruf 24.09.2007.

Fricke, A. (1996): Das Käuferverhalten bei Öko-Produkten – eine Längsschnittanalyse unter besonderer Berücksichtigung des Kohortenkonzeptes, Frankfurt am Main

Garretson, J.; Fisher, D.; Burton, S. (2002): Antecedents of private label attitude and national brand promotion attitude, in: Journal of Retailing, Vol. 78, No. 2, pp. 91-99.

Geyskens, I.; Gielens, K.; Gijsbrechts, E. (2010): Proliferating Private-Label Portfolios, in: Journal of Marketing Research, Vol. 47, No. 10, pp. 791-807.

Haccius, M. (2006): Eindeutige Kennzeichnung durch Bio-Siegel und Verbandszeichen, in: Nachgefragt – 25 Antworten zum Stand des Wissens rund um Öko-Landbau und Bio-Lebensmittel, Hrsg.: BOLW, Berlin, S. 12-13.

Hanf, J.; Wettstein, N. (2009): Bio-Handelsmarken als strategisches Instrument zur Positionierung und Imagebildung eines Lebensmittelhändlers, in: Journal für Verbraucherschutz und Lebensmittelsicherheit, 4. Jg., H. 1, S. 15-22.

Hansen, U.; Kull, S. (1994): Öko-Label als umweltbezogenes Informationsinstrument, in: Marketing – Zeitschrift für Forschung und Praxis, 15. Jg., H. 4, S. 265-274.

Hildebrandt, L.; Temme, D. (2006): Probleme der Validierung von Strukturgleichungsmodellen, Discussion Paper der Humboldt-Universität zu Berlin, Nr. 082, Berlin.

Hoch, S.; Banerji, S. (1993): When Do Private Labels Success?, in: Sloan Management Review, Vol. 34, No. 4, pp. 57-67.

Homburg, C. (1992): Die Kausalanalyse, in: Wirtschaftswissenschaftliches Studium, 21. Jg., H. 10, S. 499-508.

Homburg, C.; Baumgartner, H. (1995): Beurteilung von Kausalmodellen, in: Marketing – Zeitschrift für Forschung und Praxis, 16. Jg., H. 3, S. 162-176.

Homburg, C.; Giering, A. (1996): Konzeptualisierung und Operationalisierung komplexer Konstrukte, in: Marketing – Zeitschrift für Forschung und Praxis, 17. Jg., H. 1, S. 5-24.

Homburg, C.; Baumgartner, H (1998).: Beurteilung von Kausalmodellen, in: Die Kausalanalyse, Hrsg.: Hildebrandt, L.; Homburg, C., Stuttgart, S. 343-369.

Homburg, C.; Hildebrandt, L. (1998): Die Kausalanalyse, in: Die Kausalanalyse, Hrsg.: Hildebrandt, L.; Homburg, C, Stuttgart, S. 15-43.

Homburg, C.; Klarmann, M. (2006a): Die Kausalanalyse in der empirischen betriebswirtschaftlichen Forschung, in: Die Betriebswirtschaft, 66. Jg., H. 6, S. 727-748.

Homburg, C.; Klarmann, M. (2006b): Die Kausalanalyse in der empirischen betriebswirtschaftlichen Forschung, Arbeitspapier Nr. W103, Mannheim.

Hunecke, M. (2000): Ökologische Verantwortung, Lebensstile und Umweltverhalten, Heidelberg.

Kaas, K. P. (1993): Informationsprobleme auf Märkten für umweltfreundliche Produkte, in: Betriebswirtschaft und Umweltschutz, Hrsg.: Wagner, G. R., Stuttgart, S. 30-43.

Kaas. K. P.; Busch, A. (1996): Inspektions-, Erfahrungs- und Vertrauenseigenschaften von Produkten, in: Marketing – Zeitschrift für Forschung und Praxis, 17. Jg., H. 4, S. 243-252.

Kroeber-Riel, W.; Weinberg, P.; Gröppel-Klein, A. (2009): Konsumentenverhalten, 9. Aufl., München.

Kuhlmann, E. (2006): Kaufrisiko, in: Konsumentenvertrauen, Hrsg.: Bauer, H.; Neumann, M.; Schüle, A., München, S.167-179.

Langer, A.; Eisend, M.; Kuß, A. (2008): Zu viel des Guten? Zum Einfluss der Anzahl von Ökolabels auf die Konsumentenverwirrtheit, in: Marketing – Zeitschrift für Forschung und Praxis, 30. Jg., H. 1, S. 19-28.

Lau, G.; Lee, S. (1999): Consumer's Trust in a Brand and the link to Brand Loyality, in: Journal of Market Focused Management, Vol. 4, No. 4, pp. 341-370.

Lauer, A. (2001): Vertriebsschienenprofilierung durch Handelsmarken, Wiesbaden.

Lauer, A.; Lingenfelder, M. (2002): Der Erfolg von Handelsmarken, in: Handelsforschung 2001/02 - Wandel der handelsrelevanten Wertschöpfungsprozesse, Hrsg.: Trommsdorff, V., Köln, S. 135-159.

Lehmann, N. (2009): Eigenmarke verpflichtet, in: Handelsjournal, 17. Jg., H. 1, S. 32-34.

Liebmann, H.-P.; Zentes, J. (2008): Handelsmanagement, 2. Aufl., München.

Lingenfelder, M.; Lauer, A. (2005): Leistungsfähigkeit von Handelsmarken und Herstellermarken im Vergleich, in: Moderne Markenführung, Hrsg.: Esch, F.-R., 4. Aufl., Wiesbaden, S. 1157-1184.

Lingenfelder, M.; Lauer, A.; Funk, C. (1998): Die Markenbereitschaft und Markenakzeptanz von Konsumenten im Lichte der Informationsökonomie, Arbeitspapier Nr. 5, Marburg.

Luhmann, N. (2000): Vertrauen - ein Mechanismus der Reduktion sozialer Komplexität, 4. Aufl., Stuttgart.

Meffert, H. (1992): Marketingforschung und Käuferverhalten, 2. Aufl. Wiesbaden.

Mieres, C.; Martín, A.; Gutiérrez, J. (2006a): Antecedents of the difference in perceived risk between store brands and national brands, in: European Journal of Marketing, Vol. 40, No. 1/ 2, pp. 61-82.

Mieres, C.; Martín, A.; Gutiérrez, J. (2006b): Influence of perceived risk and store brand proneness, in: International Journal of Retail and Distribution Management, Vol. 34, No. 10, pp. 761-772.

Möhlenbruch, D.; Wolf, A. (2006): Premiummarken im Sortiment des Einzelhandels, in: Thexis, Fachzeitschrift für Marketing, 23. Jg., H. 2, S. 11-14.

Möhlenbruch, D.; Wolf, A. (2007): Die Bedeutung von Premiummarken für das Markenmanagement im Einzelhandel, in: Theoretische Fundierung und praktische Relevanz der Handelsforschung, Hrsg.: Schuckel, M.; Toporowski, W., Wiesbaden, S. 283-300.

Müller-Hagedorn, L. (2005): Handelsmarketing, 4. Aufl., Stuttgart.

Peters, G. (1998): Die Profilierungsfunktion von Handelsmarken im Lebensmitteleinzelhandel, Aachen.

Richardson, P.; Jain, A.; Dick, J. (1996): Household Store Brand Proneness, in: Journal of Retailing, Vol. 72, No. 2, pp. 159-185.

Rudolph, T. (2002): Markenmanagement im Einzelhandel, in: Thexis, Fachzeitschrift für Marketing, 19. Jg., H. 4, S. 21-25.

Sayman, S.; Hoch, S.; Raju, J. (2002): Positioning of Store Brands, in: Marketing Science, Vol. 21, No. 4, pp. 378-397.

Schönborn, T. (2005): Käuferverhalten bei Unsicherheit, Hamburg.

Schweiger, G.; Koppe, P. (1996): Der Lebensmitteleinzelhandel als Markeninnovator bei Bioprodukten, in: Handelsforschung 1996/ 1997, Stuttgart, S. 277-294.

Sheinin, D.; Wagner, J. (2003): Pricing store brands across categories and retailers, in: Journal of Product and Brand Management, Vol. 12, No. 4, pp. 201-219.

Sinha, I.; Batra, R. (1999): The effect of consumer price consciousness on private label purchase, in: International Journal of Research in Marketing, Vol. 16, No. 3, pp. 237-251.

Spieker, H. (1988): Der Stellenwert ökologischer Aspekte für den Konsum von biologisch erzeugten Nahrungsmitteln, in: Ökologisches Marketing , Hrsg.: Brandt, A.; Hansen, U.; Schoenheit, I.; Werner, K., Frankfurt/ New York, S. 86-106.

Trommsdorff, V. (2009): Konsumentenverhalten, 7. Aufl., Stuttgart.

Trommsdorff, V.; Götze, F.; Herm, S. (2006): Konsumentenvertrauen und Marken, in: Wirtschaft und Studium, 35. Jg., H. 10, S. 1264-1270.

Vahie, A.; Paswan, A. (2006): Private label brand image, in: International Journal of Retail and Distribution Management, Vol. 34, No. 1, pp. 67-84.

Völckner, F. (2004): Determinanten der Informationsfunktion des Preises, Arbeitspapier des Instituts für Marketing und Handel der Universität Hamburg, Nr. 21, Hamburg.

Völckner, F. (2006): Determinanten der Informationsfunktion des Preises, in: Zeitschrift für Betriebswirtschaft, 76. Jg., H. 5, S. 473-497.

Windbergs, T. (2007): Markentreue, Einkaufsstättentreue und Erfolg im Konsumgüterhandel, Köln.

Weiber, R.; Adler, J. (1995a): Informationsökonomisch begründete Typologisierung von Kaufprozessen, in: Zeitschrift für betriebswirtschaftliche Forschung, 47. Jg., H. 1, S. 43-65.

Weiber, R.; Adler, J. (1995b): Der Einsatz von Unsicherheitsreduktionsstrategien im Kaufprozess, in: Kontrakte, Geschäftsbeziehungen, Netzwerke – Marketing und neue Institutionenökonomie, Zeitschrift für betriebswirtschaftliche Forschung, Sonderheft Nr. 35, Düsseldorf, S. 61-77.

Wissmann, D. (2008): Bio in allen Köpfen, aber nicht in allen Tüten, in: Planung und Analyse, 35. Jg., H. 2, S. 68-71.

Wolf, A. (2011): Premiumhandelsmarken im Sortiment des Einzelhandels, Wiesbaden.

Zentes, J.; Morschett, D.; Schramm-Klein, H. (2006): Konsumentenvertrauen im Handel, in: Konsumentenvertrauen, Hrsg.: Bauer, H.; Neumann, M.; Schüle, A., München, S. 393-405.

Ziemann, M.; Thomas, S. (2003): Wer kauft Bio-Handelsmarken?, in: Ernährungslehre und –praxis, Nr. 6, URL: http://www.ernaehrungs-umschau.de/media/pdf/EU_06_B21-B24.pdf, letzter Abruf am 17.08.2011.

CSR-Marke – Darstellung eines neuen Markenmodells und fallstudiengestützte Evaluation

Lars Binckebanck, Carsten Baumgarth

CSR-Marke – Darstellung eines neuen Markenmodells und fallstudiengestützte Evaluation

Stichworte: Bau- und Immobilienwirtschaft, Corporate Social Responsibility, CSR-Marken, Fallstudien

Abstract:

Corporate Social Responsibility (CSR) ist für Marken ein zweischneidiges Schwert: Gelingt eine glaubwürdige Integration von ökologisch-sozialem Engagement in die Markenidentität, so sind zunehmend strategische Wettbewerbsvorteile realisierbar. Im anderen Fall droht Greenwashing mit erheblichem Schadenspotenzial für den Markenwert. Entscheidend ist daher ein professioneller und ganzheitlicher Ansatz für die Evolution zur CSR-Marke. Dieser Beitrag leitet literaturgestützt Erfolgsfaktoren solcher CSR-Marken ab und kombiniert diese sodann in ein Modell zum CSR-Markenmanagement mit vier integrierten Facetten. Insbesondere die Lückenanalyse zwischen diesen Dimensionen kann in der Praxis Gefahrenpotenziale erkennen helfen. Konsistenz und Logik des Modells werden sodann im Rahmen von fünf qualitativen Fallstudien aus der Bau- und Immobilienwirtschaft explorativ überprüft. Diese Vorgehensweise belegt nicht nur das deskriptive, explikative und technologische Potenzial des Modells, sondern erlaubt auch die Identifikation von Forschungsfeldern für die zukünftige CSR-Markenforschung.

1 Greenwashing oder CSR-Marke?

Der amerikanische Umweltaktivist Jay Westerveld hat 1986 den Begriff Greenwashing etabliert, nachdem er sich bei einem Hotelbesuch über die überall vorzufindenden Aufsteller mit dem Hinweis geärgert hatte, dass die Gäste durch ihre Entscheidung die Handtücher aufzuhängen, die Umwelt schützen können (Linder 2010). Nach Ansicht von Westerveld handelt es sich dabei nämlich nicht um ökologische Initiative, sondern um eine rein ökonomisch motivierte Maßnahme des Hotels.

Heute bezeichnet der Begriff *Greenwashing* (Bluewashing, Sweatwashing oder Deep Greenwashing sind Begriffe für dieses Verhalten in Bezug auf andere Dimensionen der Nachhaltigkeit, Corpwatch 2010) ein Verhalten von Unternehmen, das in der (externen) Kommunikation auf ökologische Aspekte abstellt, wobei sich aber bei genauem Hinsehen zeigt, dass entweder die versprochenen Aspekte Selbstverständlichkeiten oder Unwahrheiten darstellen, oder dass das tatsächliche Verhalten dem kommunizierten Anspruch nicht genügt (Linder 2010). Exemplarisch für das Ausmaß des Greenwashing sind die Studien von terrachoice (2007, 2010), die systematisch in den USA Produkte mit ökologischen Hinweisen auf ihren Wahrheitsgehalt überprüft haben und feststellten, dass fast alle (2007: 99 %, 2010: 95 %) untersuchten Produkte mit einem Hinweis auf Ökologie mindestens eine „Sünde" (z. B. fehlender Beweis oder Irrelevanz der ausgelobten Ökoeigenschaft) aufweisen.

Im Gegensatz zum Greenwashing etablieren sich zunehmend Unternehmen und Marken, die soziale und ökologische Verantwortung im Sinne von Corporate Social Responsibility (CSR) *als Kern* ihrer *Identität* ansehen und die gesamte Unternehmensführung danach ausrichten. Dabei handelt es sich entweder um Unternehmen, die aus einer CSR-Motivation heraus gegründet wurden (z. B. TOMS-Schuhe, LICHTBLICK) oder um Unternehmen, die das bestehende Geschäftsmodell in Richtung CSR ausbauen oder verändern (z. B. Werner & Mertz mit der Marke FROSCH; RITTER SPORT mit der Bio-Linie). In vielen Branchen finden sich mittlerweile Marken, die CSR zur Differenzierung ihres Leistungsangebotes auf Absatzmärkten einsetzen. Fraglich ist allerdings, wie eine Marke aufgebaut und geführt werden muss, damit diese nicht ein Greenwashing, sondern eine echte CSR-Identität aufweist und somit zu einem nachhaltigen und auch ökonomisch erfolgreichen Wettbewerbsvorteil beitragen kann. Ziel dieses Beitrags ist es daher, aufbauend auf der Marken- und

CSR-Literatur ein CSR-Markenmodell zu präsentieren und dessen deskriptives, explikatives und technologisches Potenzial anschließend anhand von Fallstudien aus der Bau- und Immobilienwirtschaft zu evaluieren.

Die *Bau- und Immobilienwirtschaft* wurde hierbei als Referenzbranche ausgewählt, weil sich diese Branche in besonderer Weise im *Spannungsfeld* zwischen ethischem Anspruch und kommerziellem Druck befindet. Die gesellschaftliche Relevanz der Branche ergibt sich aus ihrem überproportionalen ökologischen Beitrag (z. B. Energieeffizienz von Gebäuden, Baubiologie, Recycling in der Bauwirtschaft) sowie spezifischen sozialen Herausforderungen (z. B. Lohndumping, Korruption, Wohnformen und -kosten). Auf der anderen Seite wird diese Branche stark durch staatliche Maßnahmen, wie z. B. Mindestlöhne, KFW-Förderprogramme oder energetische Vorschriften, beeinflusst, die zwar soziales oder ökologisches Verhalten der Marktteilnehmer stimulieren, was dann allerdings definitionsgemäß (vgl. Abschnitt 2) kein „echtes" CSR darstellt, da dieses Verhalten nicht aus einer Freiwilligkeit oder inneren Überzeugung resultiert, sondern rein dem ökonomischen Kalkül bzw. gesetzlichem Zwang folgt.

2 CSR-Markenmanagement

2.1 Begriff und Forschungsstand

Corporate Social Responsibility ist weder ein neues Konzept noch ein neuer Begriff (zur Entwicklung z. B. Lee 2008). Unternehmer wie Henry Ford (1863 - 1947) oder George Cadbury (1839 - 1922), aber auch Dynastien und Adelsgeschlechter wie die Fugger in Deutschland (Blütezeit: 14. - 17. Jahrhundert) oder die Medici in Italien (Blütezeit: 15. – 16. Jahrhundert) verbanden ihre geschäftlichen Aktivitäten mit sozialem Engagement. Der Begriff CSR selbst wurde bereits in den 50er Jahren des letzten Jahrhunderts von Bowen (1953) in seinem Buch „Social Responsibility of the Businessman" in die Literatur eingeführt. Aktuell ist CSR allerdings ein Modebegriff, der sowohl in der Wissenschaft als auch in der Praxis vielfältig verwendet wird. Die Grenzen des Konzeptes, auch im Vergleich zu verwandten Begriffen wie Nachhaltigkeit, Corporate Philantrophy etc., sind vage, und der Inhalt wird nicht selten durch die Interessen der Autoren geprägt (Carroll 1991; Werther/Chandler 2006). Eine für die vorliegende Betrachtung sinnvolle und umfassende Definition stammt von der Europäischen Kommission (2002), die *CSR* folgendermaßen definiert:

"CSR is a concept whereby companies integrate social and environmental concerns in their business operations and in their interactions with stakeholders on a voluntary basis."

Wichtig für die weitere Diskussion ist demnach festzuhalten, dass CSR (1) soziale und ökologische Ziele im Zusammenspiel mit ökonomischen Prozessen umfasst, (2) ein breites Spektrum an potenziellen Stakeholdern berücksichtigt, und (3) diese Aktivitäten einen freiwilligen Charakter aufweisen.

Ähnlich vielfältig und uneinheitlich wie CSR wird auch der Begriff der *Marke* und das darauf aufbauende *Markenmanagement* in Literatur und Praxis verwendet (Baumgarth 2008; de Chernatony/Dall'Olmo Riley 1998). Wir folgen der Definition von de Chernatony (2009) und kombinieren diese mit einem allgemeinen Managementverständnis:

Markenmanagement ist ein systematischer Prozess zur Schaffung von differenzierenden und Präferenz auslösenden Assoziationen in den Köpfen der relevanten Abnehmer.

CSR-Markenmanagement (teilweise synonyme Begriffe sind Ethical Branding, Sustainable Branding, Citizen Brands, z. B. Fan 2005; Hermann

2005; Willmott 2001) ist dann die Kombination dieser beiden Konzepte und lässt sich wie folgt definieren:

CSR-Markenmanagement ist ein systematischer Prozess zur Schaffung von differenzierenden und Präferenz auslösenden, ökologisch und sozial orientierten Assoziationen in den Köpfen der relevanten Stakeholder.

CSR-Markenmanagement ist damit eine spezielle Ausprägung der Markenführung, die sich zum einen durch die *Art der Markenwerte* und zum anderen durch die breitere *Abdeckung von Ziel- bzw. Stakeholdergruppen* auszeichnet.

Bislang hat sich die Forschung noch nicht intensiv mit CSR-Marken beschäftigt. Neben allgemeinen Arbeiten zum CSR-Marketing (z. B. Belz/Peattie 2009; Bronn/Vrioni 2001; Kotler/Lee 2005; Sharma et al. 2010; Vacaro 2009) oder zum CSR-Produktmanagement (z. B. Chen 2008; Dangelico/Pujari 2010) lassen sich die bisherigen Forschungsarbeiten grob den beiden folgenden Bereichen zuordnen:

(1) Markenwirkungen

Den bislang am stärksten untersuchten Wirkungsbereich von CSR-Marken bilden vorökonomische Wirkungen, wie Einstellungen und Vertrauen von CSR auf Abnehmer (z. B. Folkes/Kamins 1999; Mayerhofer et al. 2008), wobei Konsumenten im Vergleich zu professionellen Nachfragern (Ausnahme: Lai et al. 2010) im Vordergrund standen. Darüber hinaus finden sich einige wenige Arbeiten, die den Einfluss von CSR auf ökonomische Wirkungsgrößen wie Marken- bzw. Firmenwert (Luo/Bhattacharya 2006; Wang 2010) oder Preisbereitschaften (de Pelsmacker et al. 2005) analysieren. Im Gegensatz zu dieser Kundensicht liegen bislang nur wenige Arbeiten vor, die vorökonomische oder ökonomische Wirkungen von CSR auf andere Stakeholdergruppen wie Mitarbeiter (z. B. Bhattacharya et al.

2009; Korschun et al. 2009), Lieferanten (z. B. Bendixen/Abratt 2007) und Investoren (z. B. Sen et al. 2006) analysieren.

Neben diesen allgemeinen Arbeiten, die den Einfluss von CSR-Marken auf Abnehmer und andere Stakeholdergruppen analysieren, gibt es Studien, die Faktoren untersuchen, die diesen Einfluss stärken bzw. abschwächen und damit als potenzielle Erfolgsfaktoren einer CSR-Marke dienen können. Zunächst konnte empirisch gezeigt werden, dass CSR besonders dann positiv auf den Abnehmer wirkt, wenn die Nachfrager die Motivation des Unternehmens zum Einsatz von CSR-Aktivitäten als *altruistisch* und *strategisch* (im Gegensatz zu egoistisch und reaktiv) einschätzen (Alcañiz et al. 2010; Ellen et al. 2006; Vlachos et al. 2009; Woisetschläger/Backhaus 2010; Yoon et al. 2006). Daraus lässt sich ableiten, dass eine CSR-Marke auf altruistischen und langfristigen Motiven aufbauen sollte.

Weiterhin konnten mehrere Studien aufzeigen, dass die Wirkung von CSR auf den Konsumenten verstärkt wird, wenn dieser einen Zusammenhang (*Fit*) zwischen CSR und der Unternehmenstätigkeit wahrnimmt (Alcañiz et al. 2010; Berens et al. 2005; Ellen et al. 2006; Menon/Kahn 2003; Nan/Heo, 2007; Simmons/Becker-Olsen 2006; Woisetschläger/ Backhaus 2010). Schließlich konnten Folkes/Kamins (1999) empirisch zeigen, dass negative CSR-Wahrnehmungen stark auf die Einstellung wirken und diese Negativbeurteilung auch durch exzellente Produktleistungen nicht heilbar ist. Hingegen führt eine positive CSR-Wahrnehmung nur dann zu einer positiven Einstellung, wenn gleichzeitig eine hohe *Produktqualität* vorliegt. Daraus folgt, dass eine CSR-Marke auf einer hohen Leistungsqualität aufbauen muss.

(2) Markenmanagement

Im Bereich des CSR-Markenmanagements dominieren bislang konzeptionelle Beiträge, die entweder umfassende Markenmodelle (z. B. Brady

2003; Meffert et al. 2010; Middlemiss 2003; Morsing 2006; Piercy/Lane 2009; Polonsky/Jevons, 2009) oder einzelne Instrumente wie Online-Kommunikation (z. B. Rolland/O'Keefe Bazoni 2009) und Markenbeirat (z. B. Blumenthal/Bergstrom 2003) diskutieren.

Mehrere CSR-Markenführungsmodelle betonen die Notwendigkeit der Unterstützung durch das *Top-Management* (Meffert et al. 2010; Middlemiss 2003; Morsing 2006; Piercy/Lane 2009) sowie durch *alle Mitarbeiter* (Piercy/Lane 2009). In diesem Zusammenhang wird auch auf die Wichtigkeit hingewiesen, dass die verschiedenen Hierarchieebenen und Funktionsbereiche ein *gemeinsames Verständnis* zur Interpretation und Messung von CSR entwickeln (Middlemiss 2003; Polonsky/Jevons 2009). Darüber hinaus betonen Polonsky/Jevons (2009) die Notwendigkeit, bei einer CSR-Markenführung die *gesamte Organisation*, inklusive (interner und externer) Wertschöpfungskette und Niederlassungen, zu berücksichtigen. Meffert et al. (2010) sprechen in diesem Zusammenhang von Nachhaltigkeit in der Markensubstanz. Ferner sollten auch aus Markenführungssicht Synergien zwischen CSR und Unternehmenstätigkeit existieren (Middlemiss 2003; Morsing 2006).

Zusätzlich lässt sich aus dem vierstufigen Tugendkreismodell („The Virtuos Responsibility Circle") ableiten, dass eine CSR-Marke zunächst intern zu entwickeln ist, bevor diese nach außen kommuniziert wird (Brady 2003). Schließlich lassen sich aus den Markenführungsmodellen Empfehlungen zur Markenkommunikation ableiten, die insbesondere die *Transparenz* (u. a. Offenheit, Faktenbasierung und unabhängige Zertifizierung) und den *echten Dialog* mit den Stakeholdern als zentrale Erfolgsfaktoren ansehen (Brady 2003; Middlemiss 2003; Piercy/Lane 2009; Morsing 2006). Darüber hinaus betonen Piercy/Lane (2009) die Notwendigkeit einer *hohen Glaubwürdigkeit* bzw. Reputation für das Entstehen von positiven Effekten auf der Kundenseite. Eine solche Glaubwürdigkeit ist nur durch eine transparente, widerspruchsfreie (innerhalb der Kommunikation und zwischen Kommunikation und Identität) und im Zeitablauf konstante Kommunikation mit allen relevanten Stakeholdern erreichbar (Meffert et al. 2010; Polonsky/Jevons 2009).

Zusammenfassend lassen sich aus der bisherigen Forschung folgende potenziellen Erfolgsfaktoren für CSR-Marken ableiten:

- altruistische und langfristige Motivation des Managements für den Einsatz von CSR,
- hoher Fit und Synergien zwischen CSR und Unternehmenstätigkeit,
- CSR-Marke basiert auf einer hochwertigen Produktqualität,
- Unterstützung und Vorleben durch das Top-Management,
- unternehmensweite Verankerung bei allen Mitarbeitern und in allen Funktionsbereichen, in allen Prozessen und Wertschöpfungsstufen (auch jenseits der Organisationsgrenzen) sowie in allen organisatorischen Teilen des Unternehmens (z. B. Niederlassungen),
- interne Entwicklung einer CSR-Identität geht der (externen) CSR-Kommunikation voraus, und
- transparente, dialogische und integrierte Kommunikation mit dem Ziel einer hohen Glaubwürdigkeit.

2.2 CSR-Markenmanagement-Modell

Um die Gestaltung einer CSR-Marke, die die erwähnten Erfolgsfaktoren berücksichtigt, modellorientiert zu unterstützen, bieten sich insbesondere identitätsbasierte und umfassende Modelle der Markenführung an. Aus der Vielzahl der Modelle (z. B. Corporate Identity-Konzepte nach Birkigt/Stadler 2002 und Wiedmann 2004; Identitätsbasierte Markenführung nach Meffert et al. 2005 und de Chernatony 1999 bzw. Harris/de Chernatony 2001; Integrierte Marke nach de Chernatony 2009) wird im Folgenden das Modell von Hatch/Schulz (2001, 2008) skizziert, weiterentwickelt und bezogen auf das Thema CSR adaptiert. Dieses Modell, welches für Unternehmensmarken entwickelt und getestet wurde, geht davon aus, dass eine Marke auf den drei Elementen *Strategische Vision*, *Unternehmenskultur* und *Image* aufbaut. Die Strategische Vision umfasst die Ziele und strategischen Entscheidungen des Topmanagements. Die Unternehmenskultur umfasst die von allen Mitarbeitern geteilten Wertvorstellungen. Das Image hingegen umfasst die Erwartungen der externen Stakeholder. Eine starke Markenidentität resultiert nach diesem Modell darauf, dass diese drei Bausteine eine hohe Übereinstimmung aufweisen.

Dieses Modell ist umfassend und interpretiert Marke als ein von innen, aus der Markenidentität entstehendes Konzept. Allerdings vernachlässigt das Modell das *tatsächliche Verhalten* des Unternehmens sowie die Vermittlung der Markenidentität an die verschiedenen Stakeholder mittels *Kommunikation*. Da diese beiden Facetten speziell für CSR-Marken von Bedeutung sind, wird das Grundmodell entsprechend erweitert. Weiterhin wird die Facette Strategische Vision durch das Konzept der *Markenpositionierung* als bewusste Entscheidung über den Sollzustand der Marke aus Managersicht (Baumgarth 2008) ersetzt. Dabei ist anzumerken, dass speziell bei Unternehmensmarken die Vision und die Mission des Unternehmens Bestandteile oder zumindest starke Einflussfaktoren der Markenpositionierung darstellen. Abbildung 1 fasst das Modell grafisch zusammen.

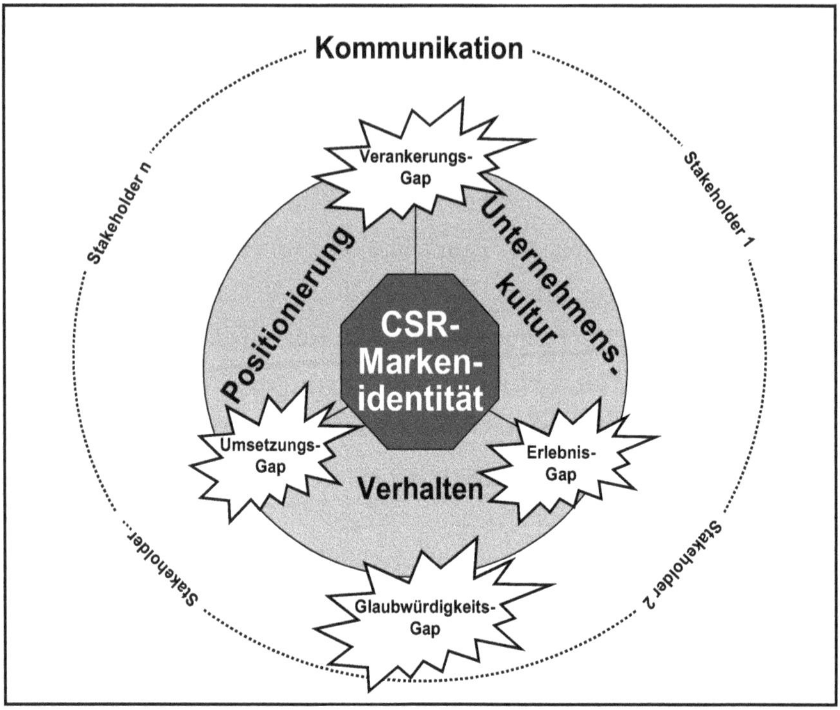

Abbildung 1: CSR-Markenmanagement-Modell

Das Modell umfasst folgende fünf Bausteine:

1) *Positionierung:* Diese Facette beinhaltet die explizite Entscheidung des (Top-)Managements über die grundsätzliche Ausrichtung der Marke, wobei die Vision und Mission des Unternehmens integrale Bestandteile darstellen. Beschreibungs- und Beurteilungsmerkmale sind, ob und in welchem Umfang die Markenpositionierung CSR umfassend beinhaltet, ob diese aus altruistischen Motiven des Top-Managements resultiert, ob die Markenpositionierung schriftlich kodifiziert wurde, ob diese vom Top-Management als relevant eingeschätzt und auch aktiv vorgelebt wird sowie ob ein hoher Fit zwi-

schen der Positionierung und der eigentlichen Geschäftstätigkeit besteht.

2) *Unternehmenskultur:* Diese umfasst Werte, die von allen Mitarbeitern geteilt werden. In Anlehnung an das Unternehmenskulturmodell von Schein (2004) können sich diese Werte in expliziten und impliziten Normen (z. B. Richtlinien zum Energiesparen) und Symbolen (z. B. Einsatz von Elektroautos, Gebäudearchitektur, Arbeitsplatzgestaltung) widerspiegeln. Eine CSR-Marke basiert darauf, dass alle Mitarbeiter die CSR-Idee als relevant wahrnehmen, diese leben und sich aktiv dafür einsetzen.

3) *Verhalten:* Darunter sind konkrete, nach innen und außen wirkende Maßnahmen des Unternehmens zu verstehen. Der CSR-Bezug lässt sich mit Hilfe des Wertschöpfungsprozesses von der Beschaffung und Produktion über den Vertrieb bis hin zum Recycling beschreiben und bewerten. Weiterhin ist zu beurteilen, ob die CSR-relevanten Maßnahmen alle Funktionsbereiche und regionalen Standorte umfassen.

4) *Kommunikation:* Diese Facette berücksichtigt alle nach außen gerichteten persönlichen oder medialen Kontakte mit den verschiedenen Stakeholdergruppen. Dabei ist aus CSR-Sicht insbesondere die Glaubwürdigkeit, die durch Faktoren wie Transparenz, Beleg durch nachprüfbare Fakten (z. B. CSR-Bericht, Zertifikate, Teilnahme an CSR-orientierten Preisen), Offenheit und echte Interaktion mit den verschiedenen Stakeholdern beeinflusst wird, von Bedeutung. Darüber hinaus bildet auch das eigentliche Branding (Name, Logo, Markenfarben etc.) einen zentralen Markenkontaktpunkt, der die CSR-Identität wahrnehmbar und erlebbar machen kann.

5) *Gaps*: Zwischen diesen vier Facetten (Markenpositionierung, Unternehmenskultur, Verhalten und Kommunikation) sollte nach die-

sem Modell eine möglichst hohe Übereinstimmung vorliegen. Ein Verankerungs-Gap liegt vor, wenn die vom Top-Management propagierte und fixierte Ausrichtung der Marke nicht mit den von den Mitarbeitern gelebten Überzeugungen und Werten übereinstimmt. Das Erlebnis-Gap resultiert aus Abweichungen des tatsächlichen Verhaltens des Unternehmens (z. B. Produkte) und den innerhalb der Belegschaft gelebten Werten. Ein Umsetzungs-Gap bedeutet, dass die festgelegten CSR-Werte nicht in konkrete Verhaltensweisen umgesetzt sind. Schließlich kann ein Glaubwürdigkeits-Gap entstehen, wenn die CSR-Markenidentität und die nach außen gerichtete Kommunikation nicht übereinstimmen. Diese Aufspaltung in vier Gaps dient der Vereinfachung und unterstützt die Analyse von realen CSR-Marken. In der Realität entsteht eine starke CSR-Marke aus einer Übereinstimmung zwischen allen vier Facetten gleichzeitig.

Beim vorgeschlagenen Modell handelt es sich um einen ersten Entwurf zur Beschreibung, Evaluation und Führung von CSR-Marken. Um die Fruchtbarkeit dieses Modells zu verdeutlichen, aber auch zur Weiterentwicklung, erfolgt im Folgenden die Anwendung auf die Bau- und Immobilienwirtschaft. Neben der Modellexemplifizierung dient dies auch dazu, Best-Practice-Beispiele für CSR-Marken zu identifizieren und darzustellen. Diese können gegebenenfalls auch trotz aller Markt- und Unternehmensspezifika als „Blaupause“ für die Entwicklung einer CSR-Marke in anderen Branchen dienen.

3 Fallstudiengestützte Modellanwendung

3.1 Methodische Vorbemerkung

Zur Exemplifizierung des CSR-Markenmodells wurde eine Fallstudienforschung (Schögel/Tomczak 2009; Yin 2009) mit einem Mehrfallstudien-Design (Eisenhardt 1989) im Bereich der Bau- und Immobilienbranche durchgeführt. Zur Auswahl von Unternehmen wurde eine theoretisch-konzeptionelle Auswahl („Theoretical Sampling“) mit Hilfe von zwei Suchkriterien durchgeführt:

- Abdeckung aller Stufen der wohnungs- und immobilienwirtschaftlichen Wertschöpfungskette
- Erfolgreiche CSR-Marken („Best Practice“)

a) Abdeckung aller Stufen der wohnungs- und immobilienwirtschaftlichen Wertschöpfungskette

Aufgrund der Bandbreite von Immobiliengruppen erfolgte im ersten Schritt eine Fokussierung auf Wohnimmobilien. Aus einer institutionellen Perspektive lassen sich drei Anbietertypen von Immobilien unterscheiden (Feigl 2008). Projektentwickler entwickeln Immobilienprojekte von der Initiierung bis zur Fertigstellung. Für Wohnimmobilien sind insbesondere *Bauträger* interessant. Diese kaufen in der Regel Grundstücke, die sodann parzelliert, erschlossen, bebaut und vermarktet werden. Der zweite Anbietertyp sind die professionell-gewerblichen Bestandshalter, die im Bereich der Wohnimmobilien vor allem durch *Wohnungsunternehmen* repräsentiert werden. Der dritte Anbietertyp sind Immobiliendienstleister als Ergebnisverwerter. Im Bereich Wohnimmobilien sind hier insbesondere *Immobilienmakler* zu nennen, die als Intermediäre zwischen Immobilienanbietern und -nachfragern fungieren.

Von den Anbietern der Immobilienwirtschaft ist die *Bauindustrie* als „Produzent“ der Wohnimmobilie abzugrenzen (Bone-Winkel et al. 2008). Die Bauwirtschaft erbringt Planungs- und Ausführungsleistungen aller Art, die zur Errichtung von Immobilien dienen. Damit ist sie in der Regel ein der Immobilienwirtschaft mit ihrem Fokus auf Immobilienbestände vorgelagerter Wirtschaftszweig.

Die Bauwirtschaft wiederum wird von der *Zulieferindustrie* mit Rohstoffen, Materialien und Zwischenprodukten versorgt. Als Bauzulieferindustrie wird die Gesamtheit aller Industriebetriebe bzw. industriellen Produktbereiche definiert, die wesentlich von der Vorleistungsnachfrage für Bauleistungen abhängen (Löbbe 2007).

b) Erfolgreiche CSR-Marken („Best Practice“)

Als zweites Kriterium wurde dann pro Stufe der Wertschöpfungskette jeweils ein Unternehmen identifiziert, welches möglicherweise eine starke CSR-Marke aufgebaut hat und damit ein „Best Practice“ für die jeweilige Stufe darstellen könnte.

Zusätzlich zu einer internetgestützten Sekundärrecherche (Selbstauskunft auf den Internetseiten, Fremdeinstufungen durch Experten und Journalisten) wurden dabei auch die Preisträgerlisten diverser CSR-Preise und Rankings (u. a. Deutscher Nachhaltigkeitspreis, Ökomanager des Jahres von WWF und Capital) als „objektiver“ Maßstab berücksichtigt. Um die Vergleichbarkeit zwischen den Fallstudien zu erhöhen, wurden in allen Fällen Dachmarken ausgewählt.

Tabelle 1 zeigt einen Überblick über die analysierten Marken.

Die Datensammlung für die Fallstudien folgte den Empfehlungen von Yin (2009) und Schögel/Tomzcak (2009) und kombiniert verschiedene Informationsquellen wie Internetauftritt, Publikationen, Marketingmaterialien, Besuch des Unternehmens sowie Interviews mit Unternehmensverantwortlichen (vgl. Anhang). Zur Erhöhung der Validität wurden die Fallstudien von BAUFRITZ, AURO, GESOBAU sowie REINHART IMMOBILIEN MARKETING durch Unternehmensverantwortliche nach Erstellung des Fallstudienberichts validiert (kommunikative Validierung). Bei der Fallstudie KASSECKER konnte kein persönlicher Kontakt hergestellt werden, weshalb diese Fallstudie vollständig auf Sekundärmaterialien basiert und auch keine kommunikative Validierung vorgenommen werden konnte.

CSR-Marke	Stufe	Unternehmenssitz	Unternehmensgröße	Erfolgsindikator	Verwendete Quellen (siehe Anhang)
BAUFRITZ SEIT 1896	Bauträger	Erkheim	248 Mitarbeiter	Preisträger 2009 Deutscher Nachhaltigkeitspreis	Homepage, Preise, Best-Practice-Portal, Meinungsplattform, Verband, Marketingmaterialien, Interview, Bebachtung
AURO natürlich meine Welt	Bauzulieferer	Braunschweig	ca. 40 Mitarbeiter	Ökomanager 1992 (WWF und Capital) B.A.U.M-Umweltpreis 1994	Homepage, Best-Practice-Portal, Interviews, Verband, Marketingmaterialien
KASSECKER	Bauunternehmen	Waldhessen	400 Mitarbeiter	Zertifizierung EMB-Wertemanagement Bau e.V.	Homepage, Verband
GESOBAU	Wohnungsunternehmen	Berlin	282 Mitarbeiter	Preisträger 2010 Deutscher Nachhaltigkeitspreis	Homepage, Preise, Geschäftsberichte, Interview
REINHART IMMOBILIEN MARKETING	Makler	Würzburg	15 Mitarbeiter (in der gesamten Gruppe)	1. Platz beim Business-Scan 2010 (Immobilien Profi)	Homepage, Medien, Interview

Tabelle 1: Analysierte CSR-Marken in der Bau- und Immobilienwirtschaft

3.2 Einzelfallstudien

Aufgrund des beschränkten Seitenumfanges ist es nicht möglich, die Fallstudien im Einzelnen zu beschreiben (Baumgarth/Binckebanck 2011a, 2011b). Tabelle 2 vermittelt einen zusammenfassenden Überblick der fünf Fallstudien.

<table>
<tr><td>Positionierung</td><td>Unternehmenskultur</td><td>Verhalten</td></tr>
<tr><td colspan="2">BAUFRITZ</td><td></td></tr>
<tr><td>▪ Ökologische und gesellschaftliche Verantwortung als Kern der Marke („BAUFRITZ steht für gesundes und naturnahes Wohnen und Leben“)
▪ Innere Überzeugung der Familie seit einer Familientragödie
▪ Explizit formulierte und kodifizierte Positionierung
▪ Hoher Fit zwischen CSR-Markenpositionierung und der tatsächlichen Geschäftstätigkeit</td><td>▪ Ökologisches und soziales Bewusstsein als Kern der gelebten Werte im Unternehmen
▪ Vielzahl von internen Maßnahmen zur Förderung der Mitarbeitergesundheit (z. B. Arbeitsplatzgestaltung) und -zufriedenheit (z. B. eigene KITA)
▪ Geringe Mitarbeiterfluktuation</td><td>▪ Umweltfreundliche Gestaltung der Wertschöpfungskette (Zulieferer, Produktionsprozesse, Rücknahmegarantie)
▪ Umweltfreundliche und gesundheitsfördernde Produktgestaltung
▪ Hohe Produktqualität, Design und Innovationen</td></tr>
<tr><td colspan="2">Kommunikation</td><td>Gaps</td></tr>
<tr><td colspan="2">▪ Ökologie, Tradition, Region und Nachhaltigkeit als zentrale Botschaften der gesamten Unternehmenskommunikation
▪ Teilnahme an CSR-orientierten Wettbewerben und Zertifizierungen und deutliche Einbindung dieser Zeichen in allen Kommunikationsinstrumenten
▪ Aktive Beteiligung in CSR-relevanten Meinungsplattformen und Institutionen
▪ Erlebniswelt „HausSchneiderei“
▪ Baumpatenschaft für Kunden
▪ Kommunikation mit vielen Stakeholdergruppen</td><td>Keine Gaps erkennbar</td></tr>
</table>

Positionierung	Unternehmenskultur	Verhalten
AURO		
▪ Fokussierung auf Naturfarben (nachwachsende und mineralische Rohstoffe, Schutz bzw. Förderung der Gesundheit für die Nutzer der Farben) ▪ Tiefe innere Überzeugung des Gründers und Vorstands („Sanfte Chemie") ▪ Hoher Fit zwischen der ökologischen Positionierung und der tatsächlichen Geschäftstätigkeit	▪ „Sanfte Chemie" ist prägendes Leitbild ▪ Ehrenamtliches Engagement der Führungskräfte und Mitarbeiter in CSR-orientierten Verbänden ▪ Geringe Mitarbeiterfluktuation ▪ Symbole für Ökologie und Historie	▪ Umweltfreundliche Gestaltung der gesamten Wertschöpfungskette (Zulieferer, Produktionsprozesse, Verpackungen) ▪ Hohe Produktqualität (Qualitätssicherung) ▪ CO_2-neutrales Unternehmen ▪ Schenkung von Aktienanteilen an CSR-orientierte Institutionen, ▪ Institutionalisierte Spenden an NABU
Kommunikation		Gaps
▪ Vielfältige Aufklärungs- und Öffentlichkeitsarbeit ▪ Ehrungen und Auszeichnungen für den Gründer und das Unternehmen sowie Zertifizierungen ▪ Positive Testurteile durch Stiftung Warentest und Ökotest ▪ Intensive Kommunikation mit den Händlern und Handwerkern ▪ Branding (z. B. Claim) ▪ AURO-Showroom & Shop ▪ Cause-Related-Marketing ▪ Breite Abdeckung diverser Stakeholdergruppen		Keine Gaps erkennbar, jedoch einseitige Betonung der ökologischen Dimension
Positionierung	Unternehmenskultur	Verhalten
KASSECKER		
▪ Positionierung: Sicherstellung von menschlichen Grundbedürfnissen und Integrität in allen Geschäftsprozessen ▪ Ethikmanagement ist auf der Top-Führungsebene organisatorisch verankert ▪ Ethikmanagement ist schriftlich kodifiziert ▪ Ethikmanagement betrifft direkt das Tätigkeitsfeld von KASSECKER (hoher Fit)	▪ Grundwerteerklärung mit Werten wie Partnerschaftlichkeit, Kooperation, Offenheit sowie Integrität ▪ Mitbestimmter Führungsstil	▪ Ethikmanagement ist durch einen Verhaltenskodex, durch Kontrollsysteme sowie Integration in die Organisation verankert ▪ Regelmäßige Auditierung des Ethikmanagements
Kommunikation		Gaps
▪ Ethikmanagement ist prominenter Inhalt der Internetkommunikation ▪ Zertifikate für Ethikmanagement und Qualität der Leistungen sowie der Managementsysteme werden kommuniziert		Keine Gaps erkennbar, jedoch ökologisches und soziales Engagement eher branchenüblich ausgeprägt

Positionierung	Unternehmenskultur	Verhalten
GESOBAU		
▪ Positionierung: Gute Nachbarschaft und ökologische Nachhaltigkeit ▪ Explizite Fixierung und öffentliche Publikation ▪ Commitment durch den Vorstand ▪ Mittlerer Fit zwischen der CSR-Positionierung und der tatsächlichen Geschäftstätigkeit	▪ Diversity (Charta der Vielfalt) ▪ Work-Life-Balance	▪ Maßnahmen zur Förderung des Miteinanders zwischen den Mietern ▪ Integriert sozial-ökologische Quartiersentwicklung (Märkisches Viertel) ▪ Vorbeugemaßnahmen gegen Korruption und Wirtschaftskriminalität
Kommunikation		Gaps
▪ Nutzung vielfältiger Kommunikationskanäle ▪ „Markenerlebniswelt“ (Info-Box im Märkischen Viertel) ▪ Teilnahme an CSR- orientierten Wettbewerben ▪ Zertifizierungen ▪ Hauptzielgruppen der Kommunikation sind Mieter und die Politik		Verankerungs- Gap

Positionierung	Unternehmenskultur	Verhalten
REINHART IMMOBILIEN MARKETING		
▪ Positionierung: hohe Qualität ▪ Explizite Fixierung als Grundsätze (Unternehmensphilosophie) ▪ Kein CSR-Bezug	▪ Wertebasierte Personalauswahl ▪ Wöchentliche Treffen, regelmäßige Mitarbeitergespräche und Jahrestagungen	▪ Geschäftsfelder: Vorsorgeimmobilien, sozialverantwortliche Wohnraumprivatisierung ▪ Organisation von Charity-Veranstaltungen
Kommunikation		Gaps
▪ Kommunikation des Charity-Engagements ▪ Zertifizierungen (aber eher Qualität als CSR) ▪ CSR orientiertes Branding (Farbe, Logo)		Glaubwürdigkeits-Gap

Tabelle 2: Ergebnisse der Einzelfallstudien

3.3. Fallstudienvergleich und Erkenntnisse

Die Fallstudien zeigen auf, dass das Niveau der CSR-Aktivitäten in Abhängigkeit von der Wertschöpfungsstufe deutlich variiert. Als Projektentwickler haben Bauträger aufgrund ihrer wertschöpfungsübergreifenden Aktivitäten und ihres direkten Endkundenkontakts die umfassendsten Möglichkeiten, sich über eine glaubwürdige CSR-Markenidentität erfolgreich vom Wettbewerb zu differenzieren. Gleichzeitig ist Greenwashing in der Branche weit verbreitet. So ist mit der JK Wohnbau AG beispielsweise ein Unternehmen in 2010 mit dem „Sonder-Award Öko-Marketing in der Immobilienwirtschaft“ ausgezeichnet worden, das ökologische Aspekte erkennbar nur bei einem einzigen Projekt im Rahmen der Vermarktungsstrategie umsetzt, ohne diese durch korrespondierende Markenwerte abzustützen. Das Unternehmen BAUFRITZ dagegen ergänzt die ökologische Grundausrichtung des Geschäftsmodells um soziale Aspekte und setzt diese umfassend und professionell in der Markenführung um. Alle vier Facetten der Marke BAUFRITZ weisen einen hohen Fit auf. Das macht BAUFRITZ in einem Wettbewerbsumfeld, in dem teilweise gesetzliche Standards als überragende Produktvorteile verkauft werden und Ökologie zur Werbebotschaft verkommt, zu einem Best-Practice-Beispiel einer „echten“ CSR-Marke. Der Erfolg des Unternehmens mit dieser Strategie belegt, welches Potenzial eine CSR-Marke für Bauträger erschließen kann. Als Bauzulieferer sieht sich AURO dagegen einer derivativen Nachfrage gegenüber. Da die Baukosten zumeist den größten Kostenanteil bei der Immobilienerstellung ausmachen, sieht sich die Branche einem erheblichen Kosten- und Rationalisierungsdruck ausgesetzt. Daher ist es ungleich schwieriger, sich als Bauzulieferer über CSR-Dimensionen erfolgreich am Markt zu positionieren. Das Unternehmen AURO betont stark die ökologische Dimension des CSR-Ansatzes und hat diese professionell zu einem ökonomisch erfolgreichen Geschäftsmodell ausgebaut. Zwar impliziert dies im Wettbewerb mit multinationalen Chemieunternehmen eine Nischenstrategie mit einhergehender Begrenzung des Marktpotenzials, allerdings handelt es sich dabei um ein Wachstumssegment mit Vorreitercharakter für den Gesamtmarkt. Vor diesem Hintergrund sind die zukünftigen Erfolgsaussichten des Unternehmens eindeutig positiv zu bewerten. Damit beweist AURO, dass eine konsequente ökologische CSR-Marke positive ökonomische Effekte auch für Bauzulieferer haben kann. Kritisch anzumerken ist allerdings, dass die Marke AURO sich zwar durch die ökologische Dimension des CSR-Ansatzes auszeichnet, ein soziales Engagement - abgesehen von der Öffentlichkeitsarbeit des Unternehmensgründers, dem ehrenamtlichen Engagement der Mitarbeiter sowie den Gesundheitsaspekten der Produkte - jedoch weniger stark ausgebaut ist. Im Vergleich zu einer umfassenden CSR-Marke wie BAUFRITZ erscheint daher der Begriff der „Öko-Marke“ im Fall AURO treffender.

Ähnlich wie die Bauzulieferer stehen auch die Bauunternehmen unter erheblichem Kostendruck. Im Vergleich zu den Möglichkeiten eines Bauträgers, der als begleitende Marke diverse Wertschöpfungsstufen bis hin zum Endkunden abdeckt und dessen soziale und ökologische Verantwortung damit umfassend umsetzbar ist, ist die Situation eines Bauunternehmens weitgehend mit der einer Verarbeitungsmarke vergleichbar. Diese hat wenig Möglichkeiten für einen umfassenden Pull-Ansatz, sondern verfolgt ein bauherrenorientiertes Marketing. Solange Bauherren jedoch in der Bautätigkeit lediglich einen Kostenfaktor sehen, sind die wirtschaftlichen Differenzierungspotenziale durch eine umfassende CSR-Marke für ein Bauunternehmen wie KASSECKER beschränkt. Gleichwohl zeigt KASSECKER, dass Ethikmanagement in der Bauwirtschaft vielfältigen unternehmerischen Nutzen stiften kann. Mit Blick auf das diesem Aufsatz zugrunde gelegte, umfassende Verständnis von CSR ist allerdings anzumerken, dass ökologisches oder soziales Engagement über das branchenübliche Maß hinaus nicht erkennbar ist. Vielmehr werden in erster Linie die ökonomischen Aktivitäten und hier insbesondere die Beziehungen zu Kunden und Lieferanten einem Ethikmanagement unterworfen, das de facto Aspekte abdeckt, die in vielen anderen Branchen weitgehend selbstverständlich sind und dort nicht unbedingt eines aufwändigen Systems bedürfen. Angesichts des hohen Konkurrenz- und Kostendrucks in der

Branche ist das Wertemanagement von KASSECKER gleichwohl als vorbildlich zu werten, obwohl es dem hohen Anspruch an eine umfassende CSR-Marke nicht gerecht wird.

Die vielfältigen Auszeichnungen belegen die Vorreiterrolle von GESOBAU im Bereich der Wohnungsverwalter. Zwar veröffentlicht GESOBAU keinen eigenen CSR-Bericht (Ende 2011: wurde der erste Nachhaltigkeitsbericht veröffentlicht), die vorgefundenen Aktivitäten belegen jedoch, dass das Unternehmen auf allen drei Dimensionen der Nachhaltigkeit, also ökologisch, sozial und ökonomisch, aktiv ist. Das Unternehmen kommt damit den kommunalen Anforderungen an eine ökologische Modernisierung des Wohnungsbestands und einen Beitrag zur sozialen Stadtentwicklung vorbildlich nach. Auch in ökonomischer Sicht versucht GESOBAU, die widersprüchlichen Forderungen nach Sicherung günstiger Mieten einerseits und angemessener Verzinsung des Kapitals andererseits mit Hilfe des Zielkriteriums Nachhaltigkeit auszugleichen. Insofern führt GESOBAU eine „echte“ CSR-Marke. Einschränkend ist jedoch anzumerken, dass das soziale Engagement eines städtischen Unternehmens wohl zumindest in Teilen politisch motiviert ist und daher nicht im gleichen Maße als „freiwillig“ im Sinne der gewählten Definition anzusehen ist als bei einem kommerziellen Unternehmen. So dürfte etwa der Druck, der aus dem Widerspruch von ökonomischen Zielsetzungen einerseits und ökologischen und sozialen Zielen andererseits entstehen kann, im kommunalen Umfeld deutlich geringer sein als im privatwirtschaftlichen Wettbewerb. Weiterhin ist fraglich, inwieweit die von GESOBAU verfolgte Markenpositionierung relevant ist und damit Einfluss auf die Entscheidung der Zielgruppe Mieter hat. Schließlich ist festzustellen, dass GESOBAU auf der inneren Ebene (Positionierung, Verhalten, Kultur) ein umfassendes Konzept vorliegen hat, welches sich aber nur bedingt in der Kommunikation bzw. im Branding widerspiegelt (Verankerungs-Gap).

Wohnungsmakler sind in der Regel reine Dienstleister. Sie verfügen daher in Anbetracht fehlender materieller Wertschöpfungsprozesse nur über vergleichsweise eingeschränkte Möglichkeiten zur umfassenden CSR-Umsetzung. Gleichwohl sind Makler durch ihre Beratungsfunktion ein zentraler Multiplikator von CSR-Themen. Aus der Sicht der Käufer und Mieter von Wohnimmobilien repräsentieren die Makler häufig als „Face to the Customer" die gesamte Wertschöpfungskette der Bau- und Immobilienwirtschaft. Vor diesem Hintergrund ist es beklagenswert, dass das Niveau der CSR-Aktivitäten bei den Wohnungsmaklern insgesamt niedrig ist und dass, wenn überhaupt, CSR mit Charity-Maßnahmen gleichgesetzt wird. Dieses Bild ergibt sich aus einer Analyse der Webauftritte der laut Business Scan der Zeitschrift Immobilien-Profi 25 besten Immobilienmakler Deutschlands. Das nach diesem Ranking beste Unternehmen, REINHART IMMOBILIEN MARKETING, ist gleichzeitig auch derjenige Makler im Ranking, der am umfassendsten über sein CSR-Engagement informiert, freilich jedoch ohne diesen Begriff dabei explizit zu verwenden. Trotz dieser im Branchenvergleich relativ differenzierten CSR-Aktivitäten kann man REINHART IMMOBILIEN MARKETING jedoch (noch) nicht als CSR-Marke bezeichnen. Dazu ist die ökologische Dimension zu oberflächlich und die soziale zu Charity-lastig. Im Mittelpunkt der Positionierung und Markenführung steht die Qualität der klassischen Makler-Dienstleistungen. CSR ist offenbar als Konzept zur Differenzierung im Wettbewerb erkannt worden, stellt jedoch keine zentrale Markendimension dar. Daher besteht auch die Gefahr eines Glaubwürdigkeits-Gaps, wenn der Firmeninhaber ökologische und soziale CSR-Dimensionen in der Stakeholder-Kommunikation stärker betonen würde, ohne zunächst intern eine korrespondierende CSR-Markenidentität zu erschaffen.

Dieser Vergleich der Fallstudien zeigt, dass sich die fünf analysierten CSR-Marken zum einen in Bezug auf die *Konsistenz* der vier Facetten einer CSR-Marke und zum anderen in Bezug auf die *Relevanz von CSR für die Markenidentität* unterscheiden. Der Relevanz bezieht sich dabei zum einen auf den Aspekt, ob CSR in Gänze (ökonomische, soziale und ökologische Aspekte) in der Markenidentität verankert ist (Umfang) und zum anderen auf die Intensität. Abbildung 2 ordnet die fünf CSR-Marken in Abhängigkeit von diesen beiden Dimensionen in eine zweidimensionale Matrix ein.

Abbildung 2: CSR-Marken im Vergleich

Darüber hinaus konnten aus den Fallstudien Ergänzungen bzw. Präzisierungen der fünf Modellbausteine identifiziert werden. Zunächst einmal belegen insbesondere die Beispiele BAUFRITZ und AURO und eingeschränkt auch GESOBAU und REINHART IMMOBILIEN MARKE-

TING die hohe Relevanz von *überzeugten* und *charismatischen Führungspersönlichkeiten*, die die CSR-Philosophie durch einen fast missionarischen Ansatz intern stark fördern und extern kommunizieren (ähnlich auch Hillestad et al. 2010; allgemein Schein 2004, S. 225 ff). Dieses zusätzliche Merkmal beeinflusst zwar stark die Unternehmenskultur sowie die Kommunikation, allerdings geht der Einfluss von einer oder wenigen (Führungs-)Personen aus, die auch maßgeblich die Positionierung beeinflussen, weshalb dieser Faktor der Positionierungsfacette zugeordnet wird. Weiterhin lässt sich der Erfolgsfaktor „hohe Produktqualität" weiter konkretisieren. Die Beispiele BAUFRITZ, AURO, REINHART IMMOBILIEN MARKETING und GESOBAU zeigen, dass die CSR-Ausrichtung aktuell viel stärker auch mit einer sehr hohen Leistungsqualität (z. B. Design-Ansatz bei BAUFRITZ seit 2005; hohe Qualitätsmaßstäbe bei REINHART IMMOBILIEN MARKETING) verbunden werden. Als potenzieller Erfolgsfaktor einer CSR-Marke auf Ebene des Verhaltens lässt sich damit im heutigen Wettbewerbsumfeld die Notwendigkeit einer Verknüpfung zwischen *CSR und hoher Leistungsqualität* ableiten Dabei beschränkt sich die Leistungsqualität nicht nur auf den Leistungskern, sondern auch auf ergänzende Ebenen wie Design oder Services. CSR-Marken und die damit verbunden Leistungen müssen, um erfolgreich zu sein, auch eine attraktive Leistung jenseits der CSR-Werte aufweisen.

Schließlich setzen drei der fünf untersuchten Fälle (BAUFRITZ, AURO, GESOBAU) *Markenerlebniswelten* ein, die es dem (potenziellen) Kunden und weiteren externen Stakeholdern erlauben, den CSR-Ansatz der Marke persönlich zu „begreifen" und in direkte Interaktion mit Mitarbeitern der CSR-Marke zu treten. Am umfangreichsten hat BAUFRITZ diesen Kommunikationsansatz etabliert.

4 Diskussion

4.1 Methodische Grenzen

Grundsätzlich ist der Fallstudienansatz geeignet, das vorgeschlagene CSR-Markenmodell erstmalig zu prüfen und zu erweitern. Allerdings sind drei Punkte bei der Beurteilung der Ergebnisse kritisch zu berücksichtigen.

(1) Auswahl der Fallstudien

Zunächst einmal wurde bei der Auswahl der fünf Fallstudien darauf geachtet, dass die Immobilien- und Baubranche möglichst breit abgedeckt wurde. Weiterhin wurden solche Unternehmen ausgewählt, die als Best-Practice-Beispiele für CSR-Marken gelten. Allerdings liegen für die Bau- und Immobilienbranche *keine vergleichbaren Ergebnisse* über den *CSR-Markenstatus* aus interner oder externer Sicht vor. Dies gilt allerdings nicht nur für diese Branche, sondern auch für andere Branchen. Zwar existieren erste Ansätze und Initiativen zur Messung der CSR-Markenstärke wie in Deutschland z. B. der Ethical Brand Monitor (www.ethicalbrandmonitor.de) oder die Studie „Good Company Ranking" (Balzer et al. 2009) und international z. B. die Initiative „Rank a Brand" (www.rankabrand.org), aber diese Ansätze sind wenig elaboriert, umfassen nur wenige Marken bzw. Unternehmen oder wurden bislang nur einmalig durchgeführt. Neben dieser Problematik der Identifizierung von Best-Practice-Beispielen für CSR-Marken ist grundsätzlich mit diesem Ansatz das Problem verbunden, dass Vergleiche mit „normalen" oder gescheiterten CSR-Marken fehlen. Dieses Problem ist vergleichbar mit dem Survival-Bias-Problem der Erfolgsfaktorenforschung (z. B. Baumgarth/Evanschitzky 2009, S. 247 ff.). In nachfolgenden qualitativen und quantitativen Studien sollten auch Marken berücksichtigt werden, die überhaupt keinen CSR-Bezug, CSR nur als ergänzenden Bestandteil der

Markenidentität oder Defizite in einzelnen Facetten des CSR-Markenmodells aufweisen.

(2) Messung der Unternehmenskultur

In Bezug auf die empirische Durchführung zeigte sich, dass sich die *Analyse der Unternehmenskultur* am schwierigsten darstellt. Obwohl mehrere Informationsquellen und -arten pro Fallstudie Berücksichtigung fanden, bedarf eine detaillierte Beschreibung der Unternehmenskultur eine umfassendere Analyse. Ansatzpunkte für eine Untersuchung dieser Facette können die methodischen Vorschläge zur *Kulturanalyse* liefern (Cameron/Quinn 2006; Schein 1999, 2004). Zukünftige Studien könnten durch eine Schwerpunktsetzung auf kulturelle Aspekte und Changemanagement in Richtung CSR-basierte Unternehmenskultur diese Facette detaillierter und adäquater abbilden.

(3) Verzerrung durch Impression-Management

Vergleichbar mit dem Key-Informant-Bias der quantitativen Forschung (z. B. Baumgarth/Evanschitzky 2009, S. 249; Ernst 2003) besteht bei Fallstudien die Gefahr der Verzerrung durch Berücksichtigung von unternehmenseigenen Informationsquellen (Homepage, Interviews, Kataloge etc.). Diese Informationsquellen werden bewusst oder unbewusst von den Unternehmen im Sinne eines *Impression-Managements* eingesetzt, um ein bestimmtes Image zu kreieren (allg. Leary/Kowalski 1990; Wood/Mitchell 1981; speziell im Rahmen der Fallstudienforschung Eisenhardt/Graebner 2007). Dieser Verzerrungseffekt ist nicht wegzudiskutieren, wobei dieser kein spezifisches Problem der Fallstudienmethode ist, sondern ebenfalls auch für quantitative Studien gilt. In der vorliegenden Studie wurde versucht, durch Berücksichtigung möglichst vieler verschiedener unternehmensgesteuerter und unabhängiger Quellen den Verzerrungseffekt zu reduzieren.

4.2 Modellevaluation

Das vorgestellte CSR-Markenmodell soll *deskriptive*, *explikative* und *technologische* Funktionen erfüllen. Im Weiteren wird beurteilt, inwieweit das Modell diese Funktionen erfüllt bzw. welche Erweiterungen für die zukünftige Forschung notwendig sind.

(1) Deskriptive Funktion

Das CSR-Markenmodell erlaubt mit den vier Facetten sowie den vier Gaps eine umfassende und detaillierte Beschreibung von realen Fällen. Auf der einen Seite ist das Modell detailliert genug, um den empirischen Forschungsprozess durch *Suchfelder* zu *strukturieren*. Auf der anderen Seite ist das Modell aber auch flexibel genug, um die *Besonderheiten* einzelner Unternehmen und Kontexte zu berücksichtigen. Weiterhin erlaubt der Detaillierungsgrad des Modells auch, verschiedene reale CSR-Marken miteinander zu *vergleichen*. Ferner sind die vier Facetten und die Gaps hinreichend genau definiert, um *reale Phänomene* zuordnen zu können. Im Rahmen der Durchführung der fünf Fallstudien wurden keine realen Phänomene identifiziert, die nicht in das Modell eingeordnet werden konnten. Lediglich wurde bei der Interpretation der Fallstudien deutlich, dass die jeweilige CSR-Marke zusätzlich vor dem Hintergrund der *Historie* sowie dem *Kontext* zu interpretieren ist. In Bezug auf die Historie sind CSR-Marken danach zu unterscheiden, ob diese aus einer CSR-Motivation heraus gegründet wurden (z. B. AURO) oder sich von einer konventionellen Marke hin zu einer CSR-Marke entwickeln (z. B. GESOBAU). In Bezug auf den Kontext zeigte sich, dass die CSR-Marke auch vor dem Hintergrund der *Wettbewerber*, der *rechtlichen und politischen Situation* und der *Trägerschaft* des Unternehmens (z. B. kommerzielle Unternehmen vs. Unternehmen in öffentlicher Trägerschaft) zu deuten ist. Darüber hinaus zeigt der Vergleich zwischen AURO und BAUFRITZ, dass das Modell auch berücksichtigen sollte, wie umfangreich CSR in der Markenidentität verankert ist. Durch die Ergänzung der Facette „Positionierung“ durch die Rolle des Gründers bzw. des Top-Managements ist zu überlegen, ob diese Facette zukünftig nicht umbenannt werden sollte in „*Top-Management*“. Diese Facette umfasst sowohl die Person(en) des Top-Managements als solches als auch die vom Top-Management getroffenen Entscheidungen wie z. B. die Festlegung der Markenpositionierung.

(2) Explikative Funktion

Die explikative Funktion wäre dann erfüllt, wenn eine CSR-orientierte Ausprägung der vier Facetten sowie ein geringes Ausmaß der Gaps einen positiven Einfluss auf den nachhaltigen Erfolg eines Unternehmens hätten. Dieser Zusammenhang zwischen dem Modell und dem Erfolg wurde im Rahmen der Modellentwicklung lediglich durch Plausibilität und die Berücksichtigung von Ergebnissen empirischer Studien zu Teilaspekten hergestellt.
Ferner wurden im Rahmen der Fallstudienmethode fünf erfolgreiche Marken ausgewählt. Allerdings lag der Auswahl zum einen *kein einheitlicher Erfolgsmaßstab* zugrunde, und zum anderen fehlt ein Vergleich mit erfolglosen Marken. Dieses Defizit erfordert zukünftig eine Operationalisierung insbesondere der Gaps und des Erfolgs sowie die Durchführung großzahliger quantitativer Studien. Erste Ansatzpunkte zur Konzeptualisierung und *Messung des Erfolgs von CSR-Marken* liefern Arbeiten zur Reputation (Fan 2005), zum (ökonomischen) Marken- (Wang 2010) und Unternehmenswert (Luo/Bhattacharya 2006), zur Beziehungsstärke zu verschiedenen Stakeholdern (Sen et al. 2006) sowie zum 3-Dimensionen-Modell des Unternehmenserfolgs nach Carroll (1979, auch Hubbard 2009).

(3) Technologische Funktion

Das technologische Potenzial, d. h. die Unterstützung des Managements beim Aufbau und bei der Führung einer CSR-Marke, kann positiv eingeschätzt werden. Zunächst verdeutlicht das Modell, dass eine CSR-Marke *von innen nach außen* zu entwickeln ist. Ferner zeigt es mit der Markenpositionierung, der Kultur, dem Verhalten sowie der Kommunikation die vier wichtigsten *Stellhebel einer CSR-Marke.* Schließlich beleuchten die vier Gaps die Notwendigkeit, dass alle vier Facetten in *Balance* sein müssen.

Zukünftig sollte zum einen das Modell mit *CSR-Experten* und *Markenverantwortlichen diskutiert* und kommentiert werden. Darüber würde die Entwicklung von *Checklisten* für die vier Facetten sowie für die Gaps das Technologiepotenzial weiter steigern. Eine ergiebige Weiterentwicklung wäre, dass das Modell die Basis für ein *CSR-Markenaudit* (allg. Baumgarth 2011; Berry et al. 1991; Keller 2000; Kotler et al. 1977) bildet oder als Grundlage für *CSR-Marken-Awards* (z. B. Deutscher Nachhaltigkeitspreis) Verwendung findet. Schließlich könnte das technologische Potenzial auch dadurch gesteigert werden, wenn Forscher das Modell im Sinne eines *Action Research-Ansatzes* (allgemein z. B. Greenwood/Levin 2007; Stringer 2007; speziell zur Anwendung im Marketing z. B. Special Issue des European Journal of Marketing 2004) mit einzelnen Unternehmen in der Praxis testen würden.

5 Fazit

CSR ist ein prinzipiell freiwilliges ökologisches und soziales Engagement eines Unternehmens, welches über das reguläre Geschäftsmodell hinaus reicht und primär altruistische Wesenszüge aufweist. Unternehmen, die versuchen, dieses Engagement nur vorzutäuschen, werden zu Recht des

„Greenwashings" bezichtigt. Gleichwohl gibt es eine Reihe von Unternehmen, denen es mit ihren CSR-Aktivitäten dennoch gelingt, Wettbewerbsvorteile herauszuarbeiten. In diesen Fällen wird das Engagement als authentisch wahrgenommen, und die ökonomischen Prozesse sind mit den CSR-Aktivitäten glaubwürdig verzahnt. Es handelt sich um Marken, für die CSR kein Marketing-Gag ist, sondern integraler Teil der eigenen Identität, kurzum: CSR-Marken.

Da die Erfolgsfaktoren für die CSR-Markenführung bislang erst unzureichend erforscht sind, lassen sich aus der Literatur nur recht generische Empfehlungen ableiten. Daher wird in diesem Beitrag ein ganzheitliches Modell zum CSR-Markenmanagement mit vier integrierten Facetten vorgeschlagen: Positionierung, Unternehmenskultur, Verhalten und Kommunikation. Passen diese Elemente nicht zusammen, entstehen Lücken (Gaps), die den Unterschied zwischen „echter" CSR-Marke und Greenwashing ausmachen.

Unabhängig von den diskutierten methodischen Grenzen der Fallstudienmethode sowie der Grenzen und Erweiterungen des CSR-Markenmodells hat die Studie die Fruchtbarkeit des Modells zur Beschreibung, Erklärung und Gestaltung von CSR-Marken in der Bau- und Immobilienbranche aufgezeigt. Dabei wurde deutlich, dass die Facetten sowie die Lückenanalyse einen ergiebigen Bezugsrahmen für die zielgerichtete Analyse von Praxisfällen liefern. Diese Analyse wiederum zeigt erhebliche Unterschiede zwischen den fünf untersuchten Marken auf.

So unterschiedlich der CSR-Status in den untersuchten Teilbranchen auch sein mag: Das vorgestellte Modell kann neben der Diagnose auch unmittelbar Hinweise zur Optimierung der Markenführung und zur Ausschöpfung von potenziellen Wettbewerbsvorteilen liefern. Es erfüllt somit deskriptive, explikative und technologische Funktionen und leistet damit einen substantiellen Beitrag zur Erforschung von Erfolgsfaktoren der CSR-Markenführung.

Aufgrund der Eignung für verschiedene Marken innerhalb einer Branche sowie dem Abstraktionslevel der fünf Bausteine ist zu erwarten, dass dieses Modell grundsätzlich auch in der Lage ist, CSR-Marken in anderen Branchen (z. B. Bekleidung, Luxus-/Premiummarken) zu analysieren.

Anhang

Informationsverzeichnis Fallstudien

BAUFRITZ

- Homepage: baufritz.com
- Preise: www.deutscher-nachhaltigkeitspreis.de/
- Best-Practice-Portal: www.csr-mittelstand.de
- Meinungsplattform: www.utopia.de
- Verband: www.nabu.de
- Marketingmaterialien: Produktkataloge, Unternehmensbroschüre, Geschäftsausstattung
- TV-Reportagen (Archiv von BAUFRITZ)
- Interview: Persönliches Gespräch mit Herrn Dietmar Spitz (Leitung Marketing der Bau-Fritz GmbH & Co. KG) am 27.7.2011 in Erkheim
- Besichtigung der HausSchneiderei und einiger Musterhäuser am 27.7.2011 in Erkheim

AURO

- Homepage: www.auro.de
- Best-Practice-Portal: www.csr-mittelstand.de
- Marketing-Materialien & Pressetexte
- Interviews:
- Interview von Sonja Schlabach mit Herrn Dr. Fischer (Gründer und Vorstand der AURO AG) http://www.seilnacht.com/Lexikon/Auro3.htm;
- Persönliches Gespräch mit Frau Nadine Schrader (Marketing und Shop AURO AG) am 23.2.2011 in Braunschweig.

- Fischer, H. (1993): Plädoyer für eine sanfte Chemie, Karlsruhe, Braunschweig.
- Verband: www.nabu.de

KASSECKER

- Homepage: www.kassecker.de
- Verband: www.bauindustrie-bayern.de
- GESOBAU
- Homepage: www.gesobau.de
- Preise: www.deutschernachhaltigkeitspreis.de
- Geschäftsberichte der GESOBAU AG 2007 – 2009
- Interview: Persönliches Gespräch mit Frau Kirsten Huthmann (Leiterin Unternehmenskommunikation und Marketing der GESOBAU AG) am 23.2.2011 in Berlin.

REINHART IMMOBILIEN MARKETING

- Homepage: www.reinhart-immo.de
- Medien: www.immobilien-profi.de/Immobilien Profi, 12. Jg., Ausgabe 53.
- Interview: Persönliches Gespräch mit Herrn Roland Reinhart (Inhaber und Geschäftsführer) am 21.2.2011 in Würzburg.

Literatur

Alcañiz, E. B.; Cáceres, R. C.; Pérez, R. C. (2010): Alliances Between Brands and Social Causes, in: Journal of Business Ethics, Vol. 96, No. 2, pp. 169-186.

Balzer, A.; Gazdor, K.; Günther, E.; Habisch, A.; Hecht, J.; Kirchhoff, K. R. (2009): Das Good Company Ranking, Hamburg.

Baumgarth, C. (2008): Markenpolitik, 3. Aufl., Wiesbaden.

Baumgarth, C. (2011): Markenaudit für Kulturinstitutionen, in: Kulturbranding III, Hrsg.: Höhne, S.; Ziegler, R. P., Leipzig.

Baumgarth, C.; Binckebanck, L. (2011a): CSR-Markenmanagement in der mittelständischen Bau- und Immobilienwirtschaft, in: Nachhaltigkeit in kleinen und mittleren Unternehmen, Hrsg.: Meyer, J.-A., Lohmar, S. 337-366.

Baumgarth, C.; Binckebanck, L. (2011b): CSR-Markenmanagement – Markenmodell und Best-Practice-Fälle am Beispiel der Bau- und Immobilienwirtschaft, Arbeitspapier der HWR Berlin, Berlin (im Druck).

Baumgarth, C.; Evanschitzky, H. (2009): Erfolgsfaktorenforschung, in: Empirische Mastertechniken, Hrsg.: Baumgarth, C.; Eisend, M.; Evanschitzky, H., Wiesbaden, S. 235-261.

Belz, F. M.; Peattie, K. (2009): Sustainability Marketing: A Global Perspective, Chichester.

Bendixen, M.; Abratt, R. (2007): Corporate identity, ethics and reputation in supplier-buyer relationships, in: Journal of Business Ethics, Vol. 76, No. 1, pp. 69-82.

Berens, G.; van Riel, C. B. M.; van Bruggen, G. H. (2005): Corporate associations and consumer product responses: The moderating role of corporate brand dominance, in: Journal of Marketing, Vol. 69, No. 3, pp. 35-48.

Berry, L.; Connant, J. S.; Parasuraman, A. (1991): A framework for conducting a services marketing audit, in: Journal of the Academy of Marketing Science, Vol. 19, No. 3, pp. 255-268.

Bhattacharya, C. B.; Korschun, D.; Sen, S. (2009): Strengthening stakeholder-company relationships through mutually beneficial corporate social responsibility initiatives, in: Journal of Business Ethics, Vol. 85, No. 2, pp. 257-272.

Birkigt, K.; Stadler, M. M. (2002): Corporate Identity, in: Corporate Identity, Hrsg.: Birkigt, K.; Stadler, M. M.; Funck, H. J., 11. Aufl., München, S. 13-23.

Blumenthal, D.; Bergstrom, A. (2003): Brand councils that care: Towards the convergence of branding and corporate social responsibility, in: Journal of Brand Management, Vol. 10, No. 4-5, pp. 327-341.

Bone-Winkel, S.; Müller, T.; Pfrang, D.C. (2008): Begriff und Besonderheiten der Immobilie als Wirtschaftsgut, in: Immobilienökonomie Band I, Hrsg.: Schulte, K.-W., 4. Aufl., München, S. 3-26

Bowen, H. (1953): Social responsibilities of the businessman, New York.

Brady, A. K. O. (2003): How to generate sustainable brand value from responsibility, in: Journal of Brand Management, Vol. 10, No. 4-5, pp. 279-289.

Bronn, P. S.; Vrioni, A. B. (2001): Corporate social responsibility and cause-related marketing, in: International Journal of Advertising, Vol. 20, No. 2, pp. 207-222.

Cameron, K. S.; Quinn, R. E. (2006): Diagnosing and Changing Organizational Culture, San Francisco.

Carroll, A. B. (1979): A three-Dimensional Conceptual Model of Corporate Performance, in: Academy of Management Review, Vol. 4, No. 4, pp. 497-505.

Carroll, A. B. (1991): The pyramid of corporate social responsibility, in: Business Horizons, Vol. 34, No. 4, pp. 39-48.

Chen, Y. (2008): The driver of green innovation and green image, in: Journal of Business Ethics, Vol. 81, No. 3, pp. 531-543.

Corpwatch (2010): Greenwash 101 Fact Sheet, URL: http://www.corpwatch.org/article.php?id=943, letzter Abruf am 1.2.2011.

Dangelico, R. M.; Pujari, D. (2010): Mainstreaming Green Product Innovation, Journal of Business Ethics, Vol. 95, No. 3, pp. 471-486.

de Chernatony, L. (2009): From brand vision to brand evaluation, 3rd ed., Amsterdam et al.

de Chernatony, L. (1999): Brand Management Through Narrowing the Gap Between Brand Identity and Brand Reputation, in: Journal of Marketing Management, Vol. 15, No. 1-3, pp. 157-179.

de Chernatony, L.; Dall'Olmo Riley, F. (1998): Defining a "brand", in: Journal of Marketing Management, Vol. 14. No. 5, pp. 417-443.

de Pelsmacker, P.; Driesen, L.; Rayp, G. (2005): Do consumers care about ethics? Willingness to pay for fair-trade coffee, in: Journal of Consumer Affairs, Vol. 39, No. 2, pp. 363-385.

Eisenhardt, K. M. (1989): Building Theories from Case Study Research, in: Academy of Management Review, Vol. 14, No. 4, pp. 532-619.

Eisenhardt, K. M.; Graebner, M. S. (2007): Theory Building from Cases, in: Academy of Management Journal, Vol. 50, No. 1, pp. 25-32.

Ellen, P. S.; Webb, D. J.; Mohr, L. A. (2006): Building corporate associations, in: Journal of the Academy of Marketing Science, Vol. 34, No. 2, pp. 147-157.

Ernst, H. (2003): Ursachen eines Informant Bias und dessen Auswirkungen auf die Validität betriebswirtschaftlicher Forschung, in: Zeitschrift für Betriebswirtschaft, 73. Jg., H. 12, S. 1249-1275.

Europäische Kommission (2002): Europäische Rahmenbedingungen für die soziale Verantwortung der Unternehmen, Brüssel.

Fan, Y. (2005): Ethical branding and corporate reputation, in: Corporate Communication, Vol. 10, No. 4, pp. 341-350.

Feigl, P. (2008): Zielgruppenbestimmung von Mietern – Eine Analyse der Wohnbedürfnisse auf Basis von Nutzenerwartungen, Köln.

Folkes, V. S.; Kamins, M. A. (1999): Effects of information about firms' ethical and unethical actions on consumers' attitudes, in: Journal of Consumer Psychology, Vol. 8, No. 3, pp. 243-259.

Greenwood, D.J.; Levin, M. (2007): Introduction to Action Research, 2nd ed., Thousand Oaks et al.

Harris, F.; de Chernatony, L. (2001): Corporate branding and corporate brand performance, in: European Journal of Marketing, Vol. 35, No. 3/4, pp. 441-456.

Hatch, M. J.; Schultz, M. (2001): Are the strategic stars aligned for your corporate brand?, in: Harvard Business Review, Vol. 79, No. 2, pp. 128-134.

Hatch, M. J.; Schulz, M. (2008): Taking brand initiative, San Francisco.

Hermann, S. (2005): Corporate Sustainability Branding: Nachhaltigkeits- und stakeholderorientierte Profilierung von Unternehmensmarken, Wiesbaden.

Hillestad, T.; Xie, C.; Haugland, S. A. (2010): Innovative corporate social responsibility, in: Journal of Product and Brand Management, Vol. 19, No. 6, pp. 440 – 451.

Hubbard, G. (2009): Measuring Organizational Performance, in: Business Strategy and the Environment, Vol. 19, No. 3, pp. 177-191.

Keller, K. L. (2000): The Brand Report Card, in: Harvard Business Review, Vol. 78, No. 1, pp. 147-157.

Korschun, D.; Bhattacharya, C. B.; Sen, S. (2009): Using corporate social responsibility to strengthen employee and customer relationships, in: Advances in Consumer Research, Vol. 8, pp. 64-66.

Kotler, P.; Gregor, W.; Rogers, W. (1977): The marketing audit comes of age, in: Sloan Management Review, Vol. 18, No. 2, pp. 25-43.

Kotler, P.; Lee, N. (2005): Corporate social responsibility, Hoboken.

Lai, C.; Chiu, C.; Yang, C.; Pai, D. (2010): The effects of corporate social responsibility on brand performance, in: Journal of Business Ethics, Vol. 95, No. 3, pp. 457-469.

Leary, M. R.; Kowalski, R. M. (1990): Impression management, in: Psychological Bulletin, Vol. 107, No. 1, pp. 34-47.

Lee, M.-D. P. (2008): A review of the theories of corporate social responsibility, in: International Journal of Management Reviews, Vol. 10, No. 1, pp. 53-73.

Linder, M. (2010): The Two Mayor Types of ‚Greenwash' definitions, the Problematic Implications of Indistinctness and a Set of Likely Inconsistencies, Göteborg, URL: http://cbi.chalmers.se/ attachments/ 013_The%20Two....pdf, letzter Abruf am 20.2.2011.

Löbbe, K. (2007): Bauzulieferindustrien in Deutschland – Struktur, Standortbedingungen und Entwicklungsperspektiven bis 2020, Düsseldorf.

Luo, X.; Bhattacharya, C. B. (2006): Corporate social responsibility, customer satisfaction, and market value, in: Journal of Marketing, Vol. 70, No. 4, pp. 1-18.

Mayerhofer, W.; Grusch, L.; Mertzbach, M. (2008): Corporate social responsibility, Wien.

Meffert, H.; Burmann, C.; Koers, M. (2005): Markenmanagement, 2. Aufl., Wiesbaden.

Meffert, H.; Rauch, C.; Lepp, H. L. (2010): Sustainable Branding, in: Marketing Review St. Gallen, 27. Jg., H. 5, S. 28-35.

Menon, S.; Kahn, B. E. (2003): Corporate sponsorships of philanthropic activities, in: Journal of Consumer Psychology, Vol. 13, No. 3, pp. 316-327.

Middlemiss, N. (2003): Authentic not cosmetic, in: Journal of Brand Management, Vol. 10, No. 4-5, pp. 353-361.

Morsing, M. (2006): Strategic CSR communication, in: Management models for corporate social responsibility, Hrsg.: Jonker, J.; de Witte, M., Berlin/Heidelberg, pp. 238-246.

Nan, X.; Heo, K. (2007): Consumer responses to corporate social responsibility (CSR) initiatives, in: Journal of Advertising, Vol. 36, No. 2, pp. 63-74.

Piercy, N. F.; Lane, N. (2009): Corporate social responsibility, in: The Marketing Review, Vol. 9, No. 4, pp. 335-360.

Polonsky, M.; Jevons, C. (2009): Global branding and strategic CSR, in: International Marketing Review, Vol. 26, No. 3, pp. 327-347.

Rolland, D.; O'Keefe Bazzoni, J. (2009): Greening corporate identity, in: Corporate Communication, Vol. 14, No. 3, pp. 249-263.

Schein, E. H. (1999): Corporate Culture Survival Guide, San Francisco.

Schein, E. H. (2004): Organizational culture and leadership, 3rd ed., San Francisco.

Schögel, M.; Tomczak, T. (2009): Fallstudie, in: Empirische Mastertechniken, Hrsg.: Baumgarth, C.; Eisend, M.; Evanschitzky, H., Wiesbaden, S. 77-105.

Sen, S.; Bhattacharya, C. B.; Korschun, D. (2006): The role of corporate social responsibility in strengthening multiple stakeholder relationships, in: Journal of the Academy of Marketing Science, Vol. 34, No. 2, pp. 158-166.

Sharma, A.; Iyer, G. R.; Mehrota, A.; Krishnan, R. (2010): Sustainability and business-to-business marketing, in: Industrial Marketing Management, Vol. 39, No. 2, pp. 330-341.

Simmons, C. J.; Becker-Olsen, K. L. (2006): Achieving marketing objectives through social sponsorships, in: Journal of Marketing, Vol. 70, No. 4, pp. 154-169.

Stringer, E. T. (2007): Action Research, 3. Aufl., Thousand Oaks et al.

terrachoice (2007): The "Six Sins of Greenwashing", URL: http://sinsofgreenwashing.org/findings/greenwashing-report-2007, letzter Abruf am 19.2.2011.

terrachoice (2010): The Sins of Greenwashing, URL: http://sinsofgreenwashing.org/findings/greenwashing-report-2010, letzter Abruf am 19.2.2011.

Vacaro, V. L. (2009): B2B green marketing and innovation theory for competitive advantage, in: Journal of Systems and Information Technology, Vol. 11, No. 4, pp. 315-330.

Vlachos, P. A.; Tsamakos, A.; Vrechopoulos, A. P.; Avramidis, P. K. (2009): Corporate social responsibility: attributions, loyalty and the mediating role of trust, in: Journal of the Academy of Marketing Science, Vol. 37, No. 2, pp. 170-180.

Wang, H. D. (2010): Corporate social performance and financial-based brand equity, in: Journal of Product and Brand Management, Vol. 19, No. 5, pp. 335-345.

Werther, W. B.; Chandler, D. (2006): Strategic corporate social responsibility, Thousand Oaks et al.

Wiedmann, K.-P. (2004): Markenführung und Corporate Identity, in: Handbuch der Markenführung, Hrsg.: Bruhn, M., Bd. 2, 2. Aufl., Wiesbaden, S. 1410-1439.

Willmott, M. (2001): Citizen Brands, Chichester et al.

Woisetschläger, D. M.; Backhaus, C. (2010): CSR-Engagements, in: Marketing Review St. Gallen, 27. Jg., H. 5, S. 42-47.

Wood, R. E.; Mitchell, T. R. (1981): Manager behavior in social context, in: Organisational Behavior and Human Performance, Vol. 28, No. 3, pp. 356-378.

Yin, R. K. (2009): Case Study Research, 4. Aufl., Thousand Oaks.

Yoon, Y.; Gürhan-Canli, Z.; Schwarz, N. (2006): The effect of corporate social responsibility (CSR) activities on companies with bad reputations, in: Journal of Consumer Psychology, Vol. 16, No. 4, pp. 377-390.

Markenorientierung und -führung für B-to-B-Familienunternehmen – Eine empirische Analyse von Determinanten und Erfolgsauswirkungen

Björn Schultheiss

Markenorientierung und -führung für B-to-B-Familienunternehmen – Eine empirische Analyse von Determinanten und Erfolgsauswirkungen

Stichworte: B-to-B-Familienunternehmen, Markenführung, Markenorientierung, PLS-Ansatz, Unternehmenserfolg

Abstract:

Das Managementkonzept der Marke gilt im B-to-C-Geschäft seit Jahren als Wunderwaffe zur Differenzierung der eigenen Leistung im Wettbewerb. Über die Wirksamkeit von Markeninvestitionen im B-to-B-Geschäft hingegen herrscht in Wissenschaft und Praxis nach wie vor Unsicherheit und Uneinigkeit. In folgender Untersuchung wird ein kausales Untersuchungsmodell zunächst entwickelt und im Folgenden anhand eines empirischen Datensatzes überprüft. Mittels dieses Modells vermag der Autor die ursächlichen Determinanten der Markenorientierung und deren Wirkung auf den wirtschaftlichen Erfolg von Familienunternehmen im B-to-B-Geschäft zu erklären. Als zentrales Ergebnis konnte erstmals der empirische Nachweis erbracht werden, dass die Höhe der Markenorientierung einen Einfluss auf den wirtschaftlichen Unternehmenserfolg von B-to-B-Familienunternehmen ausübt. Das Untersuchungsmodell erklärt 24,9 % der Varianz des wirtschaftlichen Erfolgs der untersuchten B-to-B-Familienunternehmen.

1 Problemstellung und Zielsetzung

Den Ausgangspunkt dieser Untersuchung markiert die Erkenntnis, dass die Marke im B-to-B-Geschäft aus wissenschaftlicher und unternehmerischer Sicht noch „unterbelichtet“ (Backhaus 2008, S. 16) ist. Während die *Markenorientierung*, definiert als die strategische, organisatorische und unternehmenskulturelle Ausrichtung des *gesamten Unternehmens auf die eigene Marke* (Schramm et al. 2004, S. 77) im Endkonsumentengeschäft (B-to-C) bereits seit Jahren selbst in Krisen als „kleine Wunderwaffe“ (Busch et al. 2009, S. 3) zur Differenzierung vom Wettbewerb gilt, lässt ein Großteil der B-to-B-Unternehmen diese *spezifische Ausprägung der Unternehmenskultur* noch weitgehend vermissen (Baumgarth/Meissner 2010, S. 147; Bausback 2007, S. 66 ff.). Das verwundert, denn gerade im B-to-B-Geschäft steht der Preiswettbewerb aufgrund der rasant zunehmenden Produkt- und Leistungshomogenität an der Tagesordnung. Dadurch wird die Identifikation, Entwicklung und Implementierung zielführender Strategien zur Differenzierung des eigenen Unternehmens zur massiven unternehmerischen Herausforderung, während gleichzeitig der Ruf von Wissenschaft und Praxis nach B-to-B spezifischen Lösungen immer lauter wird (Richter 2007, S. 5). Speziell *Familienunternehmen im B-to-B-Geschäft* scheinen mit diesen Entwicklungen oft nicht Schritt zu halten. Sie hinken trotz ihrer herausragenden Bedeutung für Wirtschaft und Sozialwesen ihren international aufgestellten, anonym geführten Konzernpendants hinsichtlich moderner *Markenmanagementkompetenz* oft hinterher (Weissman 2006, S. 10). Vermutlich liegt die Ursache dafür am unzulänglichen Know-how und an mangelnden Informationen über tatsächliche *Ursachen* (Determinanten) und eindeutige *Erfolgsauswirkungen* der Markenorientierung im B-to-B-Geschäft (Baumgarth 2004, S. 804; Oppitz 2010, S. 2 und 44) der Familienunternehmen.

Diese *Problemstellung* gab Anlass zur vorliegenden Untersuchung. Darin wurde die Markenorientierung im Zusammenhang mit ausschließlich B-to-B-Familienunternehmen in den Mittelpunkt einer empirischen Untersuchung gerückt, um damit das soeben aufgezeigte Informationsdefizit ganz oder zumindest teilweise schließen zu können.

Das *Oberziel* dieser Untersuchung liegt damit in der Ableitung von *zielführenden Handlungsempfehlungen* (Implikationen) für die Familienunternehmenspraxis und die *B-to-B-Markenforschung*, um damit einen Beitrag zur Erhöhung von Verständnis und Akzeptanz des Phänomens *Markenorientierung im B-to-B-Geschäft* leisten zu können. Dieses Oberziel soll im Wesentlichen durch die Untersuchung *von zwei zentralen Forschungsfragen* erreicht werden:

1. Welche Determinanten erklären die Höhe der Markenorientierung im B-to-B-Geschäft aus Sicht des Familienunternehmens?
2. Wirkt sich eine hohe Markenorientierung positiv auf den wirtschaftlichen Unternehmenserfolg des B-to-B-Familienunternehmens aus?

2 Vorgehensweise, Datenerhebung und Untersuchungsmethodik

Innerhalb der empirischen Untersuchung wurde einem dreistufigen empirischen Untersuchungsdesign gefolgt, welches in Abbildung 1 dargestellt ist.

Um dem Anliegen der Untersuchung gerecht zu werden, möglichst verallgemeinerbare Aussagen über die Markenorientierung von Familienunternehmen im B-to-B-Geschäft zu generieren, wurde die Datenerhebung *branchen-* und länderübergreifend angelegt.

Zur Reduktion der Komplexität (z. B. durch Sprachbarrieren) und inhaltlicher Verzerrungen (z. B. durch große kulturelle Unterschiede) wurden für diese Untersuchung alle in D-A-CH-S (Deutschland, Österreich, Schweiz und Südtirol) ansässigen Familienunternehmen zur *Grundgesamtheit* gezählt, wenn diese maßgeblich (Umsatzanteil mit anderen Unternehmen/ Organisationen größer 50%) im B-to-B-Geschäft tätig sind. Innerhalb dieser Kriterien wurde als *Auswahlverfahren* die Stichprobe (Teilerhebung) nach dem geschichteten Zufallsprinzip gewählt (Wahrscheinlichkeitsauswahl). Unter Berücksichtigung der Unternehmensgröße, des Unternehmenssitzes und der eindeutigen Charakterisierung als Familienunternehmen wurde somit eine *disproportional geschichtete Zufallsstichprobe* gezogen (Schnell et al. 2008, S. 279), die insgesamt *1851 Unternehmen* bzw. einen zugehörigen Ansprechpartner des ausgewählten Unternehmens enthält.

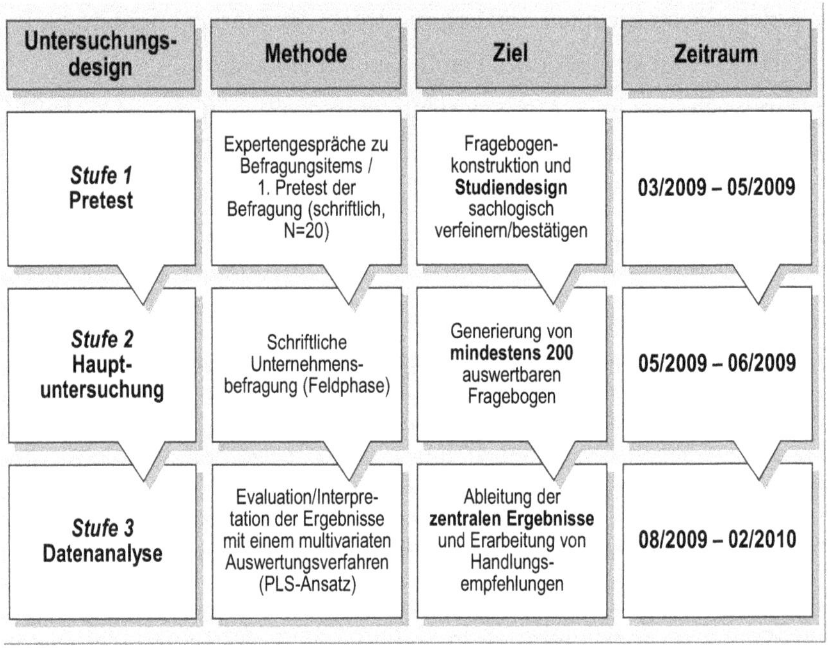

Abbildung 1: Empirisches Untersuchungsdesign

Als eigentliche *Form der Datenerhebung* diente die schriftliche Befragung auf Basis eines standardisierten, personalisierten *Onlinefragebogens*. Zur methodisch einwandfreien Anwendung des vorgesehenen quantitativen Analyseverfahrens sind große Stichprobenumfänge notwendig, was insbesondere mithilfe dieser Form von Befragung gewährleistet werden kann (Homburg 1992, S. 507). Der für die Datenerhebung entwickelte Fragebogen gliederte sich in sechs Teile, wie in Abbildung 2 dargestellt. Es wurden schließlich n=232 vollständig ausgefüllte und gültige Fragebögen generiert, was einer effektiven Rücklaufquote von 13,16% entspricht.

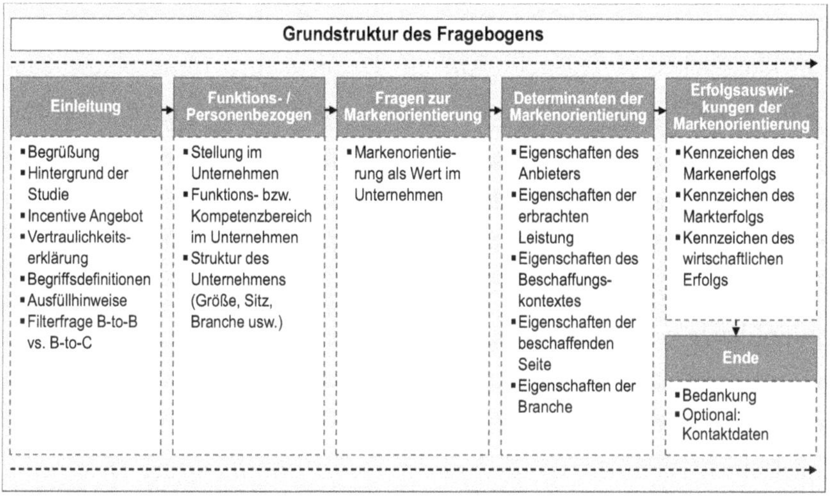

Abbildung 2: Grundstruktur des Fragebogens

Mit n=129 (76,8 %) *Topmanagement Teilnehmern* (Vorstand, Geschäftsführung inklusive Inhaber oder Gesellschafter) und kumuliert n=158 (87,3 %) Teilnehmern aus dem Top- und mittleren Management (Bereichsleitung und zweite Führungsebene) hat das Thema der Untersuchung innerhalb dieses Führungskräftekreises hohen Anklang gefunden. Bei der Verteilung der *Umsatzgrößenklassen* fiel auf, dass weit über die Hälfte der Unternehmen in der Stichprobe n=136 (58,6 %) einen jährlichen Nettoumsatz zwischen 2 und 49 Mio. € erzielen, während n=20 (8,6 %) der untersuchten Familienunternehmen einen Jahresumsatz über 250 Mio. € im letzten Geschäftsjahr erwirtschafteten. Nur n=9 (3,9 %) der befragten Unternehmen machten zu dieser sensiblen Fragestellung keine Aussage, was für die als eher informationsscheu geltende Spezies der Familienunternehmen als sehr geringer Anteil bewertet werden kann (Weissman/Schultheiss 2006, S. 77).

81 der befragten Unternehmen (34,9 %) rechnen ihre Tätigkeit zum typischen *Produktgeschäft*; 72 (31,0 %) ordnen ihre Unternehmenstätigkeit dem klassischen *Anlagengeschäft* zu. Damit stellen diese beiden Geschäftstypen 2/3 der Stichprobe. *System- und Zuliefergeschäft* ist mit jeweils 40 (17,2 %) und 39 (16,9 %) nahezu gleich verteilt und bildet damit das restliche Drittel in der Stichprobe.

Die Datenbasis umfasst *232 Stichprobenfälle* im Verhältnis zu *69 manifesten Variablen*. Die Quantität der Datenmenge errechnet sich aus dem Multiplikator von Stichprobenfällen (232) und der Anzahl der Variablen (69), wonach *16.008* Einzeldatensätze vorliegen. Damit kann die Stichprobe bezüglich *Quantität* als geeignet angesehen werden (Schermelleh-Engel et al. 2003, S. 50). Zur *qualitativen Beurteilung* der Datenbasis wurde ein Mittelwertvergleich mittels t-Test von zentralen Variablen aus der frühen Antwortgruppe mit den Variablen aus der späten Antwortgruppe durchgeführt. Dieser ergab keine signifikanten Unterschiede auf dem 5%-Signifikanzniveau. Folglich scheint kein Non-Response-Bias in der generierten Datenbasis vorzuliegen (Armstrong/Overton 1977, S. 396).

Für die vorgesehene Untersuchung der theoretisch aufgestellten Wirkungszusammenhänge mithilfe der generierten Datenbasis erschien die *PLS-Pfadmodellierung* das geeignete Datenanalyseverfahren. Zu dieser Erkenntnis führte ein ausführlicher Vergleich zwischen Kovarianzstrukturanalyse und PLS-Pfadmodellierung (ausführlich Schultheiss 2011, S. 87).

2.1 Forschungsfrage 1: Konzeptualisierung und Operationalisierung

Zur Konzeptualisierung der *Forschungsfrage 1* wurde auf theoretische Überlegungen und Recherchen sowie auf zahlreiche Expertengespräche zurückgegriffen. Geleitet von diesen Voruntersuchungen konnte eine Vielzahl an möglichen, ursächlichen Determinanten (Konstrukte auf der *Ursachenebene*) herausgefiltert werden, die einen anteiligen Beitrag zur Erklärung der Höhe der Markenorientierung in Familienunternehmen (Konstrukt auf der *Wirkungsebene*) leisten könnten.
Diese deterministischen Faktoren werden folgenden vier übergeordneten *Dimensionen* zugeordnet (Richter 2007, S. 97 ff.):

- Determinanten des Anbieters
- Determinanten der erbrachten Leistung/des Beschaffungskontextes
- Determinanten der Beschaffungsseite
- Determinanten der Branche

Unter *Determinanten des Anbieters* sind insbesondere strukturelle Eigenschaften des anbietenden Unternehmens zu subsumieren wie bspw. die Größe, die Ausprägung als typisches, traditionsreiches Familienunternehmen (vgl. Tabelle 1 Anhang) oder die im Unternehmen vorherrschende strategische Betonung der Qualitätsbestrebungen. In die Dimension *Determinanten der erbrachten Leistung/des Beschaffungskontextes* fallen Faktoren, welche das angebotene Produkt konkret charakterisieren (z. B. die Komplexität des Produkts) bzw. die Situation des Beschaffungsprozesses beschreiben (z. B. die Bedeutung des Leistungskaufs für das beschaffende Unternehmen). Zur Dimension *Determinanten der Beschaffungsseite* sind die strukturellen und organisationalen Eigenschaften des beschaffenden Kundenunternehmens zu zählen (z. B. Struktur des Buying Centers oder die strategische Betonung der internen Qualitätsbestrebungen). Die Dimension *Determinanten der Branche* subsumiert Faktoren der generellen Marktumgebung, die das Transaktionsumfeld zwischen Anbieter- und Beschaffungsunternehmen charakterisiert. Zur *Messbarmachung* der deterministischen Konstrukte wurde eine Vielzahl an Operationalisierungsvariablen verwendet, die zum Teil neu entwickelt und zum Teil in anderen empirischen Untersuchungen bereits erfolgreich angewendet wurden (ausführlich Schultheiss 2011, S. 111 ff.).

Auf Wirkungsebene wurde das Konstrukt *Markenorientierung als Wert* konzeptualisiert. Es beschreibt die grundsätzliche Rolle der Marke als gelebten, essenziellen Unternehmenswert. Dabei kann davon ausgegangen werden, dass Unternehmen, die die Markenorientierung in ihrem Wertesystem fest verankert haben, der Marke eine entscheidende Rolle im Rahmen der Strategieentwicklung beimessen, sowie ein ausgeprägtes Verständnis für die Grundprinzipien der Markenführung aufbringen. Diese Unternehmen verstehen ihr gesamtes Unternehmen als Marke und investieren auch in wirtschaftlich schwierigen Zeiten in die Markenführung. Die messbare *Operationalisierung* des Konstruktes (vgl. Tabelle 2 Anhang) erfolgte über bereits bewährte Befragungs-Items wie zum Beispiel: „Unser Selbstverständnis im Unternehmen besagt, dass unsere Marke den Erfolg unserer Produkte unterstützt.“ Oder: „Die Pflege unserer Marke spielt eine entscheidende Rolle für unsere Unternehmensstrategie.“ (Baumgarth 2009, S. 80 und 2007, S. 464)

Innerhalb der Pfadmodellierung wurden die exogenen, also deterministischen Konstrukte in hypothetische Wirkungszusammenhänge mit dem endogenen Konstrukt Markenorientierung gebracht und folglich kausal evaluiert (ausführlich Schultheiss 2011, S. 109 ff.).

2.2 Forschungsfrage 2: Konzeptualisierung und Operationalisierung

Die Konzeptualisierung der Forschungsfrage 2 erfolgte ebenfalls auf Basis eines intensiven Literaturstudiums, theoretischen Überlegungen, vergleichbaren Studien zur Unternehmenserfolgsforschung (z. B. Becker 1999; Buzzell/Gale 1987; Homburg/Pflesser 2000), sowie einer Vielzahl von Expertengesprächen.

Markenorientierung als Wert (Unternehmens-/Ressourcenebene)

Die Marke sollte als betriebswirtschaftliches Gut und nicht als Spielfeld von Kreativen verstanden werden (Koch 2006, S. 14). Vielmehr dienen alle Maßnahmen zur Erhöhung der Markenorientierung im Unternehmen letztendlich der Erreichung eines einzigen ökonomischen *Globalziels*: der Erhaltung respektive Steigerung des Marken- (Esch et al. 2005, S. 42) und somit des Unternehmenswertes zur Existenzsicherung des Unternehmens (Hahn/Hungenberg 2001, S. 13). Die individuelle Markenorientierung eines Unternehmens wird damit zum ursächlichen Instrument, *finanzielle Überschüsse* zu erwirtschaften, die ohne eine Investition in die Markenorientierung in dieser Höhe vermutlich nicht realisierbar gewesen wären (Ailawadi et al. 2003, S. 1).

Es liegt auf der Hand, dass die Markenorientierung je nach B-to-B-Familienunternehmen unterschiedlich hoch ausgeprägt ist. Im Mittelpunkt steht nun die Frage, inwieweit dieser Ausprägungsgrad der Markenorientierung auch einen *Einfluss* auf den *wirtschaftlichen Erfolg* des B-to-B-Familienunternehmens hat.

Um diese Fragestellung in einen für die empirische Untersuchung tauglichen Bezugsrahmen zu bringen, sind weitere Konstruktgrößen auf anderen Ebenen notwendig, da der *wirtschaftliche Erfolg* eines Unternehmens nicht unikausal verursacht wird. Zahlreiche wissenschaftliche Studien zum Unternehmenserfolg haben belegt, dass dieser von *vielen ursächlichen Einflussgrößen* abhängt (Buzzell/Gale 1987). Um nur einige Einfluss nehmende Größen aufzuführen, seien hier Mitarbeiter- (bspw. Zeplin 2006) und Einkaufspolitik, aber auch Produktions-, Kosten- und Finanzstrategie (bspw. Erk 2004), Prozess- (bspw. Emrich 2007) und Changemanagement (bspw. Gattermeyer/Ayad 2001) sowie Technologie-, Innovations- und Umweltorientierung (bspw. Fritz 1995, S. 199) oder neuerlich auch die Corporate Governance (bspw. Davies 2006) eines Unternehmens genannt. Folglich ist es für die Untersuchung der Wirkung der Markenorientierung auf den wirtschaftlichen Erfolg essenziell, den Einfluss der interessierenden exogenen Größe Markenorientierung von den übrigen Einflussgrößen herauszulösen, um sie damit von den anderen kausalen Größen *isolieren* und dezidiert betrachten zu können.

Aktiografischer Markenerfolg (Verhaltensebene der Beschaffer)

Um diese Isolierung im Modell bewerkstelligen zu können, wird angenommen, dass der Einfluss der Markenorientierung zunächst direkt auf den Markenerfolg wirkt. Der Zusammenhang von markenorientierten Ressourcen auf den allgemeinen *Markenerfolg* wird in wissenschaftlichen Studien thematisiert und belegt (Baumgarth/Baumüller 2007; Huber 2004). Für den Markenerfolg gilt eine *verhaltensrelevante* Sichtweise. Im Mittelpunkt steht daher die Leitfrage, inwieweit es durch eine konsequente Markenorientierung gelingt, die beschaffenden Organisationen (Kunden bzw. Nachfrager) in ihrem Auswahlverhalten im Sinne der eigenen Marke (Anbieter) zu beeinflussen. Schließlich kann die Markenführung eines Anbieters ökonomisch nur erfolgreich sein, wenn die eigene Marke auch einen tatsächlichen Einfluss auf das Nachfrageverhalten der Beschaffer hat (Stucky 2004, S. 240 ff.). In diesem Verhalten konkretisiert sich final die gewünschte *Kaufaktion*, welche aufgrund des daraus resultierenden Finanzmittelflusses auch monetarisierbar ist (Fischer et al. 2002, S. 11). Unter den verhaltensbezogenen Untergrößen des Markenerfolgs haben daher insbesondere die sogenannten *aktiografischen* Merkmale wie *Loyalität, Wiederkauf* und *Weiterempfehlung* der beschaffenden Unternehmen (Pepels/Auerbach 2003, S. 78) eine zentrale Bedeutung für den Markenerfolg, wie er in dieser Untersuchung aufgefasst wird. Diese Größen finden folglich Eingang im Messinstrument des Konstruktes „aktiografischer Markenerfolg".

Globaler ökonomischer Unternehmenserfolg

Weiter wird angenommen, dass aus diesem „aktiografischen Markenerfolg" der globale ökonomische Unternehmenserfolg des Markeninhabers resultiert. Jedoch muss die Ebene des globalen Unternehmenserfolgs zwischen *Markterfolg* und *wirtschaftlichem Erfolg* in zwei unterschiedliche ökonomische Erfolgsdimensionen des Unternehmens differenziert werden, was einer gebräuchlichen wissenschaftlichen Vorgehensweise entspricht (Homburg/Pflesser 2000, S. 457). Damit wird bei der Entwicklung des Bezugsrahmens dem Argumentationsschema von Homburg und Pflesser (2000) gefolgt, wonach der Markenerfolg *direkte* Auswirkungen auf den Markterfolg des Unternehmens aufweist und lediglich *indirekte* Auswirkungen auf dessen wirtschaftlichen Erfolg hat.

Markterfolg (globale ökonomische Erfolgsebene)

Der *Markterfolg* beschreibt die unternehmerische Zielerreichung hinsichtlich der messbaren Operationalisierungsgrößen wie Umsatzwachstum, Neuprodukterfolg, Marktanteil, Kundenbindung und Neukundengewinnung (Jensen 2004, S. 80). Damit beinhaltet die Markterfolgsgröße sowohl eine *zielorientierte* (Baumgarth 2007, S. 461) als auch eine *kompetitive* Komponente (Vollhardt 2007, S. 94), da sie zum einen die internen unternehmerischen Marktziele und zum anderen den Vergleich zu den Wettbewerbern beinhaltet, indem sie beschreibt, inwieweit das Unternehmen größere marktbezogene Erfolge erzielt als die Wettbewerber (Jensen 2004, S. 129).

Wirtschaftlicher Erfolg (globale ökonomische Erfolgsebene)

Als Abschluss der kausalen, theoretischen Wirkungskette wird angenommen, dass der Markterfolg wiederum *direkt* und positiv auf den *wirtschaftlichen Erfolg* des B-to-B-Familienunternehmens wirkt, der sich über finanzwirtschaftliche Renditekennzahlen darstellen lässt. Als Operationalisierungskennzahl kam die Umsatzrendite des Unternehmens in Gestalt der EBITDA-Marge (Earnings before Interests, Taxes, Depreciation and Amortisation of Goodwill / Umsatz) zum Einsatz (Preißler 2008, S. 96).

Alle anderen oben beschriebenen Konstrukte wurden mit bewährten operativen Messinstrumenten quantifiziert (Richter 2007, S. 128; Homburg/Pflesser 2000).

Innerhalb der Pfadmodellierung wurden das exogene Konstrukt „Markenorientierung" in hypothetische Wirkungszusammenhänge mit den übrigen endogenen Konstrukten gebracht und folglich kausal evaluiert (ausführlich Schultheiss 2011, S. 139 ff.).

Als Auswertungssoftware kamen bei beiden Teiluntersuchungen SPSS (Version 15.0) und SmartPLS (Version 2.0 M3) zum Einsatz. Beide Analysen wurden mit der *Hypothesenprüfung* und einer Zusammenfassung der Ergebnisse abgeschlossen.

3 Zentrale Ergebnisse

Es konnte der Nachweis erbracht werden, dass die Markenorientierung der untersuchten B-to-B-Familienunternehmen von Determinanten aus den Merkmalsdimensionen *„Anbieter"*, *„Beschaffungsseite"*, *„Bran-*

che" und *„Leistung/Beschaffungskontext"* beeinflusst wird. Insgesamt konnten *8 von 12* a priori aufgestellten Hypothesen bestätigt werden. Das Untersuchungsmodell konnte 35,1 % der Markenorientierung über die gewählten Determinanten erklären. Die gesamten Ergebnisse der Hypothesenprüfung sind in Abbildung 3 dargestellt.

Insbesondere für zwei Determinanten der Dimension „Determinanten des Anbieters" konnte ein hochsignifikant positiver Einfluss auf die Markenorientierung nachgewiesen werden. Innerhalb der untersuchten Faktoren beeinflusst die *„Tradition als Familienunternehmen"* die Höhe der Markenorientierung dabei am deutlichsten.

Damit kann die in der Praxis oft formulierte Vermutung bestätigt werden, wonach inhabergeführte Familienunternehmen für das Markenkonzept besonders prädestiniert sind. Der ursächliche Schlüssel für diesen Zusammenhang liegt in der *Persönlichkeit* des Inhabers. Der Unternehmer nimmt eine Vorbildfunktion gegenüber seinen Mitarbeitern ein und lebt die Markenwerte vor. Der Name des Gründers der Familie steht in engem Zusammenhang mit dem Unternehmensnamen, was ihn dazu veranlasst, Entscheidungen, die den Außenauftritt seiner Marke betreffen, vorzugsweise persönlich zu treffen. Hinzu kommt eine hohe unternehmerische Verantwortung gegenüber Mitarbeitern und den Menschen in der das Familienunternehmen umgebenden Region. Diese Besonderheiten gewähren Familienunternehmen einen Vorteil für die Markenführung, insbesondere im Vergleich zu anonym geführten Konzernen.

Auch das Anbietermerkmal *„Größe des Familienunternehmens"* beeinflusst die Markenorientierung hochsignifikant positiv, was die theoretische Vermutung empirisch bestätigt, dass mit der Größe des Unternehmens auch der Professionalisierungsgrad und die Höhe der Budgets steigen und damit Themen wie Markenorientierung und -führung an Bedeutung gewinnen bzw. die Wahrscheinlichkeit einer Beschäftigung des Managements mit dem Themenkomplex Marke bzw. Markenorientierung zunimmt.

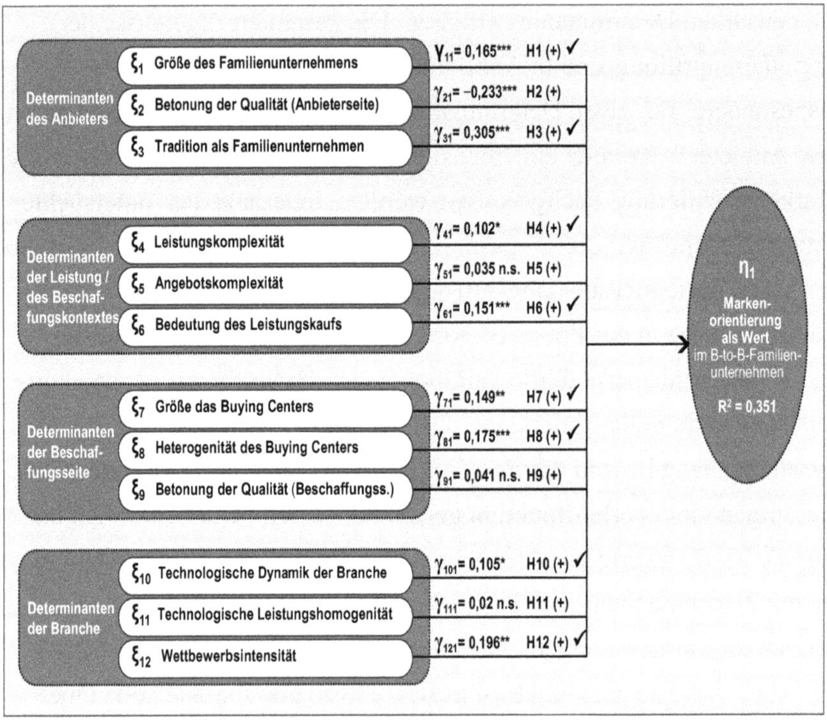

Abbildung 3: Vereinfachtes Pfaddiagramm des Strukturmodells zur Überprüfung der Hypothesen H1-H12

Innerhalb der Dimension „Determinanten der Beschaffungsseite“ wurde ein hochsignifikant positiver Einfluss der Determinante *„Heterogenität des Buying Centers“* auf die Markenorientierung des Familienunternehmens nachgewiesen. Ebenfalls beeinflusst die *„Größe des Buying Centers“* die Markenorientierung signifikant positiv.

Mit zunehmender Größe scheinen die Abstimmungs- und Kommunikationsprozesse komplexer und vielschichtiger zu werden, wo die Marke durch Vereinfachung und Verdichtung wiederum positiv bzw. entlastend entgegen wirken kann.

Innerhalb der Dimension „Determinanten der Branche“ wurde die *„Wettbewerbsintensität“* als Determinante mit signifikant positivem Einfluss auf die Markenorientierung des Familienunternehmens bestätigt. Dies belegt die Vermutung, dass Marken auch im B-to-B-Geschäft ein Hilfsmittel zur Differenzierung vom Wettbewerb darstellen und umso bedeutender werden, je höher die Wettbewerbsintensität am jeweiligen Markt ausgeprägt ist. Der Einfluss der *„technologischen Dynamik der Branche“* konnte dagegen als lediglich annähernd positiv signifikant nachgewiesen werden. Ein Grund könnte der branchenübergreifende und nicht nach Geschäftsfeldern differenzierende Studienansatz sein.

Als Antwort auf Forschungsfrage 2 konnte *erstmals* der empirische Nachweis erbracht werden, dass die Höhe der Markenorientierung einen positiven Einfluss auf den wirtschaftlichen Unternehmenserfolg von B-to-B-Familienunternehmen ausübt.

Das Ergebnis der Hypothesenprüfung ist in Abbildung 4 dargestellt.

Anhand der empirischen Daten konnte ein signifikant positiver Einfluss der Markenorientierung auf den aktiografischen Markenerfolg belegt werden, welcher wiederum den Markterfolg des Unternehmens signifikant positiv beeinflusst. Schließlich wurde der Einfluss des Markterfolgs auf die finale und maßgeblich interessierende Größe, den *„wirtschaftlichen Erfolg“* untersucht und empirisch belegt. Das entwickelte Untersuchungsmodell erklärt *24,9 %* der Varianz des wirtschaftlichen Erfolgs.

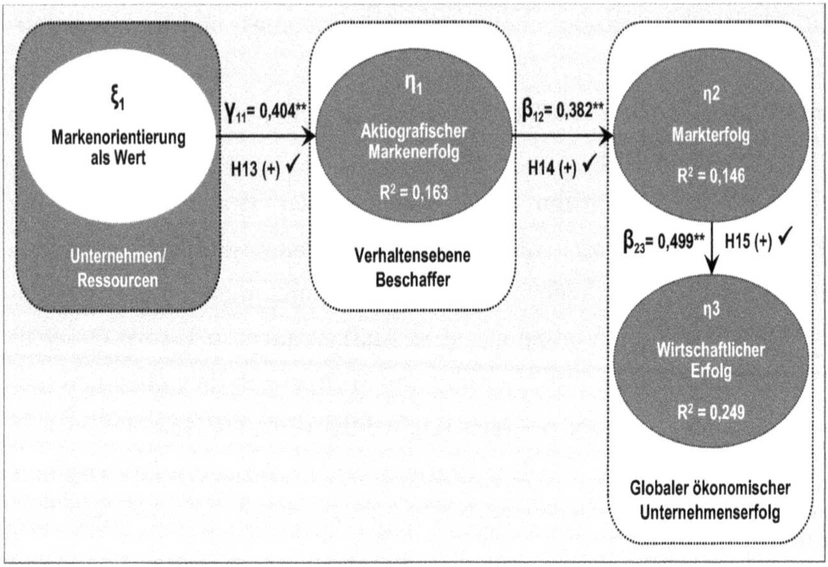

Abbildung 4: Vereinfachtes Pfaddiagramm des Strukturmodells zur Überprüfung der Hypothesen H13-H15

4 Implikationen der Untersuchung für Forschung und Praxis

Im Folgenden sollen die durch die vorliegende Untersuchung generierten und im vorigen Abschnitt beschriebenen Ergebnisse auf ihre Implikationen für B-to-B-Markenforschung und B-to-B-Familienunternehmenspraxis diskutiert werden.

4.1 Für die B-to-B-Markenforschung

Die vorliegende Arbeit hat die Markenorientierung in Bezug auf deutschsprachige B-to-B-Familienunternehmen erstmalig konkret durchleuchtet und sollte daher als explorative Untersuchung aufgefasst werden. Es konnten einige wesentliche Beiträge zur Klärung der eingangs gestellten Forschungsfragen geleistet werden, während parallel wiederum neue, für Wissenschaft und Praxis interessante Fragestellungen aufgeworfen wurden. Einige Anregungen für *zukünftige Forschungsfelder* und *-ansätze* sollen hier aufgeführt werden:

- Eine *Eingrenzung* der Untersuchung auf bestimmte B-to-B-Märkte zur Ableitung *branchenbezogener* Handlungsempfehlungen für Familienunternehmen wäre wünschenswert.
- Eine *Erweiterung* der Untersuchung auf zusätzliche Länder (z.B. ganz Europa) zur Gegenüberstellung von kulturspezifischen Unterschieden bzw. Gemeinsamkeiten der Markenorientierung wäre hinsichtlich der grenzüberschreitenden Geschäftstätigkeiten vieler B-to-B-Familienunternehmen angebracht.
- Die differenzierte Untersuchung von Determinanten und Erfolgsauswirkungen einer *intendierten* (vom Markeninhaber bewussten, also explizit gesteuerten) vs. einer *emergenten* (vom Markeninhaber unbewussten, also implizit gesteuerten) B-to-B-Markenorientierung könnte aufschlussreich sein, um die überlegene Variante zu identifizieren und publik zu machen.
- Eine Überprüfung der hier aufgestellten Hypothesen mittels alternativer *multivariater Analyseverfahren* könnte in einer Folgeuntersuchung unter Einhaltung der notwendigen Voraussetzungen zur Validierung der vorliegenden Ergebnisse führen (z. B. kovarianzbasierte Verfahren).
- Eine Untersuchung der *unternehmensinternen Folgen* der Markenorientierung in Familienunternehmen ist angezeigt. Für Unternehmer und Manager stellt sich die Frage, welche Implikationen und Folgen sie aufgrund einer bereits vorhandenen oder erst noch zu etablierenden Markenorientierung in ihrem Unterneh-

men zu erwarten haben. Dabei könnte das besondere Augenmerk auf die im Unternehmen direkt wahrnehmbaren *Organisationsstrukturen* gelegt werden. So kann bereits im Vorfeld eingeschätzt werden, ob das Mitarbeiterverhalten, die Gestaltung der Strukturen oder auch die Regulierungs- und Normierungsgetriebenheit in der Organisation aufgrund der Höhe der Markenorientierung beeinflusst werden. Die sich daraus ergebenden Handlungsempfehlungen können den Markenbildungsprozess in B-to-B-Familienunternehmen unterstützen und absichern.

4.2 Für B-to-B-Familienunternehmen

Noch fehlt vielen Inhabern und Markenverantwortlichen in Familienunternehmen das fundierte Wissen über Determinanten und wirtschaftliche Erfolgsauswirkungen einer Marke für ihr Unternehmen. Dem großen Bedarf an praxisrelevanten Handlungsempfehlungen kann anhand der vorliegenden Untersuchung durch die Ableitung *folgender Praxisimplikationen* begegnet werden, wobei anzumerken ist, dass eine Übertragung dieser Empfehlungen auf jeglichen Unternehmenstypus nicht angezeigt ist:

- Die Marke hat auch im B-to-B-Geschäft eine *wirtschaftliche Relevanz*. Die Führung des Familienunternehmens sollte eine verstärkte Markenorientierung als ernst zu nehmende unternehmensstrategische Option wahrnehmen und während zukünftiger Strategieentwicklungsprozesse bewusst berücksichtigen.
- Traditionelle Familienunternehmen haben oftmals die *günstigeren Voraussetzungen* für die erfolgreiche Markenführung als Konzerne. Das Familienoberhaupt bzw. der Gründer „zum Anfassen“ schafft durch seine Vorbildfunktion Vertrauen gegen-

über Mitarbeitern und Kunden. Die *enge Verknüpfung des Familien- mit dem Markennamen* ist keine Bürde, sondern Chance. Damit kann der Aufbau einer echten und authentischen Marke eventuell sogar glaubwürdiger, kostengünstiger und schneller als in bspw. einer anonym beherrschten Aktiengesellschaft gelingen.

- B-to-B-Familienunternehmen, deren Kundenseite durch *große* und *heterogene Buying Center* gekennzeichnet ist, sowie Unternehmen, die in einer besonders *dynamischen* und *wettbewerbsintensiven* Branche tätig sind, sei die Beschäftigung mit dem Thema Markenorientierung besonders ans Herz gelegt.
- Wettbewerbsvorteile entstehen nicht nur auf technischer Produktebene oder aufgrund überlegener Beschaffungs- und Logistikprozesse. Die vorliegende Untersuchung hat gezeigt, dass der *wirtschaftliche Erfolg* durchaus von der Markenorientierung beeinflusst wird. Ein „Abrunden" der technisch sachlichen Anstrengungen durch kreativ emotionale Markenarbeit wird auch dem *Finanzergebnis* des B-to-B-Familienunternehmens zugutekommen.

Selbst kleine und damit budgetär schwächer ausgestattete Familienunternehmen können sich nicht früh genug mit dem Management ihrer eigenen Markenorientierung auseinandersetzen. Denn Markenorientierung ist keineswegs nur eine Frage *hoher Budgets*. Vielmehr lassen sich bereits durch beispielgebende Unternehmensführung, Originalität, Kreativität und Offenheit die Markenorientierung und damit die im Unternehmen gelebte Kultur *positiv in Richtung Markendenken* beeinflussen.

Anhang

TRADITION ALS FAMILIENUNTERNEHMEN		
Informationen zu den formativen Indikatoren		
Bezeichnung der Indikatoren	**Indikator-gewichte**	**t-Werte**
[TAF1] *„Der/die Gründer- bzw. Eigentümerperson(en) ist/sind (ein) sehr wichtige(r) Repräsentant(en) unseres Unternehmens nach außen."*	0,19	0,76
[TAF2] *„Der Markenname unseres Unternehmens steht in engem Zusammenhang mit der Gründer- bzw. Eigentümerfamilie."*	0,44	2,58***
[TAF3] *„Entscheidungen, die den Außenauftritt (Corporate Design, Logos, Produktgestaltung etc.) unseres Unternehmens anbelangen, treffen die Chefs am liebsten persönlich."*	0,62	3,56***
[TAF4] *„Unser(e) Unternehmer (-familie) kümmert/kümmern sich sehr um seinen (ihren) guten Ruf."*	−0,05	0,40
[TAF5] *„Unsere Unternehmer sind sich um ihre soziale Verantwortung in der Region bewusst."*	0,56	3,44***
[TAF6] *„Unser Unternehmen wird maßgeblich durch eine Familie (einen familienähnlichen Verbund) geführt bzw. beeinflusst."*	0,38	2,25**
[TAF7] *„Unsere Kunden schätzen unser(e) Produkt(e) auch wegen unserer langen Tradition und Unternehmensgeschichte."*	0,31	1,05
Skalierung: *„stimme völlig zu"* (1) bis *„stimme gar nicht zu"* (5)		
Multikollinearitätsprüfung		
Bezeichnung des Gütekriteriums	**Wert**	
Konditionsindex	10,76	

Tabelle 1: Operationalisierung und Gütebeurteilung des Konstruktes „Tradition als Familienunternehmen"

MARKENORIENTIERUNG ALS WERT			
Informationen zu den reflektiven Indikatoren			
Bezeichnung der Indikatoren	**Indikator-reliabilität**	**Faktor-ladungen**	**t-Werte**
[MOWr1] *„Unser Selbstverständnis im Unternehmen besagt, dass unsere Marke den Erfolg unserer Produkte unterstützt.“*	0,75	0,73	8,29***
[MOWr2] *„Wir treffen alle Entscheidungen, die unseren Markenauftritt anbelangen, ausschließlich auf Topmanagementebene.“*	0,60	0,55	6,67***
[MOWr3] *„Die Pflege unserer Marke spielt eine entscheidende Rolle für unsere Unternehmensstrategie.“*	0,74	0,76	5,99***
[MOWr4] *„Unsere Markenverantwortlichen haben eine hohe Macht im Unternehmen.“*	0,52	0,56	3,81***
[MOWr5] *„Wir investieren in unsere Marke auch in wirtschaftlich schwierigen Zeiten.“*	0,71	0,71	5,00***
[MOWr6] *„Wir überprüfen ständig die Differenzierung unserer eigenen Marke gegenüber den Wettbewerber-Marken.“*	0,65	0,66	4,87***
[MOWr7] *„Wir verstehen unser Unternehmen als Marke.“*	0,67	0,68	6,67***
[MOWr8] *„Wir achten darauf, dass die Positionierung unserer Marke über einen längeren Zeitraum im Wesentlichen gleich bleibt.“*	0,68	0,68	6,06***
Skalierung: *„stimme völlig zu“* (1) bis *„stimme gar nicht zu“* (5)			
Informationen zum Faktor			
Bezeichnung der Gütekriterien	**Werte**		
Cronbachsche Alpha	0,81		
Faktorreliabilität	0,87		
Durchschnittlich erfasste Varianz (DEV)	0,45		
Fornell-Larcker-Kriterium	Quadrierte LV-Korrelationen max. = 0,22 DEV = 0,45 > 0,22 (OK)		

Tabelle 2: Operationalisierung und Gütebeurteilung des endogenen Konstruktes „Markenorientierung als Wert“

Literatur

Ailawadi, K. L.; Lehmann, D. R.; Neslin, S. A. (2003): Revenue Premium as an Outcome Measure of Brand Equity, in: Journal of Marketing, Vol. 67, No. 4, pp. 1-17.

Armstrong, J. S.; Overton, T. S. (1977): Estimating Non Response Bias in Mail Surveys, in: Journal of Marketing Research, Vol. 14, No. 3, pp. 396-402.

Backhaus, K. (2008): Global Marketing Interview mit Professor Klaus Backhaus: Mister B-to-B-Marketing, in: Absatzwirtschaft, 51. Jg., H. 11, S. 12-16.

Baumgarth, C. (2004): Markenführung von B-to-B-Marken, in: Handbuch Industriegütermarketing, Hrsg.: Backhaus, K.; Voeth, M., Wiesbaden, S. 799-823.

Baumgarth, C. (2007): Markenorientierung mittelständischer B-to-B-Unternehmen, in: Management kleiner und mittlerer Unternehmen: Stand und Perspektiven der KMU-Forschung, Hrsg.: Letmathe, P.; Egler, J.; Welter, F.; Kathan, D.; Heupel, T., Berlin et al., S. 459-473.

Baumgarth, C. (2009): Markenorientierung von Medienmarken, in: Medien im Marketing, Hrsg.: Gröppel-Klein, A.; Germelmann, C. C., Wiesbaden, S. 69-92.

Baumgarth, C.; Baumüller, N. (2007): Extending Brands Successfully into New Categories, in: 36th EMAC Conference, CD-ROM-Version, Reykjavik.

Baumgarth, C.; Meissner, S. (2010): Verhaltenswissenschaftliche Betrachtung von B-to-B-Marken, in: B-to-B-Markenführung, Hrsg.: Baumgarth, C., Wiesbaden, S. 125-154.

Bausback, N. (2007): Positionierung von Business-to-Business-Marken, Wiesbaden.

Becker, J. (1999): Marktorientierte Unternehmensführung, Wiesbaden.

Busch, C.; Kastner, S.; Vaih-Baur, C. (2009): Die Kunst der Markenführung, Göttingen.

Buzzell, R.; Gale, T. (1987): The PIMS Principles, New York.

Davies, A. (2006): Best Practice in Corporate Governance – Building Reputation and Sustainable Success, Aldershot/Burlington (Gower Publishing).

Emrich, C. (2007): Prozessmanagement und Unternehmenserfolg, Wiesbaden.

Erk, W. (2004): Kostenrechnung und Controlling, Wiesbaden.

Esch, F.-R.; Wicke, A.; Rempel, J. E. (2005): Herausforderungen und Aufgaben des Markenmanagements, in: Moderne Markenführung, Hrsg.: Wsch, F.-R., 4. Aufl., Wiesbaden, S. 3-55.

Fischer, M.; Hieronimus, F.; Kranz, M. (2002): Markenrelevanz in der Unternehmensführung, in: Backhaus, K.; Meffert, H.; Meffert, J.; Perrey, J.; Schröder, J. (Hrsg.): MCM/McKinsey & Company, Arbeitspapier 1, URL: http:// www.marketing- centrum.de/ias/de/ forschung/arbeitspapiere/Dokumente/AP_McK_1.pdf, letzter Abruf am 3. August 2011.

Fritz, W. (1995): Marketing-Management und Unternehmenserfolg, 2. Aufl., Stuttgart.

Gattermeyer, W.; Ayad, A.-A. (2001): Change Management und Unternehmenserfolg, 2. Aufl., Wiesbaden.

Hahn, D.; Hungenberg, H. (2001): PuK: Planung und Kontrolle, Planungs- und Kontrollsysteme, Planungs- und Kontrollrechnung, 6. Aufl., Wiesbaden.

Homburg, C. (1992): Die Kausalanalyse, in: WiSt, 21. Jg., H. 10, S. 499-508.

Homburg, C.; Pflesser, C. (2000): A Multiple-Layer Model of Market-Oriented Organizational Culture, in: Journal of Marketing Research, Vol. 37, No. 4, pp. 449-462.

Huber, F. (2004): Erfolgsfaktoren von Markenallianzen: Analyse aus der Sicht des strategischen Markenmanagements, St. Gallen.

Jensen, O. (2004): Key-Account-Management, 2. Aufl., Wiesbaden.

Koch, K.-D. (2006): Reiz ist geil, Zürich.

Oppitz, V. (2010): These und Hypothese – Überblick und Anwendung, Manuskript des Vortrags bei Jugend Arbeit Bildung (JAB) e.V. am 28. Januar 2010, Dresden.

Pepels, W.; Auerbach, H. (2003): Marketing – Controlling – Kompetenz, Berlin.

Preißler, P. R. (2008): Betriebswirtschaftliche Kennzahlen, München.

Richter, M. (2007): Markenbedeutung und -management im Industriegüterbereich, Wiesbaden.

Schermelleh-Engel, K.; Moosbrugger, H.; Müller, H. (2003): Evaluating the Fit of Structural Equation Models, in: Methods of Psychological Research Online, Vol. 8. , No. 2, pp. 23-74.

Schnell, R.; Hill, P. B.; Esser, E. (2008): Methoden der empirischen Sozialforschung, 8. Aufl., München et al.

Schramm, M., Spiller, A.; Staack, T. (2004): Brand Orientation in der Ernährungsindustrie, Wiesbaden.

Schultheiss, B. (2011): Markenorientierung und –führung für B-to-B-Familienunternehmen, Wiesbaden.

Stucky, N. (2004): Monetäre Markenbewertung nach dem Interbrand-Ansatz, in: Der Wert der Marke, Hrsg.: Schimansky, A., München, S. 430-459.

Vollhardt, K. (2007): Management von Markenportfolios, Wiesbaden.

Weissman, A. (2006): Die großen Strategien für den Mittelstand, Frankfurt am Main.

Weissman, A.; Schultheiss, B. (2006): Familienunternehmen – Auslaufmodelle oder Hoffnungsträger?, in: Praxishandbuch des Mittelstands, Hrsg.: Krüger, W., Wiesbaden, S. 71-87.

Zeplin, S. (2006): Innengerichtetes identitätsbasiertes Markenmanagement, Wiesbaden.

Keeping it Real – The Seven Secrets of Authentic Brands

Michael B. Beverland

Keeping it Real – The Seven Secrets of Authentic Brands

Keywords: Authenticity; Brand Management; Brand Equity; Innovation

Abstract: Although managers are called upon to be more authentic in their branding, few insights are available to guide them on what "walking the walk" with respect to brand management means. Based upon ten years of research with consumers and managers this article identifies seven practices that underpin authentic brand management. These seven practices involve telling compelling stories (often those of your consumers), playing up the artisanal amateur, sticking to one's roots, market immersion, "love the doing," embedding the brand in a wider social narrative, and creating cult-like devotoion amongst your staff. These practices result in increased brand equity measures including greater loyalty, word of mouth support, and margins.

1 Introduction

Over the past two years, high profile publications such as Fast Company, Brandweek, Marketing, Marketing Week, Wired, and Monocle (among many others) have all charted the rise of authentic branding. Brandweek (August 31 2009) chronicled the strength of several iconic American brands such as Hellman's, Red Wing Boots, Zippo, and Woolrich's buffalo-striped shirt-identifying how consumers were prepared to pay more for these enduring locally made brands despite tough economic times. As cash-strapped consumers seek value, they are increasingly turning to brands that have an established heritage of quality and durability, and that support local economies (Beverland 2011).

As a result, many brand managers are looking at developing an "authentic brand strategy". Levi-Strauss for example has sought to turnaround

their declining fortunes by stressing their working class heritage. Likewise, Jack Daniels have stressed (in their on-going ad campaign) the authenticity of their whiskey, playing up the brand's love of tradition, craft production and home town aura. However, creating and enhancing a brand's authenticity is by no means easy-simply stating "I'm authentic" will not only fail, but also backfire because consumers are sceptical of such marketing spin (Beverland et al. 2008). To be seen as authentic one must walk the walk rather than just talk the talk. So just what habits characterise authentic brands? Based on eight years of research, I have identified the seven.
Before I cover those, let's first look at why consumers seek authenticity (defined as the search for the real, true and genuine; Beverland/Farrelly 2010) from brands, and then what the benefits of keeping it real are for brand managers.

1.1 Why consumers desire authenticity (and why marketers should care?)

The desire for the real, true and genuine (or authenticity) is a reoccurring theme in human social history. Individuals and groups seek to project their identity through various rituals, objects and practices. Historically, in Western societies, identity was found in notions of place, class, status, religion, and other social institutions. Although these institutions still matter, globalisation, immigration, and increased fragmentation have seen a decline in their role as shared identity markers (in fact many of these traditions more often than not alienate people) (Arnould/Price 2000; Cova et al. 2007). Sadly, many of these institutions (organised religion, sporting organizations, political parties, and even charities) have also suffered significant scandals, many of which have undermined claims of authenticity.

In contrast, brands are both ubiquitous and open to all. As a result, consumers have begun to use brands as marketers of their desired identity. For example, I desire to be seen as creative. As a result, I adopt certain brands (such as Apple, Wacom, Chuck Taylor and Moleskine) to reflect this desired identity. Such a process is called self-authentication-or an activity that reveals the desired self. Since most people understand how these brands are positioned, my identity is reinforced socially through their use (what consumer researchers identify as an "authoritative performance"; Arnould/Price 2000). But, is this form of authenticity factual?

Although, authenticity in marketing used to refer to notions of "the genuine article" (as opposed to a counterfeit copy), postmodern notions of authenticity relate to notions of self-identity (i.e., authenticity is socially constructed). To return to my personal example, it does not matter that I am not the least bit creative; rather as long as these brands allow me keep this personally relevant narrative going, they are (for me) authentic (Arnould/Price 2000; Rose/Wood 2005). And these brands do allow me to create such a narrative because of their long associations with creative people and industries created through marketing campaigns, media influencers (the use of Apple in entertainment programs for example) and the adoption of such brands by users I admire (for example, most of my favourite electronic bands such as The Human League and Kraftwerk use Apple on stage). These actions reinforce my belief in the authenticity of these brands and provide me with "ammunition" for my narrative.

For marketers, this has many benefits. Leaving aside the obvious (such as ease of product placement and loyalty), research reveals that authentic brands attract and retain a higher proportion of high income consumers, enjoy high levels of word of mouth support, and are more likely to be purchased than brands positioned solely on functional performance (Beverland 2009). That is, authentic brands earn higher margins at less cost than their competitors.

1.2 How can brands be authentic?

Authenticity is hard to fake-in fact it is hard to create since ultimately consumers decide whether a brand is authentic or not. Unilever has found this out with the Campaign for Natural Beauty (supporting their brand Dove). The repositioning of Dove as the brand that helps women feel comfortable with their own body image is admirable. The advertisements urging mothers to “talk to their daughters before the beauty industry does” represent great copy, and effectively capture the brand’s position. However, Unilever does not walk the walk-their diverse brand portfolio includes brands such as Lynx (or Axe) whose advertisements are about as sexist and far away from the Campaign for Natural Beauty as it gets. As a result Unilever are subject to brand parodies on YouTube (“talk and your daughter before Unilever does”) and criticism from a range of activist groups such as Adbusters (“Dove is the Beauty Industry”), reflecting the disconnect between the stated intent of the brand and reality of their operations.

There has always been tension between the commerce and authenticity. The very self-interest inherent in commerce undermines the purity associated with notions of authenticity. Artists or designers that overtly adopt commercial motives or practices often lose authenticity and eventually sales as they are viewed as selling out. Despite these claims, many of the greatest artists in history have gained enduring commercial success, while the claims of authenticity made by European winemakers and other bearers of tradition often mask the reality of a very industrialized, commercially driven operation (Beverland 2005). Brands it appears can be authentic, but to do so, they need to underplay their commercial motivations and marketing prowess. The next section identifies seven ways in which some of the most enduring brands do so.

2 Tell Stories

2009 was a momentous one for many automotive brands. Brands that had once been identified as quintessential examples of good practice barely avoided bankruptcy while those once pilloried as dinosaurs succeeded. For example, GM (and the rest of the Big Three) went cap in hand to the United States Congress for bailout monies, while a company once derided as being representative of all that is wrong with British industry celebrated its centenary in the little English town of Malvern Link. I am of course talking about the Morgan Motor Company (MMC). Owners from around the world (including from as far away as New Zealand) descended on the idyllic English town to celebrate the anniversary of a brand that inspires love from consumers (and derision from many others), and that has succeeded precisely because they appear to have gone against the grain of best practice.
From a brand point of view, the MMC is interesting. Like many old organizations, no formal brand planning was done (not until 2005/2006); instead successive generations of the Morgan family have kept the cult alive through stories-both those that are true, and those that are myths created by consumers. For example, French consumers believe the car's chassis is made entirely out of wood (MMC still uses English Ash in the production of the car's body, but certainly not for the chassis). Such a myth helps French owners connect with the brand, and helps build a

myth around Morgan. It is also patently false-a situation the MMC had previously tried to correct. Like any good urban myth however, the wooden chassis story endures, and the MMC marketing team eventually gave up trying to convince French consumers otherwise.
Such an approach is intolerable when viewed from the vantage point of traditional brand theory-which assumes brand managers are the sole arbiters of brand truths. However, the MMC is on to something-stories unite people because they seem true. And, brand-related stories are useful for connecting like-minded people. As the MMC found out, it's so much easier to let such myths add to the aura of the brand than spend funds pointlessly trying to convince consumers they're wrong. Other brands adopt a similar approach, often turning chance events into brand related stories in order to enhance their authenticity.

3 Appear as Artisanal Amateurs

Marketers are taught to revel in their professional and skill. Particularly, they take great pride in how well they know their customers and how good they are at tapping into their needs. Australian winemakers during the 1990's took great pleasure in extolling the virtues of their scientific winemaking and marketing approach. The problem was consumers eventually lost interest, preferring instead the seemingly more amateurish, intuitive approach of the "Old World". Such a result is easy to explain-professionalism is the enemy of authenticity. Just as great artists are self-taught, so the likes of Apple, Ralph Lauren and Virgin celebrate the fact their respective founders (the late Steve Jobs) cannot write code, were not trained in fashion design (Ralph Lauren) or business (Sir Richard Branson). Authenticity is derived from the passion of the amateur (those who do things for love not money).

But, amateurism by itself is not enough. Amateur theatre productions can be great; however they can also be awful. And I've had the misfortune to drink many a bad wine made by people who are self-taught. Artisans on the other hand are highly skilled individuals who constantly seek to perfect their art form. When these two things are combined-the love and passion of the amateur with the skill and dedication of the artisan-authenticity arises. For example, Sir Peter Jackson may have cut his film making teeth on B-grade slasher movies, but his dedication to the craft of film making eventually saw him move on to create the Lord of the Rings trilogy.

Appearances can however be deceiving-Sir Richard Branson may play up his lack of formal business training, but there is a serious amount of due diligence behind each decision to move the Virgin brand into new categories. One thing that struck me early on in my research is how professional the business operations behind authentic brands really are. Chateau Margaux's winemakers may play up their intuitive understanding of their vineyard, but their scientific understanding of winemaking is second to none (and every square metre of the famous vineyard has been scientifically studied to ensure the best result). What differentiates this brand from all the New World wines seeking to develop iconic brands is the fact that they deliberately downplay (although do not deny) such professionalism (just as Morgan happily admit they use Kanban techniques to improve quality while emphasizing the timeless skill of their craftspeople in their marketing communications).

The lesson is obvious-take great pride in your work, but let the work and the result do the talking.

4 Stick to your roots

During the early 1980's Coca Cola were desperately trying to hold off the attack from Pepsi. During the launch of the disastrous New Coke in the brand's centenary year, the then CEO of Coca Cola identified how great it was that they were sweeping away "100 year's worth of history" (as part of a strategy to "shoot a sacred cow every day"). Coca Cola quickly learnt that consumers were less than impressed and reintroduced "real" Coke a few months later. A brand's history matters for many reasons, but a historical narrative is essential for creating authenticity. While many brand managers ditch their history when seeking to renew in the face of competition, authentic brands seek to reinterpret their history for new times.

Having a connection to the past is critical for achieving self-authentication-and the same process works for brands. Authentic brands remain true to their roots while building new layers of meaning through stories. No brand has perhaps benefitted from returning to its roots more than Apple. The return of Steve Jobs to run the company (people forget he resigned from Apple instead of being fired) is described by several authors in biblical terms (e.g., "The Second Coming"). After a decade of trying to out-compete rivals on power and functionality, Jobs' returned the brand to its founding spirit focused on fun, playfulness, creativity, and intuitive design (captured in the tagline "Think Different"). The results speak for themselves-a brand that was once on the brink of bankruptcy became the world's most valuable global brand in 2011. Authentic brands never ignore their past; instead they understand that their past is the one thing no one can copy.

5 Love the doing

Do you like your job? Seriously, do you love what you do? Or, do you try and get through the week in order to do what you really love in the weekend? The people behind authentic brands work long hours (often for less pay) and love it (the café in which I wrote this article [the award winning Colonna & Smalls in Bath] is run by a husband and wife team who literally have coffee in their blood and cut holidays short in order to learn more about their craft). Why? They see little difference between work and play because they genuinely love the doing-Sir Richard Branson famously noted how surprised he was when friends said he should take some time out of business to enjoy life-he was genuinely having a great time working.

While many CEO's flit from one industry job to the next regardless of their actual connectedness to the focal activity of their firms, authentic brands benefit from people who truly engage with their key function. Thus, Virgin managers are required to regularly work airline check in counters to stay in touch with customers. Ralph Lauren still walks the floors of retail stores to ensure his clothes are presented correctly. And, unlike other CEO's, James Dyson and Charles Morgan (and the late Steve Jobs) remain heavily involved in product design and motor racing respectively.

James Dyson is the perfect embodiment of this spirit. While other vacuum producers rejected his invention, Dyson invested everything he had (and more) to see the Dual Cyclone vacuum become a reality. Likewise, the late Steve Irwin's love of Australia's wildlife was obvious to all who watched the Crocodile Hunter in action (Irwin literally, and tragically, died doing what he loved). Focusing on loving the doing is why representatives of authentic brands talk endlessly about their products, invest in design, and communicate a love of craft in their stories. The lesson is simple-if your staff love doing what they do, consumers will respond in kind, precisely because they themselves ultimately desire to follow their dreams.

6 Immerse yourself in your market

Are customers always right? In fact, most customers are notoriously right wing-conservative, reactionary and stuck in the mud. In response to the Sony Walkman, competitors generated the Sound Burger-a ridiculous portable record player that ruined your records and made you look stupid. Such mindlessly derivative products are the result of that killer of creativity-the focus group. In the case of the Walkman, would a focus group come up with an iPod, or generate answers from vinyl loving consumers that they desired portability but hated cassettes? Authentic brands seem paradoxical-they famously reject any role for the voice of the customer while creating products consumer love. How? They live in their markets.

Market immersion ensures staff live in the consumers' world, observing their struggles, practices and desires. As a result, innovative products are developed that truly reflect a deep customer understanding. Hans Beck, the late designer of Playmobil called this process "instinctive feeling". If you examine one of Playmobil's distinctive figures (which have sold 2.2 billion copies to date) you'll notice the figures accentuate the body (rather than the legs) and contain no nose. Beck developed this from observing how children actually drew people. No formal research technique could generate this insight-children could not articulate what they wanted in a figure-rather true understanding came from spending time in their world (Beverland 2010).

The result of market immersion is obvious-firms can swear (hand on heart) that their products are derived from inspiration or feeling-a powerful marker of authenticity in an age when even so-called conviction politicians test their ideas in focus group before committing to them in public.

7 Contribute to something greater

No history of photography can fail to mention Oskar Barnack and Hans Leitz-the two people responsible for bringing us the first truly portable camera, the Ur-Leica. Leica's creation and development of the professional and serious amateur photography market has changed the way in which we view the 20th Century. Some of the most compelling images of our time, including Korda's famous head shot of Che Guevara, Elliot Erwitt's pearl-grey smile-cum-kiss reflected in the wing mirror of a car, and Eisenstadt's famous Life Magazine shot a sailor kissing a nurse in Times Square on VJ Day were shot with Leica cameras. Put simply, authentic brands play a part in social history.

The forces of globalization and the difficulties consumers face in telling reality from image often make it hard to connect to a shared sense of humanity. Brands such as Leica, Chuck Taylor, and Zippo have all become greater than their products by contributing to something greater (photography, sport and soldiering). Over the past two years I have been working on the brand re-launch of C.W. Dixey, a specialist in fine optical wear. C.W. Dixey was founded in 1777 and provided glasses (and other optical items) to royalty (Napoleon), politicians (Sir Winston Churchill), actors (Peter Sellers), and artists (Ian Fleming) among others. As well, the various owners of the brand have played a role in the development of personal eyewear, including a leading role in the development of the contact lens. As such, the brand has been part of history in the making, and retains a powerful aura of authenticity.

8 Encourage cult like devotion in staff

Watching Gordon Ramsay deal with his staff is quite a sight, especially when one operates in such a politically correct environment as a university. Ramsay bullies his staff in a way that not even the most hardened army sergeant would dream of (outside of Hollywood anyway). Yet, Ramsay's empire would not survive for long without a devoted group of skilled artisans. What people may not know is that Ramsay has retained over 80 per cent of his staff in the past 10 years. Critically, he gets rid of the poor ones early, and then pushes the most talented to do their best work. Steve Jobs has a similar approach at Apple, often pushing his engineers and designers hard in their pursuit of the perfect product.

Behind every great brand lie great employees. Authentic brands go further than most by drawing a connection between the brand and real, everyday people. Authenticity arises because these brands sit in direct contrast to others that are produced by an outsourced, offshore, anonymous workforce. Islay-based whiskey producer Bruichladdich celebrates its staff in various product releases, including the PC range of up-market single malts. Australian wine producer Yalumba celebrate their staff every year in an equally public way-launching a product called "The Signature" which features the signature and story of the staff member voted by the workforce as having contributed the most to the firm over the years (more often than not these employees come from the factory floor).

The lesson here is simple-in an age of mass production, putting a real face and story to your product provides a human connection to the brand (or an “animal one”-New Zealand fashion brand Icebreaker provide a “Baacode” with every product, allowing the consumer to identify the actual sheep from which their garment was made).

9 Conclusion

The key lesson from this article is that while your consumers ultimately give authenticity to you, brand managers also play a central part in creating authenticity. To do so, they must rethink many of their learned practices and habits, including the belief they know best, they are in control of the brand’s story, and staying on message is central to brand success. Instead, authenticity comes from being open to the new, focusing on substance and style, solving accepted trade-offs and immersing yourself in your consumers’ world. Consumers use brands to find meaning in their lives-are you prepared willing to keep it real?

References

Arnould, E. J.,; Price, L. L. (2000): Authenticating acts and authoritative performances, in: The Why of Consumption: Contemporary Perspectives on Consumer Motives, Eds.: Ratneswar, S.; Mick, D. G.; Huffman, C., New York, pp. 140-163.

Beverland, M. B. (2005): Crafting brand authenticity, in: Journal of Management Studies, Vol.: 42, No. 5, pp. 1003-1029.

Beverland, M. B. (2009): Building Brand Authenticity: 7 Habits of Iconic Brands, London.

Beverland, M. B (2010): Right wing customers-the enemy of innovation, in: Design Management Review, Vol. 21, No. 3, pp. 64-71.

Beverland, M. B. (2011): Slow design, in: Design Management Review, Vol. 22, No. 1, pp. 34-43.

Beverland, M. B.; Farrelly, F. J. (2010): The quest for authenticity in consumption, in: Journal of Consumer Research, Vol. 36, No. 5, pp. 838-856.

Beverland, M. B.; Lindgreen, A.; Vink M. (2008): Projecting Authenticity through advertising, in: Journal of Advertising, Vol. 37, No. 1, pp. 5-15.

Cova, B.; Kozinets R.; Shankar A. (2007): Consumer Tribes, London.

Rose, R. L.; Wood, S. L. (2005): Paradox and the consumption of authenticity through reality television, in: Journal of Consumer Research, Vol. 32, No. 2, pp. 284-296.

Teilnehmercollage

Teil IV: Markenbegegnungen – In Berlin-Mitte und bei MetaDesign

Markenspaziergang durch Berlin Mitte – Eintauchen in die Erlebniswelten von Ritter SPORT und der Deutschen Bank

Katharina Ebers

Nach den anregenden Vorträgen des ersten Konferenztags wartet auf die Teilnehmer ein ebenso interessantes wie überraschendes Abendprogramm. Passend zum Thema der Konferenz, haben die Veranstalter als runden Tagesabschluss einen „Markenspaziergang" geplant. Mehrere internationale Firmen haben in Berlin Mitte bereits ihre Zelte in Form von Erlebniswelten aufgeschlagen, in denen die jeweilige Marke für die Kunden erfahrbar, ja buchstäblich greifbar wird. In zwei dieser Markenwelten wartet ein ganz besonderes Programm auf die Besucher des Markentags.

Die erste Station ist die Bunte Schokowelt von Ritter SPORT am Berliner Gendarmenmarkt. Geschäftsführer André Behnisch empfängt die Besucher in der Lounge, natürlich mit Schokolade, erläutert das Konzept der Erlebniswelt, schildert Erfahrungen und beantwortet Fragen. Beim anschließenden Rundgang durch die verschiedenen Stationen des Hauses entdecken die Besucher, was sich hinter Begriffen wie „Schokopfad", „Schokolounge" und „Schokowerkstatt" verbirgt. Auf drei Etagen und fast 1000 qm ermöglichen die interaktiven Stationen das sprichwörtliche „Be-Greifen" der Marke. Geschichte, Produkte, Herstellung, Kakaoanbau, Entstehung der typischen Quadrate – alle Facetten werden auf dem „Schokopfad" auditiv, visuell und haptisch erfahrbar. In der „Schokowerkstatt", einer Art Backstube für Schokolade, können die (eher kleineren) Gäste eigene Schokokreationen gestalten und der Marke somit auch über den Geschmacksinn begegnen. Falls die eigene Kreation nicht schmecken sollte, kann man sich auch von einem Chocolatier fachmännisch sein ganz individuelles Ritter SPORT Quadrat aus einer bunten Vielfalt von Zutaten zusammenstellen lassen. „Wir möchten Schoko-Liebhabern alle Dimensionen von Schokolade erleben lassen und Hauptstädter wie Touristen zum Probieren, Staunen und Mitmachen einladen", erläutert André Behnisch das Konzept der Schokowelt.

Nach diesen „süßen" Eindrücken geht es für die Markentagbesucher nur zweihundert Meter weiter zum nächsten Markenerlebnis. Im Q110 in der Friedrichstraße öffnet die Deutsche Bank für die Gäste ihr Labor für die Bank der Zukunft. Oliver Meitsch, der stellvertretende Filialleiter, gewährt bei einer detaillierten Führung einen Blick hinter die Kulissen dieser innovativen Markenerlebniswelt. Auf 1260 qm wird in Q110 eine neue Geschäftsphilosophie umgesetzt. Die offene, großzügige Gestaltung, ohne die typischen Bankschalter, soll Transparenz signalisieren und Barrieren abbauen. Es gibt einen Lounge-Bereich und eine Kinderbetreuung, damit Kunden sich in ungezwungener Atmosphäre über Finanzthemen informieren können. Ein Trendshop bietet exklusive Designerprodukte, in dem z. B. zur Weihnachtszeit Produkte von Harrods angeboten werden. Das ist einzigartig, außerhalb von London, wie Oliver Meitsch nicht ohne Stolz in der Stimme hinzufügt.

In der „Galerie der Wünsche" spiegeln sich die Interessen der Bevölkerung, die in Umfragen ermittelt wurden. In Wechselausstellungen werden quartalsweise innovative Dinge aus der „Top 10-Liste" der Wünsche präsentiert, die die Menschen bewegen. Heute ist es die Welt der Elektro-Mobilität mit Elektro-Fahrrädern und Brennstoffzellen-PKWs. Im Trendshop lassen sich dazu jeweils die passenden Produkte erwerben. Oliver Meitsch demonstriert die moderne Bühnentechnik des Q110, mit deren Hilfe das „Labor“ den verschiedenen Event-Bedürfnissen angepasst werden kann. Die Besuchergruppe staunt über Deckenelemente, die abgesenkt werden können und Bühnen, die empor fahren. Das Erlebniskonzept geht auf, auch geschäftlich. 1500 Gäste zählt das Q110 durchschnittlich pro Tag, von denen zwei Drittel erst einmal gar nicht wissen, dass sie eine Bank betreten. Trotzdem kann diese Filiale bundesweit die meisten Neukunden pro Jahr gewinnen.

Die Führung endet mit einem Gang durch verschieden ausgestattete Beratungsräume, die sich in Stil, Mobiliar, Wanddekoration und sogar der angebotenen Pralinenauswahl auf dem Tisch unterscheiden. „Wir merken uns, in welchem Raum der Kunde sich besonders wohl gefühlt hat und buchen dann für das nächste Gespräch wieder diesen Raum. Auch die ganz normale Beratung soll bei uns zu einem besonderen Erlebnis werden“, erklärt Oliver Meitsch.

Inzwischen wurde im Foyer ein Buffet für die Markentag-Besucher aufgebaut, anlässlich des Oktoberfestes gibt es Brezeln und deftige Kost. Die Menge teilt sich in kleine Grüppchen, die sich um die Stehtische auf der Freifläche versammeln oder sich in die cremefarbenen Sessel und Sofas der „Tealounge“ zurückziehen. Die Eindrücke des Spaziergangs werden intensiv diskutiert, Gespräche vom Tag zu den Vortragsthemen werden wieder aufgenommen und immer wieder auch Fotos gemacht. Es gibt eben immer noch viel zu sehen, zu hören, zu schmecken, und so mancher verabschiedet sich nur, weil die Konferenz morgen früh um neun mit theoretisch-praktischen Markenerlebnissen weitergeht.

DERMARKENTAG2011
www.dermarkentag.de

KENTAG2011

ERMARKENTAG

Ritter
SPORT

ERMARKE

Autorenverzeichis

Dr. **Elena Sophie Amashaufer**
wurde 1982 in Frankfurt am Main geboren, studierte Betriebswirtschaftslehre mit dem Schwerpunkt International Management an der FHDW Hannover und promovierte anschließend an der Wirtschaftsuniversität Wien am Institut für Werbewissenschaft und Marktforschung. Im Rahmen ihrer Studien absolvierte sie diverse Praktika im In- und Ausland (u.a. Südafrika) und untersuchte und forschte als Leistungs- und Forschungsstipendiatin der Wirtschaftsuniversität Wien und des österreichischen Bundesministeriums für Wissenschaft und Forschung (BMWF) das Image von Südafrika und anderer ausgewählter Länder. Ihre aktuellen Forschungsschwerpunkte sind Methodenforschung und Landesimageforschung unter besonderer Berücksichtigung der Nation Branding-Theorie.
E-Mail: elena-sophie@amashaufer.de

Prof. Dr. **Carsten Baumgarth**
ist seit 2010 als Marketingprofessor an der HWR - School of Economics and Law in Berlin tätig. Darüber hinaus ist er Gründer und Vorsitzender des Beirats von BAUMGARTH & BAUMGARTH - BRANDCONSULTING.
Er wurde 1968 in Darmstadt geboren und studierte, promovierte und habilitierte an der Universität Siegen. Von 2006 bis 2010 lehrte und forschte er als Associate-Professor an der Marmara Universität Istanbul (Türkei).

Er hat bislang über 200 nationale und internationale Publikationen mit den Schwerpunkten Markenpolitik und Empirische Forschung publiziert. U. a. ist er Verfasser des Standardlehrbuches Markenpolitik, welches 2012 in vierter Auflage im renommierten Gabler-Verlag erscheinen wird. Aktuell hat er ein umfangreiches Herausgeberwerk mit über 30 Beiträgen zur B-to-B-Markenführung publiziert. Seine Forschungen sind mehrfach national und international mit Best Paper Awards ausgezeichnet worden.
E-Mail: carsten.baumgarth@hwr-berlin.de

Prof. Dr. **Michael Beverland**
is Head of Group and Professor of Marketing at the University of Bath, United Kingdom. Michael holds both Australian and New Zealand (his country of birth) passports and has worked at Monash University, The University of Melbourne, and RMIT University. His main publications address issues of brand authenticity, including his 2009 best seller Building Brand Authenticity: 7 Habits of Iconic Brands (Palgrave). His academic work (over 100 publications) has been published in many leading journals including Design Management Review, Journal of Advertising, Journal of Consumer Research, Journal of Management Studies, and Journal of Product Innovation Management. Professor Beverland is currently consulting to a number of UK brands focused on craft production in the areas of manufacturing, not for profit, food service, and fashion. Michael is also an award winning educator, having won Educator of the Year at the university of Bath for his Strategic Brand Management postgraduate courses (which are also taught in London, Singapore and Melbourne).
E-Mail: m.b.beverland@bath.ac.uk

Prof. Dr. **Lars Binckebanck**

ist seit 2009 als Professor für Marketing & International Management and der NORDAKADEMIE - Hochschule der Wirtschaft in Elmshorn tätig.

Nach dem Studium der Betriebswirtschaftslehre in Lüneburg, Kiel und Preston (UK) promovierte er am Institut für Marketing an der Universität St. Gallen (CH). Herr Binckebanck war seit 1997 in leitender Funktion als Marktforscher, Unternehmensberater und Vertriebstrainer tätig bevor er zuletzt als Geschäftsführer bei einem führenden Münchener Bauträger für Verkauf und Marketing verantwortlich zeichnete.

E-Mail: lars.binckebanck@nordakademie.de

Prof. Dr. **Dirk-Mario Boltz**

ist Inhaber der Professur "Marketing" an der HWR Berlin School of Economics and Law und Mitglied der Deutschen Werbewissenschaftlichen Gesellschaft e.V. (DWG), deren Geschäfte er als Präsident von 2001-2005 führte.

Professor Boltz engagiert sich intensiv für einen Transfer zwischen Wissenschaft und Praxis im Sinne nachhaltigerer Marketing- und Kommunikationskonzepte. Mit dieser Motivation hat er die internationalen Konferenzen „Deutscher Effizienztag“ und „DER-MARKENTAG“ am Markt etabliert. Von 2009 bis 2010 lehrte und forschte er in den USA am Art Center College of Design in Pasadena. 2011 initiierte er das Forschungsprojekt „Social Media in der Unternehmenskommunikation“, das mit der Deutschen Bahn AG und der Beuth Hochschule Berlin durchgeführt wird.

Seine Themenschwerpunkte sind Markenführung, Erlebnis-Kommunikation, Konsumentenverhalten sowie die Zukunft von Medien und Marken. Er ist Autor zahlreicher Bücher, ein international gefragter Redner und berät Unternehmen und Institutionen zu Problemstellungen der Kommunikation im Marketing.
E-Mail: dmboltz@hwr-berlin.de

Heinz Brodbeck
is a doctoral researcher at Strathclyde University Business School, Department of Marketing, Glasgow, GB. He previously held international positions in marketing and global brand management with Shell Oil Company. After retirement he engaged in academic marketing research and is active in the Waldorf School movement. He earned a BBA, a MSc in Communications Management (University of Lugano, Switzerland), and a MBA (Open University, GB).
E-Mail: heinz@brodbeck.cc

Prof. Dr. **Christoph Burmann**
ist seit 2002 als Professor für innovatives Markenmanagement an der Universität Bremen tätig. Darüber hinaus ist er Vorsitzender des Aufsichtsrats von KEYLENS Management Consultants.
Er wurde 1962 in Damme geboren und studierte, promovierte und habilitierte an der Universität Münster. Zudem hat er Forschungsaufenthalte an der Harvard Business School, US und dem Judge Institute of Management Studies an der University of Cambridge, UK verbracht.

Er hat eine Vielzahl nationaler und internationaler Publikationen im Marketing und Markenmanagement vorzuweisen, u.a. im Journal of Business Research, Journal of Brand Management, der Betriebswirtschaft (DBW), Zeitschrift für Betriebswirtschaft (ZFB) und der Marketing ZFP. Er gilt als Mitbegründer der identitätsbasierten Markenführung. Zudem ist er, neben Professor Heribert Meffert und Professor Manfred Kirchgeorg, Verfasser des Standardwerkes Marketing, welches 2011 in seiner elften Auflage im renommierten Gabler-Verlag erschienen ist.
E-Mail: burmann@uni-bremen.de

Dr. **Jan Drengner**
ist ab März 2012 als Marketingprofessor an der FH Worms tätig.
Er promovierte und habilitierte an der Professur für Marketing und Handelsbetriebslehre an der Technischen Universität Chemnitz, an welcher er von 1997 bis 2011 als wissenschaftlicher Assistent arbeitete. Im Jahr 2010 vertrat er die Professur für Allgemeine Betriebswirtschaftslehre, insb. Marketing an der Universität der Bundeswehr München.
Seine Forschungsschwerpunkte liegen in den Bereichen Marketingkommunikation, Eventmarketing, Sponsoring, Veranstaltungsmarketing und Markenführung.
E-Mail: drengner@wirtschaft.tu-chemnitz.de

Katharina Ebers

ist seit 2011 an der Hochschule für Wirtschaft und Recht Berlin wissenschaftliche Mitarbeiterin von Prof. Boltz. Davor sammelte sie in verschiedenen Unternehmen und Agenturen Erfahrung in der Unternehmenskommunikation, u.a. bei PayPal Deutschland. Dort betreute sie auch die Social Media Kanäle des Unternehmens und entwickelte ihr Interesse am Einsatz des Web 2.0 im Marketing.
Sie studierte an der Freien Universität Berlin und am University College London. Aktuell ist sie im Forschungsprojekt „Social Media in der Unternehmenskommunikation" der HWR Berlin tätig.
E-Mail: katharina.ebers@hwr-berlin.de

Dr. **Hansjörg Gaus**

arbeitet als Senior Researcher am Centrum für Evaluation der Universität des Saarlandes und ist Lehrbeauftragter für Konsumentenverhalten an der Technischen Universität Chemnitz.
Er hat an der Universität Mannheim Betriebswirtschaftslehre studiert und an der Technischen Universität Chemnitz promoviert. Seine aktuellen Arbeits- und Forschungsschwerpunkte sind Evaluation im Bereich Umwelt/Nachhaltigkeit, Markenforschung sowie Marketingkommunikation.
E-Mail: h.gaus@ceval.de

Dipl. Kfm. **Stephanie Glassl**
wurde 1980 in Nordhausen geboren und studierte Betriebswirtschaft mit dem Schwerpunkt Marketing an der Fachhochschule Nordhausen. Seit 2005 ist sie als wissenschaftliche Mitarbeiterin im Sensorik- und Marktforschungslabor der FH Nordhausen tätig.
Sie ist Co-Autorin einiger Publikationen auf dem Gebiet der „Sensorische Produktforschung".
E-Mail: glassl@fh-nordhausen.de

Dipl. Kfm. **Marc Florian Herz**
Geboren 1982 in München, studierte In Augsburg und München Betriebswirtschaftslehre. Seit 2008 Doktorand an der Universität Wien im Bereich Internationales Marketing.Forschungsschwerpunkte in den Gebieten country image, global branding und consumer behavior, sowie qualitative und projektive Verfahren zur Brand Image Messung.
E-Mail: marc.herz@univie.ac.at

Dipl. Volksw. **Isabelle Hillebrandt**
ist seit 2009 als wissenschaftliche Mitarbeiterin am Lehrstuhl für Marketing der Otto-Friedrich Universität Bamberg beschäftigt. Sie studierte Volkswirtschaftslehre an der Universität Konstanz und an der Ludwig-Maximilians Universität München und präsentierte ihre Forschungsarbeiten bereits auf mehreren angesehenen nationalen und internationalen Konferenzen. E-Mail: isabelle.hillebrandt@uni-bamberg.de

Dr. Nikolaus A. D. Hohl

ist seit 2011 Geschäftsführer von Sijis, einer Unternehmensberatung für Strategie, Marketing und Kommunikation.

Er wurde 1977 in Villingen geboren, studierte Wirtschaftswissenschaften an der Universität Hohenheim und promovierte an der Universität Siegen.

Seine Dissertation mit dem Titel „Nutzen als Basis von Kaufentscheidungen - Die Bedeutung von Bedürfnissen und Ressourcen für das Konsumentenverhalten" integriert Ansätze aus unterschiedlichen Disziplinen und ermöglicht so neue Einblicke in die Thematik.

E-Mail: mail@sijis.de

Prof. Dr. **Björn Ivens**

hat seit 2009 den Lehrstuhl für Marketing an der Otto-Friedrich-Universität Bamberg inne. Darüber hinaus ist er Mitbegründer der European Foundation for Key Account Management (EFKAM) und Mitglied des Vorstands der Nürnberger Akademie für Absatzwirtschaft (NAA), eines der ältesten und etabliertesten deutschen Institute im Bereich Managementfortbildung.

Er studierte BWL und Politikwissenschaft an den Universitäten Erlangen-Nürnberg und Strasbourg. Von 2006 bis 2009 lehrte und forschte er als Professor an der Universität Lausanne (Schweiz). Er ist darüber hinaus regelmäßiger Dozent in MBA- und Masterprogrammen der Universität Lugano und der EM Lyon. Er hat zahlreiche nationale und internationale Publikationen mit den Schwerpunkten Kundenmanagement, Preismanagement und Markenpolitik publiziert. U. a. ist er Verfasser des Standardlehrbuches Verkauf und Kundenmanagement. In

verschiedenen Seminaren schulte er zahlreiche Führungskräfte zu Fragen des Brand Managements.
E-Mail: bjoern.ivens@uni-bamberg.de

Dipl.-Kfm. **Steffen Jahn**
ist wissenschaftlicher Mitarbeiter und Promovend an der Professur für Marketing und Handelsbetriebslehre der Technischen Universität Chemnitz, an der er auch studierte.
Seine aktuellen Arbeits- und Forschungsschwerpunkte liegen in den Bereichen Konsumentenwert und Konsumentenwerte, Konsumerlebnis und Erlebniskonsum sowie sozioemotionale Markenbindung.
E-Mail: steffen.jahn@wirtschaft.tu-chemnitz.de

Dipl.-Kfm. **Christopher Kanitz**
ist seit 2009 als wissenschaftlicher Mitarbeiter am Lehrstuhl für innovatives Markenmanagement an der Universität Bremen tätig.
Er wurde 1986 in Mühlhausen/Thür. geboren und studierte an der Universität Mannheim und der Wirtschaftsuniversität Wien. Zudem hat er Forschungs- und Lehraufenthalte an der ESSCA Business School in Angers und Paris, Frankreich und am Institute of International Studies an der Ramkhamhaeng University in Bangkok, Thailand verbracht.
Er hat nationale und internationale Publikationen im Kunden- und Markenmanagement vorzuweisen, u.a. im Journal of Medical Marketing. Er promoviert im Bereich der Markenarchitekturgestaltung von Unternehmen und hat seine Forschung bereits auf mehreren internationalen For-

schungskonferenzen der European Marketing Academy (EMAC) und der Academy of Marketing Science (AMS) präsentiert.
E-Mail: christopher.kanitz@uni-bremen.de

Prof. Dr. **Peter Kenning**
ist seit 2007 Inhaber des Lehrstuhls für Marketing an der Zeppelin Universität in Friedrichshafen. Seit 2011 ist er Mitglied des Wissenschaftlichen Beirats für Verbraucher- und Ernährungspolitik der Bundeministerin für Ernährung, Landwirtschaft und Verbraucherschutz Ilse Aigner.
Peter Kenning, Jahrgang 1970, promovierte und habilitierte sich an der Universität Münster. Er ist einer der Begründer der neuroökonomischen Forschung und hat als erster deutscher Ökonom sowohl in wirtschafts- als auch in neurowissenschaftlichen Zeitschriften publiziert. Seine grundlegenden Kenntnisse im Bereich der hirnbildgebenden Verfahren erwarb er an der Harvard Medical School.
Als Geschäftsführer des Instituts für Handelsmanagement und Netzwerkmarketing IfHM an der Universität Münster übernahm er die wissenschaftliche Leitung bei zahlreichen Projekten im Bereich Neuroökonomik. Seine Forschungsschwerpunkte sind Konsumentenverhalten, Neuroökonomik, Consumer Neuroscience und Handelsmarketing.
Seine Arbeiten wurden mit verschiedenen nationalen und internationalen Preisen ausgezeichnet. So erhielt er bspw. in 2008 zusammen mit Kollegen aus London, Oxford und Stanford den Annual Best Paper Award des International Journal of Advertising.
E-Mail: peter.kenning@zeppelin-university.de

Dipl.-Vw. **Tina Kiessling**

ist wissenschaftliche Assistentin an der Professur für Marketing und Handelsbetriebslehre der Technischen Universität Chemnitz, an der sie im Januar 2012 auch promovierte.

Zuvor arbeitete sie von 2001 bis 2005 bei der Daimler AG in London und Stuttgart im Bereich des Customer Relationship Managements für die Marke Mercedes-Benz (Europa).

Ihre aktuellen Forschungsschwerpunkte liegen in den Gebieten CRM, Konsumentenverhaltensforschung und Markenführung.

E-Mail: tina.kiessling@wirtschaft.tu-chemnitz.de

Anne Koch

ist seit 2009 Manager Business Development bei SYZYGY in Frankfurt, einer Kreativagentur für digitale Kommunikation und Marketing.

Sie wurde 1983 in Oppenau geboren und studierte Medienwirtschaft an der Universität Siegen.

In ihrer Diplomarbeit entwickelte sie ein nutzenorientiertes Konzept zur Erklärung von Nicht-Kauf-Verhalten. Die Arbeit wurde mit dem Award des Alumniverbands der Marketing-Studierenden in Siegen (Marketing TransVer e.V.) für herausragende akademische Leistungen ausgezeichnet.

E-Mail: koch.anne@gmx.de

M.Sc. **Christian Koch**,
PhD Candidate at the Department of Business Administration, School of Economics and Management, Lund University, Sweden.
Christian is part of the Lund Brand Management Group (LBMG). The research group aims to develop useful tools and theories for application in the practice of managing brands and to forward the academic field of strategic brand management.
He earned his undergraduate degree in Business Administration at the Ingolstadt School of Management in Germany and his graduate degree in Business & Economics from Lund University in Sweden. Before starting his doctorate he gained work experience within the fast moving consumer goods industry as well as marketing and strategy consulting companies.
E-Mail: Christian.Koch@fek.lu.se

Ao. Univ. Prof. Dr. **Helmut Kurz**
ist seit 1994 Marketingprofessor am Institut für Werbewissenschaft und Marktforschung an der Wirtschaftsuniversität Wien.
Er wurde 1952 in Wien geboren und studierte, promovierte und habilitierte an der Wirtschaftsuniversität Wien. Er ist Autor mehrerer Artikel in Fachzeitschriften sowie Bücher, darunter „Bankenmarketing und Dissonanztheorie“ (1984), „Genauigkeit von Umfrageergebnissen“ (1987) und Exportwerbung (1994). Seine aktuellen Forschungsschwerpunkte sind Medienforschung, Werbewirkungsforschung, Methodenforschung und Landesimageforschung. E-Mail: Helmut.Kurz@wu.ac.at

M.A. **Marc Linzmajer**
studierte Politik- und Verwaltungswissenschaft an der Universität Konstanz, sowie Wirtschaftswissenschaften an der Zeppelin Universität in Friedrichshafen.
Seit 2009 arbeitet und promoviert er als Stipendiat am Lehrstuhl für Marketing an der Zeppelin Universität in Friedrichshafen.
Sein Forschungsschwerpunkt liegt im Bereich Consumer Neuroscience - der Anwendung neurowissenschaftlicher Theorien, Konzepte, Methoden und Erkenntnisse auf marketingrelevante Fragestellungen sowie im Bereich innovativer Formen des Handelsmanagements.
Marc Linzmajer hat Beiträge in wissenschaftlichen Fachzeitschriften wie dem Journal of Consumer Protection and Food Safety, Advances in Consumer Research sowie Proceedings of the International Conference on Information Systems (ICIS) veröffentlicht.
E-Mail: marc.linzmajer@zeppelin-university.de

Prof. Dr. **Dirk Möhlenbruch**
ist seit 1992 Inhaber des Lehrstuhls für Betriebswirtschaftslehre, Marketing und Handel an der Martin-Luther-Universität Halle-Wittenberg, Halle (Saale).
Er wurde 1953 in Mülheim an der Ruhr geboren und studierte von 1974 bis 1979 Betriebswirtschaftslehre mit dem Abschluss Dipl.-Kfm. an der Universität zu Köln. Die Promotion zum Dr. rer. pol. erfolgte 1985 an der Philipps-Universität Marburg und die Habilitation 1992 an der Gerhard-Mercator-Universität Duisburg.
Seine Forschungsschwerpunkte liegen in den Bereichen Handelsmanagement, Kommunikationspolitik und Relationship Marketing. Seit

2002 ist Prof. Möhlenbruch wissenschaftlicher Beirat der Marketing- und Strategieberatung Conomic, Halle (Saale), und seit 1993 Mitglied des Aufsichtsrates des Instituts für Unternehmensforschung und Unternehmensführung (ifu e.V.) an der Martin-Luther-Universität Halle (Saale).
E-Mail: dirk.moehlenbruch@wiwi.uni-halle.de

Prof. Dr. **Julia Naskrent**

Nach ihrem Studium der BWL mit dem Schwerpunkt Marketing an der European Business School in Oestrich-Winkel, an der INCAE Business School in Costa Rica und der Graziado School of Business and Management an der Pepperdine University in Kalifornien promovierte sie im Rahmen ihrer Tätigkeit als wissenschaftliche Mitarbeiterin am Lehrstuhl für Marketing an der Universität in Siegen. Sie ist Hochschullehrerin für Marketing (insbesondere CRM, Vertrieb und Kommunikation) an der Hochschule für Oekonomie und Management (FOM) und Lehrbeauftragte bei mehreren anderen Fachhochschulen in NRW.
Im Rahmen ihres verhaltenswissenschaftlichen Forschungsansatzes publizierte sie mehrere Artikel im Themenbereich Fundraising und Sponsoring in renommierten Fachzeitschriften. Ihre Doktorarbeit wurde mit den Rolf-H.-Brunswig-Preis für ihre hohe wissenschaftliche Qualität ausgezeichnet.
E-Mail: Julianaskrent@yahoo.de

Prof. Dr. **Sandra Praxmarer**

ist seit 2011 Inhaberin der Professur für Allgemeine Betriebswirtschaftslehre, insbesondere Marketing an der Universität der Bundeswehr München.

Nach ihrer Promotion an der Universität Augsburg (2001) war sie in den Jahren 2001-2005 in der Unternehmenspraxis tätig (Allianz SE, München). Im Jahr 2005 erhielt sie ein Habilitationsstipendium aus dem Hochschul- und Wissenschaftsprogramm und habilitierte sich im Jahr 2008 an der Universität Augsburg. Von 2007 bis 2009 lehrte und forschte sie an der University of Wollongong, Australien und von 2010 bis 2011 an der Otto-Friedrich-Universität Bamberg.

Die Forschungsschwerpunkte von Sandra Praxmarer liegen vor allem in den Bereichen Beziehungsmarketing und Konsumentenverhalten.

E-Mail: sandra.praxmarer@unibw.de

M.Sc. **Philipp A. Rauschnabel**

ist seit 2010 wissenschaftlicher Mitarbeiter am Lehrstuhl für BWL, insbes. Marketing und an der Juniorprofessur für BWL, insbes. Marketing Intelligence an der Otto-Friedrich-Universität Bamberg. Darüber hinaus ist er als Dozent und Lehrbeauftragter an verschiedenen Institutionen tätig.

Im Bundesverband deutscher Volks- und Betriebswirte e.V. (bdvb) ist er zudem im Vorstand der Fachgruppe Marketing.

Er forscht im Bereich Markenmanagement und setzt sich dort insbesondere mit persönlichkeitspsychologischen Aspekten und der Markenführung in sozialen Medien auseinander.

Seinen Masterabschluss im Fach Marketing und Distributionsmanagement absolvierte Philipp Rauschnabel an der Georg-August-Universität Göttingen, nachdem er zuvor sein BWL Studium an der Hochschule Merseburg abgeschlossen hatte.
E-Mail: Philipp.Rauschnabel@Uni-Bamberg.de

Prof. Dr. **Andreas Scharf**
lehrt seit 2001 Betriebswirtschaft, insbesondere Marketing, an der Fachhochschule Nordhausen und ist seit 1995 wissenschaftlicher Leiter des Instituts für Sensorikforschung und Innovationsberatung (isi GmbH) in Göttingen.
Er wurde 1959 in Braunschweig geboren und studierte, promovierte und habilitierte sich an der Georg-August-Universität Göttingen. Es liegen von ihm zahlreiche deutsch- und englischsprachige Beiträge zu den Forschungsgebieten „Innovationsmanagement“, „Marktforschung“, „Sensorische Produktforschung“ und „Markenpolitik“ vor.
E-Mail: scharf@fh-nordhausen.de

Dr. **Björn Schultheiss**
blickt auf über 5 Jahre Praxiserfahrung als geschäftsleitende Führungskraft im Dienstleistungssektor zurück. Dabei lagen seine Schwerpunkte auf der Entwicklung und Steuerung aller gängigen und zeitgemäßen Instrumente der strategischen und operativen Markenführung. Sei es die Findung und Weiterentwicklung der strategischen Markenidentität (Markenkern/Markenleitbild), die operative Umsetzung über erneuerte CI-/CD-Guidelines oder auch die Steuerung komplex vernetzter Markenkampag-

nen im Marketing Mix über TV, Außenwerbung (Out of Home), Social Media (YouTube Brand-Channel, Facebook Fanpage) sowie über unternehmenseigene Corporate Media Kanäle (Inhouse-TV, Website, Mitgliedermagazin): Björn Schultheiss ist überzeugter Markenfan und ausgewiesener Markenexperte zugleich.
Er wurde 1975 in Stuttgart geboren, studierte in Passau und Lund (Diplom-Kaufmann Univ.), promovierte an der Technischen Universität Ostrava. Inzwischen arbeitet er als selbständiger Unternehmensberater für Markenstrategieentwicklung und umsetzung, sowie an einem Start-up im Sport- und Gesundheitsmarkt.
E-Mail: bjoernschultheiss@gmx.de

Prof. Dr. **Christina Sichtmann**
arbeitet als Assistant Professor am Lehrstuhl für Internationales Marketing an der Universität Wien. Darüber hinaus ist sie Dozentin an der Frankfurt School of Finance und der Dualen Hochschule Baden-Württemberg.Christina Sichtmann hat an der Universität Hohenheim, Stuttgart studiert und promoviert. Von 2005 bis 2008 hatte sie eine Juniorprofessur für Business-to-Business-Marketing an der Freien Universität Berlin. Ihre Forschungsschwerpunkte liegen in den Bereichen Dienstleistungsmarketing, Branding und Internationales Marketing. Sie hat in international führenden Zeitschriften veröffentlicht, u.a. im Journal of International Marketing, British Journal of Management und dem European Journal of Marketing. Ihre Forschungsarbeiten wurden mehrfach national und international mit Preisen und Best Paper Awards ausgezeichnet.
E-Mail: christina.sichtmann@univie.ac.at

PhD **Mats Urde**,

is a researcher and consultant in brand strategy. As a consultant brand strategist and institutional speaker, with a long track record of practical experience with Volvo, Electrolux, ABB and the Royal Swedish Symphony Orchestra among others, he helps corporations and organizations to become more brand oriented. As part-time Associate Professor at Lund University in Sweden, he has earned an international reputation for his research into brands and brand management.

Urde is head of the Lund Brand Management Group, which aims to develop useful tools and theoretical frameworks for application to the practice of brand management and the academic study of strategic brand management. He has been head of the Strategic Brand Management course in the university's Department of Business Management since 1998.

His pioneering work and publications have focused on Brand Orientation, Corporate Brand Identity, Brand Core, Brand Heritage, Brand Policy and Brand Rhetoric.

E-Mail: mats.urde@fek.lu.se

Prof. Dr. **Annett Wolf**

ist seit 2010 als Professorin für Marketing und Strategische Unternehmensführung an der HTW – Hochschule für Technik und Wirtschaft in Berlin tätig.

Sie wurde 1979 in der Lutherstadt Eisleben geboren. An der Martin-Luther-Universität Halle-Wittenberg studierte sie von 1999 bis 2004 Betriebswirtschaftslehre. Am Lehrstuhl für Marketing & Handel von Prof. Dr. Dirk Möh-

lenbruch arbeitete sie von 2004 bis 2010 als wissenschaftlicher Mitarbeiter und promovierte dort.
Ihre Forschungsschwerpunkte liegen in den Bereichen Handelsmanagement, Konsumentenverhalten und Strategisches Management. Sie ist Preisträgerin des Wolfgang Wirichs Förderpreises im Handel 2012 für die Dissertation zum Thema "Premiumhandelsmarken im Sortiment des Einzelhandels". Diese ist im Jahr 2011 im renommierten Gabler-Verlag erschienen.
E-Mail: annett.wolf@htw-berlin.de

Dipl.-Kfm. **Jens Zimmermann**
studierte Betriebswirtschaftslehre mit den Schwerpunkten Marketing und Internationales Management an der Universität Siegen. Im Jahre 2009 erhielt er den Marketing-Award der Universität Siegen. Nach dem Studium arbeitete er als wissenschaftlicher Mitarbeiter am Seminar für Allgemeine Betriebswirtschaftslehre, Marketing und Marktforschung der Universität zu Köln.
Heute ist er als Consultant bei der Marketing & Sales Beratung Tachilzik Consulting GmbH tätig und unterstützt führende Unternehmen im Bereich des Customer Relationship Management mit einem Fokus auf Kundenwertmanagement und Vertriebssteuerung.
Jens Zimmermann veröffentlichte Artikel im Bereich der Kundenbindung und stellte seine Arbeiten auf renommierten Konferenzen vor.
E-Mail: J.Zimmermann@tachilzik-consulting.de

Lightning Source UK Ltd.
Milton Keynes UK
UKHW02f0817300818
327985UK00009B/80/P

9 783658 004262